U0387699

Kubernetes API Server 源码分析与扩展开发

微课视频版

张海龙 ◎ 著

清華大學出版社
北京

内容简介

本书第一主题是解析 Kubernetes API Server 源代码；第二主题是结合源码知识进行扩展开发。全书分为3篇，共12章。

第一篇为基础篇（第1章和第2章）。第1章简介 Kubernetes 及其组件，并迅速切入 API Server，统一全书使用的概念名词，介绍其主要设计模式。第2章介绍 Kubernetes 项目组织和社区治理。组织结构对系统的设计有着直接影响，这部分帮助读者理解代码背后的人和组。在第2章读者也会看到如何参与 Kubernetes 项目，特别是贡献代码的过程。

第二篇为源码篇（第3～8章），是本书的核心篇章。第3章宏观展示 API Server 源代码的组织，以及总体架构设计等，其中关于启动流程的源码部分与本篇后续章节衔接紧密；第4章聚焦整个系统核心对象——Kubernetes API，本章将 API 分为几大类并讲解为 API 进行的代码生成；第5～8章分别解析 API Server 的各个子 Server 源码，它们是 Generic Server、主 Server、扩展 Server、聚合器与聚合 Server。

第三篇为实战篇（第9～12章），讲解3种主流 API Server 扩展方式。作为辅助理解源码的手段之一，第9章不借助脚手架开发一个聚合 Server；第10章为后两章的基础，聚焦 API Server Builder 和 Kubebuilder 两款官方开发脚手架；第11章用 API Server Builder 重写第9章的聚合 Server；第12章用 Kubebuilder 开发一个操作器(Operator)。

本书适合 Kubernetes 系统运维人员、扩展开发人员、使用 Go 语言的开发者及希望提升设计水平的软件从业人员阅读，需具备 Go 语言和 Kubernetes 基础知识。

版权所有，侵权必究。举报：010-62782989，beiqinquan@tup.tsinghua.edu.cn。

图书在版编目(CIP)数据

Kubernetes API Server 源码分析与扩展开发：微课视频版/张海龙著. --北京：清华大学出版社，2024. 8. --(计算机技术开发与应用丛书). --ISBN 978-7-302-67015-5

Ⅰ. TP316.85

中国国家版本馆 CIP 数据核字第 2024RY2535 号

责任编辑：赵佳霓
封面设计：吴　刚
责任校对：郝美丽
责任印制：杨　艳

出版发行：清华大学出版社
网　　址：https://www.tup.com.cn，https://www.wqxuetang.com
地　　址：北京清华大学学研大厦A座　　**邮　　编**：100084
社 总 机：010-83470000　　**邮　　购**：010-62786544
投稿与读者服务：010-62776969，c-service@tup.tsinghua.edu.cn
质量反馈：010-62772015，zhiliang@tup.tsinghua.edu.cn
课件下载：https://www.tup.com.cn，010-83470236
印 装 者：大厂回族自治县彩虹印刷有限公司
经　　销：全国新华书店
开　　本：186mm×240mm　　**印　　张**：24　　**插　　页**：1　　**字　　数**：545千字
版　　次：2024年8月第1版　　**印　　次**：2024年8月第1次印刷
印　　数：1～2000
定　　价：89.00元

产品编号：106006-01

前言
PREFACE

为什么写作本书

时间回到2022年，那一年年底中国再为世界奉上一部基建杰作：白鹤滩水电站全部机组投产发电，这一当时世界技术难度最高的水电工程被中国人成功完成。港珠澳大桥、南水北调、中国高铁、空间站建设、探月工程等重大工程一次次证明中国工程师的勤劳与智慧。同样是在2022年年底，美国硅谷一家几百人的公司OpenAI以其AI产品ChatGPT震惊科技界，在AI领域领先了包括国内科技大厂在内的全球IT巨头们至少一代。如果说我国在基建领域独步全球，则在科技领域与国际顶尖水平还有一定的距离。

需要追赶的又何止AI一个领域。单就软件工程范畴而言，主流操作系统、主流商用数据库、电子设计自动化软件(EDA)、软件开发语言、主流开发IDE，甚至软件开发思想鲜有源自我国的。作为汇集超过700万聪明头脑的庞大群体，国内软件工作者不能再满足于达到会用、能用好这一层次，应更进一步地深入优秀软件的核心，探寻其设计的成功之源，从中汲取思想精华以期厚积薄发。在这方面，Kubernetes这类成功开源项目为我们提供了丰富的养料。这便是笔者2023年来做视频、写书籍分享优秀开源项目源码设计的原动力。道阻且长，行则将至。随着越来越多中国软件工程师的觉醒，相信国内软件工程师终将看齐基建同仁，为世界贡献具有创新性的顶级软件作品！

毫无疑问，云平台已成为政企应用的主流支撑平台，云原生作为可最大化云平台资源利用率的一套软件设计原则备受业界推崇。谈云原生就绕不开Kubernetes，它是云原生应用的底座：容器技术的普及加速了单体应用的微服务化，微服务化是实现云原生诸多原则的前提条件，而微服务化必须解决服务编排问题，Kubernetes就是为了解决这个问题而生的。众所周知Kubernetes源自谷歌内部产品，其前身已历经大规模应用的实践考验，又有大厂做后盾，一经推出便势如破竹，统一了容器编排领域，成为事实上的标准。从应用层面讲解Kubernetes的书籍与资料已经十分丰富，这使滚动更新、系统自动伸缩、系统自愈等曾经时髦的概念及在Kubernetes上的配置方式现如今早已深入人心，但作为软件工程师，不仅可得益于Kubernetes提供的这些能力，同样可受益于它内部实现这些能力的方式，理解其精髓可显著提高工程师的业务水平，而这就鲜有除源码之外的优秀资料了，本书希望在一定程度上弥补这方面的缺憾。笔者选取Kubernetes的核心组件——API Server进行源代码讲解，从代码级别拆解控制器模式、准入控制机制、登录鉴权机制、API Server聚合机制等，力争涵盖 API Server 所有核心逻辑。为了缓解理解源码的枯燥感,笔者添加数章扩展开发的实践内容,也使学习与应用相辅相成。

带领读者体验 Go 语言魅力是写作本书的另一个目的。

Go 语言诞生于 2007 年,灵感来自一场 C++ 新特性布道会议中发生的讨论,现如今已经走过 17 个年头。Go 语言的创立者大名鼎鼎,一位是 C 语言创建者 Ken Thompson,另一位是 UNIX 的开发者 Rob Pike,可以说 Go 语言的起点相当高。这门新语言确实不辱使命,主流的容器引擎均是用 Go 语言开发的,Kubernetes 作为容器编排的事实标准也使用 Go 语言开发,单凭这两项成就就足以证明其价值。

Go 语言在服务器端应用开发、命令行实用工具开发等领域应用越来越广,作为开发语言界的后起之秀,Go 语言具有后发优势。以 Go 语言开发的应用被编译为目标平台的本地应用,所以在效率上相对依赖虚拟机的应用有优势;它在语法上比 C 语言简单,内存管理也更出众,具有易用性,而相对 C++ ,Go 语言更简单,用户也不用操心指针带来的安全问题。如果只看语法,则 Go 语言是相对简单的一门编程语言。若有 C 语言基础,则上手速度几乎可以用小时计,但要充分发挥 Go 语言的强悍能力则需对其有较为深入的理解和实践。为了帮助开发者更好地使用它,Go 语言团队撰写了 *Effective Go* 一文,给出诸多使用的最佳实践,这些最佳实践在 Kubernetes 的源码中被广泛应用,这就使学习 Kubernetes 源码成为提升 Go 语言能力的一条路径。

目标读者

本书内容围绕 Kubernetes API Server 源代码展开,力图分析清楚它的设计思路,其内容可以帮助如下几类读者。

1. 希望提升系统设计能力的开发者

它山之石,可以攻玉。

入门软件开发并非难事,但要成为高阶人才去主导大型系统设计却实属不易。优秀架构师在能够游刃有余地挥洒创意之前均进行了常年积累。除了不断更新技术知识、学习经典设计理论、在实践中不断摸索外,从成功项目中汲取养料也是常用的进阶之道。Kubernetes 项目足够成功,其社区成员已是百万计。它聚数十万优秀软件开发人员之力于一点,每个源文件、每个函数均经过认真思考与审核,其中考量耐人寻味。从源代码分析 Kubernetes 的设计正是本书的立足点。

API Server 所应用的诸多设计实现为开发者提供了有益参考。例如控制器模式、准入控制机制、各种 Webhook 机制、登录认证策略、请求过滤的实现、OpenAPI 服务说明的生成、Go 代码生成机制、以 Generic Server 为底座的子 Server 构建方式等。上述每项设计思路均可应用到其他项目,特别是用 Go 语言开发的项目中。

本书中包含大量源代码的讲解,需要读者具有基本的 Go 语言语法知识;同时,当涉及 Kubernetes 的基本概念和操作时本书不会深入讲解,故需要读者具备 Kubernetes 的基础知识。不过读者阅读本书前不必成为这些方面的专家。

2. Kubernetes 运维团队成员、扩展开发人员

知其然且知其所以然始终是做好软件运维工作的有力保证。了解 Kubernetes 功能的具体实现可让运维人员对系统能力有更深刻的认识，提升对潜在问题的预判能力，对已出现的故障迅速定位。相较于软件开发工程师，运维工程师一般不具备很强的开发能力，所以探究源码会比较吃力。本书有条理地带领读者厘清 API Server 各个组件的设计，降低了源码阅读的门槛。

笔者始终认为 Kubernetes 最强的一面恰恰是它最被忽视的高扩展能力。根据公开报道，国内外科技大厂（如谷歌、AWS、微软、字节跳动等）均有利用这些扩展能力做适合自身平台的客制化。目前讲解 API Server 客制化的资料并不系统。本书希望将 API Server 的客制化途径讲解清楚：既介绍扩展机制的源代码实现，又讲解如何利用扩展机制进行客制化开发，希望为扩展开发人员提供相应参考。

3. 希望提升 Kubernetes 知识水平的从业者

由表及里是领会任何技术的一个自然过程。随着最近三年线上办公的火爆，云平台的普及大大提速，Kubernetes 作为云应用的重要支撑工具已被广泛应用，一批优秀的系统管理员在成长过程中开始产生深入了解 Kubernetes 功能背后原理的需求。拿众所周知的滚动更新机制举例，通过文档可以了解到其几个参数的含义，但很拗口，并且难记，有不明就里的感觉，但通过查看 Deployment 控制器源代码，将这些参数映射到程序的几个判断语句后，一切也就简单明朗了。

4. Go 语言的使用者

Go 语言的使用者完全可以利用 Kubernetes 项目来快速提升自己的工程能力。作为 Kubernetes 中最核心也是最复杂的组件，API Server 的源码充分体现了 Go 语言的多种最佳实践。读者会看到管道（channel）如何编织出复杂的 Server 状态转换网，会看到优雅应用协程（Go Routine）的方式，也会学习到如何利用函数对象，以及诸多技术的应用方式。通过阅读 API Server 源码来提升自身 Go 语言水平一举多得。

5. 期望了解开源项目的开发者

开源在过去 30 年里极大地加速了软件行业的繁荣，在主要的应用领域开源产品起到了顶梁柱的作用，例如 Linux、Android、Kubernetes、Cloud Foundry、Eclipse、PostgreSQL 等。软件开源早已超出代码共享的范畴，成为一种无私、共同进步的精神象征。众多软件从业者以参与开源项目为荣。

本书在介绍源码的同时也展示了 Kubernetes 的社区治理，读者会看到这样一个百万人级别的社区角色如何设定，任务怎么划分，代码提交流程，质量保证手段。通过这些简要介绍，读者可以获得对开源项目管理的基本知识，为参与其中打下基础。如果聚焦 API Server 这一较小领域，则读者在本书的帮助下将掌握项目结构和核心代码逻辑，辅以一定量的自我学习便可参与其中。

资源下载提示

素材(源码)等资源：扫描目录上方的二维码下载。

视频等资源：扫描封底的文泉云盘防盗码，再扫描书中相应章节的二维码，可以在线学习。

致谢

特别感谢读者花时间阅读本书。本书的撰写历经坎坷。准备工作从2022年便已开始，为了保证严谨，笔者翻阅了API Server的所有源文件，让每个知识点都能落实到代码并经得起推敲。写作则贯穿2023年一整年，这几乎占去了笔者工作之余、教育儿女之外的所有空闲时间。笔者水平有限，书中仍有可能存在疏漏之处，期望读者能给予谅解并不吝指正，感激不尽！

笔者深知如果没有外部的帮助，则很难走到出版这一步，在此感谢所有人的付出。

首先特别感恩笔者所在公司和团队所提供的机会，让笔者在过去的多年里有机会接触云与Kubernetes，并能有深挖的时间。2023年笔者团队痛失栋梁，困难时刻团队成员勇于担当，共渡难关，让这本书的写作得以继续。谨以此书纪念那位已逝去的同事。

其次感谢家人的付出，作为两个孩子的父亲，没有家人的分担是无法从照顾孩子的重任中分出时间写作的，这本书的问世得益于你们的支持。

感谢清华大学出版社赵佳霓编辑，谢谢您在写作前的提点、审批协助及校稿过程中的辛勤付出。

张海龙

2024年元旦于上海

目录

CONTENTS

教学课件(PPT)

本书源码

第一篇 基 础 篇

第二篇 源 码 篇

第一篇 基 础 篇

稳固的根基是巍峨上层建筑的保障。本书的目标是抽丝剥茧地解析 API Server 源代码的设计与实现,这需要 Kubernetes 基础知识的支撑。第一篇将介绍理解 Kubernetes 项目代码的必备知识,为全书知识体系构建打下根基。通过阅读本篇,读者可以获取如下信息:

(1) Kubernetes 和 API Server 概览。从描述 Kubernetes 基本组件入手,然后聚焦控制面的 API Server,探讨其构成、作用和技术特点,并对声明式 API 和控制器模式进行解读。

(2) 明确的概念定义。Kubernetes 项目中的名词众多,对于很多概念的定义也比较模糊,这种不严谨会对行文造成影响。笔者结合自身经验与理解,对 Kubernetes API Server 所涉及的重要概念进行规范命名,这对在本书范围内避免混淆至关重要。

(3) Kubernetes 项目和社区治理。作为拥有数百万社区成员的开源项目,Kubernetes 需要一个松紧得当的管理制度和高效的组织形式。本章简介该项目的几大组织机构、社区成员的不同角色和贡献者的参与形式。考虑到本书的众多读者定会对代码兴趣浓厚,笔者也会介绍如何向该项目提交代码。

需要指出,介绍 Kubernetes 中主要 API 的功能和使用方式并不是本书的写作目标,读者不会看到如 Pod、Deployment、Service 是什么及作何使用,建议读者在开始源码阅读前自行储备这方面知识。同时丰富的使用经验并不是阅读本书所必需的。

第1章

Kubernetes与API Server概要

在云原生领域Kubernetes大名鼎鼎，回望过去的十几年，它的流行助推了云计算的蓬勃发展，也直接加速了软件体系结构从单体应用向微服务转变，其影响力令人叹为观止。有理由相信，如此成绩必然建立在一个坚实的技术底座之上。从Kubernetes体系结构角度去分析，控制面是整个系统的根基，而API Server又是控制面的核心，摸清Kubernetes技术架构绕不开API Server。本章从Kubernetes整体架构着手，逐步聚焦API Server，从宏观上讲解其构造。

1.1 Kubernetes组件

Kubernetes集群本质上是一个普通的分布式系统，本身并没有难以理解的部分，其主体有两部分，一部分是控制面(Control Plane)；另一部分是各个节点(Node)，如图1-1所示。

1.1.1 控制面上的组件

控制面承载了服务于整个集群的组件，包括API Server、控制器管理器(Controller Manager)、计划器(Scheduler)及和API Server密切配合的数据库——ETCD。API Server是一个Web Server，用于管理系统中的API[①]及其对象，它利用ETCD来存储这些API实例；控制器管理器可以说是Kubernetes集群的灵魂所在，它所管理的诸多控制器负责调整系统，从而达到API对象所指定的目标状态，1.4节将要介绍的声明式API和控制器模式就是由控制器具体落实的，而控制器管理器汇集了控制面上的大部分内置管理器；计划器负责选择节点去运行容器，从而完成工作负载，它观测API Server中API对象的变化，为它们所代表的工作负载安排节点，然后把安排结果写回API对象，以便节点上的Kubelet组件消费。

1. API Server

API Server是整个集群的记忆中枢。Kubernetes采用声明式API模式，系统的运作基

① Kubernetes API不等同于Application Programming Interface，详见1.2节。

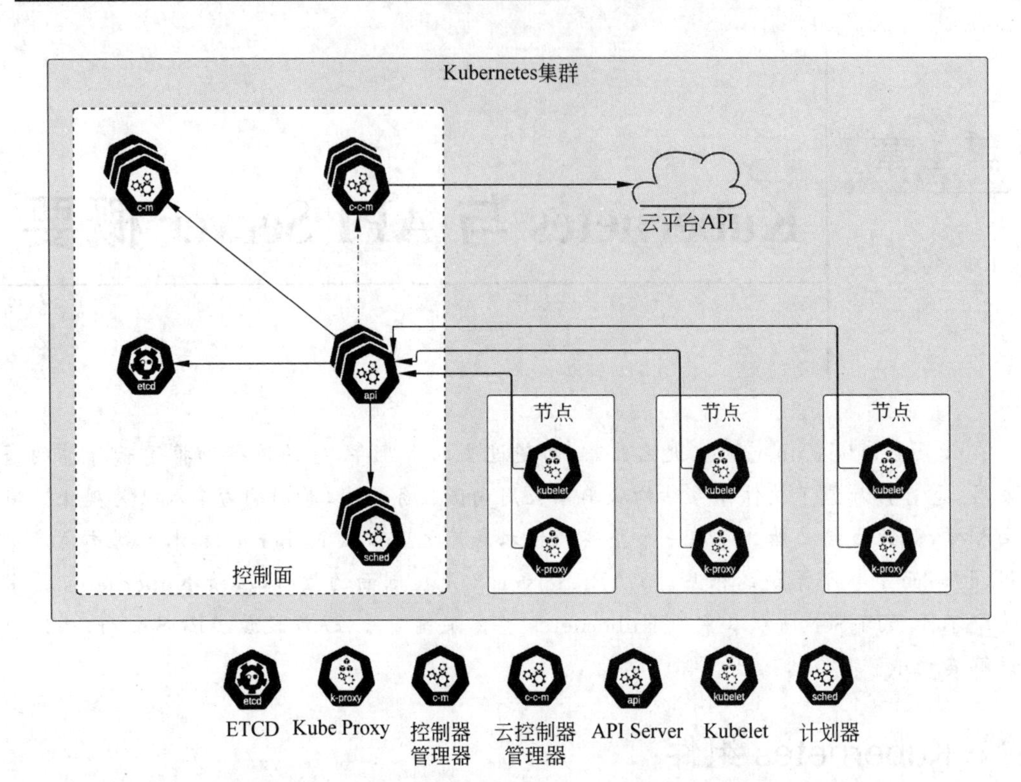

图 1-1 Kubernetes 基本组件

于来自各方的 API 对象,每个对象描述了一个对系统的期望,由不同控制器获取对象并实现其期望。这些对象的存储和获取均发生在 API Server 上,这就奠定了 API Server 的核心地位,如图 1-2 所示。1.3 节会进一步展开讨论。

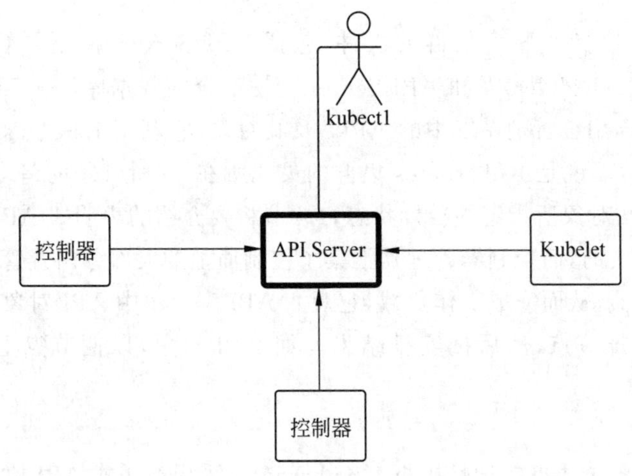

图 1-2 API Server 核心地位

2. 控制器管理器

在介绍控制器管理器前先要讲解什么是控制器。控制器是一段持续循环运行的程序，正常情况下它们不会主动退出。每个控制器都有自己关注的API对象，而API对象会在spec中声明用户期望，控制器根据其内容对系统进行调整。一些典型的控制器包括Deployment控制器、作业控制器(Job Controller)、节点控制器(Node Controller)、服务账户控制器(ServiceAccount Controller)等。通过下面的例子进一步了解控制器的作用。

如下代码给出了一个CronJob API对象的定义：

```
apiVersion: batch/v1
kind: CronJob
metadata:
  name: busybox-cron
spec:
  schedule: "*/1 * * * *"
  jobTemplate:
    spec:
      template:
        spec:
          containers:
          - name: busybox
            image: busybox:latest
          command: ["/bin/sh", "-c", "echo 'ello World'"]
          restartPolicy: OnFailure
```

这个API对象在spec中指出作业运行周期、运行的镜像及容器启动后需要执行的命令，这便形成了用户的期望；当该资源文件提交至API Server后，一直不断地观察CronJob实例变化的CronJob控制器就会多出一条工作条目，在处理完先行到达的其他条目后，控制器就会按照这个实例的spec创建Pod并执行指明的命令。

注意：资源的创建和控制器对其处理二者是异步的。控制器内具有一个队列数据结构，发生变化的API对象会作为其条目入列，等待控制器在下一次控制循环中处理。

系统中存在大量控制器，显而易见，它们的稳定运行对系统顺利运转举足轻重，Kubernetes需要特别关注它们，以便异常出现时做恢复的动作，这部分工作由控制器管理器承担。控制器管理器是一个单独的可执行程序，Kubernetes把绝大部分内建控制器包含在其中，由它管理。逻辑上看，该管理器应该包含一个守护进程(Daemon)和众多控制器进程，守护进程用于监控控制器进程的健康，但实践中利用了Go语言的协程(Go Routine)机制，管理器和控制器代码被编译成单一可执行文件，运行在同一个进程内，每个控制器以协程的形式运行于该进程中。

3. 云控制器管理器

云控制器管理器又有何用呢？它在Kubernetes集群和云平台之间架起桥梁。从技术上看，一个Kubernetes集群需要的资源可以来自集群所处的云平台，例如公网IP这个资源便是如此。云平台以API的形式提供服务，而针对同样资源不同平台的API肯定是有差异的,为了屏蔽这种差异,云控制器管理器被开发出来。它将集群中所有需要与云平台API进行交互的组件集中起来由自己管理,从而将这方面的复杂性隔离出来;同时,制定插件机制来统一资源操作接口,允许各大平台实现插件与Kubernetes集群对接。云控制器管理器管理着多个云控制器,它们是云平台API的直接调用者。

云平台最基本的服务是提供算力——也就是提供服务器,如何将一台从平台买来的服务器挂载到一个Kubernetes集群呢?云控制器管理器内运行着一个节点云控制器,它会对接所在云平台,获取当前客户的租户内服务器信息,形成种类为节点(Node)的Kubernetes API对象并存入API Server中,这样所有云服务器就可以为集群所用了。

此外,Kubernetes集群中的容器必须彼此之间可达,这需要路由云控制器进行配置,该控制器也是云控制器管理器的一部分。

除此之外,服务云控制器同样是云控制器管理器的一部分:有一种服务类型是LoadBalancer,该类型的服务要求云平台为其分配一个集群外可达的IP地址,地址的获取就是由服务云控制器来完成的。

4. 计划器

API对象的本质是描述使用者期望系统处于的状态,一般来讲这会伴有工作负载,最终落实到具体Pod去执行,而集群中有大量节点,系统如何选取某个节点来运行Pod呢?这一过程其实并不简单。影响节点选取的因素很多,包括但不限于以下几个因素:

(1) 执行任务必备的系统资源,例如算力、内存、显卡需求。

(2) 各个节点的可用软硬件资源。

(3) 系统中存在的资源分配策略、使用限制等。

(4) 资源定义指明的亲和、反亲和规则。

(5) 各节点间工作负载的平衡。

可见节点的选择是件复杂精细的工作。为了处理好它,Kubernetes开发计划器模块来专门应对,计划器通盘考虑各种因素来做出选择。计划器对使用者是透明的。

1.1.2 节点上的组件

节点代表提供算力等资源的服务器,容器就是在这里被创建、运行并随后被销毁的,实际的工作都在这里完成。节点需要按照控制面的要求进行配置并完成工作,这就需要Kubelet组件和Kube Proxy组件,前者的主要任务是对接节点上的容器环境完成管理任务,后者负责达成容器网络的连通性。节点上的组件并不是本书写作的目标,但为了使读者能有一个整体概念,下面对Kubelet和Kube Proxy进行简单介绍,感兴趣的读者可以自行查阅相关资料[1]。

1. Kubelet

Agent在分布式系统中比较常见,它们分布在集群的各个成员上,像黏合剂一样关联整

---

[1] 推荐Kubernetes官方文档,网站为https://www.kubernetes.io。

个系统，Kubelet 就是类似这样的一个 Agent。每个节点都会有一个 Kubelet，它连接控制面和节点，准确地说是连接 API Server 与节点，使 API Server 与所有节点构成一个星型结构。它的任务繁重，最核心的任务有以下两点。

（1）向 Kubernetes 集群注册当前节点。

（2）观测系统需要当前节点运行的 Pod，并在当前节点运行。

节点的注册是指告知 API Server 当前节点的具体信息，如 IP 地址、CPU 和内存情况。在 API Server 中，万物皆是资源，节点也不例外，Kubelet 的注册动作最终会在 API Server 上创建一个节点资源，关于这个节点的所有信息都记录在其内。值得一提的是，Kubelet 能和 API Server 交互的前提是能通过控制面的登录和鉴权流程，这就需要在启动 Kubelet 时为其指定合法且权限足够的 ServiceAccount。

和注册节点到 API Server 相比，启动并观测 Pod 更为关键。在 Kubernetes 系统中，工作负载的最终执行一定是在 Pod 所包含的容器中完成的，整个过程为：首先用户通过资源定义给出任务的描述，然后相应控制器分析资源定义，并进行丰富，这时需要什么镜像、运行几个容器等已经明确；接下来计划器为这些 Pod 选取节点，并把这些信息写入 Pod 的定义；最后 Kubelet 登场，它及时发现那些需要在自己所在节点上创建的 Pod，把它们的定义读回来，通知节点上的容器运行时创建容器，之后持续关注容器健康状况并上报 API Server。可见，缺少了 Kubelet 的工作将导致 Pod 无法最终创建。

2. Kube Proxy

Kubernetes 集群中的所有 Pod 需要相互联通，彼此可达，这并不容易实现，网络一直是 Kubernetes 中较复杂的问题。对于同一个节点上的两个 Pod 来讲，借助 Kubelet 创建的 CNI 网桥就可以联通它们，过程如下：每个 Pod 和网桥之间都通过一个 veth 对（veth pair）连接，从 veth 对一端进入的数据包会到达另一端，两个相互通信的 Pod 会先把给对方的消息交给网桥，经网桥进行转发，这样连通性就达成了。

对于跨主机通信，两个 Pod 分处在不同的节点上，过程就会坎坷一点。各路网络插件各显神通，有的建立跨节点的覆盖网络，如 Flannel；有的把底层 OS 作为路由器转发流量，如 Calico。网络插件在 Kubernetes 集群网络构建的过程中起到了重要作用，它们均建立在 CNI 规范的基础上，是它的不同实现。网络插件会被容器运行时在创建 Pod 的过程中调用。

由此可见网络相关工作是烦琐的，涉及它的工作也需要专业知识。有一类资源非常依赖网络的支持，它就是服务（Service）。服务把一个应用暴露在集群内和/或集群外，使其他的应用可以消费它。建立服务的主要工作集中在网络配置上，要能把流量转发到服务后台应用所在的 Pod 上，Kubernetes 引入 Kube Proxy 专门负责服务网络配置。

Kube Proxy 并不直接负责集群网络的建立，如上所述这项工作主要由网络插件来完成，但 Kube Proxy 会隔离出利用网络插件配置 Service API 对象网络的所有工作，从而屏蔽这方面的复杂性。当一个服务对象创建出来以后，系统会根据其类型为它做网络配置：

（1）对于类型为 ClusterIP 的服务，为其分配一个虚的 IP，并保证集群内部对该虚 IP 的特定端口的访问能够到达相应的 Pod,但集群外部访问不到该 IP。

(2) 对于类型为 NodePort 的服务,除了像 ClusterIP 类型一样为其分配虚 IP 并保证流量能到达背后的 Pod 外,在集群的每个节点上,开放一个特定端口给外部,所有对该端口的访问都会被路由到这个服务的 Pod。

(3) 对于类型为 LoadBalancer 的服务,外部 IP 提供者会把一个 IP 分配给该服务,对该服务的访问会被转给 Kubernetes 集群,集群保证请求到达背后的 Pod,而这种方式也利用了 ClusterIP。

不难看出,ClusterIP 类型的服务是 NodePort 和 LoadBalancer 的基础,它能得以实现的要点是:对该虚 IP 的特定端口的访问能到达对应的 Pod,Kube Proxy 包揽了这部分工作。它通过多种方式达到目的:用户空间(UserSpace)模式、iptables 模式和 IPVS 模式,这里不展开介绍。

1.2 Kubernetes API 基本概念

Kubernetes 中频繁使用一些基本概念,不加以区分将极易造成混淆,这一节来明确它们的含义。Kubernetes API 的重要概念体系如图 1-3 所示。

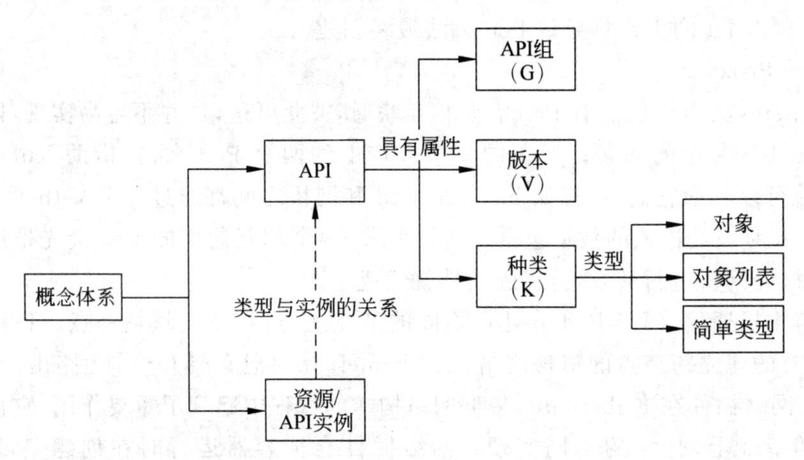

图 1-3 Kubernetes API 的重要概念体系

1.2.1 API 和 API 对象

Kubernetes 中的 API 并不完全等同于编程世界中一般意义上的 Application Programming Interface。一般意义上的 API 是一种当前程序接收外部指令的技术手段,这非常像一个出入口,所以形象地将它们称为接口,而 Kubernetes API 不仅有接口这一层次的含义,还代表了指令本身,这确实有些特立独行。可以类比生活中"快递"一词的含义:它在一些场景下代表了一种物流手段,而在另外一些场景下又代表被递送的货物本身。

Kubernetes 系统内各个模块之间的交互是以 API Server 为中心的松耦合交互,请求发起模块把自己对系统状况的期望描述出来，形成API对象，并把它交给API Server；响应方则从API Server获取API对象并依其所期望的状态尽力满足。在这个过程中，API对象起到了关键的解耦作用。这样的API对象可以分为很多种类，例如apps/v1中的Deployment，用户可以建立许多具体的Deployment实例，这些实例就是API对象。

Kubernetes API对象被用来指代对系统状态的期望，是一个个具体的实例，也称为API实例，而API是对象的类型，它代表的是元数据层面的内容。在社区的很多讨论中，在不造成混淆的情况下经常混用API对象和API，但本书行文中将严格区分它们。

1.2.2 API种类

种类的英文原文是Kind，直译成中文是种类及类型的意思。显而易见在计算机技术领域"种类"或"类型"一词指代过于宽泛，容易和其他事物冲突，所以在本书中当谈到API Kind时，一律直接用API Kind或用"API种类"来表述，这样既保留了概念本意，又尽量与其他概念区分。

API种类从事物所具有的属性角度描述API，而不是属性的值；它代表了一类资源的共有属性的集合。根据Kubernetes API规约[①]，API种类可分成三大类。

1. 对象类型

对象类型定义出的实体会被持久化在系统中。用户通过创建一个对象类型的实例来描述某一意图。用户可通过get、delete等HTTP方法操作这些实体。例如Pod和Service都是对象类型，人们可以用它们创建出具体的pod和service实例。对象类型的属性metadata下必须有name、uid、namespace属性。用户所接触的API资源大多数是对象类型的实例；用户所撰写的资源定义文件，绝大部分用于创建对象类型的实例。

2. 列表类型

对象类型用于定义单个实体，而列表类型用于定义一组实体。例如PodList、ServiceList、NodeList。列表类型在命名时必须以List结尾，在列表类型内必须定义有属性items，这个属性用于容纳被列表实例所包含的API实例。列表类型最常用于API Server给客户端的返回值，用户不会单独去为列表类型实例写资源定义文件。例如，当执行命令从API Server读取某一命名空间内的所有Pod时，得到的返回值也是一个Kubernetes API实例，它的API Kind将是PodList，PodList的类型便是列表类型。

3. 简单类型

简单类型用于定义非独立持久化的实体，即它们的实例不会被单独地保存在系统内，但可以作为对象类型实例的附属信息被持久化到数据库。简单类型的存在是为支持一些操作，例如Status就是一个简单类型，它会被控制器用来在API实例上记录现实状况。简单类型常常被用于子资源的定义，Status和Scale是Kubernetes广泛支持的子资源。子资源也会有RESTful端点(Endpoint)，/status和/scale分别是Status和Scale子资源的端点。

---

① 位于GitHub中Kubernetes组织机构下的Kubernetes库中，文件名为api-conventions.md。

Kubernetes 项目约定 API 种类在命名时使用英文单数驼峰式，例如 ReplicaSet。

1.2.3 API组和版本

如果说 API 种类是从事物具有的属性角度去对 API 进行归类，则组(Group)和版本(Version)就是从隶属关系与时间顺序两个维度去划分 API。API 组、版本和种类也被称为 GVK，共同刻画了 API。

Kubernetes 的贡献者来自五湖四海，每个贡献者都有可能单独设计和贡献 API，那么如何避免彼此资源的冲突呢？引入 API 组便是来解决这一问题的。它借用了命名空间的理念，每个贡献者都在自己的空间内定义自己的 API，这也是为什么很多 API 组会与域名有关的原因。API 组是后来的概念，项目初期并不存在，初期参与者较少，根本不需要这样区分。为了向后兼容，引入组概念前已存在的 API 便都被归入核心组，该组内 API 资源的 RESTful 端点将不包含组名，介绍 API 端点时会再提及。

聚焦单独一个 API 组，同一个 API 也会有不断迭代的需求，如何避免这种迭代影响到使用了已发布版本的用户呢？版本的概念被引入，以此来应对这一问题。同一个 API 可以存在于不同的版本中，新老版本技术上被看作不同的 API，当新版本最终成熟时老版本用户会被要求升级替换。

由于 API Group 和 Version 在 Kubernetes 社区被广泛使用，所以本书有时会直接使用其英文名称。

1.2.4 API资源

资源一词来源于 REST，API Server 通过 RESTful 的形式对外提供服务接口，而在 RESTful 的概念中，服务所针对的对象是资源。所谓 API 资源，就是指 API Server 中的 API 在 REST 背景下的名称，系统以 RESTful 的形式对外暴露针对 Kubernetes API 的服务接口。API 资源在命名时使用英文复数全小写，例如 replicasets。

注意：API 资源这个概念在很多场景下常被用于指代其他概念，如果不加以说明，则容易引起困惑。

(1) 指代 API 资源实例。它是某类 API 资源的具体实例，是通过向 API 资源的 Endpoint 发送 CREATE HTTP 请求创建出来的实体。在 RESTful 服务的概念体系里，资源和资源实例实际上是不怎么区分的，统称为资源，而在 URL 层面二者是有所不同的：如果在 URL 最后给出了 id，则代表资源实例，而如果没有给出 id，则代表这类资源。在不引起混淆的情况下，本书同样使用 API 资源指代 API 资源实例。

(2) 指代 API 或 API 对象。API 资源是 Kubernetes API 在 RESTful 下的表述，所以很多时候人们会用 API 资源来表达 API，不严谨的场景下也无伤大雅；API 对象想表达的意思更多的是一个具体的 API 实例，所以它和 API 资源实例相对应，但由于人们常常混用 API 资源和 API 资源实例，所以导致也不怎么区分 API 资源和 API 对象。本书中将避免用 API 资源指代 API 或 API 对象。

读者在阅读文档时也要意识到以上混用的存在，利用上下文去理解及区分一个名词所表述的具体含义，并在自己的表达过程中尽量不混用名词。

用户通过向 API 资源的端点发送 RESTful 请求来操作该资源，端点对 API 资源来讲是常用的信息。一个 API 资源在 API Server 上的端点具有固定模式：

```
<server 地址与端口>/apis(或 api)/<API 组>/<版本>/namespaces/<命名空间>/<资源名>
```

通过 kubectl api-resources 命令可以查看集群中存在的 API 资源，一个 Minikube 单节点本地系统内的部分 API 资源如图 1-4 所示。

```
NAME                      SHORTNAMES   APIVERSION                    NAMESPACED   KIND
bindings                               v1                            true         Binding
componentstatuses         cs           v1                            false        ComponentStatus
configmaps                cm           v1                            true         ConfigMap
endpoints                 ep           v1                            true         Endpoints
events                    ev           v1                            true         Event
limitranges               limits       v1                            true         LimitRange
namespaces                ns           v1                            false        Namespace
nodes                     no           v1                            false        Node
persistentvolumeclaims    pvc          v1                            true         PersistentVolumeClaim
persistentvolumes         pv           v1                            false        PersistentVolume
pods                      po           v1                            true         Pod
podtemplates                           v1                            true         PodTemplate
replicationcontrollers    rc           v1                            true         ReplicationController
resourcequotas            quota        v1                            true         ResourceQuota
secrets                                v1                            true         Secret
serviceaccounts           sa           v1                            true         ServiceAccount
services                  svc          v1                            true         Service
challenges                             acme.cert-manager.io/v1       true         Challenge
orders                                 acme.cert-manager.io/v1       true         Order
```

图 1-4　Minikube 单节点本地系统内的 API 资源

1.3　API Server

Kubernetes 的大脑在控制面，而控制面的核心是 API Server。它是一个 Web Server，整个系统的信息以不同 API 对象的形式存储在 API Server 中，它对外提供查询、创建、修改和删除等 RESTful 接口访问这些 API 对象，众所周知，Kubernetes 中有大量开箱即用的内置 API，用户也可以通过扩展来引入客制化的 API，为它们提供访问接口是非常繁杂的工作。同时，控制面外的节点、外围控制器等都会向 API Server 请求数据，访问量还是非常庞大且频率非常高的，这就要求 Server 足够健壮。Kubernetes API Server 出色地满足了这些要求，其内部结构如图 1-5 所示。

1.3.1　一个 Web Server

API Server 的底层是一个安全、完整、高可用的 Web Server，在构建这个 Web Server 时，API Server 主要利用了 Go 语言的 http 库和 go-restful 框架。http 库是 Go 语言的基础库之一，非常强大：用它只需几十行代码便可写出一个高效可用的 Server。

1. 基本功能

如 Tomcat 等其他 Web 服务器一样，API Server 具有与客户端建立基于证书的安全连

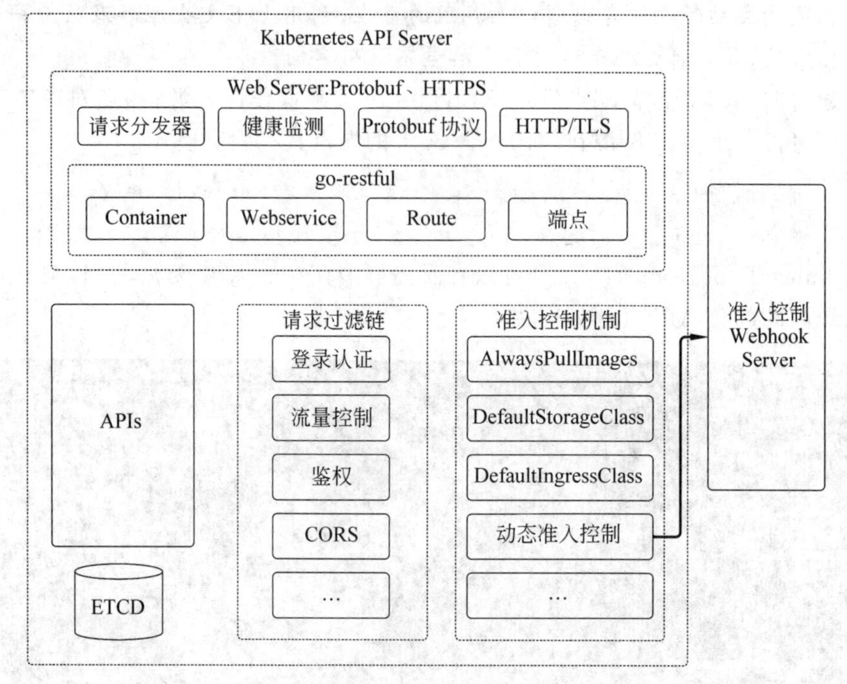

图 1-5 API Server 要素

接、对请求进行分发等标准功能。不仅如此，除支持 HTTP/HTTPS 协议外，API Server 还支持 HTTP2 协议和基于 HTTP2 的 Protobuf。

(1) API Server 在 HTTP(S)的基础上对外提供 RESTful 服务，客户端可以针对 Server 上的资源发起 GET、CREAT、UPDATE、PATCH、DELETE 等操作。客户端和 Server 之间的交互信息以符合 OpenAPI 规范的 JSON 格式表述。API Server 的 RESTful 能力来自开源框架 go-restful，该框架将一个 RESTful 服务定义为一系列角色协作的结果，开发者实现各个角色，从而实现服务。

(2) 基于 HTTP2，利用 gRPC 远程调用框架，API Server 可以响应客户端发来的远程过程调用(RPC)请求。Kubernetes 集群内部，其他组件与 API Server 的交互首选基于 gRPC，组件和组件之间交互首选也是 gRPC。gRPC 客户端和 Server 之间的交互信息是以 Protocol Buffer 的协议格式表述的，效率更高。

2. gRPC 远程系统调用框架

gRPC 起源于谷歌内部的 Stubby 项目，Stubby 的目标是对谷歌各个数据中心上的微服务进行高效连接。到 2015 年谷歌将其开源，并更名为 gRPC。gRPC 是基于 HTTP2 协议设计的一个开源高性能 RPC 框架。借助 gRPC 机制，跨数据中心的服务可实现高效交互，它还能以可插拔的方式去支持负载均衡、跟踪、健康监控和登录操作。gRPC 具有以下特点。

1）简化服务的定义

服务定义用于描述服务器对外提供哪些远程过程，这是任何RPC框架都需要通过某种方式给出的。gRPC默认选用Protocol Buffer（简称Protobuf）作为基础协议，它的好处之一是默认提供了接口定义语言（IDL），当然也允许用其他接口定义语言来代替它。有了IDL，就可以以与语言无关的方式定义出消息及过程：消息是客户端与过程交互时信息的结构，可以简单地理解为调用参数和返回值，而过程是对被调用方法的描述。

2）跨平台，跨语言

服务的定义会被最终落实为一个或几个.proto文件，可以用它去生成不同编程语言下的实现。目前主流编程语言的代码生成插件都已经有了，例如Go、C++、Java、Python等。利用这些插件，就可以基于.proto文件生成gRPC的服务器端和客户端代码框架，这些都是几条命令的工作，无须消耗开发人员太多精力。之后，开发人员需要增强服务器端代码去实现已被定义出的过程，这部分是编码的主要工作，而客户端代码基本不用更改，可直接用于调用远程过程。

3）高效的交互

除了提供接口定义语言，Protobuf也定义了一种紧凑的信息序列化格式，在这种格式下，信息的压缩率更高，从而提高了传输效率，节约了带宽。各个主流语言下数据与Protobuf格式之间相互转换的API都已经提供，开发者可以直接使用。例如，在Go语言中这种序列化/反序列化能力是由google.go.org/grpc/codes包提供的。同时考虑到上述代码生成能力，gRPC和Protobuf插件使开发人员在主流编程语言下的编码工作大大地简化了。

4）支持双向流模式

在普通的Web服务中单向数据流较常见：客户端向服务器端发起一个请求，连接建立后被请求数据由客户端流向服务器端，客户端进入等待模式；服务器端进行响应并通过同一个连接将结果发送给客户端，整个过程结束。单向数据流以一种串行的方式进行，总有一方处于等待状态。双向数据流与此不同，客户端与服务器端可以同时向对方发起请求或发送数据，逻辑上可以理解为有两个流（连接）存在，一个用于支持客户端发起的通信请求，另一个用于支持服务器端发起的通信请求，这样站在任何一端，任何时刻都可能接收到对方的数据，也可以向对方发送数据。双向数据流为应用提供了更高的灵活性，但也带来了复杂性，通信双方必须制定好交互规则。

gRPC的前身Stubby立足于微服务之间的通信，作为继承者，gRPC在这方面自然青出于蓝而胜于蓝。时至今日，微服务早已大行其道，其间通信很多简单地基于HTTP 1.1，与gRPC所使用的Protobuf相比效率上还是有较大的差距的，在巨量微服务体系内这种浪费是巨大的，开发人员应该尽量采用gRPC与Protobuf或类似方案。

1.3.2　服务于API

顾名思义，API Server的主要内涵是API，API Server为API提供的服务可以分为两方面。

1. 将 Kubernetes API 暴露为端点

先要讲解 API 端点所起到的作用。API Server 以 RESTful 的方式对外暴露 API,从而形成 API 资源,用户可以使用的每个 Kubernetes API 都对应着 RESTful 端点。客户端针对 API 资源的创建、修改、删除等请求均是通过端点进入 API Server 的,最后由请求处理器将请求的内容落实到对应的 API 资源实例上。

注意:从 URL 组成上来看,API 的端点可被分为两大类,分别以/api/和/apis/作为上层路径。路径/api/下包含核心 API 组内的 API 资源,而/apis/下包含其他 API 组下的资源。

API Server 的客户端有很多种,例如 Kubelet、Kube-Proxy、计划器等都是 API Server 的客户端,它们中的一部分就选用 RESTful 端点与 API Server 进行交互。用户命令行工具 kubectl 便是如此,通过在命令行加入"--v=8"标志,用户可以看到其和 API Server 交互的全部内容,一个命令触发了对哪些端点的访问都可以看到。基于 API 资源端点,开发者完全可以自己写一个客户端,当用 Go 语言写时 Kubernetes 项目的 client-go 库为这部分工作提供了工具集,用起来很便利。部分资源端点如图 1-6 所示。

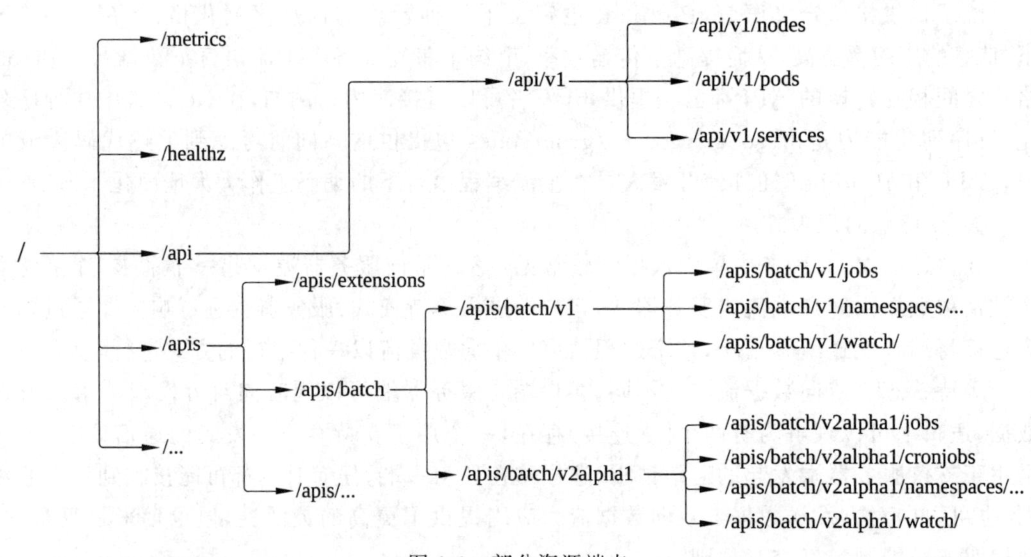

图 1-6 部分资源端点

从技术上讲,为一个 API 资源制作端点需要遵从 go-restful 框架的设计,实现各个角色,如 container、webservice 和 route,并将对该 API 资源 URL 的 GET、CREATE、UPDATE 及 DELETE 等请求映射到相应的响应函数上。问题是 Kubernetes 有很多内置 API,由来自不同公司的不同开发人员贡献,如果每个 API 都独立开发上述内容,则重复逻辑太多了,而且质量、代码风格一定迥异。API Server 将端点生成统一化,开发人员只需用 Go 语言定义出 API,然后通过 API Server 提供的 InstallAPIs()函数把该定义提交便可,go-restful 框架对 API 的开发者来讲甚至是透明的。API Server 的端点生成机制是其设计上的一个亮点,在本书的第二篇中会看到这是怎么达成的。

2. 支持对API实例的高效存取

API Server存储了整个集群的API实例，周边组件都是它的客户端，可以对其进行高频访问，所以API Server必须有高效存取能力，这就不得不提API Server选用的数据存储解决方案——ETCD。

注意： 有没有觉得ETCD这个名字比较眼熟？其实它受到Linux系统中的/etc目录的启发，后面加一个d用于表示分布式(英文distributed的首字母)，这就是ETCD这个名字的由来。

绝大多数分布式系统需要分布式协同解决方案去存储全系统共享的信息，正是这些信息把分布式系统的各部分黏合在一起共同工作，Kubernetes也不例外，它选择了ETCD。ETCD是一个高可用键-值对数据库，它追求简单、快速和可靠。对于分布式数据存储服务来讲，数据的一致性极为关键，ETCD可以达到很高的数据一致性。它还对外提供了信息变更监测服务，使客户端能及时响应某个键-值对的变化，Kubernetes API Server正是利用了这一功能去服务客户端对自己发起的WATCH请求。

值得指出的是，ETCD的Version 2和Version 3并不兼容，不同点非常多，其中它们在数据的存储方式上完全不同。在ETCD Version 2中，数据以树形层级结构存储在内存中，当需要保存至硬盘时会被转换为JSON格式进行存储。数据的键构成层级结构，它以类似数据结构中的字典树(Trie)的形式存储数据，Version 2中数据节点(node)所使用的数据结构的代码如下：

```
//https://github.com/etcd-io/etcd/server/etcdserver/api/v2store/node.go
type node struct {
    Path string

    CreatedIndex uint64
    ModifiedIndex uint64

    Parent * node `json:"-"` //…

    ExpireTime time.Time
    Value      string           //…
    Children   map[string] * node //…

    //一个指向本节点所使用的 store 的指针
    store * store
}
```

注意该结构的Parent属性和Children属性，基于它们的所有数据节点构成树形结构，而到了ETCD Version 3，这种结构被扁平化，上述node结构体也不再使用了。为了保持兼容性，ETCD 3会通过键的前缀部分大概模拟出一个数据在树中的位置，从而支持老API。

详细描述ETCD超出了本书的写作范畴，最后用如下例子简单展示API Server与ETCD

的协作过程：

(1) Deployment 控制器利用 Informer 和 API Server 建立连接，以此来观测 Deployment 实例的变化。

(2) 用户通过命令行创建一个 Deployment。

(3) kubectl 把用户输入的 Yaml 转换为 Json，作为请求 Payload 传送至 API Server。

(4) API Server 把收到的 Deployment 从外部版本转换为内部版本，把它分解为一组键-值对，交给 ETCD。

(5) ETCD 存储之。

(6) ETCD(间接)通知 Informer 有 Deployment 实例需要创建，这会在控制器的工作队列中插入新条目。

(7) Deployment 控制器的下一次控制循环会考虑新建出的实例，为它建立 ReplicaSet 实例等。

1.3.3 请求过滤链与准入控制

发往 Web Server 的请求最终会被交予该请求对应的响应函数处理。众所周知，与请求无关的处理步骤广泛存在：登录鉴权、流量控制、安全检测等都是不需要区分请求的。既然如此，为何不在业务逻辑处理开始前将这些步骤集中逐个做一遍？既然 API Server 有能力统一所有 API 的端点生成，做到这点并不困难。这就形成了过滤链，如图 1-7 所示。

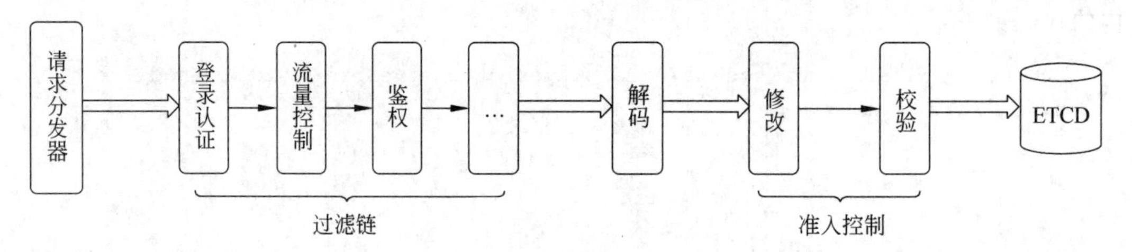

图 1-7 请求处理过程

API Server 对响应函数内部逻辑进行了进一步划分，大致分为两部分：过滤和准入控制，这两步完成后就可操作 ETCD 存取数据。过滤部分顺次执行多个过滤器，只要有过滤器叫停那么处理流程就立即结束，过滤过程无论是查询还是修改操作都需要执行。设置准入控制部分更多的考量是规范请求中所传递的内容，使其逻辑上合理，只有创建、修改和删除类请求会经过准入控制过程。同时这也是信息安全机制的一部分。准入控制分两个阶段，分别是修改阶段和校验阶段，在修改阶段可以对请求内容进行改写，例如向 Pod 中添加边车容器；校验阶段则是检验将要持久化到 ETCD 的 API 实例逻辑上是否具有一致性。准入控制机制构建了插件机制，一个插件可以参与修改阶段和校验阶段的一个或两个阶段。

准入控制是可扩展的，开发者可以将自有逻辑做到一个 Server 中，然后通过动态准入控制机制在修改阶段和校验阶段调用之，这被称为准入控制 Webhook。在本书的第三篇中会演示如何创建准入控制 Webhook。

1.4 声明式API和控制器模式

Kubernetes系统设计上一个大胆的决定是采用声明式API。声明式API及其在Kubernetes中的落地方式——控制器模式深刻影响了API Server的总体设计。本节从一个例子开始认识它们。

1.4.1 声明式API

假设用户在购物网站上购买了一本书，但第二天反悔了，希望取消订单并退款，这时应该如何操作呢？首先用户需要到购物网站打开该订单查看其状态，如果是已经发货甚至已经到货了，则需要单击"售后服务"按钮，联系客服安排退货退款；如果卖家还没有发货，则可以直接单击"退款"按钮，等待一段时间后退款过程就可以完成。用伪代码来描述这一过程，伪代码如下：

```
...
if(订单状态为已发货或其后续状态) {
    联系客服;
    如已收件,联系快递员上门取件;
    ...
}else{
    单击退款;
    确认退款完成;
}
...
```

以上过程代表了当今程序处理的典型过程，用户作为购物网站的使用者需要根据订单状态做出判断，采取正确的操作进行退款。为了正常获得退款，用户需要具有工作流程的知识，这是一种负担。这个购物网站的设计不是一种声明式的设计。

作为购物者，对购物网站制定的退款操作规则不感兴趣，想做的只是把订单改为申请退款的状态，希望购物网站能根据订单的当前状态自我调整，尽一切可能来满足用户要求。也就是说，理想的过程如下：

```
...
将订单状态更改为"申请退款";
离开网站;
...
接收到系统操作结果的通知;
...
```

能够实现以上过程的设计就是一种声明式的设计。声明式设计会产生一种对使用者极为友善的系统，使使用者摆脱根据系统现状和流程设计采取不同操作的要求，只需声明希望系统达到的最终状态。

与非声明式设计相比，声明式设计在减轻使用者脑力负担的同时，也有其自身的弊端：

在复杂系统中一般不会保证使用者即刻获得反馈，其所期望达到的状态也不是当时就可以达到，何时能达到完全依赖系统，也就是说使用者已经不能完全控制后续的执行了，所以说采用声明式设计是 Kubernetes 最大胆的决定。商用系统对于错误和延迟的容忍度一般较低，错误往往意味着损失，延迟代表着低效，这些都是非常负面的事情。商业软件对于精确和高效十分在意，针对用户的一个操作，系统最好马上给出明确的反馈。

精确高效、使用者低负担和复杂的系统状态转换三者间存在潜在的冲突，可同时取其二，但很难三者皆得，如图 1-8 所示。例如，可以选择精确高效+复杂的系统状态转换，牺牲掉使用者的低负担，也就是说通过让使用者明确指出执行过程来克服复杂性带来的处理延迟，也可以选择精确高效+使用者的低负担，这时就要把系统状态转换设计得简单明了一些，从而减少系统在转换状态时的巨大开销。声明式设计选择了使用者的低负担+复杂的系统状态转换，而牺牲掉精确高效。

Kubernetes 用户使用系统的主要媒介是 API 资源实例，系统用户通过创建、调整 API 实例来提出自身需求，Kubernetes 系统以异步方式，按照既定逻辑，逐一响应这些需求，在此过程中无须用户参与。这种请求与响应的模式符合声明式设计，称为声明式 API。下面通过 Kubernetes 滚动更新机制来体验声明式 API 带给使用者的优秀体验。

1. 滚动更新

应用程序提供者希望部署在 Kubernetes 集群中的应用 7×24h 可用，这样业务就可以不间断，从而避免任何损失，但程序可能由于各种客观原因停机，典型的是升级，即新版本替换老版本。在 Kubernetes 出现前，这是一个老大难问题，需要操作人员进行精心准备。以容器为基础的云原生架构从容地解决了这个问题，因为云原生应用支持多实例并不是什么难事，底层平台可以通过逐步将实例替换到新版本的方式，在不停止服务的前提下完成升级。Kubernetes 平台上这种机制是滚动更新的。

设想有以下微服务，其核心业务代码放在镜像 M 中，Pod A、B、C 运行该镜像来输出服务，由于所运行镜像一致，A、B、C 三者服务也完全一致，互相可替代，它们都由一个 Deployment 资源实例来管理，而 Deployment 又是通过一个 ReplicaSet 实际管理 Pod 的；系统通过 Service S 把这个微服务暴露在集群内，供其他服务调用。各元素的相互关系如图 1-9 所示。

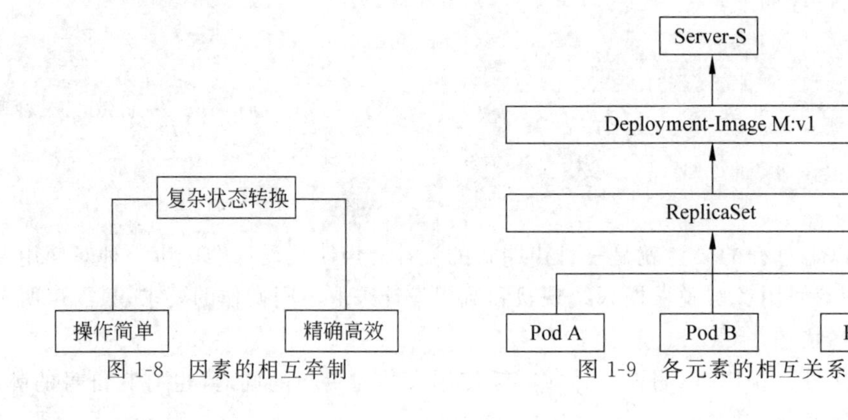

图 1-8 因素的相互牵制

图 1-9 各元素的相互关系

初始时镜像 M 的版本是 v1，管理容器 A、B、C 的 Deployment 资源的定义文件如下：

```
apiVersion: apps/v1
kind: Deployment
metadata:
    name: my-deployment
    labels:
        app: my-service
spec:
    replicas: 3
    selector:
        matchLabels:
            app: my-service
    template:
        metadata:
            labels:
                app: my-service
        spec:
            containers:
            - name: service-s
             image: M:v1
             ports:
             - containerPort: 80
```

现在把镜像 M 的版本升级到 v2，管理员先对 Deployment 的资源定义文件进行如下修改，然后提交给 API Server 即可：

```
apiVersion: apps/v1
kind: Deployment
metadata:
    name: my-deployment
    labels:
        app: my-service
spec:
    replicas: 3
    selector:
        matchLabels:
            app: my-service
    template:
        metadata:
            labels:
                app: my-service
        spec:
            containers:
            - name: service-s
             image: M:v2
             ports:
             - containerPort: 80
```

正常情况下，这是管理员所有需要做的操作。只需指出新版本镜像，不必描述新老版本的替换步骤,该过程完全由系统自主决定。以上修改触发了Kubernetes滚动更新机制,该机制分多次关停现有Pod A、B、C,保证时刻有容器对外提供服务,再启动相同数量的运行M:v2镜像的容器,并划归原Deployment管理,直到全部Pod被更新至v2。

注意: 这里略去了滚动更新的配置和执行细节,每次最多停掉多少Pod,以及最少保证有多少Pod存在等都可以通过配置指定。

在以上例子中,Kubernetes不要求用户手动关停Deployment中的各个Pod,然后启动新Pod去更新,也不要求用户指定是先关后启还是反之,诸如此类细节都交给系统处理,使用者只需通过变更API实例(Deployment)的定义文件阐明期望的状态。这充分体现了声明式设计带来的卓越用户体验。

1.4.2 控制器和控制器模式

声明式API非常酷,但实现它却需要一番考量。Kubernetes设计出控制器模式实现它,该模式的执行过程如图1-10所示。

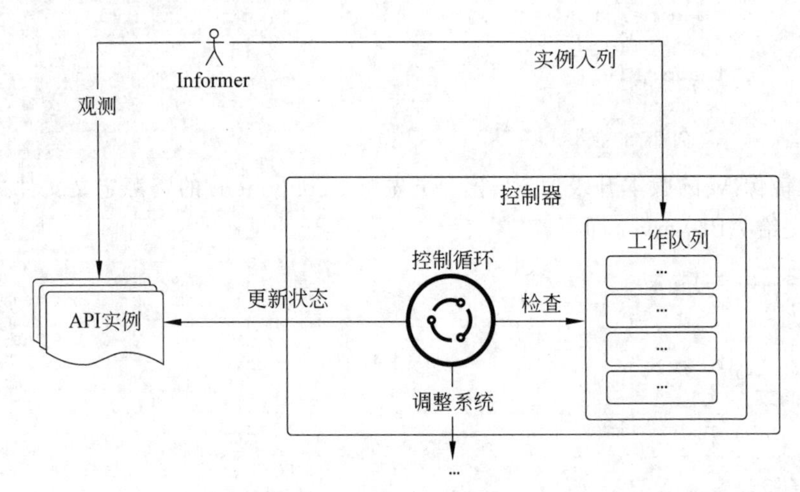

图1-10 控制器模式的执行过程

一个API背后有一个叫作控制器(Controller)的对象,控制器可以被理解为一段无限循环的程序,除非被人为终止,否则它会一直运行。这个永不停止的循环被称为控制循环。控制循环的第1项工作是查看自上次循环运行完毕后,有哪些该种类API实例被创建、修改或删除,这是借助一个工作队列来完成的:工作队列会记录这些定义发生变动的实例,为控制循环提供工作目标。

控制循环从队列中取出待处理的API实例,读出该API实例的期望状态和当前的实际状态,它们分别记录在资源描述的spec和status部分,根据二者的差异得出需要的操作并执行。如果成功变更到目标状态,则控制循环会更新实例的状态描述,并从工作队列中移除该实例;相反,如果操作无法完成,则控制器会将资源实例保留在工作队列中,以待下次循环再次尝试处理。

上述描述的整个过程被称为控制器模式。为了更深入地理解控制器和控制器模式，下面来解析 Kubernetes 的 Job 控制器源码，这部分需要读者具有 Go 语言的基本知识。

Job 控制器中的 Job 代表可由系统在无人值守的情况下自主一次性完成的工作，具体的工作事项可以由一个或多个 Pod 去执行。Job 控制器的主要工作内容如下：

(1) 为新 Job 创建 Pod。

(2) 跟踪 Pod 的状态，对成功和失败进行计数，并据此更新 Job 的状态。

这里忽略了控制器中非核心的工作，只关注重点。下面到 Job 控制器源码文件看一下控制器基座结构体，代码如下：

```
//代码 1-1 pkg/controller/job/job_controller.go
type Controller struct {
    kubeClient clientset.Interface
    podControl controller.PodControlInterface

    //为了允许测试代码进行信息注入
    updateStatusHandler func(ctx context.Context, job *batch.Job)
     (*batch.Job, error)
    patchJobHandler func(ctx context.Context, job *batch.Job, patch
    []byte) error

    //要点①
    syncHandler func(ctx context.Context, jobKey string) error
    //…
    //加一个字段，用于注入测试
    podStoreSynced cache.InformerSynced
    //…
    //加一个字段，用于注入测试
    jobStoreSynced cache.InformerSynced

    //一个 TTLCache，用于 Pod 的创建或删除
    expectations controller.ControllerExpectationsInterface

    //控制器监控 finalizer 移除异常的途径
    finalizerExpectations *uidTrackingExpectations

    //存储 Job
    jobLister batchv1listers.JobLister

    //存储来自 podController 的 Pod
    podStore corelisters.PodLister

    //…
    //要点②
    queue workqueue.RateLimitingInterface
```

```
    //…
    orphanQueue workqueue.RateLimitingInterface

    broadcaster record.EventBroadcaster
    recorder record.EventRecorder

    podUpdateBatchPeriod time.Duration

    clock clock.WithTicker

    backoffRecordStore *backoffStore
}
```

要点①和②处定义了两个重要结构体字段：syncHandler 和 queue，它们在控制循环中起到如下作用。

① syncHandler：一个方法，控制循环的核心业务逻辑，每次运行最终都会运行这个方法。

② queue：这是控制循环的工作队列，内含待处理的 Job 资源实例的 ID，包括待创建、已修改和未完成的 Job，一次循环的启动是从检测队列内容开始的。

虽然 Kubernetes 的控制器多种多样，但它们的实现思路极为类似，以上两个属性在大部分控制器内都可以找到，这样的设计安排使代码更易阅读。除了字段，基座结构体还具有诸多方法，其中 Run()、processNextWorkItem()、syncJob()、worker()、manageJob()和 trackJobStatusAndRemoveFinalizers()方法对理解 Job 控制器及其工作机制至关重要，它们之间的调用关系如图 1-11(a)所示；Controller 的全部方法如图 1-11(b)所示。

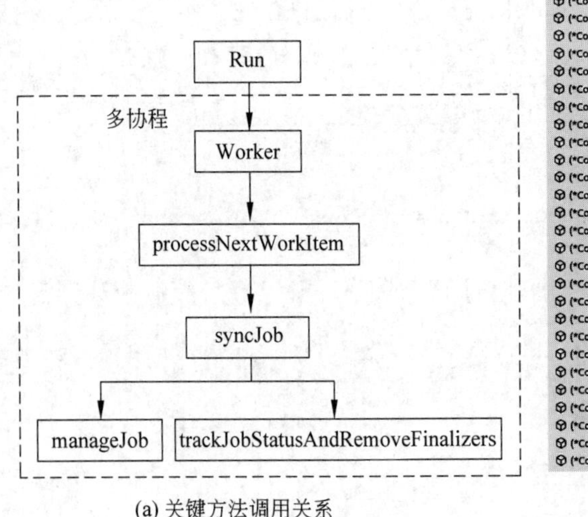

(a) 关键方法调用关系

(b) 基座结构体的全部方法

图 1-11 Job 控制器

1）Run()方法

Run()方法是控制器的启动方法。它首先启动工作队列，然后启动指定数量的协程，如有协程中途退出，1s后再次启动；每个协程不断地运行worker方法去处理queue中的Job资源，体现在以下代码的要点①处。当控制器停止运行时会做一些错误处理和清理工作，由defer关键字修饰的语句完成。

```
//代码 1-2 Run 方法实现
func (jm * Controller) Run(ctx context.Context, workers int) {
    defer utilruntime.HandleCrash()

    //启动事件处理 pipeline
    jm.broadcaster.StartStructuredLogging(0)
    jm.broadcaster.StartRecordingToSink(&v1core.EventSinkImpl {
        Interface: jm.kubeClient.CoreV1().Events("")})
    defer jm.broadcaster.Shutdown()

    defer jm.queue.ShutDown()
    defer jm.orphanQueue.ShutDown()
    klog.Infof("Starting job controller")
    defer klog.Infof("Shutting down job controller")

    if ! cache.WaitForNamedCacheSync("job", ctx.Done(),
            jm.podStoreSynced, jm.jobStoreSynced) {
        return
    }
    //要点①
    for i := 0; i < workers; i++ {
        go wait.UntilWithContext(ctx, jm.worker, time.Second)
    }

    go wait.UntilWithContext(ctx, jm.orphanWorker, time.Second)

    <-ctx.Done()
}
```

2）worker()方法和processNextWorkItem()方法

由上述代码要点①处循环体可知，jm.worker()方法会被Run()方法中启动的协程调用。在每个协程中，worker方法每次退出1s后会被再次启动，如此往复。worker()方法内部直接调用processNextWorkItem()方法，该方法的核心功能是从工作队列queue拿出一个待处理的Job实例的key，然后启动控制循环的主逻辑——syncHandler字段所指代的方法进行处理，如以下代码1-3的要点①所示。syncHandler是基座结构体的第1个字段，在构造控制器对象时被指向syncJob()方法，所以控制器的主逻辑实际是在syncJob()方法内。

```
//代码 1-3 worker 方法与 processNextWorkItem 方法实现
func (jm * Controller) worker(ctx context.Context) {
    for jm.processNextWorkItem(ctx) {
    }
}

func (jm * Controller) processNextWorkItem(ctx context.Context) bool {
    key, quit := jm.queue.Get()
    if quit {
            return false
    }
    defer jm.queue.Done(key)
    //要点①
    err := jm.syncHandler(ctx, key.(string))
    if err == nil {
            jm.queue.Forget(key)
            return true
    }

    utilruntime.HandleError(fmt.Errorf("syncing job: % w", err))
    jm.queue.AddRateLimited(key)

    return true
}
```

3) syncJob()方法

syncJob()方法是控制循环的主逻辑,由于代码比较长,所以不在这里罗列,简述一下其内部处理的过程。首先程序用传入的 Job key 在本地缓存中找到该 Job 实例,然后进行深复制,从而生成一个新的 Job 资源实例,后续控制循环对 Job 信息的更新是在这个新实例上进行的,不能直接更新缓存中的资源实例。

接下来控制循环读取该 Job 的当前状态信息,例如上次成功运行了多少 Pod、失败了多少、上次循环后又有多少 Pod 成功和失败,从而得到最新数字。据此判断 Job 的当前状态:

(1) 如果 Job 完全符合完成要求,则更新 Job 状态并退出,这时它也从工作队列退出。

(2) 如果当前 Job 实例被暂停了,则把这个 Job 实例重新放入工作队列,等待下次控制循环的运行。

(3) 这个 Job 还没有运行完毕,控制循环计算还需要多少 Pod 去执行什么任务,并且指定其他参数,例如最大并行处理数。这部分工作是在方法 manageJob()中进行的,在以下环节介绍。

以上处理均结束后,需要检验与 Job 实例有关的 Pod,统计系统运行完的 Pod,以此决定是否符合结束条件,并将最新状态信息写回数据库。这些是在方法 trackJobStatusAndRemoveFinalizer()中进行的。

4) manageJob()方法

manageJob()方法用于比较 Job 实例的目标和当前状态,从而做出操作。每个 API 的控制器都会有类似先比较再处理的逻辑，这部分代码是最具资源类型特色的。

对于 Job 资源来讲，它主要的状态就是与其有关的 Pod 实例信息：多少 Pod 正在运行；最大可并行运行数量；共需运行多少次，与目标次数相比还需要运行几次。根据比较结果调整系统，向目标状态前进。该方法的核心代码如下：

```
//代码 1-4 manageJob 方法实现节选
podsToDelete := activePodsForRemoval(job, activePods, int(rmAtLeast))
if len(podsToDelete) > MaxPodCreateDeletePerSync {
    podsToDelete = podsToDelete[:MaxPodCreateDeletePerSync]
}
if len(podsToDelete) > 0 {      //要点①
    jm.expectations.ExpectDeletions(jobKey, len(podsToDelete))
    klog.V(4).InfoS("Too many pods running for job",……)
    removed, err := jm.deleteJobPods(ctx, job, jobKey, podsToDelete)
    active -= removed
    //Job 需要同时创建和删除 Pod 是有可能的
    return active, metrics.JobSyncActionPodsDeleted, err
}

if active < wantActive {      //要点②
    remainingTime := backoff.getRemainingTime(……)
    if remainingTime > 0 {
      jm.enqueueControllerDelayed(job, true, remainingTime)
      return 0, metrics.JobSyncActionPodsCreated, nil
    }
    diff := wantActive - active
    if diff > int32(MaxPodCreateDeletePerSync) {
      diff = int32(MaxPodCreateDeletePerSync)
    }
    jm.expectations.ExpectCreations(jobKey, int(diff))
    errCh := make(chan error, diff)
    klog.V(4).Infof("Too few pods running job %q, ……)

    wait := sync.WaitGroup{}

    var indexesToAdd []int
    if isIndexedJob(job) {
        indexesToAdd = firstPendingIndexes(activePods, succeededIndexes,
            int(diff), int(*job.Spec.Completions))
    diff = int32(len(indexesToAdd))
    }
    active += diff

    podTemplate := job.Spec.Template.DeepCopy()
    if isIndexedJob(job) {
```

```
            addCompletionIndexEnvVariables(podTemplate)
        }
        podTemplate.Finalizers = appendJobCompletionFinalizerIfNotFound (
            podTemplate.Finalizers)
    ...
```

在上述代码中看到,比较的结果有两种可能:

(1) 如果目前运行次数超出了剩余运行次数,则程序需要停止一定数量的 Pod。这与代码中的要点①对应。

(2) 如果目前运行次数没有达到要求的运行次数,则控制循环会为这个 Job 资源实例启动一定数目的 Pod。代码中的要点②对应这种检测结果。

5) trackJobStatusAndRemoveFinalizers()方法

经过以上处理,控制器启动或关停了一些 Pod 以满足该 Job 的期望,接下来对 Pod 的状态进行一次检验和再统计,统计结果会决定 Job 是否已完成工作。这些信息会作为状态写入 job.status 中。这里不再展开介绍,读者可自行查阅源码。

本节以 Job 控制器代码为例,介绍了控制器的基本结构,着重展示了一个控制循环内所包含的逻辑。所有控制器都具有类似的代码结构,读者可以自行浏览 Kubernetes 工程的 pkg/controller 包查看其他内置 API 的控制器源代码。

通过这些控制器,Kubernetes 实现了声明式 API。内置 API 的控制器和客制化 API 的控制器共同构成了控制器集合,支撑起 Kubernetes 系统的运转流程,前者 Kubernetes 项目开发,由控制面集中运行它们并监控其健康状况。客制化 API 的控制器由用户编程实现,对它们的监控同样需由用户实现。客制化 API 及其控制器的引入可以通过开发操作器(Operator)达成,本书第三篇将讲解如何开发操作器。

1.5 本章小结

作为本书的首章,本章首先介绍了 Kubernetes 的基本组件,然后对 Kubernetes API 的名词、概念进行了集中定义,这为本书的后续讨论打下基础;紧接着聚焦于 API Server,从多个角度阐述 API Server 的作用,介绍它的特点。

声明式 API 是 Kubernetes 的一大特色,Kubernetes 通过控制器实现了声明式 API,理解控制器和控制循环对理解 Kubernetes 源代码很有帮助。本章花费了大量篇幅介绍声明式设计、控制器、控制循环,希望对读者进一步阅读源码起到加速作用。

第 2 章 Kubernetes 项目

毫无疑问，开源早已经成为软件工程的一道亮丽风景。特别是过去的十年，开源工程数量急剧增长，单谷歌一家就贡献了众多知名项目，有代表性的如 Android 系统和 Go 语言，以及与本书主题密切相关的 Kubernetes 系统，包括贡献者和使用者在内，Kubernetes 社区成员数量在 2020 年就已经突破三百万，没有官方的统计其中贡献者的占比，但相信总数不会低于一家中等规模软件公司的雇员总数。如此规模的项目其维护难度可想而知。笔者认为，开源项目的成功严重依赖一个周密的规划与组织，如果希望来自五湖四海的贡献者形成合力，则必然要把行为准则定义好，把项目活动规划好。

理解 Kubernetes 项目治理也是理解源码的重要一环。软件工程领域有一个知名法则，称为康威定律(Conway's Law)：一个组织所做的系统设计将复制其内部机构交流结构。笔者认为这是一条易被忽视的至理名言。

本章将对 Kubernetes 项目的组织进行介绍。

2.1 Kubernetes 社区治理

Kubernetes 项目有几大组织机构，它们是指导委员会(Steering Committee)、特别兴趣组(Special Interest Group)、工作组(Working Group)及用户组(User Group)，其中特别兴趣组下又设有子项目组(Sub Project)。这几大组织是从行政机构角度对项目人员进行划分的，就像国家有环保局、工商局、警察局一样，各自负责国家治理的不同方面。项目机构与任务如图 2-1 所示。

社区设有多种交流渠道将成员联系在一起，主要有以下几种交流渠道。

(1) Slack：Slack 是本项目一般性讨论交流的主要渠道，其中有众多 Kubernetes 社区的官方 Channel，如果想加入，则需要获得邀请[①]。

(2) 论坛和邮件列表：Kubernetes 论坛 https://discuss.kubernetes.io 热度较低，但总归是个交流渠道。每个 SIG 和工作组都会有一个邮件列表，目前主要用于在开发人员特别

---

① 邀请入口：http://slack.k8s.io。

图 2-1 Kubernetes 社区模式

是核心项目成员之间发布信息。

(3) GitHub 的 Pull Request 和 Issues：一般用户发现 Bug 后可以在项目的 GitHub 主页上提交 Issue 给社区，而贡献代码、文档等都是通过 Pull Request 的形式走审核流程的。

(4) 在线会议：每个 SIG 都会有定期会议，所有感兴趣的人都可以旁听；除此之外，定期会有全社区层面的交流会议，与会者可以自行注册参加。

希望第一时间获知 Kubernetes 最新动向的读者需要多关注上述渠道中的信息，Kubernetes 项目目前依然高度活跃，一日千里，不断更新自己的知识是必要的。

2.1.1　特别兴趣组

特别兴趣组(SIG)是分量很重的机构,因为具体的功能发起、蓝图设计与实现都是在各个 SIG 的主导下进行的。Kubernetes 中有众多的 SIG,一个 SIG 的职责可以是纵向包揽某类事物的所有方面,例如 Network、Storage、Node 等;或是横向跨越多个模块去处理共同问题,例如 Architecture、Scalability;抑或是为整个项目服务,例如测试、文档处理等均有单独的 SIG 存在。SIG 内设置有主席、技术领导等角色。当前 Kubernetes 的所有 SIG 如图 2-2 所示。

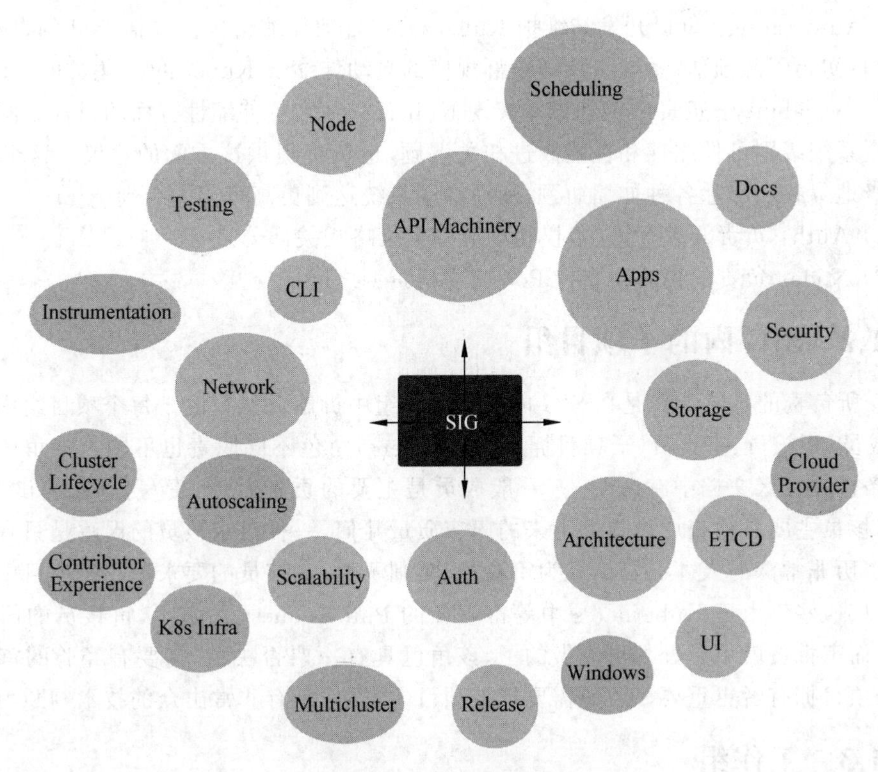

图 2-2　Kubernetes SIG

所有 SIG 都有其存在的必要性,以下介绍与重要功能关系紧密的几个。

(1) API Machinery:负责 API Server 的方方面面,如 API 注册与发现、API 的增、删、改、查通用语义,准入控制,编解码,版本转换,默认值设定,OpenAPI,CustomResourceDefinition,垃圾收集及客户端库等。

(2) Architecture:负责维护和演化 Kubernetes 设计原则,提供保持一致的专家意见来确保体系结构随着时间的推移仍保持一致。

(3) Network:全权负责 Kubernetes 网络相关的功能。

(4) Storage:负责确保无论容器被计划到哪里运行文件或块存储均可用、提供存储能力管理、计划容器时考虑存储能力及针对存储的一般性操作。

(5) ETCD：负责ETCD的开发组织，让它不仅可作为Kubernetes的一部分，同时可被独立应用于其他云原生应用。

(6) Scheduling：负责计划器模块。计划器用于决定Pod运行的节点。

(7) Apps：API组apps下含有支持部署与运维应用程序在Kubernetes上运行的功能，本SIG负责组织该API组内容的开发。它关注Developer和运维人员的使用需求，将之转化为功能进行发布。

(8) Testing：聚焦高效测试Kubernetes，使社区可以简单地运行测试。

(9) Autoscaling：负责开发与维护Kubernetes自动伸缩组件。包括Pod的自动水平、垂直伸缩；初始资源预估；系统组件随集群规模的自动伸缩及Kubernetes集群的自动伸缩。

(10) Scalability：负责制定和推动实现Kubernetes在可伸缩性方面的目标。同时也协调推动全系统级别可伸缩性和性能改进相关课题，也负责提供这方面的建议。这个SIG会持续积极地寻找和移除各种伸缩瓶颈，从而推动系统达到更高可伸缩级别。

(11) Auth：负责开发登录、鉴权和集群安全策略相关部分。

(12) Node：负责的模块会支持Pod与主机资源之间的交互。

2.1.2 SIG内的子项目组

SIG所负责的具体工作是在SIG内的子项目组中拆解并执行的。每个项目组内有4种角色：成员、审核员、审批员、子项目拥有者(Owner)，角色不同职责也不同。各角色的任务和胜任条件在社区文档中有说明[①]。一般成员是主要的贡献者，负责写代码、测试、编写文档等；审核员主要是检查成员提交上来的内容质量几何，一种对审核员的误解是只有水平非常高且资历非常深的人才有资格成为审核员，实则不然，审核员的要求是在子项目中有过贡献就可以，这些年由于Kubernetes中等待审核的Pull Request太多了，审核员的门槛已变得很低，而审批员就不是谁都可以做的了，该角色具有一票否决权，需要有经验的审核员去承担；子项目拥有者更重要，他/她需要把控项目的方向，具有非常出众的技术判断力。

2.1.3 工作组

由上述SIG的介绍可见，不同SIG之间在职责划分上泾渭分明，几乎不会重合。软件项目运作过程肯定没有这么理想，一个话题往往需要跨SIG合作，这时又该如何是好呢？答案是工作组机制。

工作组为不同团体提供围绕共同关心话题的讨论场所，例如组织周期会议、创建Slack中频道(Channel)、论坛讨论组等。它是一种轻量级的组织机构，由某个话题、问题催生，随问题的解决而解散。这种轻量还体现在不拥有代码上，一旦工作组涉及代码编写，则必须将代码库设立于某个SIG内。社区期望通过工作组将特定问题的所有相关方组织起来，从而

---

① 位于GitHub中Kubernetes组织机构下的community库内，文件为community-membership.md。

形成最广泛的共识与最优解。工作组是 Kubernetes 项目的正式组织机构，需由指导委员会批准设立和解散。社区成员可以申请创建工作组，前提是目标事项满足以下基本条件：

（1）不需要拥有代码。

（2）具有清晰的目标交付物。

（3）具有临时属性，目标达成后可立即解散。

工作组与 SIG 的区别是比较明显的，它的主要目的是协助跨 SIG 的讨论，并且围绕单一问题、话题展开，具有简化的管理流程。

2.2　开发人员如何贡献代码

向社区贡献力量的方式有很多种，并非唯独贡献代码一种。撰写使用文档、参与测试设施的维护、做代码审核员、在 Slack 中指导新手都是好的参与方式。考虑到本书的读者中开发人员众多，这一节着重讲述如何做代码层面的修改，包括修复 Bug 和增强功能开发等。

2.2.1　开发流程

从代码签出到提交 Pull Request 的过程如图 2-3 所示，这和很多公司的开发过程是一致的。

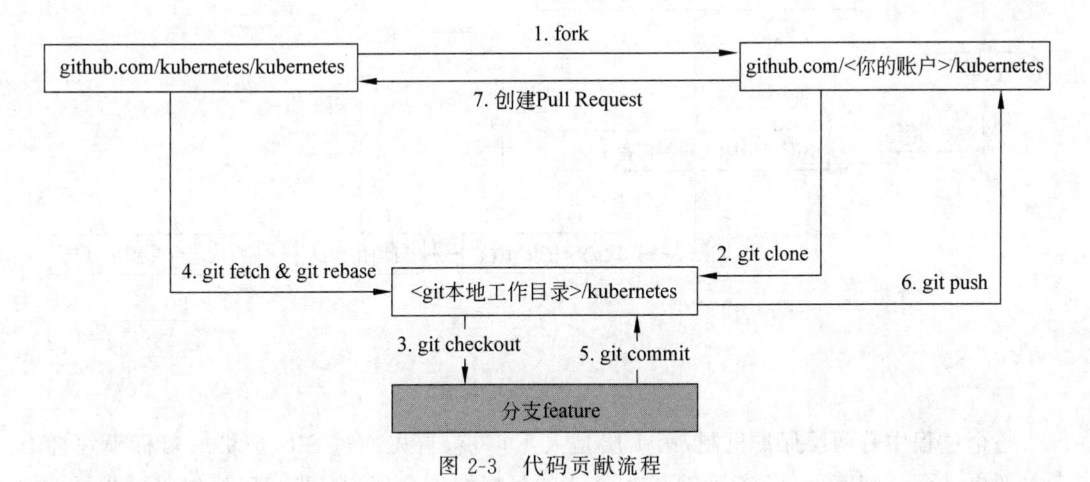

图 2-3　代码贡献流程

开发的第 1 步是把 Kubernetes 项目 fork 到自己的 GitHub 账户，这时在自己的账户内会出现一个项目副本，可以任意修改之，然后在本地把刚刚 fork 下来的工程克隆下来，并在本地创建分支进行开发；在开发过程中要注意尽量频繁地合并 kubernetes/kubernetes 代码库中的最新代码，至少要在向 Kubernetes 工程提交 PR 前做一次，其目的是尽量确保提交的代码和 Kubernetes 的最新代码没有冲突；开发完成后进行 commit 并推送至线上，这时代码进入你 GitHub 账户内的工程副本；登录 GitHub，基于你的工程副本发起一个 PR，等待审核、测试的开始，其内部过程在下一部分会介绍。

注意：除了功能代码，开发人员还需提供单元测试代码去保证质量，如果缺失，则会面临审核失败的结果。在代码修改完成后，不要急于提交，做好充足的本地测试，从而确保这次改动没有影响到已发布的功能，开发人员在本地几乎可以运行所有自动化测试。

2.2.2 代码提交与合并流程

每个成员都可以对 Kubernetes 做出贡献。贡献可以是代码，如对 Bug 的修复或对 Kubernetes 功能的增强；也可以是非代码，如给出增强建议(Kubernetes Enhancement Proposal)、文档撰写。本节聚焦代码的贡献流程。

代码能够被采纳需要符合质量要求，编写符合编码规范，功能正常并不影响已有功能。社区定义了一整套保障流程，如图 2-4 所示。

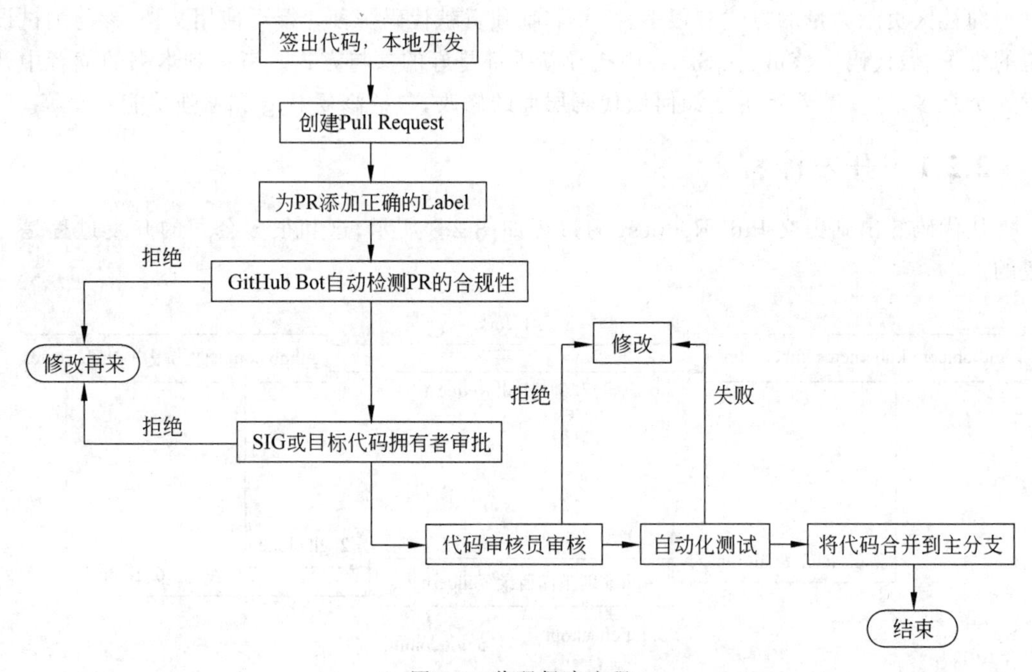

图 2-4 代码保障流程

整个过程中有两层保护机制，第 1 层是人工审核，首先通过 SIG 成员或目标模块拥有者对变更进行详细审批、审核，保证这次修改的目标清晰合理，逻辑也正确，代码可读可维护等；第 2 层是机器执行的自动化测试，Kubernetes 引入了诸多种类的测试，主要测试包括以下几种。

(1) 单元测试(Unit Test)。

(2) 集成测试(Integration Test)。

(3) 端到端测试(End to End Test)。

(4) 一致性测试(Conformance Test)。

为了进行自动化测试，谷歌公司贡献了测试用基础设施，设立在谷歌云上，称为测试网格。社区成员可以通过 GitHub 代码库 kubernetes/test-infra 对该测试基础设施进行设置。Kubernetes 的自动化测试结果可以在线查看，地址是 https://testgrid.k8s.io，这里可以看到各个模块过去两周的自动化测试结果。Kubernetes Gardener 项目的端到端测试结果如图 2-5 所示。

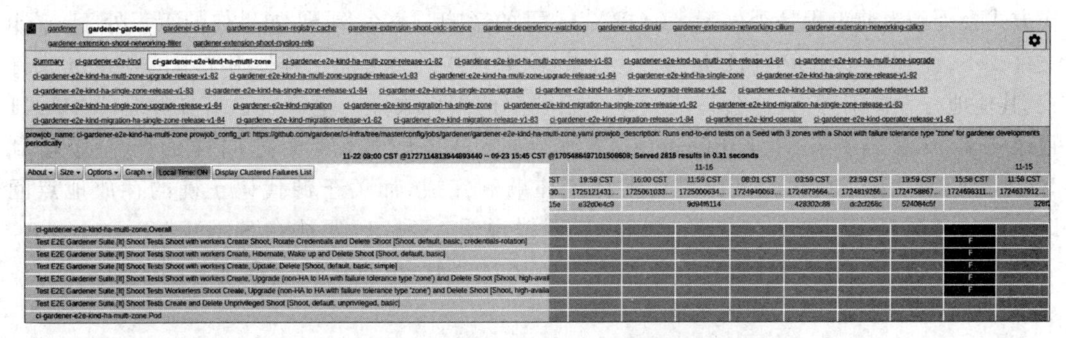

图 2-5 Gardener 模块自动化测试结果

2.3 源代码下载与编译

2.3.1 下载

Kubernetes 项目托管在 GitHub 上，开发者可以从项目主页将源码克隆到本地，如果只为查阅源代码，则放在哪里都可以；如果还想在本地编译出 Kubernetes 的各个应用程序，则源码放在本地的哪个目录下将有重要影响，原因要从 Go 语言的依赖管理方式变迁说起。

在 Go 语言的初始版本中是没有任何依赖管理机制的，但这种需求一直存在，2012 年和 2013 年相关的讨论和探索就在进行了。在没有依赖管理工具的情况下，一个工程如何引用其他工程的产出呢？很简单粗暴：把被引用工程的产出下载到本地 $GOPATH/src 目录下，然后在本工程内通过 import 引用它。这种方式增加了开发人员的工作不说，当两个本地项目依赖同一个库时，要求二者使用该库的同一版本，这个要求还是比较苛刻的。时间来到 2014 年，Go 1.5 发布时引入了 vendor 文件夹机制。它的想法很好理解：每个工程根目录下的 vendor 子目录将专门用于存放本工程的依赖，这样各个工程之间不再互相影响；在程序编译过程中，编译器会优先到 vendor 目录寻找需要的依赖。围绕着 vendor 目录机制，社区也开发了一些工具来简化依赖管理，这一机制的引入确实缓解了对依赖管理的迫切需求，但并没有解决全部问题。到了 2018 年，全新的 Go 1.11 发布时，新的依赖管理工具——go mod 被引入，它随 Go 语言一起安装。到了 Go 1.13，go mod 成为默认的依赖管理方式，一个新的 Go 工程将默认启用它。编译器在解析依赖时，首先会考虑 go mod 配置文件 go.mod。需要特别注意的是，go mod 并不影响 vendor 机制，在 Go 1.14 及后续版本中，如果工程根目录下有 vendor 文件夹，则编译器会优先启用 vendor 机制而不是 go mod 机制。

但 Kubernetes 项目伊始并不存在 go mod 这种依赖管理工具，它先采用了 vendor 机制,把自身引用的第三方包全部放在 vendor 目录下,这样开发人员下载了整个项目后依赖就是完善的,编译也可以进行。在 go mod 引入后 Kubernetes 拥抱了这一变化,同时并没有废弃 vendor 目录:依赖的加入和升级等均借助 go mod,但最终需要借助 go mod vendor 命令将它们放入 vendor 中,编译时真正起作用的是 vendor 机制,但需注意:vendor 机制的工作方式会受到当前工程是否处于 $GOPATH 下的影响。举个例子,如果你的工程处于~/git 文件夹下,而你的 $GOPATH 是~/go 目录,则编译器只会考虑工程根目录下的 vendor 文件夹,其他地方一概不考虑,这会造成一些令人费解的编译失败。笔者曾试着在非 $GOPATH 目录下存放源码并编译 Kubernetes 工程,结果是失败的,转而把同样的工程移动到 $GOPATH/src/k8s.io/下后,一切编译工作顺利完成,而关于源代码正确的存放地点问题,在 2018 年社区对新贡献者的培训中有明确说明:源代码要放在 $GOPATH/src/k8s.io/kubernetes 下,所以建议读者在这一点上不要过度好奇,直接把工程下载到 $GOPATH/src/k8s.io/会减少很多不必要的麻烦。

通过如下命令将整个代码库克隆到本地,代码库非常庞大,在网络环境一般的情况下会持续很长一段时间。运行完成后,在 $GOPATH/src/k8s.io/kubernetes 下会保存所有源码,API Server 是其中的一部分。

```
$ cd $GOPATH/src/k8s.io
$ git clone https://github.com/kubernetes/kubernetes
```

2.3.2 本地编译与运行

本地编译并不是阅读源码的前置条件,如果只是浏览源代码,则完全不需要编译,但通过编译的过程读者可以更进一步地了解 Kubernetes,同时当需要修改源代码验证自己的想法时,如何编译测试是必备知识。本节讲解编译和在本地运行单节点集群,供感兴趣的读者参考。

Kubernetes 的编译有两种方式:通过容器去编译或本地裸机编译。受益于工程内完善的脚本,两种方式均不复杂,本节不采用容器编译,而是采用裸机编译。运行本地单节点集群的工作也被一个脚本简化了,比较烦琐的工作就剩下在本地安装一些前置软件包,例如 containerd、ETCD 及其他。编译与启动步骤大体如下:

(1) 安装必要的软件包。编译时需要的软件包只是 Go 和 GUN Dev Tools,而运行时的软件包就要多一些,可以从 Kubernetes 项目文档中找到,笔者对此进行了整理,放在笔者的 GitHub 主页上供读者参考。

(2) 本地编译。可通过以下命令编译全部应用或单独一个模块的应用(例如 API Server),命令如下:

```
$ cd $GOPATH/src/k8s.io/kubernetes
$ sudo make all
$ sudo make what="cmd/kube-apiserver"
```

(3) 命令成功运行后,相应的应用程序编译便完成了。可执行文件存放在哪里呢?留给读者自行研究。

(4) 本地运行。可以直接在本地运行一个单节点集群,命令如下:

```
$ cd $GOPATH/src/k8s.io/kubernetes
$ sudo ./hack/local-up-cluster.sh
```

上述启动的本地单节点集群肯定无法承担正式的工作任务,只可用于测试自己开发的新功能,以及运行端到端测试等。

以上概括地给出了整个过程,略过诸多细节,有需要的读者可以参考笔者的 GitHub 库以获取更为详细的信息。

2.4 本章小结

学习源码绝不是单单读代码,如此宏大的开源项目如何组织有序并取得今天这种成就本身就很有学问,值得开发者学习,也有助于理解其系统设计。本章介绍了 Kubernetes 项目的治理模式,讲解了如何向该项目贡献代码;最后下载了 Kubernetes 源代码,演示了如何编译 Kubernetes 应用程序和运行本地单节点集群。第二篇将正式开启 Kubernetes 源码阅读之门。

第二篇　源　码　篇

本篇将正式展开 API Server 的源码讲解，是本书最核心的部分。API Server 的整体设计清晰，但内容比较多，逻辑复杂，讲解时会采用化整为零的方式，将 API Server 划分为多个子模块，各个击破。全篇包括的核心知识点有以下几点。

（1）API Server 的各个子 Server：聚合器、主 Server、扩展 Server 及聚合 Server。每个子 Server 提供不同的 Kubernetes API。逐个分析它们的代码实现。

（2）关键控制器的实现。

（3）Generic Server：各子 Server 的底座，对外输出通用能力。它是 API Server 众多关键机制的实现者，例如 HTTP 请求分发流程。这是理解 API Server 内部结构的关键。

（4）API Server 所使用的两个关键技术框架：Cobra 和 go-restful，其作用与使用方式。

（5）注册表机制（Scheme）。

（6）请求过滤机制，以及其提供的所有登录鉴权策略。

（7）准入控制机制。

本书所附插页 API Server 结构及组件关系图描绘出了 API Server 的主体框架和关键元素。除了图中的控制器管理器和 Webhook Server 外，本篇内容涵盖所有图中元素，它们分散在不同的章节中。该图厘清了这些知识的相对位置，帮读者在信息的海洋中导航。学习完本篇知识后，读者将具有深度定制 API Server 的基础知识。

第3章从API Server的整体代码结构上描绘它。我们会从Kubernetes工程的包结构入手,API Server是该工程的核心之一,其源代码被分割放置在工程的各个目录内,了解清楚包结构有助于快速定位代码。与此同时,本章会讲解Kubernetes如何把独立部分切分至子工程并引用之,然后介绍Cobra项目,它提供了用Go语言编写命令行工具的框架,Kubernetes的各个应用程序都在Cobra框架上开发。接着给出了API Server的子模块,即主Server、聚合器和扩展Server,这3个模块从最上层把API Server切分开,它们的实现框架相同,而细节不同。最后,本章给出API Server的启动过程作为结尾。

第3章从整体上介绍了API Server,接下来的各章将深入关键局部。第4章描述API Server所管理的内容——API的代码实现。这里面涉及API的设计理念,以及对应的Go结构体等。API的大量代码是代码生成的产物,这也会是第4章介绍的重要内容。

第5～8章会剖析API Server的三大子Server:主Server、扩展Server、聚合器与聚合Server。主Server负责提供内置API,扩展Server负责单独处理CRD,而聚合器最为强大,它引入了在API Server中加入自开发API Server,也就是聚合Server的机制。这3个子Server具有共同的底座Generic Server,这使它们的整体框架极为类似,本篇会花大量篇幅来介绍Generic Server的设计与实现。

第3章 API Server

API Server 是控制面的主体，其代码量比较大，本书将采用“先整体，后局部”的方式讲解其代码，本章聚焦整体。作为一个命令行程序，API Server 的程序入口是什么样子的？与它相关的目录(包)结构是什么样子的？API Server 启动流程的代码调用关系是怎样的？回答这些宏观的问题会带读者入门其源代码设计，本章以这些问题为抓手，逐步走进 Kubernetes 项目源码的世界。

3.1 Kubernetes 工程结构

API Server 的源代码被嵌在 Kubernetes 工程中，第 2 章介绍了如何将源代码下载到本地，之后就可以通过支持 Go 的 IDE 在本地查看项目源码了。笔者使用的是 Visual Studio Code，在安装好 Go 语言插件后，便可开始愉快地浏览这一工程。

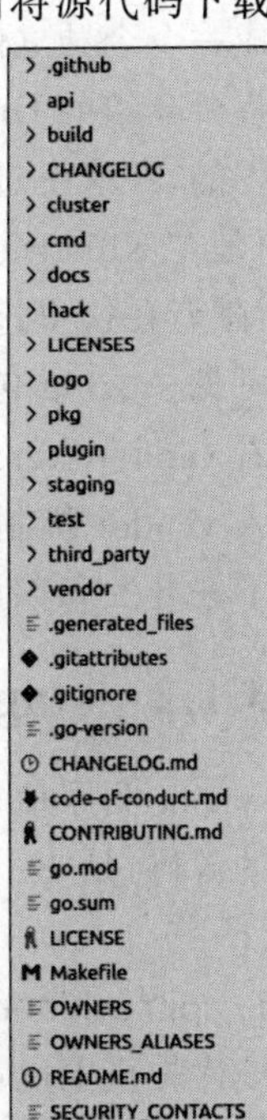

图 3-1　项目结构

3.1.1 顶层目录

Kubernetes 根目录下的内容如图 3-1 所示，本节将介绍其中几个重要的子目录。

1. 子目录 api

API Server 所提供的对外接口是符合 OpenAPI 规范的。利用 OpenAPI 规范，API Server 将其接口的所有技术细节严谨地描述了出来，能够理解该规范的客户端便具备了与 API Server 交互的能力。顶层目录下的 api 子目录包含的正是这些 OpenAPI 服务定义的文件。同时，其内容提供了一个便捷方式去获取 API Server 内置 API 的全部 RESTful 端点。

2. 子目录 cmd

整个 Kubernetes 工程会生成许多可执行程序，这些应用程序的编写都利用了 Cobra 框架，该框架建议在工程根目录下建立 cmd 文件夹,以此作为存放命令定义及其实现源文件的根目录。在3.2节将介绍Cobra框架。虽然cmd不包含核心业务逻辑,但它却是查看源码实现的最好入口。

3. 子目录hack

为了方便贡献者的工作,许多脚本被编写出来去自动化地完成某些操作,它们全部被放在这个文件夹下。例如脚本./hack/update-codegen.sh,它会重新执行代码生成。这些脚本也间接地统一了贡献者行为。

4. 子目录pkg

Kubernetes的业务逻辑代码存放地,各个模块的核心代码都在这里,例如API Server、Kubelet、kubectl等。需要注意区分它和cmd目录的内容:cmd目录包含Cobra框架下定义出的命令,它们很重要,但不能算是核心业务逻辑。

5. 子目录staging和vendor

vendor文件夹服务于Go语言的vendor机制。这个文件夹的存在会促使编译器直接从其中寻找本工程的依赖,而不是启用go mod依赖管理机制。关于vendor机制在2.3节已经简要介绍过,供读者参阅。

注意:虽然编译过程不启用go mod机制,但Kubernetes的开发过程中的依赖管理还是借助go mod进行的,例如添加依赖和版本升级等,只是在执行编译前,需要运行go mod vendor命令把最新的依赖包复制到vendor目录下。

staging目录是Kubernetes在模块化过程中的过渡工具。该项目不断地把自身的模块剥离成一个个独立的GitHub代码库,很多代码库甚至可以脱离Kubernetes被单独使用,例如将要介绍的Generic Server便是如此。独立成为代码库,进而形成独立项目是需要一个过程的,在这个过程完成前,针对这些被剥离模块的开发并不是在它们各自的代码库上进行,而是在Kubernetes项目里,这就要借助staging目录:其内会承载被剥离模块的最新代码,贡献者在这里进行开发,以便增强其功能,而这些修改会被定期同步到其GitHub代码库。可见staging包含的模块也是Kubernetes的依赖,它们如何被vendor机制用到呢?通过查看vendor/k8s.io/目录下的内容会发现,staging所含的库被通过软链接引入该目录,从而纳入vendor机制,如图3-2所示。也正是由于这里使用了软链接,所以在Windows操作系统下去开发和编译Kubernetes障碍重重。

3.1.2 staging目录

staging目录值得用更多时间探究。本质上讲,staging下保存的库代码也是Kubernetes项目的源码,是Kubernetes项目的"子产品"。下面介绍其中与API Server紧密相关的成员。

1. apimachinery库

该库提供Kubernetes的基础类型包、工具包等,源码位于子目录staging/src/k8s.io/apimachinery中,其内定义了整个项目的元数据结构,例如用于描述API的G(roup)、V(ersion)、K(ind)三属性的Go类型定义,实现了注册表(Scheme,非英文直译)机制,内外

```
jackyzhang@ThinkPad:~/go/src/k8s.io/kubernetes/vendor/k8s.io$ ls -l
total 20
lrwxrwxrwx  1 jackyzhang jackyzhang   28  5月 23  2023 api -> ../../staging/src/k8s.io/api
lrwxrwxrwx  1 jackyzhang jackyzhang   48  5月 23  2023 apiextensions-apiserver -> ../../staging/src/k8s.io/apiextensions-apiserver
lrwxrwxrwx  1 jackyzhang jackyzhang   37  5月 23  2023 apimachinery -> ../../staging/src/k8s.io/apimachinery
lrwxrwxrwx  1 jackyzhang jackyzhang   34  5月 23  2023 apiserver -> ../../staging/src/k8s.io/apiserver
lrwxrwxrwx  1 jackyzhang jackyzhang   34  5月 23  2023 client-go -> ../../staging/src/k8s.io/client-go
lrwxrwxrwx  1 jackyzhang jackyzhang   36  5月 23  2023 cli-runtime -> ../../staging/src/k8s.io/cli-runtime
lrwxrwxrwx  1 jackyzhang jackyzhang   39  5月 23  2023 cloud-provider -> ../../staging/src/k8s.io/cloud-provider
lrwxrwxrwx  1 jackyzhang jackyzhang   42  5月 23  2023 cluster-bootstrap -> ../../staging/src/k8s.io/cluster-bootstrap
lrwxrwxrwx  1 jackyzhang jackyzhang   39  5月 23  2023 code-generator -> ../../staging/src/k8s.io/code-generator
lrwxrwxrwx  1 jackyzhang jackyzhang   39  5月 23  2023 component-base -> ../../staging/src/k8s.io/component-base
lrwxrwxrwx  1 jackyzhang jackyzhang   42  5月 23  2023 component-helpers -> ../../staging/src/k8s.io/component-helpers
lrwxrwxrwx  1 jackyzhang jackyzhang   43  5月 23  2023 controller-manager -> ../../staging/src/k8s.io/controller-manager
lrwxrwxrwx  1 jackyzhang jackyzhang   32  5月 23  2023 cri-api -> ../../staging/src/k8s.io/cri-api
lrwxrwxrwx  1 jackyzhang jackyzhang   44  5月 23  2023 csi-translation-lib -> ../../staging/src/k8s.io/csi-translation-lib
lrwxrwxrwx  1 jackyzhang jackyzhang   52  5月 23  2023 dynamic-resource-allocation -> ../../staging/src/k8s.io/dynamic-resource-allocation
drwxrwxr-x  8 jackyzhang jackyzhang 4096  5月 23  2023 gengo
drwxrwxr-x  3 jackyzhang jackyzhang 4096  5月 23  2023 klog
lrwxrwxrwx  1 jackyzhang jackyzhang   28  5月 23  2023 kms -> ../../staging/src/k8s.io/kms
lrwxrwxrwx  1 jackyzhang jackyzhang   40  5月 23  2023 kube-aggregator -> ../../staging/src/k8s.io/kube-aggregator
lrwxrwxrwx  1 jackyzhang jackyzhang   48  5月 23  2023 kube-controller-manager -> ../../staging/src/k8s.io/kube-controller-manager
lrwxrwxrwx  1 jackyzhang jackyzhang   32  5月 23  2023 kubectl -> ../../staging/src/k8s.io/kubectl
lrwxrwxrwx  1 jackyzhang jackyzhang   32  5月 23  2023 kubelet -> ../../staging/src/k8s.io/kubelet
drwxrwxr-x  4 jackyzhang jackyzhang 4096  5月 23  2023 kube-openapi
lrwxrwxrwx  1 jackyzhang jackyzhang   35  5月 23  2023 kube-proxy -> ../../staging/src/k8s.io/kube-proxy
lrwxrwxrwx  1 jackyzhang jackyzhang   39  5月 23  2023 kube-scheduler -> ../../staging/src/k8s.io/kube-scheduler
lrwxrwxrwx  1 jackyzhang jackyzhang   47  5月 23  2023 legacy-cloud-providers -> ../../staging/src/k8s.io/legacy-cloud-providers
lrwxrwxrwx  1 jackyzhang jackyzhang   32  5月 23  2023 metrics -> ../../staging/src/k8s.io/metrics
lrwxrwxrwx  1 jackyzhang jackyzhang   36  5月 23  2023 mount-utils -> ../../staging/src/k8s.io/mount-utils
lrwxrwxrwx  1 jackyzhang jackyzhang   47  5月 23  2023 pod-security-admission -> ../../staging/src/k8s.io/pod-security-admission
lrwxrwxrwx  1 jackyzhang jackyzhang   41  5月 23  2023 sample-apiserver -> ../../staging/src/k8s.io/sample-apiserver
lrwxrwxrwx  1 jackyzhang jackyzhang   42  5月 23  2023 sample-cli-plugin -> ../../staging/src/k8s.io/sample-cli-plugin
lrwxrwxrwx  1 jackyzhang jackyzhang   42  5月 23  2023 sample-controller -> ../../staging/src/k8s.io/sample-controller
drwxrwxr-x  3 jackyzhang jackyzhang 4096  5月 23  2023 system-validators
drwxrwxr-x 17 jackyzhang jackyzhang 4096  5月 23  2023 utils
```

图 3-2 staging 到 vendor 目录的软连接

部类型实例之间转换的运作机制(Converter),以及 API 实例信息在 Go 数据结构和 JSON 之间转换的机制(Encoder 和 Decoder)。

说它是基础包,是因为 API Server、client-go 库、api 库(下文)、对 API Server 的扩展及所有需要和 API Server 交互的自开发程序几乎会用到它,在本书的后续章节中会经常出现这个包的身影。将其抽出来放在单独代码库中发布方便各个使用方去引用它。

2. api 库

api 库位于子目录 staging/src/k8s.io/api。Kubernetes 内置了许多 API,例如 Pod、ReplicaSet 等,api 库会包含这些 API 的外部类型定义。API 会有所谓的“外部类型”和“内部类型”之分,外部类型供客户端与 API Server 交互用,内部类型供系统内算法所用,4.1 节将会讲解。这两种类型都归 API Server 所有,由它定义。本库主要包含内置 API 的外部类型的定义。

简单地讲,外部类型是 API 的一种技术类型,在技术上刻画了一个 API 具有的字段,也是 API 资源定义文件中属性的根源。每个版本的 Kubernetes 都可能发布同一 API 的新外部类型。外部类型用于 API Server 外的程序与其交互,一个典型的例子是 client-go 包,这个包是项目提供的用于与 API Server 交互的标准包,假如要写一个自己的 Go 程序去访问 API Server,最简单的方式是引用 client-go 包。client-go 天然地紧密依赖外部类型。

api 包的剥离首先是为了避免在所有使用的地方重复定义这些外部类型,各方将其作为项目依赖直接引用便可。同时,Kubernetes 工程下的各个应用程序都将使用同一份外部类型定义,这成功地规避了“菱形依赖”(Diamond Dependency)问题。

这个库和 3.1.3 节提到的 pkg/apis 有关系,正是由于有了本包的存在,pkg/apis 中不必重新定义外部类型,而是直接引用本包。

3. apiserver 库

apiserver 库是 Generic Server 的源代码库，位于子目录 staging/src/k8s.io/apiserver。Kubernetes 定义了一种扩展 API Server 的方式：聚合 Server，它使用户可以自己写一个 API Server，将它与核心 API Server 集成，从而引入客制化 API。那么如何让用户快速准确地写出这样的一个 Server 呢？这就要靠 apiserver 库了。当然，为了支持这种扩展方式，单靠一个 apiserver 库是不够的，Kubernetes 的聚合器也称为聚合层(Aggregation Layer)，同样起到了至关重要的作用。

这个库定义并实现了标准 API Server 的各种关键机制，例如委托式登录与鉴权(委托给 Kubernetes API Server)，以及准入控制机制(Admission)等。在 Kubernetes 构建自己的 API Server 时也是直接在该库的基础上进行开发的。第 5 章主要就是拆解这个库的内容。

4. kube-aggregator 库

kube-aggregator 库是聚合器源代码库，位于子目录 staging/src/k8s.io/kube-aggregator。如上所述，聚合 Server 提供了一种非常灵活的 API Server 扩展机制，用户不必向 Kubernetes 项目添加代码便可引入客制化 API，但通过这种方式扩展 API Server 时需要一种手段将聚合 Server 纳入控制面，从而去响应用户请求。库 kube-aggregator 提供的聚合器提供了这种能力。聚合器是 API Server 内部 Server 链的头，在运行时，各个子 Server 都会向聚合器注册自己所支持的 API，包括聚合 Server，聚合器利用这些信息将全部子 Server 整合。

5. code-generator 库

code-generator 库基于 Go 代码生成框架提供了 Kubernetes 的代码生成工具，位于子目录 staging/src/k8s.io/code-generator。读者可暂时跳出细节，站在 API Server 之外考虑一下它究竟价值何在，不难得出结论：API 及其实例是其主要内涵。API Server 内部承载着各种 API，客户端会围绕这些 API 实例与它进行交互，例如读取单个或一组资源，以及创建等。

一方面，API Server 需要其内的 API 都遵从固定的接口，从而能更好地操作它们，例如，每个 API 需要有 DeepCopy()方法，内部版本和外部版本之间需要有转换方法等；另一方面，Kubernetes 针对每个 API 提供的“服务”也非常类似，如和 API Server 版本相符的 client-go 包中会同时提供针对该 API 的访问方法，直接调用它们就可以获取该 API 的实例；再例如 API Server 能根据条件返回 API 实例的一个列表，而不仅是单个实例。“一致性”与“重复性”往往代表着优化空间，有没有办法减少人工代码的编写量，为这些 API 自动提供这些高度重复的代码呢？于是就有了 code-generator 这个包。它的主要使用场景如下：

(1) Kubernetes 项目自己的开发人员为内置 API 生成代码，例如当在新版本中引入一个新 API 时，需要为其基座结构体自动生成 DeepCopy()等方法。

(2) 当用户定义 CustomResourceDefinition 及其控制器时，生成与之对应的 client、informer 代码。

(3) 当用户创建聚合 Server 时,为其引入的客制化 API 生成必要的代码。

核心 API Server 的代码中一大部分是自动生成的,后续各章节会展开讲解生成过程。

3.1.3 pkg 目录

接下来进入核心业务逻辑目录 pkg,进一步讲解和 API Server 相关的子目录。pkg 目录结构如图 3-3 所示。

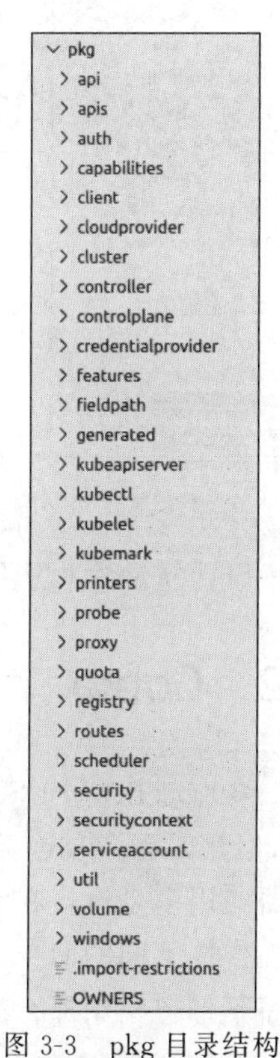

图 3-3 pkg 目录结构

1. 子目录 pkg/api

这里提供了针对核心 API 的一些实用方法。核心 API 是从 Kubernetes 早期版本就开始以内置的形式提供的直到最新版本依然存在的那些 Kubernetes API,例如 Service、Pod、Node 等。

2. 子目录 pkg/apis

这是个重要的包,API 的类型定义及向系统注册表(Scheme)注册的代码都包含在这个包下。apis 按照 API 组(Group)来分类管理众多的内置 API,该包下的每个子包对应一个 API 组,例如 apps 中包含了 apps 这个组的 API 定义,而在每个 API 组内,又按照版本组织文件:每个外部版本对应一个子目录,名为版本号,例如 apps 目录下的 v1 子目录和 v1beta1 子目录分别包含版本 v1 和 v1beta1 的 API 定义,而 API 内部版本被直接定义在 API 组目录下:apps/types.go 文件中是所有该 API 组下 API 种类的内部类型定义。在后续章节将展开讲解。

3. 子目录 pkg/controller

控制器代码所在地。一般情况下每个内置 API 种类都会配有一个控制器,可以在这里找到它们的代码。这些代码将被编译进控制器管理器应用程序。

4. 子目录 pkg/controlplane

主要包含核心 API Server 代码。核心 API Server 是指由本书后续章节逐个介绍的几种内置子 Server 互相连接成的一条 Server 链,是一般意义上所指的 API Server,其内含的子 Server 有主 Server(Master)、扩展 Server(Extension Server)和聚合器。最为重要的是,在 controlplane 包下可以找到创建和启动主 Server 的代码,以此为突破口,进而找到后两种 Server 是如何与之组合形成核心 API Server 的。

5. 子目录 pkg/kubeapiserver

3.1.2 节介绍了 staging/src/k8s.io/apiserver 库,它提供了一个 Generic Server 供用户复用以制作聚合 Server。核心 API Server 的主 Server 也是基于 Generic Server 编写的,但具有 Generic Server 所不具有的一些属性,与这些主 Server 特性相关的代码放在这个包下。

6. 子目录 pkg/registry

API 实例最终存储在 ETCD 中,这就涉及与 ETCD 的交互,这部分代码都包含在这个目录下。不仅如此,API Server 对外提供的 RESTful 端点的响应函数也是在这个目录下实现的,例如支持对 Pod 的 GET、CREATE 等。这常常让开发人员困惑,笔者就曾经在 Kubernetes 的 Slack 讨论中看到有开发者询问 RESTful 端点响应函数的源文件所在地。

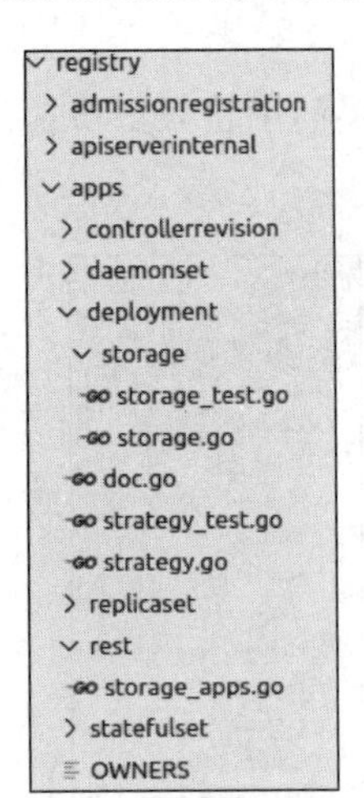

图 3-4 registry 目录

展开 registry 包后观察它的子包会看到基本上每个 API 组都会被对应到一个子包,例如有 apps 包、core 包(包含核心 API,如 pod)等。每个 API 组的包下包含以下内容。

(1) 与其下 API 种类同名的子包,其下会有该 API 种类与 ETCD 交互的代码,它们一般放在以 storage 为名的目录或文件中,例如 apps/deployment。

(2) 该 API 组的 RESTful 端点响应函数源代码,一般会被放在 rest 子目录下,但令人费解的是,该源文件也是以 storage 前缀开头的,非常不易读。

registry 子目录的整体结构如图 3-4 所示。

本节讲解了整个项目的重要目录。需要特别强调的是,只有对这些目录有深入的认识才会为后续代码阅读带来巨大帮助,希望读者多思考、多查阅。本着先总体后局部的讲解思路,3.2 节会展开介绍构建 API Server 应用程序所使用的命令行框架——Cobra。

3.2 Cobra

众所周知,API Server 是一个通过命令行进行操作的可执行程序。虽然没有华丽的 UI,但是时至今日这类应用程序依然有大批忠实用户,它的简洁和悠久历史圈粉无数。服务器应用多是运行在无图形界面(GUI)的服务器版 Linux、UNIX 上,其管理员等角色每天都工作在不同的命令行工具上。正是由于没有易懂的 GUI 引导用户,所以构建命令行应用程序不像想象中那么简单,如果不能良好地设计命令与参数,则使用者将迅速迷失。试想一个具有 3 个命令、每个命令包含 3 层子命令、各个命令又都可以有自己命令标志(参数)的中小型程序,即使不考虑实现命令业务逻辑所耗费的精力,单单为了正确地理解用户的输入,就已经需要撰写很多的代码了,毕竟用户参数输入的顺序等"琐事"均具有不可预测性,程序要都能正确地进行处理并不容易。一个对开发有利的因素是,目前专业的命令行工具基本遵循 POSIX 标准中制定的命令参数定义规范,这就使命令行工具开发框架有可能去接管这部分工作,从而节省一大部分开发精力,让开发人员更专注于业务逻辑。

使用 Go 语言编写的程序可以被编译成各个操作系统下的本地应用,其运行效率是有保证的,制作命令行工具是 Go 语言一个比较火爆的应用场景,已有多个开源命令行工具框架被开发出来,Cobra 框架就是其中强大而完善的一个,它提供了以下几种好用的特性:

(1) 简洁的子命令构建方式。

(2) 支持符合 POSIX 标准的命令参数形式。

（3）自动命令提示的能力。

（4）自动为命令和参数添加帮助信息的能力。

本节会简单地讲解 Cobra 框架，速览其内部概念，并通过几段代码去理解如何通过 Cobra 来开发命令行应用，从而展示该框架的确简单易用。理解 Cobra 对理解 Kubernetes 源码很重要，因为每个 Kubernetes 组件，例如 API Server，本质上都是一个命令行应用，并且都在 Cobra 上构建，有了 Cobra 知识可以迅速地找到理解 Kubernetes 组件的入手点。

3.2.1 命令的格式规范

Cobra 将一行命令分为几部分：

```
APPNAME COMMAND ARG -FLAG
```

APPNAME 自不必说，是可执行程序的名字，其余三部分有各自的意义，在讲解之前先看如下示例：

```
$ git clone https://github.com/JackyZhangFuDan/goca --bare
```

这是 Git 的代码库拉取命令，它的各部分与 Cobra 命令模式的对应关系如下：

（1）APPNAME 对应 git。

（2）COMMAND 对应 clone。

（3）ARG 对应 https://github.com/JackyZhangFuDan/goca。

（4）FLAG 对应 bare。

注意：如果读者直接用操作系统的系统命令来和以上模式做对比，则会发现并不匹配，例如 Linux 中浏览文件夹内容的命令为 ls，看起来并没有 APPNAME 部分，而是直接到了 COMMAND 部分。一种理解方式是这样的：该命令由操作系统提供，没有必要指出由哪个程序提供该命令，或者说那个程序就是 OS 本身。

1. COMMAND

COMMAND 即命令。它代表本程序提供的一个功能，一般是一个动作或动作产生的结果，这要看命名习惯。对比以上 git clone 的例子，clone 就是命令，它指出这条命令要求程序去执行一个代码库的克隆操作。下面这个指令会把一个 Application 推送到 Cloud Foundry 平台上，这里的 push 即是命令。

```
$ cf push SERVICE-NAME
```

2. ARG

ARG 即参数，目标事物。笼统地说 ARG 是命令的参数，考虑到参数一词覆盖的范围太大，有必要更精确一些阐明：ARG 用于给出上述命令实施过程中用到的信息，可类比程序中方法调用时的入参。一个命令可以有多个 ARG，也可以没有 ARG。例如 Linux 的 ls 命令没有 ARG 参数。

3. FLAG

FLAG即标志,命令修饰。FLAG可以理解为命令的修饰性参数,它使命令执行过程符合用户的特定要求,一般情况下FLAG有默认值,在用户没有指定该FLAG时命令使用默认值。FLAG与ARG并没有硬性区分标准,如果是必需的参数,则一般考虑用ARG,而FLAG多用于调整应用的行为。在POSIX标准中FLAG也被称为Option,即选项。Cobra完全支持以符合POSIX标准的格式定义标志。POSIX定义了命令的选项格式规范,主要包括以下几项。

(1) 以-开头的参数代表一个Option,也就是Cobra中的标志。

(2) ARG和FLAG的区别是FLAG以-作为前缀,而ARG没有该前缀。

(3) 多个连续的option可以共用一个-,例如-a -b -c等价于-abc。

(4) FLAG也可以有ARG,例如要求程序将结果输出到一个用户指定的本地文件,一般的做法是定义一个FLAG -o,其后跟一个文件地址,作为其ARG。

(5) --是一个特殊的参数,其后所有的FLAG都将被视为没有ARG的FLAG

GUN在POSIX的基础上加了一条常用规则:可以用--作为一个FLAG的前缀,然后以一种稍长的格式表述该FLAG,从而提供更好的可读性。如果该FLAG带ARG,则为其指定ARG值的方式是等号形式。用上面指定输出文件的例子来讲,一般的表述形式如下:

```
$ …… -o ~/myuser/test.txt
```

假设o标志完整地表述为outputfile,则它的可读写法如下:

```
$ …… --outputfile=~/myuser/test.txt
```

Cobra使用开源项目pflag替代了Go语言的flag包,从而支持POSIX,pflag项目的发起者也是Cobra项目的发起者。

3.2.2 用Cobra写命令行应用

一个基于Cobra框架的命令行程序的代码结构为何是重要知识,因为Kubernetes的各个组件都是Cobra命令行程序。本节将简述该结构,读者可以查阅Cobra项目的GitHub主页找到更详细的解释。

1. 工程结构

首先,一个Cobra应用程序的典型包结构简单明了,如下所示。

```
appName/
    cmd/
        root.go
        <your command>.go
    main.go
```

它只包含以下两部分。

第一部分:main.go是主程序的所在,每个Go程序都有,在Cobra框架下,它起到创建根命令、接收命令行输入、启动处理的作用。

第二部分：cmd 目录会包含对本应用所具有命令的实现，每个命令都是类型为结构体 cobra.Command 的对象。一般情况下不同命令被定义在不同的源文件中，但这不是必需的，即使把所有命令的实现放在一个 Go 文件中也没有问题，示例代码中就是这么做的。Cobra 的命令是以层级形式组织的：一个应用一定有一个顶层命令，其他命令都是其后代命令，这个顶层命令被称为根命令。在默认情况下，运行子命令时需要指明其祖先命令，但根命令被特殊对待了，运行其后代命令时可以省略根命令。由于在定义中必须有根命令，所以在 cmd 文件夹中会有个定义它的源文件，上述包结构中根命令所在文件被命名为 root.go，但文件命名无所谓，重要的是其内定义了根命令。

2. 主函数

main()函数是 Go 程序的执行入口，Cobra 已经生成了初始内容，代码如下：

```
//Cobra 主程序示例
package main

import (
    "{工程主目录}/cmd"
)

func main() {
    command := … <获取命令对象> …
    command.Execute()
}
```

它的内容非常固定，对于简单场景只需几行代码就足够了：首先引入 cmd 包，然后调用该包的接口方法去创建根命令结构体实例；接着调用根命令的 Execute()方法启动对用户输入的响应；结束。

3. 命令实现

最后来看 cmd 包下为命令编写的 Go 文件包含什么内容。引入一个小例子：假设要制作一个命令行应用，其有两个核心命令 sing_a_chinese_song 和 sing_a_english_song，它们位于根命令 sing_a_song 之下；用户可以指定一首歌曲的名字作为命令的 ARG，命令会调用播放器来播放歌曲，其中 sing_a_chinese_song 命令有两个 FLAG：-m 和-f，用于指出希望让男生唱还是女生唱，显然一条命令不能同时使用-m 和-f。如下命令都是合法的命令(cobraTutorial 是应用程序的名字)：

```
$ ./cobraTutorial sing_a_english_song "yesterday once more"
$ ./cobraTutorial sing_a_chinese_song "我爱你,中国"
$ ./cobraTutorial sing_a_chinese_song "我爱你,中国"-m
$ ./cobraTutorial sing_a_chinese_song "我爱你,中国"-f
$ ./cobraTutorial sing_a_chinese_song "我爱你,中国"--female
```

但如下命令是不合法的，因为 FLAG m 和 f 同时被指定，违背了规定：

```
$ ./cobraTutorial sing_a_chinese_song "我爱你,中国" -m -f
```

这个示例命令行程序的核心代码如代码 3-1 所示。代码中要点①处调用的函数 NewCommand()是命令创建的主函数,所有命令都是在它的内部创建的,包括根命令。这些命令组成一个两层结构,即根命令 sing_a_song 下面挂两个子命令 sing_a_chinese_song 和 sing_a_english_song;方法 makeChineseSongCmd()和 makeEnglishSongCmd() 分别负责生成两个子命令;在两个子命令的结构体实例中包含了属性 Run,见要点②、④,该属性值是函数,代表命令被执行时由哪个函数响应,本例中分别是 singChineseSong()和 singEnglishSong()。

在定义 sing_a_chinese_song 命令时,用 Cobra 提供的方法添加了两个 Flag:male 和 female,可以用 -m/--male 和-f/--female 的方式在命令行中给定这些参数值,并且 Cobra 允许明确设定二者不能同时使用,见要点③。

```
//代码 3-1 Cobra 示例程序
package cmd

import (
    "fmt"
    "github.com/spf13/cobra"
)

func NewCommand() * cobra.Command {      //要点①
    rootCmd := &cobra.Command{
        Use:   "sing_a_song",
        Short: "sing a song for user",
        Long:  "this command will sing a song in …",
    }

    englishSongCmd := makeEnglishSongCmd()
    rootCmd.AddCommand(englishSongCmd)

    chineseSongCmd := makeChinessSongCmd()
    rootCmd.AddCommand(chineseSongCmd)

    return rootCmd
}

func makeChinessSongCmd() * cobra.Command {
    chineseSongCmd := &cobra.Command{
        Use:   "sing_a_chinese_song",
        Short: "sing a Chinese song for user",
        Long:  "this command will sing a Chinese song …",
        Run:   singChineseSong,             //要点②
    }
```

```
    chineseSongCmd.Flags().BoolP("male", "m", true, "the singer is male")
    chineseSongCmd.Flags().BoolP("female", "f", false, "the singer is female")
    chineseSongCmd.MarkFlagsMutuallyExcelusive("male", "female")  //要点③
    return chineseSongCmd
}

func makeEnglishSongCmd() * cobra.Command {
    englishSongCmd := &cobra.Command{
        Use:   "sing_a_english_song",
        Short: "sing a English song for user",
        Long:  "this command will sing a English song …",
        Run:   singEnglishSong,        //要点④
    }
    return englishSongCmd
}

func singChineseSong(cmd * cobra.Command, args []string) {
    if len(args) == 0 {
    fmt.Println("which Chinese song do you like?")
    } else {
    sex := "male"
    if cmd.Flag("female").Value.String() == "true" {
        sex = "female"
    }
    fmt.Printf("Now a % s starts to sing % s \r\n", sex, args[0])
    }
}

func singEnglishSong(cmd * cobra.Command, args []string) {
    if len(args) == 0 {
        fmt.Println("which English song do you like?")
        } else {
        fmt.Printf("Now a singer starts to sing % s \r\n", args[0])
    }
}
```

3.3　整体结构

3.3.1　子 Server

从外部看，API Server 表现为单一的 Web Server，响应来自用户、其他组件的关于 API 实例的请求，然而从内部看，API Server 由多个子 Server 构成，分别是主 Server（Master）、扩展 Server（Extension Server）、聚合器（Aggregate Layer）和聚合 Server（Aggregated Server），它们均以 Generic Server 为底座构建，其中主 Server、扩展 Server 和聚合器构成单

一 Web Server,称为核心 API Server。这些 Server 组件之间最本质的区别是各自提供不同的 API。各子 Server 的相互关系如图 3-5 所示。

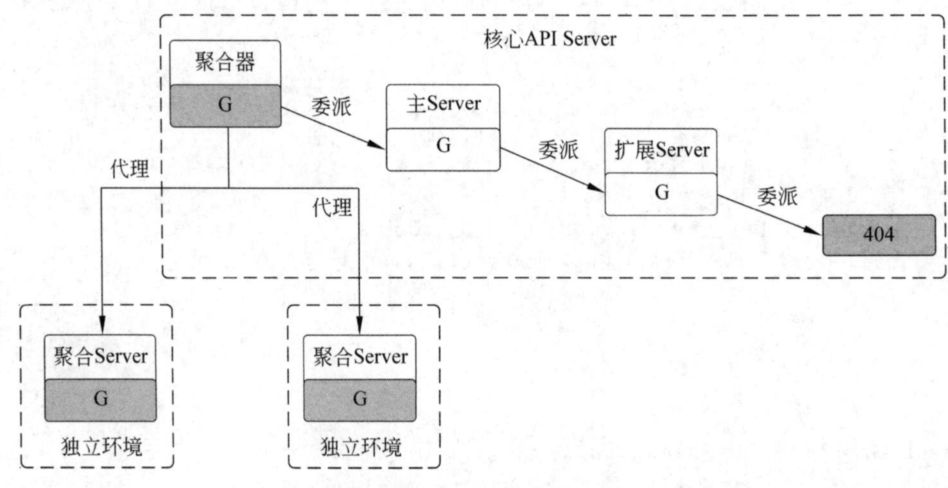

图 3-5 API Server 的子 Server

1. 主 Server

这是 Kubernetes 最早引入的 Server,它提供了大部分内置 API,例如 apps 组下的各个 API,以及 batch 组下的 API 等。这些内置 API 的定义是无法被用户更改的,它们的属性定义及变更随 Kubernetes 新版本一起发布。

2. 扩展 Server

扩展 Server 主要服务于通过 CustomResourceDefinition(CRD)扩展出的 API。API Server 不接受用户对内置 API 的定义更改,那么用户特有的需求如何满足呢? 目前最为高效的一种途径就是使用 CRD,Kubernetes 生态中大量的开源项目利用 CRD 去定义需要的 API,例如 Istio;Kubernetes 首推的 API Server 扩展方式也是 CRD,虽然这的确牺牲了一点点的灵活性,但它的使用难度也的确是最低的。

3. 聚合器与聚合 Server

基于 CRD 的扩展机制应该说十分强大了,但首先,其能定义的 API 在内容上还是会受到一些限制,例如对资源实例的验证手段就比较有限,只能使用 OpenAPISchema v3 中定义的规则;其次 CRD 实例还是运行在核心 API Server 这个程序上,二者是一个强绑定的关系,处理用户的客制化 API 会成为 API Server 的实际负担。为提供终极强大的扩展能力,Server 的聚合机制被设计出来。

3.1.2 节介绍了聚合器库(staging/src/k8s.io/kube-aggregator),它实现了一种聚合机制,使一个用户自制的 Server(聚合 Server)可以被挂载到控制面上,以此去响应用户针对其内定义的客制化 API 的请求。每个聚合 Server 都具有和主 Server 十分类似的结构,因为它们具有共同的代码基础: Generic Server。在聚合 Server 中,用户撰写自己的 API,也可以借助 Generic Server 提供的 Admission 插件机制去实现针对自己 API 实例的修改、检验等操作。聚合 Server 和 CRD 相比，体现出更大的灵活性，能力也极为强大，对集群的副作用也要小很多，本书第三篇会以多种方式开发聚合 Server。

4. Generic Server

每个子 Server 都基于 Generic Server 构建，它由 3.1.2 节所介绍的 k8s.io/apiserver 库实现，将所有 Server 都通用的功能囊括其中。每个子 Server 只需针对底层 Generic Server 做个性化配置，并提供各自 API 的 RESTful 端点响应器。

虽然在编码构建时核心 API Server 的三大子 Server 各自以一个 Generic Server 为基座，但运行时只有聚合器的 Generic Server 会被启用。毕竟核心 API Server 是单一程序，同时运行多个 Web Server 完全没有必要，图 3-5 中主 Server 与扩展 Server 的基座都被标为空心就是这个用意，而这不会造成问题，这是由于主 Server 与扩展 Server 中针对各自 Generic Server 的配置会被转入聚合器的 Generic Server，所以功能并没有少；同时聚合器会委托这两个子 Server 的端点响应器去处理针对相应 API 的请求，这样 API 响应逻辑也不会丢。

3.3.2 再谈聚合器

2017 年，一项题为 Aggregated API Server 的设计提议在 Kubernetes 项目社区被提出。它指出，向核心 API Server 引入新 API 过于漫长，项目中待审核的 PR 如此之多，足以淹没任何包含新 API 的合并请求，其实即使 PR 能够被及时看到并被审核又如何？还是不能保证审核通过，从而被接纳为内置 API。那么作为替代方案，能否找到一种方式去快速灵活地扩展 API 呢？这项提议建议创立一种聚合机制，它可以把用户自开发的、包含客制化 API 的 API Server 纳入控制面，让这些 Server 像核心 Server 一样去响应请求。kube-aggregator 就是这一提议的产物。

聚合器会收集当前集群控制面上所有的 API 及其提供者，至于如何收集，本书会在聚合器的相关章节讲解。按照是否由核心 API Server 来响应，可以将 Kubernetes API 分为两大类：一类是 API Server 原生的，包括内置的和用户 CRD；另一类是聚合 Server 所提供的客制化 API。如果一个请求针对的是前者，则聚合器什么也不做，直接把该请求交给主 Server，让它进行分发，图 3-5 中称为委派；如果是针对后者的，则聚合器将扮演一个反向代理服务器的角色，把请求路由到正确的聚合 Server 上，称为代理。

聚合器的功能不仅是委派和代理，它也和权限管理相关。一个聚合 Server 无法完成集群的登录和鉴权功能，所有与权限相关的处理都要请核心 API Server 代劳，这时聚合器会协助聚合 Server 联络核心 API Server。

3.4 API Server 的创建与启动

本节以 Server 为主线，分析 API Server 的创建与启动过程源代码。在编译出 API Server 可执行文件并在本地机器安装了必要的前置软件包后，就可以通过如下命令在本地启动它：

```
$ sudo ${GOPATH}/src/k8s.io/kubernetes/_output/bin/kube-apiserver
--authorization-mode=Node,RBAC  --cloud-provider= --cloud-config=   --v=3
--vmodule= --audit-policy-file=/tmp/kube-audit-policy-file
--audit-log-path=/tmp/kube-apiserver-audit.log
--authorization-webhook-config-file=
--authentication-token-webhook-config-file=
--cert-dir=/var/run/kubernetes
--egress-selector-config-file=/tmp/kube_egress_selector_configuration.yaml
--client-ca-file=/var/run/kubernetes/client-ca.crt
--kubelet-client-certificate=/var/run/kubernetes/client-kube-apiserver.crt
--kubelet-client-key=/var/run/kubernetes/client-kube-apiserver.key
--service-account-key-file=/tmp/kube-serviceaccount.key
--service-account-lookup=true
--service-account-issuer=https://kubernetes.default.svc
--service-account-jwks-uri=https://kubernetes.default.svc/openid/v1/jwks
--service-account-signing-key-file=/tmp/kube-serviceaccount.key
--enable-admission-plugins=NamespaceLifecycle,LimitRanger,ServiceAccount,
DefaultStorageClass,DefaultTolerationSeconds,Priority,MutatingAdmissionWebhook,
ValidatingAdmissionWebhook,ResourceQuota,NodeRestriction
--disable-admission-plugins= --admission-control-config-file=
bind-address=0.0.0.0 --secure-port=6443
--tls-cert-file=/var/run/kubernetes/serving-kube-apiserver.crt
--tls-private-key-file=/var/run/kubernetes/serving-kube-apiserver.key
--storage-backend=etcd3
--storage-media-type=application/vnd.kubernetes.protobuf
--etcd-servers=http://127.0.0.1:2379
--service-cluster-ip-range=10.0.0.0/24 --feature-gates=AllAlpha=false
--external-hostname=localhost
--requestheader-username-headers=X-Remote-User
--requestheader-group-headers=X-Remote-Group
--requestheader-extra-headers-prefix=X-Remote-Extra-
--requestheader-client-ca-file=/var/run/kubernetes/request-header-ca.crt
--requestheader-allowed-names=system:auth-proxy
--proxy-client-cert-file=/var/run/kubernetes/client-auth-proxy.crt
--proxy-client-key-file=/var/run/kubernetes/client-auth-proxy.key
--cors-allowed-origins="/127.0.0.1(:[0-9]+)?$,/localhost(:[0-9]+)?$"
```

这段命令很长，但非常好理解，第1行指出API Server的可执行文件，其余行均是设定命令标志，API Server是没有参数(ARG)的，配置信息全是通过标志(FLAG)传递的。那么该命令会触发怎样的内部处理代码呢？进入源码一探究竟。

3.4.1 创建Cobra命令

3.2节介绍过，API Server的可执行程序是基于Cobra构建的，按照Cobra的代码结构，到根目录下找到cmd文件夹，并定位到属于API Server的子文件夹kube-apiserver，应用程序的 main()函数就在 cmd/kube-apiserver/apiserver.go 文件中，代码如下：

```
//代码 3-2 kubernetes/cmd/kube-apiserver/apiserver.go
package main

import (
    "os"
    _ "time/tzdata" //for timeZone support in CronJob
    "k8s.io/component-base/cli"
    _ "k8s.io/component-base/logs/json/register"
    _ "k8s.io/component-base/metrics/prometheus/clientgo"
    _ "k8s.io/component-base/metrics/prometheus/version"
    "k8s.io/kubernetes/cmd/kube-apiserver/app"
)

func main() {
    command := app.NewAPIServerCommand()     //要点①
    code := cli.Run(command)
    os.Exit(code)
}
```

这段程序十分干净，主函数一共才 3 行。要点①调用方法 app.NewAPIServerCommand()来构造类型为 cobra.Command 结构体的变量是核心，由 Cobra 的知识知道，在该变量的内部定义了所有处理逻辑；下一行虽然没有直接调用 Cobra Command 结构体的 Execute()方法，但是利用 cli 包加了一层自有逻辑后间接调用之，本质上没有区别。

继续探寻 command 结构体变量的内部详情。函数 NewAPIServerCommand()构造了它，这一过程就是给 cobra.Command 实例的各个字段赋值的过程，包括字段 Use、Long、RunE 和 Args 等，其中要点②处赋予 Args 字段的匿名方法印证了上文说的 kube-apiserver 没有任何 ARG 类参数，代码如下：

```
//代码 3-3 kubernetes/cmd/kube-apiserver/app/server.go
func NewAPIServerCommand() * cobra.Command {
    s := options.NewServerRunOptions()  //要点③
    cmd := &cobra.Command{
        Use: "kube-apiserver",
        Long: `The Kubernetes API server validates …`,
        …
        //命令出错时停止打印输出
        SilenceUsage: true,
        PersistentPreRunE: func( * cobra.Command, []string) error {
            //停止 client-go 告警
            rest.SetDefaultWarningHandler(rest.NoWarnings{})
            return nil
        },
        RunE: func(cmd * cobra.Command, args []string) error {
```

```
            verflag.PrintAndExitIfRequested()
            fs := cmd.Flags()
            …
            if err := logsapi.ValidateAndApply(s.Logs,
                utilfeature.DefaultFeatureGate); err != nil {
                return err
            }
            cliflag.PrintFlags(fs)

            //完善各个选项
            completedOptions, err := Complete(s)
            if err != nil {
                return err
            }
            …
            //要点④
            if errs := completedOptions.Validate(); len(errs) != 0 {
                return utilerrors.NewAggregate(errs)
            }
            //添加功能,开启度量
            utilfeature.DefaultMutableFeatureGate.AddMetrics()
            return Run(completedOptions,
                      genericapiserver.SetupSignalHandler())  //要点①
        },
        Args: func(cmd * cobra.Command, args []string) error {    //要点②
            for _, arg := range args {
                if len(arg) > 0 {
                    return fmt.Errorf("% q does not take any arguments, got %q",
                            cmd.CommandPath(), args)
                }
            }
            return nil
        },
    }
```

3.4.2 命令的核心逻辑

API Server 启动命令的核心逻辑包含在 Command 变量的 RunE 字段中。代码 3-3 中对 RunE 字段进行了赋值操作,给它的是一个匿名函数,该函数的实现勾勒出 API Server 的创建与启动过程,如图 3-6 所示。

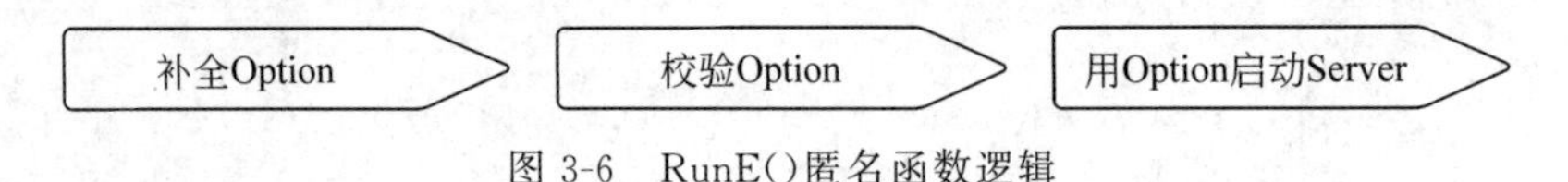

图 3-6 RunE()匿名函数逻辑

1. 补全 Option

命令行标志实际上代表了 API Server 运行时使用的各种参数,它们决定了 Server 一部分的执行逻辑。在构造 Cobra Command 变量时，代码已经把 API Server 所有的标志关联到了该 Command 变量上，在此基础上，代码 3-3 要点③处的方法调用会促使 Cobra 将获取的标志值（包括用户于命令行中输入的和标志默认值）映射至一种类型为 Option 结构体的变量 s 上，程序就是通过这个变量获知标志值的。

注意：从另外角度看，变量 s 实际上反映了 API Server 有哪些命令行标志，感兴趣的读者可以到如下源文件中一探究竟：cmd/kube-apiserver/app/options.go，其中在 Flags()方法内可以看到 s 有哪些属性，以及如何被组织成命令行参数。

继续看 RunE 的匿名函数，虽然变量 s 包含了用户命令行中直接输入的标志值和其余标志的默认值，但还需进行进一步补全，因为某些参数值需要会同多个信息计算得到，例如如果 ETCD 属性 EnableWatchCache 被设置为 true，则需要计算与其紧密相关的另一属性 WatchCacheSizes。这通过调用 Complete()函数来完成。经补全后的参数由变量 completedOptions 代表，其类型是只在包内可见的结构体 completedServerRunOptions。

2. 校验 Option

以上得到的运行参数融合了用户输入和系统默认值，二者有可能出现冲突，所以必须做一个检验。要点④处 RunE()方法调用了 options 的 Validate()方法，就是做这件事情的。

3. 制作并启动 Server

现在，放在变量 completedOptions 中的 Server 运行参数完全准备好了，一切准备工作业已就绪，Server 实例的创建和运行工作得以继续进行，对应到代码 3-3 就是要点①处对 Run()函数进行的调用。Run()函数的代码如下：

```
//代码 3-4 kubernetes/cmd/kube-apiserver/app/server.go
func Run(completeOptions completedServerRunOptions, stopCh <-chan struct{})
error {
    //为帮助排错，立即向日志输出版本号
    klog.Infof("Version: %+v", version.Get())

    klog.InfoS("Go ……

    server, err := CreateServerChain(completeOptions)
    if err != nil {
    return err
    }

    prepared, err := server.PrepareRun()
    if err != nil {
    return err
    }

    return prepared.Run(stopCh)
}
```

上述代码做了 3 件事情：

(1) 制作 Server 链,得到链头 Server(你能猜到链头是哪种类型的子 Server 吗?)。

(2) Server 启动准备。

(3) 启动。

第 1 步是制作 Server 链,也就是对 CreateServerChain()函数的调用,它解释了什么是 Server 链,包含什么元素,以及怎么构建等,3.4.3 节介绍其内代码。第 2 步和第 3 步描述了对一个用 go-restful 框架编写的 Web Server 进行启动的过程,后续会分两节讲解:其一是第 5 章 Generic Server 的 5.6.1 节,其二是第 8 章聚合器的 8.2.4 节。现在聚焦第 1 步制作 Server 链,看一看 CreateServerChain()函数做了什么。

3.4.3 CreateServerChain()函数

3.3 节揭示 API Server 是主 Server、扩展 Server、聚合 Server 及聚合器的复合体;除去聚合 Server,其余部分组合构成核心 API Server,而这一过程就是在本函数内完成的。所谓 ServerChain 指核心 API Server 逻辑上呈现出链状结构,该链由以聚合器为头的三大子 Server 及永远返回 HTTP 404 的 NotFound Server 所组成。核心 API Server 对请求的处理形象地展示了这条链:一个请求会按顺序地经过这些子 Server 所定义的端点响应处理器,直到遇到正确响应函数为止,从而形成了一条处理链,代码如下:

```
//代码 3-5 cmd/kube-apiserver/app/server.go
func CreateServerChain(completedOptions completedServerRunOptions)
(* aggregatorapiserver.APIAggregator, error) {

    kubeAPIServerConfig, serviceResolver, pluginInitializer,
      err := CreateKubeAPIServerConfig(completedOptions)      //要点①
    if err != nil {
      return nil, err
    }

    //…
    apiExtensionsConfig, err := createAPIExtensionsConfig(    //要点②
      * kubeAPIServerConfig.GenericConfig,……)
    if err != nil {
      return nil, err
    }

    notFoundHandler := notfoundhandler.New(……)
    apiExtensionsServer, err := createAPIExtensionsServer(    //要点③
      apiExtensionsConfig, genericapiserver.New …)
    if err != nil {
      return nil, err
    }
    kubeAPIServer, err := CreateKubeAPIServer(kubeAPIServerConfig,
      apiExtensionsServer.GenericAPIServer)                   //要点④
```

```
    if err != nil {
      return nil, err
    }

    //聚合器放在链尾
    aggregatorConfig, err := createAggregatorConfig(      //要点⑤
      *kubeAPIServerConfig.GenericConfig,
     completedOptions.ServerRunOptions, …)
    if err != nil {
      return nil, err
    }
    //要点⑥
    aggregatorServer, err := createAggregatorServer(aggregatorConfig,
      kubeAPIServer.GenericAPIServer, apiExtensionsServer.Informers)
    if err != nil {
      …
      return nil, err
    }

    return aggregatorServer, nil
}
```

1. 创建并运行配置

上述代码首先将前序环节得到的Server运行参数completedOptions转换为Server运行配置(Config)，其实这两者是同样信息的不同表述形式：Option面向用户，准确地说被用于对应命令行中的标志，接收用户的输入，而Config则面向程序会被“喂”给Server以让其按照配置行事。由Option到Config的转换是通过在要点①处调用CreateKubeAPIServerConfig()函数完成的，它有以下3个产物。

(1) kubeAPIServerConfig：API Server的运行配置，主要用于构建主Server，也服务于链中所有的Server。

(2) serviceResolver：将用于选取一个Service API实例的地址，从而使用该Service提供的服务。由于聚合Server是通过Service在集群内暴露的，所以聚合器需要它获取聚合Server的地址。

(3) pluginInitializer：准入控制插件的初始化器。

2. 创建扩展Server

用得到的kubeAPIServerConfig制作扩展Server的运行配置，这通过在要点②处调用createAPIExtensionsConfig()函数完成。在代码中扩展Server被称为Extension Server，但笔者注意到在Kubernetes官方文档中并没有坚持这种命名，很多时候Extension Server一词被用来指代聚合Server，文档和代码命名的不一致容易造成混乱。本书中，笔者选择使用扩展Server来避免混淆。

现在，有了扩展Server的运行配置，程序在要点③处调用createAPIExtensionsServer()

函数制作了一个扩展 Server 的实例。需要注意的是,在 Server 链上扩展 Server 的下一环被设置为一个 Not Found 响应器,也将它称为 NotFound Server,它成为整个链条的最后一环。读者可以简单地把它理解成一个永远返回 404 的请求响应函数:只要一个请求最后流到这里了,那一定会得到一种状态为 404 的响应。

3. 创建主 Server

开始创建 Server 链的另一环:主 Server。要点④处调用 createKubeAPIServer()函数正是这个目的。这种方法除了接收主 Server 的运行配置 kubeAPIServerConfig 作为输入外,还接收了其下游 Server,即扩展 Server 实例。在内部组装环节,主 Server 会把扩展 Server 提供的请求响应处理器放到处理链的下一环,把自己无法响应的请求都转给它。

4. 创建聚合器

最后,需要制作链头 Server 聚合器。首先生成 Server 运行配置,然后制作 Server 实例,而在制作实例时,又接收了主 Server,将来作为 Server 链的下一环。最终聚合器被作为 CreateServerChain 的结果返给调用者。

本节通过讲解 CreateServerChain()函数清晰地展示了一条 Server 链是如何一环一环构造出来的,有两点值得注意:

(1) 如果考虑聚合 Server,则不是一条"链",而是以聚合器为根的一棵树,其中一个分支是聚合器 → 主 Server → 扩展 Server → NotFound Server;而另一个分支是聚合器 → 聚合 Server。一个请求要么经过分支一,要么经过分支二。

(2) 严格地说链上的不是一个个 Server,而是一个个 HTTP 请求响应函数。主 Server、扩展 Server 和 NotFound Server 只是"贡献"出了自己的请求处理器,让它们形成链条。

3.4.4 总结与展望

CreateServerChain()函数执行完毕,返回一个聚合器为头的 Server 链给 Run()函数后,Run()函数会继续调用该聚合器的 Run()方法将其启动,整个 API Server 的创建与启动完毕。整个过程如图 3-7 所示。

毋庸置疑,启动过程的介绍省略了一些重要内容。首先,暂时搁置了函数 CreateServerChain()中创建扩展 Server、主 Server 和聚合器实例的 3 个函数:createAPIExtensionServer()、createKubeAPIServer()、createAggregatorServer()。这 3 种方法的内容都非常重要,但目前不了解其具体内容并不影响理解 API Server 的启动过程,而如果展开,则将使读者陷入过多的细节,有悖于先整体后细节的源码阅读理念。在后续相关章节中会逐一解读它们。

其次,本章也没有提及 API 的 RESTful 端点是被如何注册到 API Server 的,这部分内容同样极为重要,因为 API Server 存在的目的就是提供这些端点供集群内外各方调用,这部分内容的剖析留待介绍完 Kubernetes API 后,讲解 Generic Server 时再进行。

最后,Run()函数会执行得到的链头(聚合器)所具有的 PrepareRun()和 Run()两种方法,从而最终完成启动,本章并没有细讲这一部分,它们将在聚合器一章被解析。

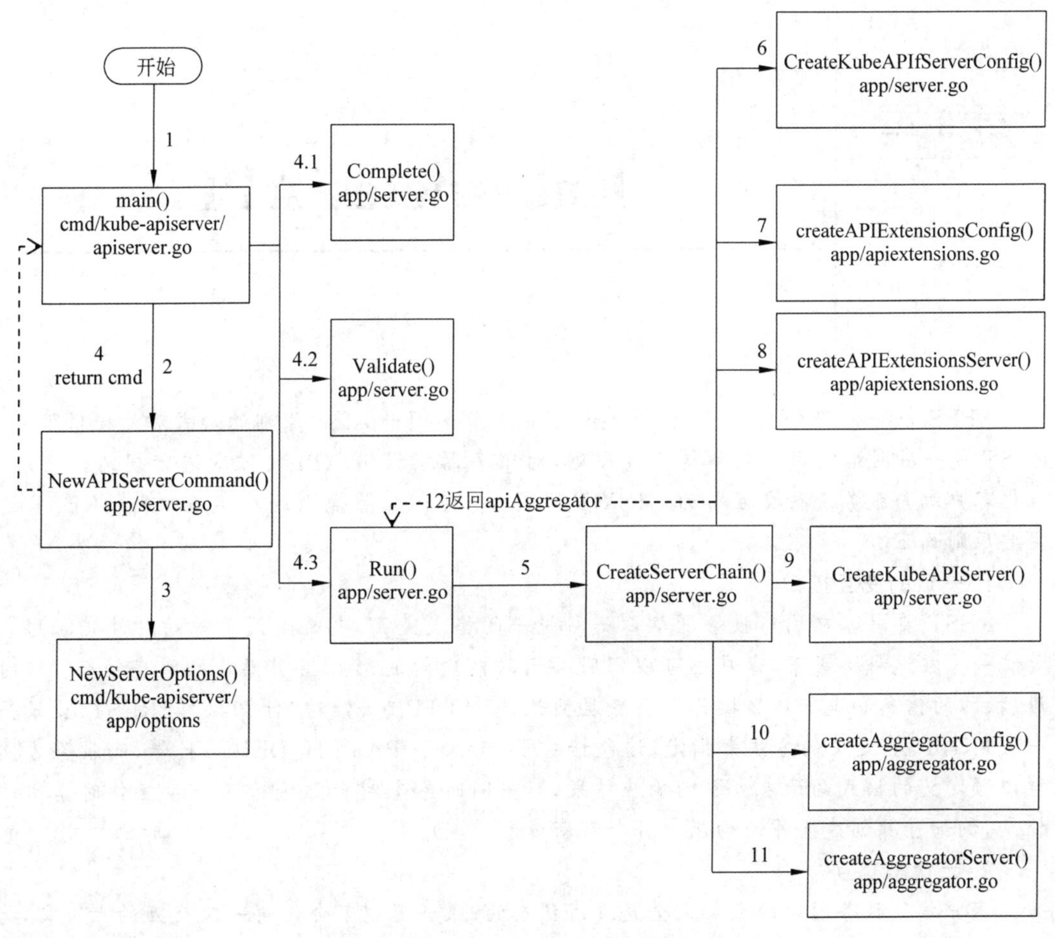

图 3-7　API Server 启动过程

3.5　本章小结

本章意在引领读者进入 API Server 源码阅读之门。从学习 Kubernetes 项目代码组织开始,了解了各个与 API Server 紧密相关的目录,这将为后续理解整个系统节省大量时间。Kubernetes 项目源码量过大,在查阅时可根据项目目录结构快速定位到相关部分。本章还介绍了 Cobra 框架,从而开启了了解 Kubernetes 可执行文件如何构造的大门。最后,本章引入了 API Server 的整体结构,指出整个 API Server 由多个子 Server 复合而成并介绍了各个子 Server 的主要作用。在此基础上,本章从 API Server 可执行文件的主函数开始,带领读者学习了整个 Server 的创建和启动过程,阐明了子 Server 在何处创建及如何创建。本章的介绍侧重整体和宏观,子 Server 相关细节留到后续章节介绍。本章为进一步了解 Server 的运作开了好头。

接下来,在更深一步探索 API Server 机制之前,先讲解 API Server 内维护的核心内容——Kubernetes API。

第4章 Kubernetes API

API Server 以符合 REST(Representational State Transfer)原则的形式对外提供服务。REST 是一种网络应用体系结构设计原则,对服务器端提供 API 的方式进行规约,从而标准化客户端与服务进行交互行为。REST 体现为一系列指导原则而非实施细则。REST 的主要原则如下。

1. 一致的交互接口

REST 要求客户端与服务器端以一种统一的格式交互,也就是说资源的对外暴露形式要统一。在这种格式下,客户端可以用服务器端能理解的形式指明操作的所有细节:针对谁、操作的信息和进行什么操作。当底层协议是 HTTP 时,针对"什么操作"RESTful 服务一般用 HTTP 定义的方法来指定,这包括 GET、POST、PATCH、DELETE 等,而服务方同样以预定义的格式向请求方返回响应结果,其中同时包含对资源进行下一步操作时需用的信息,例如资源创建操作的响应中会含有新资源的 ID。

2. 无状态交互

客户端与服务器端的交互完全是没有状态的,服务器端不会记得一次交互的上下文,需要客户端在新请求中完全给定。无状态交互便利了后端服务的伸缩。

3. 分层式结构

服务器端以分层的架构搭建,下层可依赖上层,但反之不然。由此产生层级间的独立带来灵活性。在分层式结构下,一般各层都以负载均衡器或服务器端反向代理服务作为入口,这强制客户端不能假设与固定的服务器相绑定,使在不影响客户端的情况下,对服务进行伸缩成为可能。

"资源"一词正是由 REST 所定义的:由服务器端提供,客户端消费的事物统称为资源,例如通过网络传递的图片、文本、应用程序等。这个定义足够宽泛,以至于任何网络上传递的信息都隶属其中。

符合 REST 架构原则的 Web 服务称为 RESTful 服务。API Server 就是这样一组服务的提供者,它的这组服务是客户端操作 Kubernetes API 资源的接口。技术上这些服务体现为 Server 上的端点(Endpoint)集合,每个 API 都向该集合中贡献形式类似的一组端点。由于 RESTful 服务对外暴露的形式是统一的,所以客户端使用这些端点时所使用的 URL 和请求参数有规律可循。

4.1 Kubernetes API 源代码

本节聚焦 Kubernetes API 的技术形态，讲解 Kubernetes 代码中如何表现这一事物。为了便于读者理解，本节选 Deployment 这一常用的 API 来做示例。Deployment 资源的定义文件如下：

```
apiVersion: apps/v1
kind: Deployment
metadata:
  name: nginx-deployment
  labels:
    app: nginx
spec:
  replicas: 3
  selector:
    matchLabels:
      app: nginx
  template:
    metadata:
      labels:
        app: nginx
    spec:
      containers:
      - name: nginx
        image: nginx:1.14.2
        ports:
        - containerPort: 80
```

由于资源定义文件用于描述 API 实例，所以其内容反映了 API 的部分属性。一个 API 至少有以下属性或属性集合。

(1) apiVersion：由 API 所在的组和版本构成，中间加斜线分割。

(2) kind：API 种类。它和 apiVersion 一起给出了 API 的 GVK 信息，GVK 精确地确定了 API，确定了其技术类型。这一点在源码的 Scheme 部分有印证：Scheme 内部维护了 GVK 和用于承载 API 的 Go 基座结构体的映射关系。

(3) metadata：API 的元数据，主要是名字、标签、注解(Annotation)等。

(4) spec：对目标状态期望的描述，例如这里我们指定希望有 3 个副本同时运行。

一般来讲，资源定义文件并不会使用 API 的所有属性，所以上述属性(或属性集合)不是全部，例如描述一个实例当前状态的 status 属性集合就不在列。可以通过 kubectl 提供的 describe 命令来获得完整的资源属性：使用上述资源定义文件在 API Server 上创建出 Deployment 后，针对创建出的 Deployment 运行 describe 命令查看如图 4-1 所示的信息。

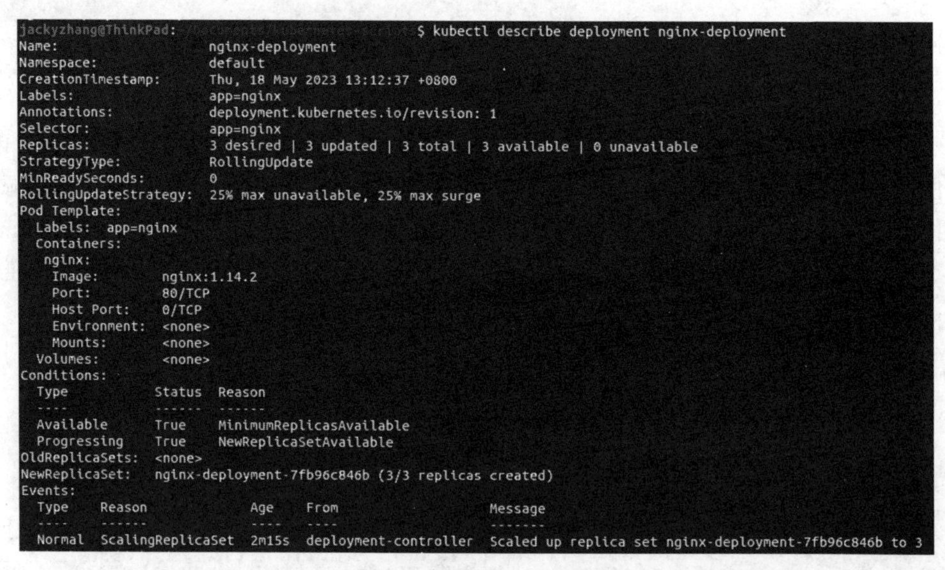

图 4-1　Deployment 详情

通过资源定义文件和 describe 命令，读者确实看到了不少 API 属性，但也只是系统显示的那一部分，依然不完全，其实，可以通过代码获取 Deployment 所具有的所有属性，这是更为精确的。在进入代码前，先要认识 API 实例的内外部版本。

4.1.1　内部版本和外部版本

API 是以组(Group)为单位的，按照版本进行演化，一般来讲，组的演化过程是这样的：最开始是 alpha 版，如 v1alpha1，然后是 beta 版，如 v1beta1、v1beta2；最后是正式版本 v1，如此延续。Deployment 所在的 apps 组就经过了这样一个过程：

v1beta1→v1beta2→v1

Deployment 在最早的 v1beta1 中就被引入了，在后续版本中也一直存在，那么这里就有个问题：用户基于老版本 Deployment 编写的资源定义文件是否能被新版本 API Server 正确地理解呢？答案是肯定的，这是如何实现的呢？

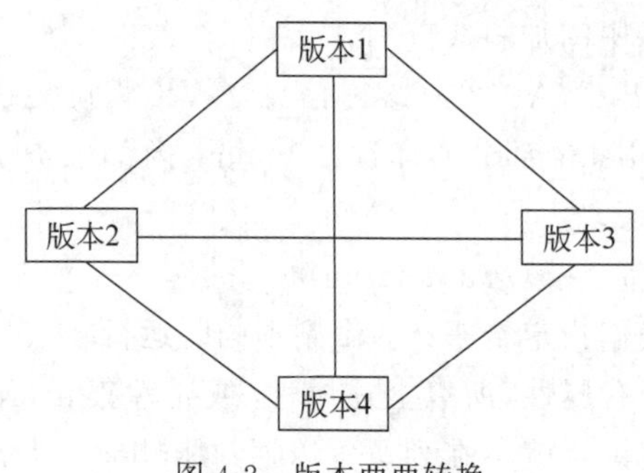

图 4-2　版本两两转换

支持向后兼容的关键是在接到老版本信息后，能把它转换为新版本及具有反向转换的能力，从而达成每个版本之间都能互相转化的状态。一种笨办法如图 4-2 所示，在各个版本之间进行两两转换，如果有 3 个版本就会有 6 段转换逻辑，分别是 1 到 2、1 到 3、2 到 3，以及逆向过程。推而广之，如果有 N 个版本，则转换关系将是个网状的结构，数量级是 N 的平方，规模很大。

Kubernetes 引入了内部版本和外部版本来简化转换过程。内部版本只在 Kubernetes 代码的内部使用，业务逻辑代码是基于内部版本编写的。内部版本始终只有一个，不需要版本编号。在每个新 Kubernetes 的发布版本中，众多 API 的内部版本都会被更新，从而能同时承载该 API 在老版本中已有的属性和在新版本中加入的属性，而外部版本是为 API Server 的消费者准备的，一个 API 会有多个外部版本，分别对应 API 组在演化过程中出现的各个版本：v1beta1、v1beta2、v1 等。与内部版本不同，一个外部版本是固定的，后续版本的发布不会影响前序版本的定义。

API Server 及控制器的代码始终基于内部版本编写，而从用户处接收的 API 实例信息一定是基于某个外部版本的——可能是最新外部版本，也可能是比较老的，所以程序首先把接收的 API 实例从外部版本转换为内部版本，然后才进行处理。处理完毕后，再转化成用户期望的外部版本作为响应结果输出给客户端。版本之间的转换关系如图 4-3 所示。不难看出，系统内不会在两个外部版本之间直接进行转换，而是通过内部版本这个桥梁间接地进行转换，原本网状的转换关系被化为星型，转换逻辑数量大大减少。

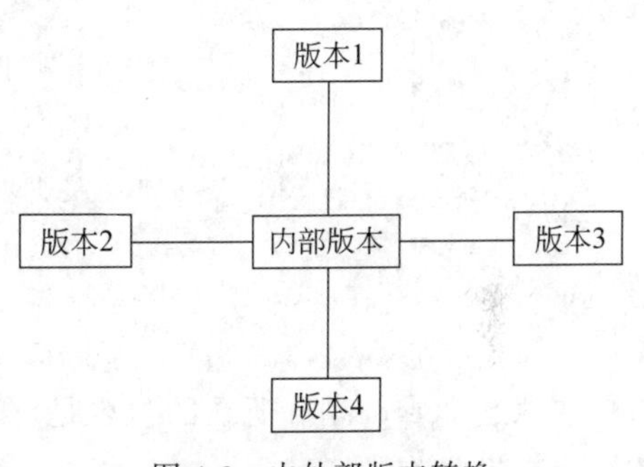

图 4-3　内外部版本转换

再进一步，看代码上内外部版本的技术类型。由于始终只有一个，API 的内部版本只需一个 Go 结构体就可以表示了。以 Deployment 为例，其内部版本的 Go 结构体的定义如下：

```
//代码 4-1 pkg/apis/apps/types.go
type Deployment struct {
    metav1.TypeMeta
    //+optional
    metav1.ObjectMeta

    //期望的说明
    //+optional
    Spec DeploymentSpec

    //最新观测到的状态
    //+optional
    Status DeploymentStatus
}
```

而外部版本则不然，需要由多个 Go 结构体表示，每个结构体都与该外部版本的 G(roup)、V(ersion)和 K(ind)一一对应(这个对应关系会反映在 Scheme 中)，由于 G 和 K 都不会变化，所以实际上一个 API 的外部类型的 Go 结构体由 V(版本)确定。用上面 Deployment 实例来讲，由于它的资源定义文件给出的属性 apiVersion 指出其版本是 v1，所以会有个 Go 结构体表示该版本下的 Deployment，代码如下：

```
//代码 4-2 staging/src/k8s.io/api/apps/v1/types.go
type Deployment struct {
    metav1.TypeMeta `json:",inline"`
    ...
    //+optional
    metav1.ObjectMeta `json:"metadata,omitempty"
                protobuf:"bytes,1,opt,name=metadata"`

    //期望的说明
    //+optional
    Spec DeploymentSpec `json:"spec,omitempty"
                protobuf:"bytes,2,opt,name=spec"`

    //最新观测到的状态
    //+optional
    Status DeploymentStatus `json:"status,omitempty"
                    protobuf:"bytes,3,opt,name=status"`
}
```

注意这个 types.go 所在的包名是 v1,不难猜测,v1beta1 版本的 Deployment 基座结构体一定被定义在 staging/src/k8s.io/api/apps/v1beta1/types.go 文件中,的确如此,读者可自行验证。

4.1.2 API的属性

具有了内外部版本的知识,现在可以更进一步,从代码上查阅一个 API 的属性。本节依旧以 Development 为例。

先看最贴近用户的外部类型。资源定义文件内容决定于外部类型基座结构体字段。上述代码 4-2 展示了 Deployment 的 v1 版本的基座结构体,其名字也是 Deployment,在它的定义中所含的字段很有代表性,每个 API 资源类型的结构体基本具有以下字段。

1. 通过内嵌 TypeMeta 结构体获得其字段

根据 Go 结构体嵌套的规则,TypeMeta 的字段会被直接"传递"给 Deployment 结构体,于是 APIVersion 和 Kind 两个 TypeMeta 的字段就被放到了 Deployment 结构体上。读者是不是对这两个属性名字眼熟?对了,它们与资源定义文件中的 apiVersion 和 kind 对应。程序运行时 Deployment 结构体实例会用这两个字段承接资源文件中的 apiVersion 和 kind 信息。

2. 通过内嵌 ObjectMeta 结构体获得其字段

类似 TypeMeta 结构体的情况,Deployment 通过内嵌 ObjectMeta 结构体获取了它的所有字段。ObjectMeta 的字段均是用来表示一个 Deployment 实例自身信息的,典型的有以下几个。

(1) Name:API 实例的名称。

(2) UID：唯一标识。

(3) NameSpace：所隶属的命名空间。

(4) Annotations：实例上的注解。注解不同于普通标签，它不会被用于实例查询操作。

(5) Labels：实例上的标签。

(6) Finalizers：一组字符串构成的数组，当系统删除一个 API 实例时会要求这个数组为空，否则不删除，等待下次控制循环再检查。这为外界影响一个实例的销毁提供了途径。

3. Spec

用户对系统最终状态的期望，它是对接资源定义文件内容的重要字段。1.4 节讲声明式 API 的时候说过，Kubernetes 会根据用户期望不断地调整内部状态，直到满足用户期望。用户是通过资源定义文件描述期望的，资源定义文件最终又被加载到 Go 结构体实例中供控制器使用，期望内容会被放到这个 Spec 字段中。

4. Status

上述 Spec 承载了用户描述的期望状态，那实例的当前状态放到哪里呢？答案是 Status 字段。

每个 API 结构体都会有名为 Spec 和 Status 的字段，但不同 API 中的 Spec 与 Status 的 Go 类型不相同，因为每个资源都会有独特的属性。要查看 Deployment 的 Spec 都有什么子字段，只需到代码中找到 Spec 的类型 DeploymentSpec 一探究竟。本节不再逐个介绍其各个字段，它们为 Deployment 特有，并不具备一般意义，代码如下：

```
//代码 4-3 staging/src/k8s.io/api/apps/v1/types.go
type DeploymentSpec struct {
    …
    //+optional
    Replicas *int32 `json:"replicas,omitempty"
                protobuf:"varint,1,opt,name=replicas"`
        …
    Selector *metav1.LabelSelector `json:"selector"
                protobuf:"bytes,2,opt,name=selector"`
        …
    Template v1.PodTemplateSpec `json:"template"
                protobuf:"bytes,3,opt,name=template"`
        …
    //+optional
    //+patchStrategy=retainKeys
    Strategy DeploymentStrategy `json:"strategy,omitempty"
        patchStrategy:"retainKeys" protobuf:"bytes,4,opt,name=strategy"`
    …
    //+optional
    MinReadySeconds int32 `json:"minReadySeconds,omitempty"
                protobuf:"varint,5,opt,name=minReadySeconds"`
        …
```

```
    //+optional
    RevisionHistoryLimit *int32 `json:"revisionHistoryLimit,omitempty"
                protobuf:"varint,6,opt,name=revisionHistoryLimit"`
        …
    //+optional
        Paused bool `json:"paused,omitempty"
        protobuf:"varint,7,opt,name=paused"`
        …
    ProgressDeadlineSeconds *int32 `json: "progressDeadlineSeconds,
        omitempty" protobuf: "varint,9,opt,name=progressDeadlineSeconds"`
}
```

不难发现,资源定义文件中的Spec下定义的属性和DeploymentSpec结构体的字段有着明显的对应关系,例如replicas对应Replicas,而且这种对应关系已经被结构体属性后面的注解明确地标识出来了,来看Replicas的注解:

```
Replicas *int32 `json:"replicas,omitempty" protobuf:
            "varint,1,opt,name=replicas"`
```

上述注解翻译一下含义是:Replicas这个字段对应JSON格式下的replicas属性,或protobuf格式下的replicas属性。用户一般使用YAML文件表述资源定义文件,但在代码级别YAML格式的信息会被转换为JSON格式,再由JSON格式直接向Go结构体实例转换,要知道Go是天然支持JSON与其数据结构进行相互转换的。

Status属性也类似,Deployment结构体的Status类型是DeploymentStatus。Status用于承载一个Deployment实例的当前状态信息,当用户调用kubectl的describe命令查看API实例的详细信息时,Status属性也包含在其中。对于Deployment来讲,它的状态信息包括总副本数量、可用/不可用副本的数量、就绪副本数量、条件(conditions)信息。这里"条件"是一组用于衡量Deployment实例是否正常的标准。DeploymentStatus在v1版本下的代码如下:

```
//代码 4-4 staging/src/k8s.io/api/apps/v1/types.go
type DeploymentStatus struct {
    //deployment 控制器观测到的生成
    //+optional
      ObservedGeneration int64 `json:"observedGeneration, omitempty"
      protobuf: "varint,1,opt,name=observedGeneration"`

    //本 deployment 所拥有的未结束 Pod 的总数
    //+optional
    Replicas int32 `json:"replicas,omitempty"
        protobuf:"varint,2,opt,name=replicas"`

    //本 deployment 所拥有的未结束的具有期望 template spec 的 pod 总数
    //+optional
```

```
    UpdatedReplicas int32 `json:"updatedReplicas,omitempty"
      protobuf:"varint,3,opt,name=updatedReplicas"`

    //本 deployment 所拥有的具有 Ready 条件的 Pod 总数
    //+optional
    ReadyReplicas int32 `json:"readyReplicas,omitempty"
      protobuf:"varint,7,opt,name=readyReplicas"`

    //本 deployment 所拥有的可用 Pod(在 minReadySeconds 内就绪)总数
    //+optional
    AvailableReplicas int32 `json:"availableReplicas,omitempty"
            protobuf:"varint,4,opt,name=availableReplicas"`

    //本 deployment 所拥有的暂不可用的 Pod 总数。也就是本 deployment 还需启动的 Pod 数量
    //未可用既可能是由于创建了还不就绪,也可能是没创建
    //+optional
    UnavailableReplicas int32 `json:"unavailableReplicas,omitempty"
      protobuf:"varint,5,opt,name=unavailableReplicas"`

    //代表对本 deployment 状态的最近一次观测结果
    //+patchMergeKey=type
    //+patchStrategy=merge
    Conditions []DeploymentCondition `json:"conditions,omitempty"
        patchStrategy:"merge" patchMergeKey:"type"
        protobuf:"bytes,6,rep,name=conditions"`

    //本 deployment 所发生的冲突计数。Deployment 控制器用它来建立
    //创建 replicaset 时的防冲突机制
    //+optional
    CollisionCount *int32 `json:"collisionCount,omitempty"
      protobuf:"varint,8,opt,name=collisionCount"`
}
```

再来看内部类型。一个 API 的内部版本始终只有一个结构体,但这个结构体的属性却是不断变化的,随着版本的不断更新而更新,因为一个 API 所具有的属性可能会在不同版本中变更。一般来讲,内部版本的结构体和最高版本外部类型的结构体相似度最高,毕竟废弃已有属性的情况不是很多,更多的是在 API 上添加属性。Deployment 内部版本的 Go 基座结构体如下:

```
//代码 4-5 pkg/apis/apps/types.go
type Deployment struct {
    metav1.TypeMeta
    //+optional
    metav1.ObjectMeta
```

```
    //本 Deployment 期望状态的说明
    //+optional
    Spec DeploymentSpec

    //本 Deployment 状态的最近观测结果
    //+optional
    Status DeploymentStatus
}
```

这和 v1 版的基座结构体十分类似,最明显的区别是这个结构体的属性没有带注解,因为根本没有把信息从 YAML 向 JSON 进而再向内部版本结构体实例转化的需求。除此之外还有个隐含的不同:字段 Spec 和外部版本字段 Spec 的类型只是同名,但属于不同的结构体;属性 Status 也一样。内部版本 Spec 的类型是 DeploymentSpec,定义在 pkg/apis/apps 包下,而外部版本的却不是。

4.1.3 API 的方法与函数

以上讲解了 API 的基座结构体定义代码,接下来介绍与 API 紧密相关的方法与函数。它们有的直接被定义在 API 基座结构体上,有的则单独存在。如果参考内置 API,则每个 API 必须具有以下几类方法。

1. 深复制相关方法(DeepCopy)

API 的内外部版本都需要具有这组方法,它会对当前 API 实例进行一次深复制,从而得到一个新实例。在控制器中,当需要控制循环处理请求队列中的请求时,需从本地缓存取出待处理的实例做一次深复制,把改变放在新实例上而不改变老实例,最后用新实例更新缓存和 ETCD,这避免了破坏缓存机制。Deployment 的深复制方法的实现代码如下:

```
//代码 4-6 pkg/apis/apps/zz_generated_deepcopy.go
func (in *Deployment) DeepCopyInto(out *Deployment) {
    *out = *in
    out.TypeMeta = in.TypeMeta
    in.ObjectMeta.DeepCopyInto(&out.ObjectMeta)
    in.Spec.DeepCopyInto(&out.Spec)
    in.Status.DeepCopyInto(&out.Status)
    return
}

//DeepCopy 是一个自动生成的深复制方法,它将接收器深复制生成新 Deployment
func (in *Deployment) DeepCopy() *Deployment {
    if in == nil {
        return nil
    }
    out := new(Deployment)
    in.DeepCopyInto(out)
```

```
    return out
}

//DeepCopyObject 是一个自动生成的深复制方法,它将接收器深复制生成 runtime.Object
func (in * Deployment) DeepCopyObject() runtime.Object {
    if c := in.DeepCopy(); c != nil {
        return c
    }
    return nil
}
```

在上述代码中共有3种方法,它们都是提供在Deployment结构体指针上[①]。DeepCopyInto()方法把当前实例复制到指定实例中;DeepCopy()方法则新创建实例,然后调用DeepCopyInto()方法;DeepCopyObject()方法和前者相比,只是返回值类型不同。

2. 类型转换相关函数(Converter)

以修改API资源为例,系统接收的用户请求是针对一个API资源的,目标在请求中以某个外部版本表示,而系统内代码是针对内部版本进行编写的,这就需要将请求中的资源从外部版本转换为内部版本;反之,当系统要给客户端响应时,又需要把内部版本转换为客户端需要的外部版本。这组Converter函数负责这些工作。Deployment的v1版与内部版本互相转换的实现代码如下:

```
//代码 4-7 pkg/apis/apps/v1/coversion.go
func Convert_apps_DeploymentSpec_To_v1_DeploymentSpec(in * apps.
DeploymentSpec, out * appsv1.DeploymentSpec, s conversion.Scope) error {
    if err := autoConvert_apps_DeploymentSpec_To_v1_DeploymentSpec(
            in, out, s); err != nil {
        return err
    }
    return nil
}
func Convert_v1_Deployment_To_apps_Deployment(in * appsv1.Deployment, out *
apps.Deployment, s conversion.Scope) error {
    if err := autoConvert_v1_Deployment_To_apps_Deployment(
            in, out, s); err != nil {
        return err
    }

    //将废除的 rollbackTo 字段复制到 annotation 上
    //TODO: 删除 extensions/v1beta1 和 apps/v1beta1 后也删除它
    if revision := in.Annotations[appsv1.DeprecatedRollbackTo];
            revision != "" {
        if revision64, err := strconv.ParseInt(revision, 10, 64);
```

① 在Kubernetes源码实际使用该方法时,与在结构体上直接定义方法的区别并不明显,读者不必纠结。

```
                err != nil {
                return fmt.Errorf("failed to parse annotation[%s]=%s as
int64: %v", appsv1.DeprecatedRollbackTo, revision, err)
            } else {
                out.Spec.RollbackTo = new(apps.RollbackConfig)
                out.Spec.RollbackTo.Revision = revision64
            }
            out.Annotations = deepCopyStringMap(out.Annotations)
            delete(out.Annotations, appsv1.DeprecatedRollbackTo)
        } else {
            out.Spec.RollbackTo = nil
        }

        return nil
}

func Convert_apps_Deployment_To_v1_Deployment(in *apps.Deployment, out *
appsv1.Deployment, s conversion.Scope) error {
    if err := autoConvert_apps_Deployment_To_v1_Deployment(in, out, s);
            err != nil {
        return err
    }

    out.Annotations = deepCopyStringMap(out.Annotations)

    //将废除的rollbackTo字段复制到annotation上
    //TODO: 删除extensions/v1beta1和apps/v1beta1后也删除它
    if in.Spec.RollbackTo != nil {
        if out.Annotations == nil {
            out.Annotations = make(map[string]string)
        }
        out.Annotations[appsv1.DeprecatedRollbackTo] =
         strconv.FormatInt(in.Spec.RollbackTo.Revision, 10)
    } else {
        delete(out.Annotations, appsv1.DeprecatedRollbackTo)
    }
    return nil
}
```

上述代码包含两个函数,代表两个方向的转换,内容虽多,但每种方法都只做两件事情:第一件,调用函数autoConvert_v1_Deployment_To_apps_Deployment()或函数autoConvert_apps_Deployment_To_v1_Deployment(),执行实际的转换;第二件,对转换结果进行一些调整。被调用的两个函数完成实际转换操作,代码如下:

```
//代码4-8 pkg/apis/apps/v1/zz_generated_conversion.go
func autoConvert_v1_Deployment_To_apps_Deployment(in *v1.Deployment, out *
apps.Deployment, s conversion.Scope) error {
```

```
    out.ObjectMeta = in.ObjectMeta
    if err := Convert_v1_DeploymentSpec_To_apps_DeploymentSpec(
          &in.Spec, &out.Spec, s); err != nil {
        return err
    }
    if err := Convert_v1_DeploymentStatus_To_apps_DeploymentStatus(
          &in.Status, &out.Status, s); err != nil{
        return err
    }
    return nil
}

func autoConvert_apps_Deployment_To_v1_Deployment(in * apps.Deployment,
    out * v1.Deployment, s conversion.Scope) error {
    out.ObjectMeta = in.ObjectMeta
    if err := Convert_apps_DeploymentSpec_To_v1_DeploymentSpec(
    &in.Spec, &out.Spec, s); err != nil {
        return err
    }
    if err := Convert_apps_DeploymentStatus_To_v1_DeploymentStatus(
    &in.Status, &out.Status, s); err != nil {
        return err
    }
    return nil
}
```

上述两个函数继续调用 Deployment 基座结构体字段对应的转换函数，逐一转换 Spec 和 Status 子资源，这样逐层递进地完成全部信息的转换。源码查询线索已经给出，细节留给有兴趣的读者自行查阅。

注意：这些 Converter 函数不是外部版本结构体的方法，而是独立存在于 v1 这个 Go 包下的函数。方法需要接收者，而函数并不需要。

3. 默认值设置（Default）

顾名思义，默认值设置函数为新创建出的 API 实例赋默认值。依然以 Deployment 为例，它的 v1 版本的 Default 函数的实现代码如下：

```
//代码 4-9 pkg/apis/app/v1/zz_generated_defaults.go
func SetObjectDefaults_Deployment(in * v1.Deployment) {
    SetDefaults_Deployment(in)
    corev1.SetDefaults_PodSpec(&in.Spec.Template.Spec)
    for i := range in.Spec.Template.Spec.Volumes {
        a := &in.Spec.Template.Spec.Volumes[i]
        corev1.SetDefaults_Volume(a)
        if a.VolumeSource.HostPath != nil {
            corev1.SetDefaults_HostPathVolumeSource(
                                    a.VolumeSource.HostPath)
```

```
        }
        if a.VolumeSource.Secret != nil {
            corev1.SetDefaults_SecretVolumeSource(
                                a.VolumeSource.Secret)
        }
        if a.VolumeSource.ISCSI != nil{
            corev1.SetDefaults_ISCSIVolumeSource(a.VolumeSource.ISCSI)
        }
        if a.VolumeSource.RBD != nil {
            corev1.SetDefaults_RBDVolumeSource(a.VolumeSource.RBD)
        }
        if a.VolumeSource.DownwardAPI != nil {
            corev1.SetDefaults_DownwardAPIVolumeSource(
                            a.VolumeSource.DownwardAPI)
            for j := range a.VolumeSource.DownwardAPI.Items {
                b := &a.VolumeSource.DownwardAPI.Items[j]
                if b.FieldRef != nil {
                    corev1.SetDefaults_ObjectFieldSelector(b.FieldRef)
                }
            }
        }
        if a.VolumeSource.ConfigMap != nil {
            corev1.SetDefaults_ConfigMapVolumeSource(
                                a.VolumeSource.ConfigMap)
        }
        if a.VolumeSource.AzureDisk != nil {
            corev1.SetDefaults_AzureDiskVolumeSource(
                                a.VolumeSource.AzureDisk)
        }
    ...
```

上述方法非常长,限于篇幅这里只截取最开始的一部分。它的第 1 行先调用了同包下的 SetDefaults_Deployment 方法,该方法是由开发人员手动编写的(难道当前这种方法不是手写的? 的确不是,它是自动生成的,4.4 节将讲解代码的生成),对一些属性的默认值进行人为设定。

以上就是各个 API 基座结构体相关的重要方法、函数及它们的实现。观察全部内置 API,这些方法总的代码量还是很可观的,手工写起来工作量巨大而且容易出错。仔细对比各个 API 的同类方法的实现,发现内容大同小异,十分有规律,这就给计算机自动生成部分代码提供了条件。细心的读者已经发现,以上介绍的几段源代码所在源文件的名称均是以 zz_generated_开头的,所有这样的文件,其内容均是代码生成工具的产物,开发人员不用(也不能)进行修改就可以使用。只有当生成的代码不能满足需要时,才需手动加入自有逻辑,上述代码 4-9 所在的 conversion.go 包含的就是这类代码。4.4 节将单独介绍 Kubernetes 代码生成原理。

本节完整地介绍了 API 的基座结构体的定义和主要方法、函数的实现，以及它们呈现出 API 种类的技术形态，实际并不是非常复杂。

4.1.4 API 定义与实现的约定

为了统一不同 API 的定义方式，Kubernetes 项目制定了一些规约。4.1.2 节的内容已经将部分规约体现出来了，本节在此基础上提炼总结，同时查漏补缺并对重要内容进行介绍。了解这些规约对理解系统设计很有帮助，这也是定义客制化 API 的必备知识。

1. 对象类型 API 的要求

对象类型 API 的实例会独立存储于 ETCD，它们也是系统中 API 集合的主体。在定义其 Go 基座结构体时，必须具有以下字段。

1）metadata 字段

metadata 字段用于表示 API 实例元数据，其下必须有子字段 namespace、name 和 uid。namespace 提供了一种资源隔离的软机制，是 Kubernetes 体系内实现多租户的基础。具有 namespace 属性并不代表一定要给 API 实例的 namespace 属性赋值，有些资源就是跨 namespace 的；name 属性是必需的，每个 API 实例在一个 namespace 内不能同该 API 种类的其他实例同名，但不同 API 种类的实例之间同名是允许的；uid 属性由系统生成并赋予 API 实例，将作为该 API 实例在集群内的唯一标识。

metadata 下还应该具有以下子属性：resourceVersion、generation、creationTimestamp、deletionTimestamp、labels 和 annotations。前 3 个属性是由系统维护的，用户不必处理；labels 和 annotations 是由系统和用户共同维护的，在定义 API 资源定义文件时，用户可以给出期望的 labels 和 annotations，而系统也会根据处理需要额外添加。labels 会被用于资源的查询与选取，而 annotations 则被程序主要用于内部处理。

2）Spec 和 Status 字段

Kubernetes API 需要分离对期望状态的描述和当前状态的描述：期望状态存放于 Spec 中，而当前状态存放在 Status 中。Spec 的部分由人和系统[①]共同维护，用户会在资源定义文件中给出自己的期望，而系统会在请求接收与处理过程中进行补全甚至修改，而 Status 则显示该 API 实例有关的最新系统状态，它的信息可能同 API 实例一起存在 ETCD 中，也可能在需要该信息时进行即时抓取以确保最新状态。API Server 的代码逻辑确保用户不能直接更新资源的 Status 内容，例如通过 PUT 操作不能更改目标资源实例的 Status 内容，在实践篇编写聚合 Server 中的客制化 API 时会看到如何实现。

Status 中的 Conditions 被用来简化消费端对当前对象的状态理解。例如 Deployment 的 Available Condition 实际上综合考虑了 readyReplicas 和 replicas 字段的内容而给出的。在定义 Status 结构体时，Conditions 应被作为其顶层子字段。

---

① 主要是 API 的控制器。

2. 可选属性和必备属性

在定义 API 的基座结构体时,用代码注解指明可选属性(指该字段上可以没有值)和必备属性(该属性上必须有值)是必要的,这将指导代码的正常生成工作。定义可选字段时应保持:

(1) 该字段的 Go 类型应该是指针类型。

(2) 当 Server 处理 POST 和 PUT 请求时,应不依赖可选字段值。

(3) 当定义基座结构体时,可选字段的字段标签应该含有 omitempty①,这样 Go 和 JSON、Protobuf 做数据转换时也允许该字段为空。

而处理必备字段时则正好相反:

(1) 该字段的 Go 类型非指针。

(2) Server 不接受请求中缺失该属性的值。

(3) 该字段的字段标签不能包含 omitempty。

定义中设置可选和必备比较简单,只要在属性定义的上方加//+optional 或//+required 注解。

```
//代码 4-10 可选与必选注解
type StatefulSet struct {
    metav1.TypeMeta
    //+optional
    metav1.ObjectMeta

    //定义本 SS 中 Pods 的期望标识
    //+optional
    Spec StatefulSetSpec

    //本 SS 中 Pods 的当前状态。这个字段中的信息相对特定时间窗口有可能是过时的
    //+optional
    Status StatefulSetStatus
}
```

3. API 实例的默认值设定

Kubernetes 希望 API 编写者明确为 API 的各个字段设置默认值,不欢迎笼统地规定"……没有提及的字段具有某个默认的值或行为"。明确设定默认值的好处包括以下几点。

(1) 默认值可以随着版本的演化而演化,在新版本启用新默认值不影响系统对老版本对象的默认值设置。

(2) 系统获得的 API 实例的属性值是用户明确指定的,而那些由于各种原因没有值的属性就真的是系统可以自行决定的。系统不必担心例外,这会简化代码逻辑。

① 结构体字段标签被用于信息在 Go 结构体与 JSON 等格式之间进行转换。

默认值特别适合那些逻辑上必须并且绝大部分情况其取值固定的字段。设定默认值主要有两种手段，其一是静态指定，其二是通过准入控制机制动态设定。

1）静态指定

每个版本都硬编码这些默认值，只要在API属性的定义之上加“//+default=”注解就可以了。这样的硬编码也可以有简单逻辑：根据其他一些字段来决定当前属性的值。只是这样需要程序处理额外的复杂性，因为当更新了被依赖的属性时，同时需要更新当前属性。4.4.1节将讲解的Defaulter代码生成器简化了静态指定默认值的编码工作。

2）通过准入控制机制设定默认值

静态指定默认值是比较死板的。举个例子，PersistentVolumeClaim（PVC）的Storage Class属性逻辑上必须是一个Storage Class API实例，并且绝大多数PVC的创建者会选用集群管理员所做的全局设定，即管理员指定什么这个PVC实例就用什么。这时静态指定默认值就无法胜任了，因为管理员的设定并非固定或有章可循。这时准入控制机制就派上用场了。该机制是系统在处理用户请求时调用的一些插件，每个插件都实现对请求所含API实例信息的修改和/或校验，可以通过修改接口进行默认值的设定[①]。

4. 并发处理

API的编写者在编写控制器时需要牢记如下事实：系统中的API实例可能被多个请求并发触达，Kubernetes将采用乐观锁的机制协调并发处理。4.1.4节展示了API的metadata字段，看到它有一个子字段resourceVersion，它由系统维护，每个到达API Server的请求都会带有目标资源的一个版本信息，标明这次操作是基于哪个版本进行的，Server在预处理请求时会进行一次检查，如果当前该资源的resourceVersion高于请求中指明的，则拒绝请求，返回HTTP 409。对于创建操作，由于不涉及并发问题，所以不必指明resourceVersion，而对于更改操作，resourceVersion是需要的，客户端可以从前序交互中获得API实例信息，包括resourceVersion。如果多个修改请求同时通过预检查，则在修改数据库时还可能出现版本冲突问题，开发者需要合理处理。

4.2 内置API

整个API Server都是在围绕API运作。一方面，用户的需求全部被表述为API实例；另一方面，API Server自己也以API实例来存储内部信息，它的运作机制也被设计成依赖API实例。那么API种类是否丰富，是否足够满足方方面面的需求就很重要了。

API Server已经构建好了众多的API，称为内置API，绝大部分功能需求能被这些API种类所满足。内置API以功能为准则被划分为不同的组，以1.27版为例，除了4.3节将介绍的核心API组外，所有内置组见表4-1。

① 实际上，在controller-runtime库中，“修改”对应的Go接口至今还叫defaulter。

表 4-1 除核心 API 外内置 API

API 组	API 种类示例	功能描述
abac.authorization.kubernetes.io	Policy	基于属性的访问控制
admissionregistration.k8s.io	ValidatingWebhookConfiguration MutatingWebhookConfiguration	准入控制器机制
apidiscovery.k8s.io	APIGroupDiscovery APIVersionDiscovery APIResourceDiscovery	支持构建 API 的注册与发现机制
internal.apiserver.k8s.io	StorageVersion StorageVersionList	API Server 内部使用的一些 API
apps	StatefulSet Deployment	构建用户应用的众多 API
authentication.k8s.io	TokenReview TokenRequest	与登录鉴权相关的几个 API
authorization.k8s.io	SubjectAccessReview	实现委派鉴权需要的 API
autoscaling	Scale	系统自伸缩,从而合理地利用资源
batch	CronJob Job	批处理,作业
certificates.k8s.io	CertificateSigningRequest ClusterTrustBundle	API Server 的证书管理相关
coordination.k8s.io	Lease	资源的分配与回收
" "空字符串(包名是 core)	Pod Service Volume	核心 API 种类,整个系统的基础性 API,并且历史最为悠久。代码中常被称为遗留(Legacy)API
discovery.k8s.io	Endpoint EndpointSlice	服务器端点用到的 API 种类,主要是 Endpoint
events.k8s.io	Event EventList	Event API
extensions		较古老的一个组,但其中内容大多已经被分拨到其他组,最终将会退役
flowcontrol.apiserver.k8s.io	FlowSchema Subject	实现 API 重要性分级和访问公平性时需要的 API
imagepolicy.k8s.io	ImageReview	检查 Pod 的镜像
networking.k8s.io	NetworkPolicy Ingress	容器网络管理,以及服务暴露等,内容不多
node.k8s.io		与集群节点管理相关的几个 API 种类,但内容不多
policy	Eviction PodSecurityPolicy	与 Pod 管理规则相关的 API,例如抢占机制、安全规则等

续表

API 组	API 种类示例	功 能 描 述
rbac.authorization.k8s.io	Role RoleBinding ClusterRole	基于角色的与权限管理相关的 API
resource.k8s.io	ResourceClass	一个比较新的组，用于动态地分配资源，目前还在 Alpha 阶段
scheduling.k8s.io	PriorityClass	内容较少，只包含 Pod 的 Priority Class 的 API
storage.k8s.io	StorageClass	与存储相关的一些 API

读者可能已经发现了，以上很多 API 组名称是以 k8s.io 或者 kubernetes.io 为后缀的，这并非偶然，而是一种命名规约，也会出现不符合该规约的命名，那属于历史遗留问题。在以上这些组中，有两个特别巨大的组，也就是其所包含的 API 种类非常多的组：一个是 core 组，另一个是 apps 组。core 组将在 4.3 节单独讲解，apps 组是用户使用最多的组，它包含在集群中部署应用程序时使用的各种 API，例如 Deployment，建议读者精读此部分代码。选一些 API 的代码精读也可为第三篇构建聚合 Server 扩展打下良好基础。可按照如下指引定位内置 API 的代码：

（1）内部版本的定义。位于包 pkg/apis，每个 API 组在该包下有一个子包，通常内部版本定义于该子包下的 types.go 文件中。API 的内部版本的代码有可能会随着新 Kubernetes 版本的发布而被调整，从而被增强，这和外部版本不同，已发布的外部版本的代码一般不大变，除非对 Bug 进行修复。

（2）外部版本的定义。位于包 staging/src/k8s.io/api，内置 API 的外部版本被抽取到 staging 中，作为单独代码库发布，便于在众多客户端代码中复用。每个 API 组在该包下有一个子包；每个版本会在该子包下又有一个子包，外部版本的定义就位于此。

（3）控制器逻辑。位于包 pkg/controller。除了 API 的定义，每个 API 的业务逻辑包含在各自控制器的控制循环中，每个 API 组对应一个子包，可以在其中找到相关内置 API 的控制器代码。

控制器代码揭示了系统根据各个 API 实例执行操作的逻辑，很值得阅读。每个控制器的代码框架都十分类似，一旦掌握了框架，将一通百通。本书第 6～8 章在讲解各个子 Server 代码时会选典型的有关控制器进行代码剖析，这将极大地加深读者理解 Kubernetes 系统的深度。

4.3 核心 API

本节邀请读者先来一次时光之旅，回到 Kubernetes 1.0.0 版，一览当时的工程结构。借助 git 命令十分容易做到，只需在项目的根目录下运行：

```
git checkout v1.0.0
```

用 IDE 打开工程,读者会发现目录结构和 1.27 版有众多不同之处,本节聚焦在内置 API 种类相关代码。“咦,pkg/apis 这个包哪里去了?”的确,那时还没有 apis 这个包,社区还没有繁荣到今天这样有如此之多的 API。虽没有 pkg/apis 包,但 pkg/api 这个包已经存在了,其顶层内容如图 4-4 所示,该包下已有 types.go 源文件和貌似以版本号为名的子包。彼时的 pkg/api 包举足轻重,地位相当于后来的 pkg/apis,包含了所有 API 的定义,内部版本和外部版本也都在里面。

当时都有哪些内置 API 呢?打开 pkg/api/types.go 文件,根据 4.2 节知识,这个文件应该是 API 内部版本的定义源文件,查看后便知。里面的 API 种类如下。

- Pod
- PodList
- PodStatusResult
- PodTemplate
- PodTemplateList
- ReplicationControllerList
- ReplicationController
- ServiceList
- Service
- NodeList
- Node
- Status
- Endpoints
- EndpointsList
- Binding
- Event
- EventList
- List
- LimitRange
- LimitRangeList
- ResourceQuota
- ResourceQuotaList
- Namespace
- NamespaceList
- ServiceAccount

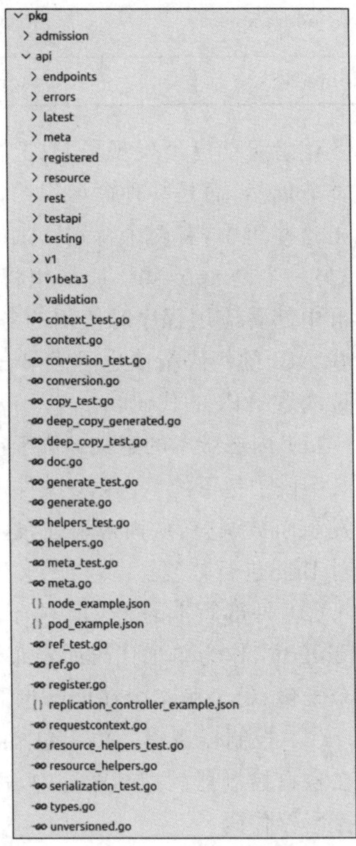

图 4-4 v1.0.0 中的 API

- ServiceAccountList
- Secret
- SecretList
- PersistentVolume
- PersistentVolumeList
- PersistentVolumeClaim
- PersistentVolumeClaimList
- DeleteOptions
- ListOptions
- PodLogOptions
- PodExecOptions
- PodProxyOptions
- ComponentStatus
- ComponentStatusList
- SerializedReference
- RangeAllocation

读者可以对比这个列表和1.27版本的pkg/apis/core中定义的内置API种类，对比后就会发现，后者基本可以覆盖前者。也就是说，随着代码的不断重构，最初版本中元老级的API种类都被转入pkg/apis/core包中。core中文意为核心，故称这个API组为核心API组，称这个组里的API为核心API。Kubernetes源代码中很多地方也以遗留API(legacy API)来称呼它们，这只是该API组的不同称呼。

对于应用广泛的软件进行重构是很头痛的事情，因为要兼容已有的使用情况。核心API出现最早，用例已经遍布天下，如果修改其使用方式(API\参数等)，则影响巨大，难以被接受，这造成了核心API的一些与众不同之处。核心API与其他内置API具有以下不同：

(1) 组的名称很特殊，其他内置API组的名称大多以k8s.io或kubernetes.io结尾，即使不带这后缀也会有个名字，但核心API组特立独行，它的名字是“”(空字符串)，没有名字就是它的名字。

(2) 资源的URI构成模式不同。普通内置API的资源URI具有这种模式：

```
/apis/<API组>/<版本>/namespaces/<命名空间>/<资源>
```

而核心API的资源URI模式稍有不同，是这样的：

```
/api/<版本>/namespaces/<命名空间>/<资源>
```

区别在于：其他API以apis为前缀，而核心API是api；其他API包含组名称，而核心组没有。

(3) 资源定义文件中的apiVersion内容不同。由于组名是空字符串，所以在定义核心

API 资源时,apiVersion 这一属性直接就是 v1,是不带 API 组的。

4.4 代码生成

Go 语言缺少面向对象语言的继承机制。类、继承带来的一个好处是可以在上层类中实现通用的算法、操作、框架等,它们会直接被子类继承,这为代码复用提供了不少便利。Go 语言没有这么好用的机制,Kubernetes 怎么处理代码复用呢?笔者认为它给的答案非常简单粗暴:把逻辑重复写很多遍,只是每次重复都由机器完成。这就是本节将讨论的代码生成。

4.1.3 节介绍了 API 实例的深复制(DeepCopy)、内外部版本的转换(Converter)和默认值的设定(Defaulter),这些操作的代码逻辑在各个 API 之间基本相同,它们位于名称以 zz_generated为前缀的文件中,也都是代码生成的产物,读者可以通过比较不同 API 的 zz_generated_xxx.go源文件进行相似性验证。在 Kubernetes 中代码生成主要服务如下场景:

(1) 为 API 基座结构体添加深复制、版本转换和默认值设置函数或方法。

(2) 为 API 生成 client-go 代码。client-go 包单独发布,是客户端和 API Server 交互的基础库,内置 API 的外部版本定义也会包含在其中。

首先生成 Clientset。为客户端程序提供一组操作 API 实例的编程接口,它们负责从 API Server 即时获取目标 API 实例,当然创建、修改等也没问题。所有交互细节客户端不必关心。

然后生成 Informer。客户端从 API Server 获知 API 实例变更的高效机制,API Server 允许客户端对某个 API 种类状态变化进行 WATCH 操作,客户端利用 Informer 来对接 API Server 进行状态观测。Informer 内置了缓存机制,它的存在将大大降低 API Server 的负担。Informer 存在于以上的 client-go 包中,主要用于控制器的代码。

最后会生成 Lister,其作用类似 Informer,可以从 API Server 获取某类资源的实例列表,但内部没有缓存,比 Informer 简单,适用简单场景。同样地,Lister 也存在于 client-go 包中。

(3) 为 API 的注册生成代码。API Server 的注册表机制要求每个 API 组都将自己的 API 种类注册到注册表中,这部分代码也可以自动生成。

(4) 为 API 种类生成 OpenAPI 的服务定义文件。每个 API 资源都会以端点形式暴露于 API Server,其格式符合 OpenAPI 规范,这就需要服务定义。

4.4.1 代码生成工作原理

Kubernetes 的代码生成基于库 code-generator。这是一个 Kubernetes 项目下的子库,算是项目的一个副产品,而 code-generator 的代码生成能力最终源于另外一个基础库:gengo,而 gengo 也是 Kubernetes 项目的一个副产品,最初就是为了解决 Kubernetes 中大量重复代码编写的问题而创立的。gengo 项目可以服务于 Kubernetes 之外的开发——理论上说所有 Go 项目都在它的服务范围之内,而 code-generator 基于 gengo,为 Kubernetes API Server 的开发、聚合 Server 的开发及 CustomResourceDefinition 的开发进行功能定制。本书立足于讲解 Kubernetes 源码，所以只关注 code-generator 库而不会深入 gengo 库。code-generator 源码位于 staging/src/k8s.io/code-generator 包中。

code-generator 为 Kubernetes 制定了一系列注解，注解需要以代码注释的方式放置在目标代码的上方，code-generator 在运行时对目标源代码进行扫描[1]，找到这些注解，进而进行相应的代码生成，最后把生成结果输出到目标文件夹。一个注解是具有以下格式的注释语句：

```
//+<tag name>=<value>
//+<tag name>
```

例如，//＋groupName＝admission.k8s.io 和//＋k8s：deepcopy-gen＝package. 注解又有全局和局部之分。

1. 全局注解

全局注解是放置在包级别并对整个包起作用的注解。它们被放在一个包的定义语句——也就是 package 语句之上。Go 推荐将包定义于 doc.go 文件中，这便于为该包提供注释文档等。Kubernetes 遵从了这一建议，所以可以在 Kubernetes 源码中的各个 doc.go 文件内找到这些全局注解。举例来讲，每个 API 种类的基座结构体都需要实现 runtime. Object 接口，只需在包定义语句上添加如下全局注解就可以确保这一点：

```
//代码 4-11 pkg/apis/apps/doc.go
//+k8s:deepcopy-gen=package        //要点①

package apps //import "k8s.io/kubernetes/pkg/apis/apps"
```

有了要点①处的注解，对于 apps 内的每种类型定义，code-generator 都会去生成 DeepCopy 系列方法，同时 code-generator 也提供了其他注解，以便从包中剔除不需要生成这系列方法的类型。主要的全局注解及它们的作用见表 4-2。

表 4-2 主要的全局注解及作用

序号	标 签	作 用
1	//＋k8s：deepcopy-gen＝＜value＞	为内外部版本生成 DeepCopy 系列方法。作为全局注解使用时，value 可以是 package（为包内所有类型都生成 DeepCopy 系列方法）或 false（不生成）
2	//＋k8s：conversion-gen＝＜value＞	指导生成 API 内外部版本的转换代码。当 value 为 false 时，不生成；当 value 为一个包的路径时，代表内部版本的类型定义所在的包
3	//＋k8s：conversion-gen-external-types＝＜value＞	同样指导生成 API 内外部版本的转化代码。它的 value 是外部版本的类型定义所在的包，一般等同于外部版本的 types.go 文件所在的目录；这个注解可以省略，默认就在当前 doc.go 文件所在的包

① 用户可以通过调用 code-generator 的 Shell 脚本"generate-groups.sh"来启动它。

续表

序号	标　签	作　用
4	//+k8s:defaulter-gen=<value>	当这个注解出现在package之上时,value将代表一个字段名,例如TypeMeta:如果一个结构体内包含以其为名的一个字段,则为这个结构体生成默认值生成器
5	//+groupName=<value>	指定API的组名,组名在生成Lister和Informer代码时会用到
6	//+k8s:openapi-gen=true	为当前包生成OpenAPI服务定义文件

2. 局部注解

局部注解放置在类型/字段定义处,一般是在定义内外部类型的types.go文件中。局部注解的作用域只限于其下方的一种类型/字段,影响针对它们的代码生成。它的主要作用是让目标类型/字段摆脱全局注解的设置,所以会看到大部分局部标签与全局标签同名。常见的局部注解及作用见表4-3。

表4-3　常见的局部注解及作用

序号	标　签	作　用
1	//+k8s:deepcopy-gen=true|false	当这个标签出现在某个内部类型定义之上时,value可以是true或false,代表是否为该类型生成DeepCopy系列方法
2	//+k8s:conversion-gen=true|false	当这个标签出现在某种类型定义之上或结构体内某个字段定义之上时,value可以是true或false,代表是否为该类型/字段生成内外部版本转换代码
3	//+k8s:defaulter-gen=true|false	当这个标签出现在类型之上时,value将是true或false,代表是否为结构体生成默认值生成器
4	//+k8s:openapi-gen=false	当这个标签放在一种类型定义上方时,代表不为该类型生成OpenAPI服务定义文件
5	//+genclient //+genclient:nonNamespaced //+genclient:noStatus //+genclient:noVerbs //+genclient:skipVerbs=<verbs> //+genclient:onlyVerbs=<verbs> //+genclient:method=<...>	这系列标签用于控制生成client-go内代码,包括Clientset、Lister和Informer。这里面出现的verbs的合法值包括create、get、update、delete、updateStatus、deleteCollection、patch、apply、applyStatus、list和watch,其中,verb 'list'将会触发Lister的生成;verb 'list'和'watch'将触发Informer的生成

由于code-generator的目标场景限于Kubernetes生态系统,比较小众化,所以可以获取的使用文档很有限,接下来对重要的代码生成器的使用方式进行讲解,这对进行聚合API Server的开发很有帮助。

3. Conversion 代码生成器

Conversion生成器用于生成API内外部版本的转换代码。生成的代码可以把一个以内部版本数据结构表示的资源实例转换为外部版本数据结构的实例,以及反向转换。为了完成这项任务，Conversion 代码生成器需要 3 个输入信息：

（1）一组包含内部版本类型定义的包。

（2）一个包含目标外部版本类型定义的包。

（3）生成代码的存放地，也是一个包。

Conversion 如何得到运行时所需要的 3 个输入参数呢？依靠注解。对于第 1 个输入参数——内部版本定义所在包，通过如下全局注解来给出：

```
//+k8s:conversion-gen=<内部版本类型定义的导入路径>
```

除此之外，代码生成程序的命令行参数'base-peer-dirs'和'extra-peer-dirs'指定的相对路径也会被扫描寻找内部版本。对于第 2 个输入参数——外部版本定义所在包，同样通过全局注解给出，形式如下：

```
//+k8s:conversion-gen-external-types=<外部版本类型定义的 import 路径>
```

这个标签是可以省略的，默认外部类型定义在第 1 个标签所在的包。如果希望排除某些类型，则可以在其定义之上加如下标签：

```
//+k8s:conversion-gen=false
```

第 3 个参数——生成代码的目标包，需要通过命令行参数给定，默认放置在外部版本定义所在的包。

Conversion 代码生成器在运行时会比较参数指定的各包内发现的内部版本类型名称和外部版本类型名称，为名称一致的内外部类型生成命名格式如下的两个转换函数：

```
autoConvert_<pkg1>_<type>_To_<pkg2>_<type>
```

这两个函数分别做两个方向的转换：由内向外和由外向内各一个。生成工具会递归地完成两种类型之间信息的转化：如果源和目标的类型是简单数据类型，不是结构体，则比较二者类型是否匹配，如果匹配，则生成信息 copy 代码，否则生成失败；如果二者类型为复合类型，如结构体，则过程如图 4-5 所示。

与 autoConvert 函数“配套”，工具还生成了两个名称以 Convert 为前缀的函数，它们的命名模式为

```
Convert_<pkg1>_<type>_To_<pkg2>_<type>
```

这两个函数很有用处：开发人员只要在运行代码生成器前，在目标包下手工创建同名的 Convert 方法，就可以阻止代码生成器生成它们，这使开发人员可以注入自有的转换逻辑。很多时候这是必要的，因为很多时候代码生成器并不能正确地处理两个复杂类型的转换工作。

除了上述 autoConvert 和 Convert 方法，代码生成器还会生成把 Convert 方法向注册表（Scheme）注册的方法，名称为 RegisterConversions()。注册表需要这个信息，当系统需要进行转换时才能从注册表中找到正确的方法进行调用。

为了方便项目人员工作，在 Kubernetes 工程下的 hack/update-codegen.sh 文件中定义

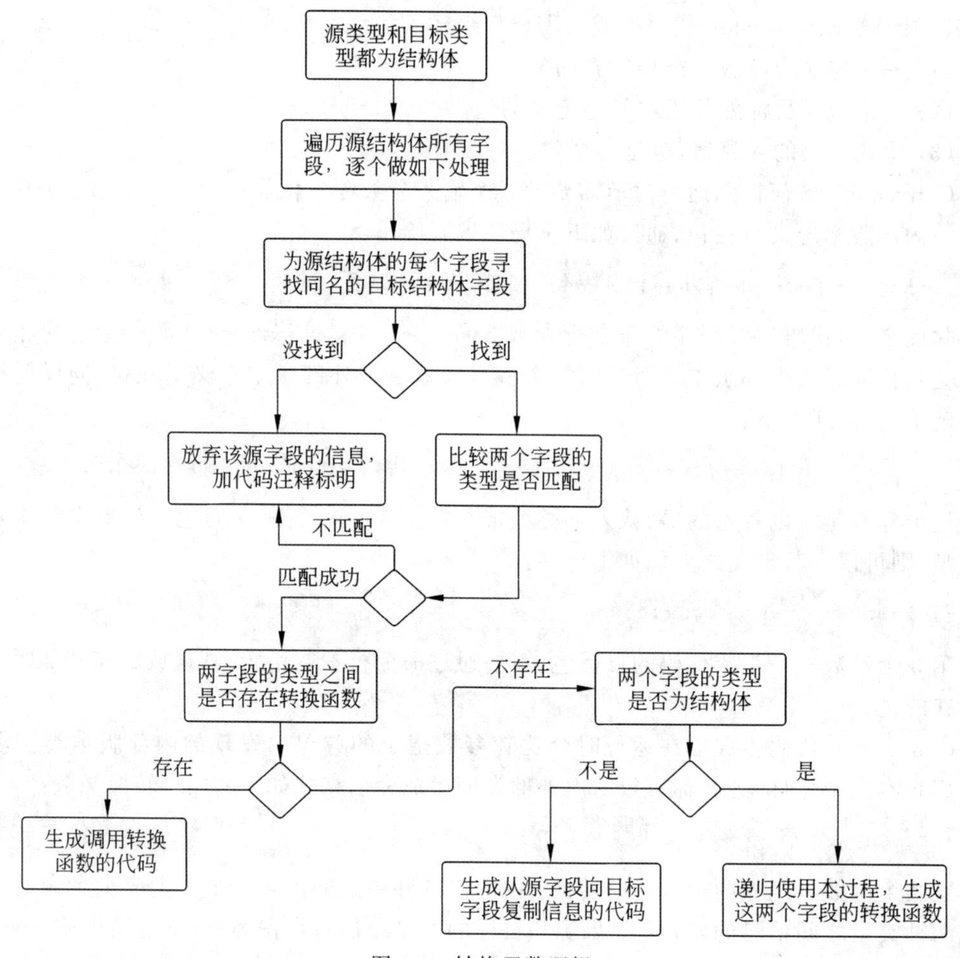

图 4-5 转换函数逻辑

了如何调用各个代码生成器的 Shell 脚本，这给了读者学习如何调用代码生成器的参考，其中调用 Conversion 生成器的代码如下：

```
//代码 4-12 hack/update-codegen.sh
./hack/run-in-gopath.sh "${gen_conversion_bin}" \
    --v "${KUBE_VERBOSE}" \
    --logtostderr \
    -h "${BOILERPLATE_FILENAME}" \
    -O "${output_base}" \
    $(printf -- " --extra-peer-dirs %s" "${extra_peer_pkgs[@]}") \
    $(printf -- " --extra-dirs %s" "${tag_pkgs[@]}") \
    $(printf -- " -i %s" "${tag_pkgs[@]}") \
    "$@"

if [[ "${DBG_CODEGEN}" == 1 ]]; then
    kube::log::status "Generated conversion code"
fi
```

4. DeepCopy 生成器

Go 语言有一个很棒的特性：一种类型的定义和以该类型为接收器的方法定义可以处于不同的源文件中。这和 Java 语言不同，灵活性更高。DeepCopy 生成器利用了这个特性。这个生成器可以为指定的包内的所有类型生成一系列深复制方法，当然也可以单独为某种类型生成，只要在合适的地方加注解即可。

在代码生成过程中，如果目标类型已经具有这一系列方法，则生成的代码直接调用它；如果没有，生成器则试着生成基于直接赋值的 copy 实现；如果直接赋值不能做到深复制，则生成器会按照自己的逻辑给出一个实现。生成的代码会被放在目标类型所在的包下。

启用 DeepCopy 生成器比较简单，只需在包的 package 语句的上方加如下标签：

```
//+k8s:deepcopy=package
```

生成器会默认为这个包内所有类型生成 DeepCopy 系列方法；可以在某个具体类型定义的上方加如下注解来将其排除在外：

```
//+k8s:deepcopy=false
```

类似地，当没有在包级别启用该生成器时，可以通过在某个具体类型定义的上方加如下注解，来为该类型生成 DeepCopy：

```
//+k8s:deepcopy=true
```

Kubernetes 源码中也常常见到如下注解，它的作用是为被修饰的类型生成一个名为 DeepCopy<接口名>()的方法，这里接口名就是注解中等号后所指定的接口名称。

```
//+k8s:deepcopy-gen:interfaces=k8s.io/apimachinery/pkg/runtime.Object
```

该方法的返回值类型将是注解所指定的接口类型。标签中可以指定多种类型，用逗号分隔开，这时生成器会为每个接口生成一个如上的深复制方法。这类方法内部实现如下逻辑：先直接调用 DeepCopy()，然后把得到的结果直接返回。DeepCopy()方法得到的副本类型与源实例的类型相同，那么该副本能被当作目标接口类型返回的前提是：源实例类型实现了返回值接口，所以注解上的接口并不能随意指定，一定要确保被修饰的类型实现了它。

DeepCopy 生成器的生成结果是一个单独文件，所有生成的深复制方法均在其中。这一过程中没有改动类型定义文件，从而不必担心其破坏原来的代码。

5. Defaulter 生成器

当一个 API 的外部类型对象被创建出来后，其各个属性（也就是类型结构体的字段）还都是初始值，即各自类型的零值，可以为它们赋予默认值，这就是 Defaulter 系列方法的作用。相对于前两种代码生成器，Defaulter 生成器稍有不同。

首先，需要使用全局注解，指出目标包中哪些结构体需要设置默认值，例如在 Kubernetes 工程中常见如下标签：

```
//+k8s:defaulter-gen=TypeMeta
```

上述注解告诉 Defaulter 生成器：请扫描当前包，找到那些有字段 TypeMeta 的结构体，为该结构体生成填充默认值的方法。就这个例子而言，API 基座结构体都会内嵌结构体 metav1.TypeMeta，那么它们都会有以 TypeMeta 为名字的字段，于是当前包下所有 API 的基座结构体都将是 Defaulter 生成器服务的对象。除了可以使用全局注解圈定候选结构体，还可以直接在候选结构体上设置这个注解：

```
//+k8s:defaulter-gen=true
```

然后需要逐个编写 SetDefaults_<候选结构体类型名>的函数，在其中对期望设置默认值的字段编写值填充代码。这部分代码一定是人工编写的，不然机器无法知道需要用什么作为那些字段的默认值。Defaulter 代码生成器运行时，将会逐个审查候选结构体，查看包中能否找到 SetDefaults_<结构体名>()函数，如果能，则为它生成一个 SetObjectDefaults_<结构体名>()方法。这种方法：

(1) 第 1 步会去调用找到的 SetDefaults_<结构体名>()函数。

(2) 接下来生成器会检查目标结构体所有字段的类型(如果该字段也是结构体，则逐层递归检验并处理之)，如果某个子孙字段的类型存在一个 SetDefaults_<类型名>()函数与之对应，就生成代码去调用该函数，从而完成对该子孙字段的默认值设定。

以 v1 apps/Deployment 资源类型为例，开发人员为其手工编写了 SetDefault_Deployment()函数，其中为 Spec.Strategy，Spec.Replicas 等几个子孙字段设置了默认值。函数的代码如下：

```
//代码 4-13 pkg/apis/apps/v1/defaults.go
func SetDefaults_Deployment(obj *appsv1.Deployment) {
//如果 Replicas 字段空，则将默认值设为 1
    if obj.Spec.Replicas == nil {
        obj.Spec.Replicas = new(int32)
        *obj.Spec.Replicas = 1
    }
    strategy := &obj.Spec.Strategy
    //将 DeploymentStrategyType 的默认值设置为 RollingUpdate
    if strategy.Type == "" {
        strategy.Type = appsv1.RollingUpdateDeploymentStrategyType
    }
    if strategy.Type == appsv1.RollingUpdateDeploymentStrategyType {
        if strategy.RollingUpdate == nil {
            rollingUpdate := appsv1.RollingUpdateDeployment{}
            strategy.RollingUpdate = &rollingUpdate
        }
        if strategy.RollingUpdate.MaxUnavailable == nil {
            //将 MaxUnavailable 默认值设置为 25%
            maxUnavailable := intstr.FromString("25%")
            strategy.RollingUpdate.MaxUnavailable = &maxUnavailable
        }
```

```
        if strategy.RollingUpdate.MaxSurge == nil {
            //将 MaxSurge 默认值设置为 25%
            maxSurge := intstr.FromString("25%")
            strategy.RollingUpdate.MaxSurge = &maxSurge
        }
    }
    if obj.Spec.RevisionHistoryLimit == nil {
        obj.Spec.RevisionHistoryLimit = new(int32)
        *obj.Spec.RevisionHistoryLimit = 10
    }
    if obj.Spec.ProgressDeadlineSeconds == nil {
        obj.Spec.ProgressDeadlineSeconds = new(int32)
        *obj.Spec.ProgressDeadlineSeconds = 600
    }
}
```

上述函数只为 Deployment 基座结构体的部分字段设置了默认值，但除此之外还有大量其他子孙字段，Defaulter 生成器都会去检查它们的类型，最终发现有以下后代字段（Volumes、InitContainers、Containers、EphemeralContainers 或其后代字段）的类型具有相应的 SetDefaults_<类型名>函数，于是生成器会生成调用这些函数的代码。以下代码的每个 for 循环中都是对一个子孙字段 SetDefaults 函数的调用，为了节省篇幅，这里省略了 for 循环体内的代码。

```
//代码 4-14 pkg/apis/apps/v1/zz_generated.defaults.go
func SetObjectDefaults_Deployment(in *v1.Deployment) {
    SetDefaults_Deployment(in)
    corev1.SetDefaults_PodSpec(&in.Spec.Template.Spec)
    for i := range in.Spec.Template.Spec.Volumes { ...
    }
    for i := range in.Spec.Template.Spec.InitContainers { ...
    }
    for i := range in.Spec.Template.Spec.Containers { ...
    }
    for i := range in.Spec.Template.Spec.EphemeralContainers { ...
    }
    corev1.SetDefaults_ResourceList(&in.Spec.Template.Spec.Overhead)
}
```

6. client-go 代码生成器

client-go 是 Kubernetes 项目的子工程，源代码源于 Kubernetes 工程，但以单独代码库发布。它被广泛用于构建与 Kubernetes API Server 交互的客户端，例如 kubectl 命令行工具。客户端也包含运行于工作节点但需要和 API Server 交互的程序，例如 Kubelet、Kube Proxy、聚合 Server 等，可见 client-go 的应用十分广泛。

为了理解 client-go 的作用,先看客户端与 API Server 的交互过程,这一过程如图 4-6 所示。API Server 通过端点对外暴露其内的 API 资源,客户端利用这些端点对资源进行 CRUD 等操作。一个 Web Server 端点接收的请求和发送的响应都是格式化的内容,对于 API Server,是以 JSON 或 Protobuf 表述的消息。以 JSON 为例,当用 HTTP GET 向一个资源的端点发出请求读取一个 API 资源时,Server 内部会把该资源的信息从 ETCD 读进内存,以 Go 结构体实例表示,然后通过 Go 语言的序列化机制把该实例转换成 JSON 字符串,发回给客户端。

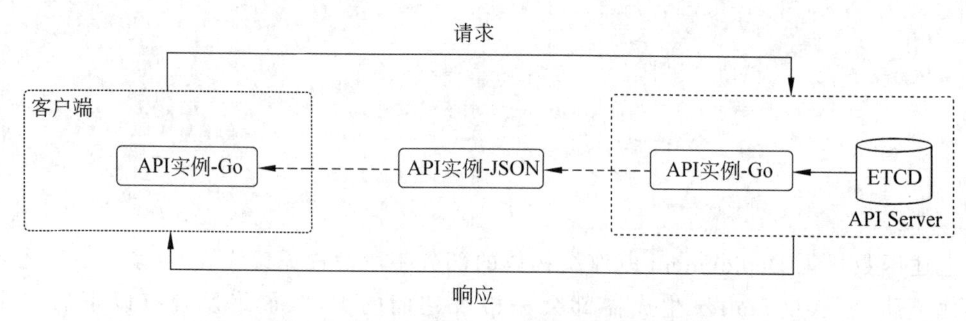

图 4-6 请求过程中 API 实例在格式间转换

客户端程序获得响应结果后是无法直接处理的,需要再转换为客户端所用编程语言的数据结构,如果是由 Go 语言编写的客户端,就再转换回 Go 结构体实例。问题来了:

(1) 客户端代码需要知道该资源的 Go 基座结构体定义,否则转换无从谈起。这可以通过 Kubernetes 的另一个库——staging/src/k8s.io/api 来获得。

(2) 从返回结果向 Go 结构体实例的转换及连带的处理比较烦琐,客户端程序员可以自己实现,但难保不出错,而这正是 client-go 可以解决的问题。

client-go 按照 API 组和版本,将操作内置 API 的接口组织到一个 client 内,可通过它在 Go 程序内直接调用这些资源。client 屏蔽了格式转换及连带操作的复杂性。例如 apps 组有 v1beta1、v1beta2、v1 共 3 个版本,client-go 包含 3 个 client 与之对应。clientset 是在 client 的基础上定义出来的,它聚合了某个 Kubernetes 版本所包含的所有 client,clientset 的初始化需要 API Server 连接信息,从而对接 API Server 完成用户需要的 CRUD 操作。

client-go 没有止步于此,在优化与 API Server 交互上做了更多工作。首先,提供 API 资源的 Lister,它的作用是从 Server 批量获取资源;其次,考虑到众多控制器程序利用 watch 操作从 API Server 获取资源即时信息的需求非常大,而 watch 会造成众多长时连接,如果处理不妥,则会拖垮 Server,client-go 又提供了 Informer,其内利用缓存机制化解这一风险。由此可见,client-go 极大地降低了客户端程序的开发成本。

从代码结构来看,Lister 和 Informer 比较相似,本节通过 Lister 来讲解。展开 Listers 包,不难发现其子包对应所有 API 组,读者可以对比 pkg/apis 包的内容。Listers 包下的代码都在为一件事情服务:帮助用户从 API Server 拉取某一资源的所有或部分实例。针对每个 API 的外部版本 client-go 都包含代码来做列表拉取,可以在对应的 API 组和外部版本目录下找到这些代码。用 v1 版的 Deployment 来举例，如图 4-7 所示，其源代码位于 staging/src/k8s.io/client-go/listers/apps/v1/deployment.go。

Deployment 的 client 提供了两个接口供客户端程序使用。

(1) DeploymentNamespaceLister 接口：提供了 List()和 Get()两种方法，用于获取某个命名空间内的 Deployment 实例。

(2) DeploymentLister 接口：提供了 List()方法，具有过滤能力，只返回所有符合条件的 Deployment；还提供一个 Deployments()方法，用于返回 DeploymentNamespaceLister 对象，该对象用于在单一命名空间内获取 Deployment 实例。

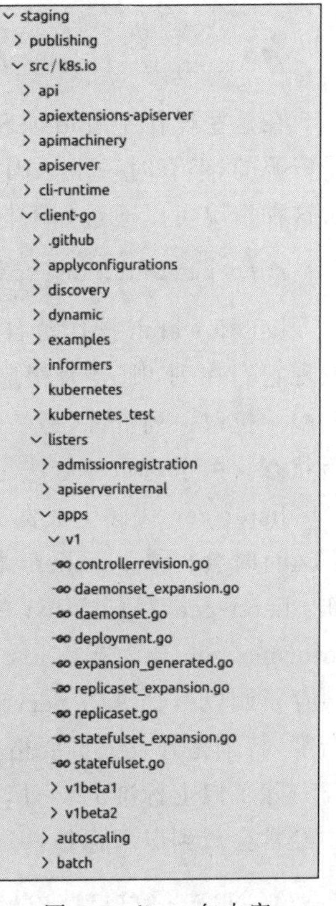

图 4-7 lister 包内容

如果打开另一个 API 资源的 Lister，例如 core/pod.go，则可发现其核心内容和 Deployment 的 Lister 如出一辙，具有类似的两个 Lister 接口，各个接口内的方法也类似。

(1) PodNamespaceLister 接口：提供了 List()和 Get()两种方法，用于获取某个命名空间内的 Pod。

(2) PodLister 接口：提供了 List()方法，用于筛选所有符合条件的 Pod；提供了一个 Pods()方法，用于返回 PodNamespaceLister 实例，该对象用于在单一命名空间内查找 Deployment。

实际上，上述 clientset、lister 和 informer 对于每个 API 资源来讲代码结构都极为类似，适合用代码生成来降低开发工作量。code-generator 中提供了与之对应的 3 种代码生成器：clientset-gen、lister-gen 和 informer-gen，并且这 3 个代码生成器共享一系列注解。当需要把某个内置 API 的某一外部版本加入 clientset 中时，只需在该 API 种类的基座结构体的上方加如下注解：

```
//+genclient
```

这样，clientset 代码生成器就会实现以下几种操作。

(1) 在 clientset 结构体中为该 API 组的该外部版本生成字段，称为 client。client 将作为访问该 API 资源的入口。源码位于 staging/src/k8s.io/client-go/kubernetes/clientset.go。

(2) 同时生成上述 client 的实现，完成对相应资源的 CRUD 等操作。源码位于 staging/src/k8s.io/client-go/kubernetes/typed 包下。

由于上述 CRUD 操作涉及通过端点和 Server 交互，而端点的 URL 结构受资源是否有命名空间影响，所以若这个资源是与命名空间无关的，则需额外加如下注解：

```
//+genclient:nonNamespaced
```

对一个 API 资源可以做的所有操作(也称为 verb)包括 create、update、updateStatus、

delete、deleteCollection、get、list、watch、patch、apply 和 applyStatus,代码生成器支持为它们生成实现方法。可以通过如下注解来限定或排除某些操作:

```
//+genclient:onlyVerbs=<...>
//+genclient:skipVerbs=<...>
```

在这些操作中 updateStatus 和 applyStatus 比较特殊,它们是针对 API 资源的 Status 子资源的,但有时一个 API 资源没有 Status 子资源,为这两个 verb 生成代码没有意义,对于这种情况可以通过如下标签阻止代码生成:

```
//+genclient:noStatus
```

list 和 watch 操作蕴含着比较丰富的内容。首先,如果 client-gen 代码生成器在注解上发现它们在列,则会为相应的 client 生成 List 方法和 Watch 方法,它们一个用于从 API Server 拉取一列资源,另一个用于和 API Server 建立长时连接,不断地获取目标资源的最新状态。由于这两种方法是不带本地缓存的,所以每次调用都会对 Server 发出请求。

lister-gen 代码生成器和 informer-gen 代码生成器是 client-go 生成器的辅助工具,当它们运行时会扫描 genclient 标签出现在哪些资源类型定义上,哪些包含了 list 和 watch 操作:lister-gen 为支持 list 的 API 外部版本生成上述的 List 接口等代码,参见本节前文;informer-gen 会为支持 list 和 watch 的 API 外部版本生成 Informer 代码。Informer 引入缓存机制以减轻 API Server 负担,优化了与 API Server 的交互,当然难免引入编程时的复杂度,特别是开发人员要格外小心对资源的修改,不应直接影响缓存中的资源实例。

除了以上标准的 verb,client-gen 代码生成器还支持自定义的非标准操作,例如在源码中经常会看到以下标签:

```
//+genclient:method=GetScale,verb=get,subresource=scale, result=k8s.io/api/
autoscaling/v1.Scale
```

上述标签定义了一个非标准操作,向 API Server 发送 GET 请求,获取当前 API 资源实例的 Scale 子资源,并要求为该操作生成的方法名为 GetScale()。最终生成的 client-go 代码可参考 v1 app/StatefulSet:

```
//代码 4-15
//staging/src/k8s.io/client-go/kubernetes/typed/apps/v1/statefulset.go

//GetScale 方法获取 statefulSet 的 autoscalingv1.Scale 实例并返回,或返回错误
func (c * statefulSets) GetScale(ctx context.Context, statefulSetName string,
options metav1.GetOptions) (result * autoscalingv1.Scale, err error) {
    result = &autoscalingv1.Scale{}
    err = c.client.Get().
        Namespace(c.ns).
        Resource("statefulsets").
        Name(statefulSetName).
```

```
        SubResource("scale").
        VersionedParams(&options, scheme.ParameterCodec).
        Do(ctx).
        Into(result)
    return
}
```

4.4.2 代码生成举例

4.4.1 节介绍了代码生成原理，详细介绍了重要的代码生成器。为了加深读者的理解，本节选取 apps 这个 API 组和其下的 Deployment API 为例，看为代码生成设置的注解、代码生成的产出和干预代码生成的机会。

1. DeepCopy

API 的基座结构体需要 DeepCopy 相关方法。对于内部版本，在包 pkg/apis/apps/doc.go 文件中加全局注解：

```
//代码 4-16 pkg/apis/apps/doc.go
//+k8s:deepcopy-gen=package

package apps
```

对于 API 的基座结构体，还需要返回值类型为 runtime.Object 的 DeepCopy 方法，需要在这类结构体上加如下注解，以 Deployment 为例：

```
//代码 4-17 pkg/apis/apps/types.go
//Deployment 提供对 Pods 和 ReplicaSets 更新的声明
type Deployment struct {
    metav1.TypeMeta
    //+optional
    metav1.ObjectMeta

    //描述本 Deployment 期望的行为
    //+optional
    Spec DeploymentSpec

    //本 Deployment 的最新状态
    //+optional
    Status DeploymentStatus
}
```

在上述代码中注解促使一个 Go 源文件被生成，位于 pkg/apis/apps/zz_generated.deepcopy.go，内含 DeepCopy 相关的源代码。

对于外部版本，DeepCopy 同样需要。注解的设置和内部版本并没有不同。唯一需要注意的是，外部版本的类型定义是作为单独代码库发布的，在 pkg/apis/apps/<版本号>下无法找到它们的源码，要到 staging/src/k8s.io/api/apps/<版本号>下，注解分别加在其内的 doc.go 和 types.go 文件中，所生成的代码也被放置在其下。

2. Conversion

API 的内外部版本之间转换是必需的，本节以外部版本 v1 和内部版本的转换为例进行说明。在 v1 的包定义文件 pkg/apis/apps/v1/doc.go 中有 conversion 相关的两个注解：

```
//代码 4-18 pkg/apis/apps/v1/doc.go
//+k8s:conversion-gen=k8s.io/kubernetes/pkg/apis/apps
//+k8s:conversion-gen-external-types=k8s.io/api/apps/v1
//+k8s:defaulter-gen=TypeMeta
//+k8s:defaulter-gen-input=k8s.io/api/apps/v1

package v1 //import "k8s.io/kubernetes/pkg/apis/apps/v1"
```

虽然内外部版本的转换是两个方向的，但注解设置只需在外部版本的包上进行。

由于自动生成无法完全实现 Deployment 版本之间的转换，所以需要手动在 pkg/apps/v1/conversion.go 下添加代码，代码如下(略过反向转换方法)：

```
//代码 4-19 pkg/apis/apps/v1/conversion.go
func Convert_apps_Deployment_To_v1_Deployment(in *apps.Deployment,
                    out *appsv1.Deployment, s conversion.Scope) error {
    if err := autoConvert_apps_Deployment_To_v1_Deployment(in, out, s);
                                                            err != nil {
        return err
    }

    out.Annotations = deepCopyStringMap(out.Annotations)
    //由于后续会改,所以深复制

    //…
    if in.Spec.RollbackTo != nil {
        if out.Annotations == nil {
            out.Annotations = make(map[string]string)
        }
        out.Annotations[appsv1.DeprecatedRollbackTo] =
            strconv.FormatInt(in.Spec.RollbackTo.Revision, 10)
    } else {
        delete(out.Annotations, appsv1.DeprecatedRollbackTo)
    }
    return nil
}
```

这个 Convert 函数将会被所生成的代码调用。自动生成的代码将被放入源文件 pkg/apis/apps/v1/zz_generated.conversion.go 中。

3. Defaulter

由于默认值代码生成只需对外部版本进行，所以全局注解被设置在 pkg/apis/apps/v1/doc.go 文件中。如代码 4-18 所示，它圈定所有具有 TypeMeta 字段的顶层结构体，为它们生成默认值设置方法。为了注入自有逻辑，在 pkg/apis/apps/v1/defaults.go 文件中开发人员为基座结构体编写了 SetDefaults_<类型>()方法，所生成的代码位于 pkg/apis/apps/v1/zz_generated.defaults.go。

4. client-go 相关代码

只有 API 的外部版本具有 client-go 相关的代码，所以相应注解会被设置在外部版本的基座结构体类型的定义上，由 4.4.1 节介绍可知，Clientset、Lister 和 Informer 全部是局部注解。针对 apps/v1 的 Deployment，其类型定义所在源文件为 staging/src/k8s.io/api/apps/v1/types.go，注解部分代码如下：

```
//代码 4-20 staging/src/k8s.io/api/apps/v1/types.go

//+genclient
//+genclient:method=GetScale,verb=get,subresource=scale, result=k8s.io/api/
autoscaling/v1.Scale
//+genclient:method= UpdateScale,verb= update,subresource= scale, input= k8s.
io/api/autoscaling/v1.Scale, result=k8s.io/api/autoscaling/v1.Scale
//+genclient:method= ApplyScale,verb= apply,subresource= scale, input= k8s.io/
api/autoscaling/v1.Scale, result=k8s.io/api/autoscaling/v1.Scale

//+k8s:deepcopy-gen:interfaces=k8s.io/apimachinery/pkg/runtime.Object
//…
type Deployment struct {
    metav1.TypeMeta `json:",inline"`
    //…
    //+optional
    metav1.ObjectMeta `json:"metadata,omitempty" protobuf: "bytes,1, opt,
name=metadata"`

    //…
    //+optional
    Spec DeploymentSpec `json:"spec,omitempty" protobuf: "bytes,2, opt,
name=spec"`

    //…
    //+optional
    Status DeploymentStatus `json:"status,omitempty" protobuf: "bytes,3, opt,
name=status"`
}
```

生成的 client-go 代码存放在 staging/src/k8s.io/client-go 下，作为 client-go 库的组成部分独立发布。

4.4.3 触发代码生成

code-generator 工程提供了诸多代码生成器，每个都以一个可执行文件的形式存在，例如 defaulter 生成器对应的可执行文件名为 defaulter-gen，将被置于 $GOPATH/bin 下。

编译 Kubernetes 系统前要确保代码生成已经完毕,否则一定会失败。成功生成代码需要满足以下条件:

(1) 所有代码生成器的可执行文件都已经置于 $GOPATH/bin 下。

(2) 要确保调用各个生成器时所使用的参数都正确。

由于生成器数量较多,手动满足上述条件比较烦琐,并且对于 CI 工具来讲,手动执行上述步骤是行不通的。于是,Kubernetes 工程在 hack 目录下提供了脚本 update-codegen.sh,可直接完成所有与代码生成相应的工作。

该脚本代为执行上述两步:它先确保代码生成器的可执行文件已经存在,否则自动使用 go 命令编译 code-generator 并安装——将可执行文件放入 $GOPATH/bin,然后组织参数对各个代码生成器进行调用。调用 Informer 生成器的核心代码如下:

```
//代码 4-21 hack/update-codegen.sh
function codegen::informers() {
    GO111MODULE=on GOPROXY=off go install \
        k8s.io/code-generator/cmd/informer-gen

    local informergen
    informergen=$(kube::util::find-binary "informer-gen")

    local ext_apis=()
    kube::util::read-array ext_apis <<(
        cd "${KUBE_ROOT}/staging/src"
        git_find -z ':(glob)k8s.io/api/**/types.go' \
            | xargs -0 -n1 dirname \
            | sort -u)

    kube::log::status "Generating informer code for ${#ext_apis[@]} targets"
    if [[ "${DBG_CODEGEN}" == 1 ]]; then
        kube::log::status "DBG: running ${informergen} for:"
        for api in "${ext_apis[@]}"; do
            kube::log::status "DBG:     $api"
        done
    fi

    git_grep -l --null \
        -e '^//Code generated by informer-gen. DO NOT EDIT.$' \
        -- \
        ':(glob)staging/src/k8s.io/client-go/**/*.go' \
        | xargs -0 rm -f

    "${informergen}" \
        --go-header-file "${BOILERPLATE_FILENAME}" \
        --output-base "${KUBE_ROOT}/vendor" \
        --output-package "k8s.io/client-go/informers" \
        --single-directory \
        --versioned-clientset-package k8s.io/client-go/kubernetes \
```

```
        --listers-package k8s.io/client-go/listers \
        $(printf -- " --input-dirs %s" "${ext_apis[@]}") \
        "$@"

    if [[ "${DBG_CODEGEN}" == 1 ]]; then
        kube::log::status "Generated informer code"
    fi
}
```

每当 API 资源类型被修改后，开发人员都需要调用该脚本重新进行代码生成工作。如果不确定是否需要重新生成，则可以运行 hack/verify-codegen.sh 脚本来检验改动，当改动需要重新生成代码时，这个脚本的输出会提示。

4.5 本章小结

本章聚焦 API Server 所服务的核心对象——Kubernetes API，这是理解 Server 源码的基础性章节。本章首先剖析了 API 具有的属性，深入到其 Go 结构体找出完整属性集合，并探究它们的由来，其间也介绍了 API 内外部版本，看到了二者的不同定位，然后讲解了内置 API 及其子集——核心 API。内置 API 不仅是 Kubernetes 为云原生应用保驾护航的核心能力，也是开发客制化 API 的良好参考。最后详细剖析了 API 代码生成原理，并以 v1 版 apps/Deployment 为例展示了如何添加注解，从而进行代码生成，这也是通过聚合 Server 引入客制化 API 的必备知识。

从第 5 章开始，本书将用几章的篇幅解析 API Server 的设计与实现，详尽讲述其方方面面。

83min

第5章 Generic Server

API Server 内部由四类子 Server 构成，分别是主 Server、扩展 Server、聚合器和聚合 Server，从实现角度看，子 Server 的构造高度同质化，包括但不限于：

（1）都需要 Web Server 的基本功能，如端口监听、安全连接机制等。

（2）将所负责的 API 以 RESTful 形式对外暴露。

（3）提供装载和暴露 Kubernetes API 的统一接口。

（4）请求的过滤、权限检查和准入控制。

为了避免重复造轮子，Kubernetes 项目为所有子 Server 开发了统一基座——Generic Server 来集中提供通用能力。本章将抽丝剥茧，讲解 Generic Server 的设计与实现。

5.1 Go 语言实现 Web Server

Generic Server 首先是一个 Web Server，在 Go 语言中构造 Web Server 用到的全部依赖均在包 net.http 中。一个基础 Web Server 的代码如下：

```
func main() {
    company := employees{"Jacky": 40, "Tom": 35}
    mux := http.NewServeMux()
    mux.Handle("/employees", http.HandlerFunc(company.allEmployees))
    mux.Handle("/age", http.HandlerFunc(company.age)) //要点①
    Log.Fatal(http.ListenAndServe("localhost:8000", mux))
}

type employees map[string]int

func (company employees) allEmployees(w http.ResponseWriter,
                                req *http.Request) {
    for name, age := range company {
        fmt.Fprintf(w, "%s: %s\n", name, age)
    }
}
```

```
func (company employees) age(w http.ResponseWriter, req * http.Request) {
    item := req.url.Query().Get("name")
    age, ok := company[item]
    if !ok {
        w.WriteHeader(http.StatusNotFound)
        fmt.Fprintf(w, "no such people in company: %q\n", item)
        return
    }
    fmt.Fprintf(w, "%s\n", age)
}
```

这个简单的 Server 揭示了编写一个 Web Server 所需要的主要构件。

(1) http 包：这个包提供了端口监听等底层服务，有它的辅助，制作一个 Web Server 只需调用名为 ListenAndServe()的方法。

(2) Handler：一个名为 Handler 的对象会被 http 包中的代码用来接收所有请求并调用目标函数，去响应请求。之所以被称为 Handler，是因为它实现了 http.Handler 接口，该接口定义了 ServeHTTP()方法，在 Generic Server 源码中将常常看到它。在以上示例代码中，变量 mux 就是这个 Handler。在调用 http.ListenAndServe 方法时，mux 被作为实参交给启动的 Server。后续到来的请求都被交给它，http 包通过调用 mux 的 ServeHTTP()方法完成请求转交。

(3) 请求处理函数：这个是用户实现的函数，名字任取，但参数类型需要固定，示例中的 allEmployees()方法和 age()方法都是请求处理函数。请求处理函数会被上述 Handler 调用，正是在这些函数中，一个请求最终得到响应。

一个简单的 Web Server 通过以上 3 个构件便可构造出来。当 Server 变得复杂时一个潜在问题便会突显出来：http.ListenAndServe()方法只接收了一个 Handler 对象，所有请求都将转交于它，当 Server 对外提供众多服务时，单一 Handler 的内部逻辑有迅速膨胀失控的风险。为了管控这一风险，ServerMux(也就是示例中的变量 mux 对象具有的类型)被应用上来，ServerMux 是 http 包提供的请求分发器。

ServerMux 是一个 Handler，同样实现 http.Handler 接口，所以它就能被作为实参调用 http.ListenAndServe()方法，但 ServerMux 这个 Handler 比较特殊，它只做请求的分发而不含响应逻辑。ServerMux 握有 URL 模式与其 Handler 的映射关系，分发的过程是将符合一个 URL 模式的请求路由到相应 Handler 的过程。示例代码中在要点①处调用 mux.Handle()方法就是在 mux 内构建 URL 到下层 Handler 的映射关系。

这里读者可自行解答一个问题：上述代码在要点①处调用了方法 http.HandlerFunc()将另一种方法 company.age()包装成接口 http.Handler 的实例，使它有资格成为方法 http.ListenAndServe()的实参，http.HandlerFunc()方法是怎么做到这一点的呢？答案在其源码中。

以上 Web Server 是极度简化后的结果，没有考虑支持 TLS、没有控制 Http Header、没有超时设置等，这样的 Server 直接用于生产显然不行。事实也的确如此，Go 语言提供了功能更加完善的选择：http.Server 结构体。需要强调的是，http.Server 最终仍是依靠与 http.ListenAndServe()方法同根同源的其他方法来构建出 Web Server，它最大的价值在于提供了更简便的 Server 配置方式。同时，Handler 和 ServerMux 在 http.Server 中的作用照旧。http.Server 提供了丰富的配置选项，该结构体的关键字段如下：

```
//代码 5-1 net/http/server.go
type Server struct {
    Addr string
    Handler Handler
    DisableGeneralOptionsHandler bool
    TLSConfig *tls.Config
    ReadTimeout time.Duration
    ReadHeaderTimeout time.Duration
    WriteTimeout time.Duration
    IdleTimeout time.Duration
    MaxHeaderBytes int
    TLSNextProto map[string]func(*Server, *tls.Conn, Handler)
    ConnState func(net.Conn, ConnState)
    ErrorLog *log.Logger
    BaseContext func(net.Listener) context.Context
    ConnContext func(ctx context.Context, c net.Conn) context.Context
    inShutdown atomic.Bool
    disableKeepAlives atomic.Bool
    nextProtoOnce     sync.Once
    nextProtoErr      error

    mu        sync.Mutex
    listeners  map[*net.Listener]struct{}
    activeConn map[*conn]struct{}
    onShutdown []func()

    listenerGroup sync.WaitGroup
}
```

http.Server 结构体的 Handler 字段在实践中会接收一个 ServerMux 转发器，这和上述简单的 Web Server 是一致的。当使用 http.Server 时，首先需要声明该结构体变量并给该变量的各个字段赋值，然后只需调用变量的 Serve()方法便可完成启动。Kubernetes 的 Generic Server 正是如此构建起来的，变量声明部分的代码如下：

```
//代码 5-2 staging/k8s.io/apiserver/pkg/server/secure_serving.go
secureServer := &http.Server{
    Addr:           s.Listener.Addr().String(),
    Handler:        handler,
    MaxHeaderBytes: 1 << 20,
    TLSConfig:      tlsConfig,

    IdleTimeout:       90 * time.Second,
    ReadHeaderTimeout: 32 * time.Second,
}
```

变量 secureServer 被作为参数调用另一种方法[①]，在该方法内，secureServer 实例的 Serve()方法被调用，从而启动 Server，代码如下：

```
//代码 5-3 staging/k8s.io/apiserver/pkg/server/secure_serving.go
go func() {
    defer utilruntime.HandleCrash()
    defer close(listenerStoppedCh)

    var listener net.Listener
    listener = tcpKeepAliveListener{ln}
    if server.TLSConfig != nil {
            listener = tls.NewListener(listener, server.TLSConfig)
    }

    err := server.Serve(listener) //启动 Server

    msg := fmt.Sprintf("Stopped listening on %s", ln.Addr().String())
    select {
    case <-stopCh:
            klog.Info(msg)
    default:
            panic(fmt.Sprintf("%s due to error: %v", msg, err))
    }
}()
```

为了简化以便于理解，以上两个代码片段没有包含 TLS，以及 HTTP2.0 等相关设置环节，感兴趣的读者可以将 secure_serving.go 作为入口进行查阅。

5.2 go-restful

5.2.1 go-restful 简介

API Server 可以采用 RESTful 的形式对外提供服务，它用 JSON 为信息表述格式，以 HTTP 的 POST、PUT、DELETE、GET 和 PATCH 等方法来分别表示创建、全量修改、删除、读取和部分修改等操作。为了支持 RESTful，在 Web Server 的基础能力之上，Generic Server 借助额外框架来构建相关的能力。在 Java 世界里，VMware 的 Spring Web 框架包含了这部分能力，而在 Go 的世界里也有框架做这件事情，Kubernetes 选择了 go-restful。为了全面地理解 API Server 的 RESTful 能力，读者需要认识一下 go-restful。

go-restful 库为开发者构建支持 RESTful 的 Web 应用提供了开箱即用的能力，包括但不限于以下几种：

(1) 对服务请求进行路由能力。粒度细到可以根据路径参数映射到响应函数。

① 方法名为 RunServer，secureServer 对应的形式参数名称为 server。

(2) 路由器可配置,路由算法更出众。

(3) 强大的请求对象(Request) API,可以从 JSON/XML 解析为结构体实例并获取其中的路径参数、一般参数和请求头等信息。

(4) 方便的响应对象(Response) API,序列化结果到 JSON/XML 并支持客制化格式、设置响应头等。

(5) 请求处理的拦截能力。可在处理流程中以加 Filter 的形式截留处理请求。

(6) 提供 Container,以此来汇集多个 Web Service,它扮演了 ServerMux 的角色。

(7) 跨源资源共享(CORS)的能力。

(8) 支持 OpenAPI。

(9) 自动拦截恐慌(Panic),形成 HTTP 500 返回。

(10) 将错误映射到 HTTP 404/405/406/415。

(11) 可配置的 log/trace。

5.2.2 go-restful 中的核心概念

go-restful 是简单易用的框架,如果读者有网络应用编程经验,则很快便可参悟其工作原理。它有很少的几个核心概念:Container、Web Service 和 Route,围绕着它们,go-restful 构建了主体功能。go-restful 核心概念及其相互关系如图 5-1 所示。

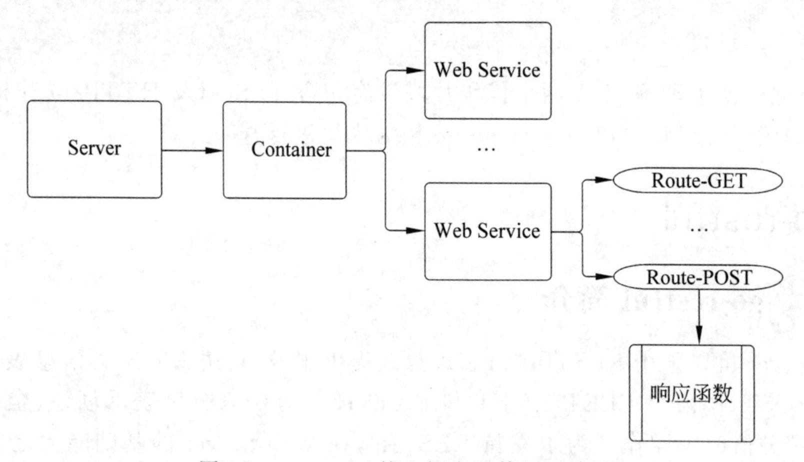

图 5-1 go-restful 核心概念及其相互关系

1. Web Service

一个 Web 服务是服务器暴露给外部的一个访问入口,在 RESTful 背景下,一个 Web 服务代表一个资源。它具有一个端点,即一个 URL,对该类资源的增、删、改、查均通过该端点进行。例如以 RESTful 形式暴露一个 Web 服务,用于操作"用户"这一资源,这个 Web 服务的端点便可以是:

```
employeedb/user
```

如果该服务暴露于域名 https://www.<我的域名>.com/下，则通过类似如下 HTTP 请求可以创建一个叫作 jacky 的用户：

```
$ curl -X POST -H "Content-Type: application/json" -d '{"name": "jacky",
"department": "HR"}' https://www.<我的域名>.com/employeedb/user
```

在 go-restful 中，代表一个 Web Service 的变量具有类型 WebService 结构体。

2. Container

go-restful 中的 Container 位于 Web 服务的上面一层，是 Web 服务的容器。一个 Web Server 当然不只提供一种资源，所以需要一个机制把 Web 服务组织起来并暴露出去，这就是 Container 的责任。从另一个角度讲更容易理解其作用，读者是否还记得 ServerMux?

Container 也实现了 http.Handler 接口，它将扮演请求转发器的角色，如代码 5-4 所示。

```
//代码 5-4 Container 实现了 http.Handler 接口
func (c * Container) ServeHTTP(httpWriter http.ResponseWriter, httpRequest *
http.Request) {
    //如果对内容的 encoding 被禁止，则跳过这一步
    if !c.contentEncodingEnabled {
        c.ServeMux.ServeHTTP(httpWriter, httpRequest)
        return
    }
    //内容 encoding 被启用了

    //如果 httpWriter 已经是 CompressingResponseWriter 类型，则跳过这一步
    if _, ok := httpWriter.( * CompressingResponseWriter); ok {
        c.ServeMux.ServeHTTP(httpWriter, httpRequest)
        return
    }

    writer := httpWriter
    //CompressingResponseWriter 在所有操作完成后需要被关闭
    defer func() {
        if compressWriter, ok := writer.( * CompressingResponseWriter); ok {
            compressWriter.Close()
        }
    }()

    doCompress, encoding := wantsCompressedResponse(httpRequest, httpWriter)
    if doCompress {
        var err error
        writer, err = NewCompressingResponseWriter(httpWriter, encoding)
        if err != nil {
            log.Print("unable to install compressor: ", err)
            httpWriter.WriteHeader(http.StatusInternalServerError)
            return
        }
    }

    c.ServeMux.ServeHTTP(writer, httpRequest)
}
```

Container 具有 Add 方法，通过它可以逐个把 Web 服务实例纳入 Container 的转发服务范围，后续这个 Container 实例将被作为 Hanlder 交给 http.Server 实例，这样所有请求都会交由该 Container 去分发。

3. Route

路径(Route)位于 Web 服务的下面一层，从程序上看每个 WebService 结构体变量都会包含一个或多个 Route，每个 Route 负责将一类针对资源的操作请求路由到正确的响应函数。Route 上会有几个关键信息：

(1) 做什么操作(HTTP 方法所代表)。

(2) 有没有参数？如果有，则其值是什么。

(3) 由哪个函数来响应针对该资源的该类操作。

至于对哪种资源进行操作，这个已经由 Route 所属的 Web Service 决定了。

5.2.3 使用 go-restful

有了上述概念就可以构建支持 RESTful 的 Web Server 了。下面这段示例代码创建了一个 RESTful 服务，对应上述“用户”端点的例子，代码如下：

```
func main() {
    ws := new(restful.WebService)
    ws.
        Path("/user").
        Consumes(restful.MIME_XML, restful.MIME_JSON).
        Produces(restful.MIME_JSON, restful.MIME_XML)
    ws.Route(ws.GET("{user-id}").To(findUser))
    container := restful.NewContainer()
    container.Add(ws)
    server := &http.Server{Addr: ":8080", Handler: container}
    log.Fatal(server.ListenAndServe())
}

func findUser(req * restful.Request, resp * restful.Response) {
    io.WriteString(resp, "hello, there is only one user - Jacky")
}
```

上述代码先创建一个 Web 服务实例，指明端点为/user，然后为它添加一个 Route，把针对某个用户 id 的 GET 请求路由到函数 findUser()；接下来创建 Container，容纳以上 Web 服务；最后以该 Container 为 Handler 构造 http.Server 并启动它。这样一个支持 RESTful 服务的 Web Server 就构建完成了。

5.3 OpenAPI

5.3.1 什么是 OpenAPI

OpenAPI 是一个 HTTP 程序编程接口描述规范，要解决的问题是兼顾人类可读与机器可读可理解，以统一格式准确地描述基于HTTP的服务接口。服务的生产者为了让使用者正确地进行消费，一般会附加文档去描述如何对服务进行调用，描述一般涵盖API的名称、参数列表及其类型、返回值类型和意义等。传统式描述由人撰写文档供开发者阅读，这种形式的描述既不精确也容易过时，不利于使用。

机器可读可理解是围绕API进行各种自动化的前提。以自动化测试领域为例，针对一个即将发布的API需要完整地进行测试，测试用例越多越有利，仅依靠手工构建测试用例工作量可想而知。对于一个API来讲，如果给定输入，则其输出是一定的，并且每个输入的边界值深受数据类型影响，可以根据类型推算出来；如此一来，如果工具能够读懂一个API的输入和输出类型，则让工具生成边界值测试用例和主场景测试用例就是可行的。

机器可读可理解的另一个典型应用场景是生成供人类阅读的API文档。文档质量的高低取决于更新的频度，如果不能及时地将最新情况更新上去，则再优美的文档也是价值寥寥的。相比于文档撰写，开发人员更注重程序的编写。借助机器可读的API描述，可以根据预制格式模板生成供人阅读的文档，这种生成不需要耗费人力，只需作为工程打包的一部分，通过脚本自动生成内容。

OpenAPI不是第1个RESTful API描述解决方案，但是最成功的一个，这归功于它的简单轻便。OpenAPI主张，针对一个Web应用提供的服务接口，应以YAML/JSON格式撰写一份规格说明书，并且该说明书是一份自包含的文档，即不需要借助外部信息就能理解内部内容。采用YAML/JSON格式使机器和人都可以阅读，并且文档相对于XML等其他格式稍小。OpenAPI v3文档的重要元素见表5-1。

表5-1 OpenAPI v3文档的重要元素

#	名称	作用
1	(空)	最顶层节点，在JSON格式下代表定义于最外层的Object，符号上就是一对大括号，其内包含直接属性，称为子节点
2	openapi	顶层节点的直接子节点，指明使用的OpenAPI版本号。目前大版本有两个，即v2和v3，小版本众多
3	info	顶层节点的直接子节点，给出文档的一些元属性，例如标题、作者等
4	paths	顶层节点的直接子节点，给出了各个RESTful服务的端点、操作及输入输出参数等，非常重要
5	components	顶层节点的直接子节点，用于定义可复用的信息。例如在paths内定义的各个端点会用到相同的参数，可以放在这里定义一次，多处复用

其中信息量最大且最重要的节点是paths，每个RESTful服务都会在paths中有一条描述信息，除了服务路径信息，同时给出了服务支持的HTTP方法、输入输出参数及其类型、输出HTTP状态值等。

5.3.2 Kubernetes使用OpenAPI规格说明

早在v1.5中Kubernetes就开始使用OpenAPI v2严谨描述Kubernetes API Server中

所有内置 API 的端点了。从 v1.23 开始,在支持 v2 的同时引入了 OpenAPI v3,在 v1.24 版中对 v3 的支持到达 beta 状态[①],并最终在 v1.27 中 GA 正式发布。本书所基于的 Kubernetes 版本恰是 v1.27,打开其源代码,导航到 api/openapi-spec/v3 目录,可以看到其内有一系列 JSON 文件,它们是 API 端点的 OpenAPI 规格说明文件。Kubernetes 将全部 API 端点按照 API Group 和 Version 分组提供规范描述,每个 API Group 和 Version 有一份规格说明,部分文件如图 5-2 所示。

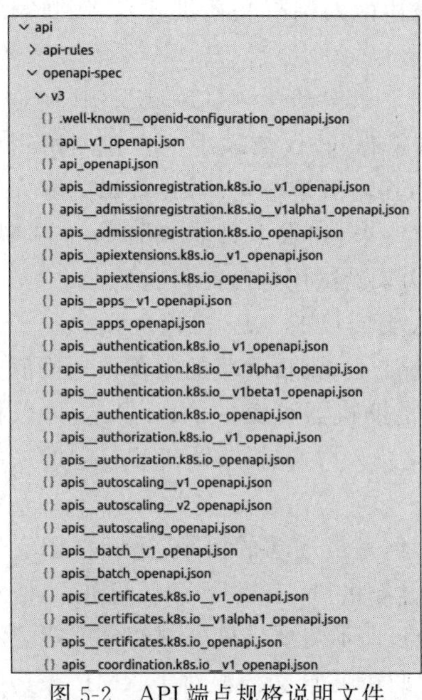

图 5-2 API 端点规格说明文件

注意:用 OpenAPI 描述的并非 Kubernetes API,而是它们的端点。基于 OpenAPI 规格说明文件,客户端可以向它们发起 GET、POST 等 HTTP 请求。

用户可以通过访问如下端点来向 API Server 索取集群提供的 OpenAPI 规格说明文档。

(1) /openapi/v2:获取 v2 版本的文档。

(2) /openapi/v3:获取 v3 版本的文档。由于在 v3 中 Kubernetes 以多个文件的形式对 API 端点进行描述,所以会有多个文件。这一端点将返回所有文件的获取地址。

没有无缘无故的爱和恨,Kubernetes 为什么拥抱 OpenAPI? 利用 OpenAPI,Kubernetes 达到了如下目的:

(1) 为开发人员自动生成 API Server 端点文档。虽然基于机器可读可理解的 OpenAPI 描述文档,程序已经可以自主做很多事情了,但人始终是决策者,为开发人员提供文档,从而帮助其理解 API 的能力和使用方式是必要的,问题是如何高效准确地撰写。有 Java 经验的读者一定知道 Javadoc 这一机制:通过在类、方法上加特定格式的注释就可以生成 HTML 格式的程序文档。辅以一些格式定义,基于 OpenAPI 描述文档也可以生成针对 API Server 端点的 HTML 文档,供人阅读。技术上这完全行得通,毕竟 OpenAPI 文档中已经具有了完备的 API 端点信息。Kubernetes 这么做了,为 v1.27 版生成的端点描述文档发布在 https://kubernetes.io/docs/reference/generated/kubernetes-api/v1.27/。同时,Kubernetes 开放了工具,以便帮助用户在本地自助构建这些 HTML 文档[②]。

(2) 支持数据一致性校验。Kubernetes 官网上描述了一个很有说服力的例子,在 v1.8 之前,如果用户在定义一个 Deployment 时错误地将 replicas 拼写为 replica,则可能产生灾难性后果。因为 ReplicaSet 控制器将会使用默认的 replicas 值(默认为 1)去调整 Pod 的数

① 默认可用,不必手动打开 feature gate。

② 步骤参见 https://kubernetes.io/zh-cn/docs/contribute/generate-ref-docs/kubernetes-api/。

量。可想而知，目标服务极有可能因此下线。这个问题的解决是改进客户端程序，让它下载API Server所有端点的OpenAPI规格说明，在将每个请求发送至API Server前，均须用规格说明校验用户提交的请求，如果校验失败，则停止发送。这很有效，在OpenAPI描述文档内，针对请求的参数有准确的描述。以apps/v1为例，其下API端点规格说明中关于Deployment的一个端点的描述如图5-3所示。

```
8698      "/apis/apps/v1/namespaces/{namespace}/deployments": {
8699 >      "delete": {…
8855        },
8856 >      "get": {…
8995        },
8996 >      "parameters": […
9016        ],
9017        "post": {
9018          "description": "create a Deployment",
9019          "operationId": "createAppsV1NamespacedDeployment",
9020 >        "parameters": […
9048          ],
9049          "requestBody": {
9050            "content": {
9051              "*/*": {
9052                "schema": {
9053                  "$ref": "#/components/schemas/io.k8s.api.apps.v1.Deployment"
9054                }
9055              }
9056            }
9057          },
9058 >        "responses": {…
9122          },
9123          "tags": [
9124            "apps_v1"
9125          ],
9126          "x-kubernetes-action": "post",
9127          "x-kubernetes-group-version-kind": {
9128            "group": "apps",
9129            "kind": "Deployment",
9130            "version": "v1"
9131          }
9132        }
```

图5-3 apps/v1下端点描述文档节选

注意它的requestBody内的Schema信息#/components/schemas/io.k8s.api.apps.v1.Deployment，该Schema定义可以在规格说明的components节点下找到，它完整地描述了Deployment的v1外部版本具有的属性，如图5-4所示。

有如此精确的信息在手，客户端便可胜任众多校验。获取OpenAPI描述文件的工作也被简化了，客户端可以借助client-go工具库提供的client完成。

5.3.3 生成API OpenAPI规格说明

用OpenAPI规范精确地描述REST API也是有代价的：工作量大，并且不容有错。API Server提供那么多API资源，有如此之多的端点，手工为它们撰写OpenAPI服务规格说明不可接受。解决办法是通过代码生成来自动生成。生成与消费的过程如图5-5所示。

```
366     "io.k8s.api.apps.v1.Deployment": {
367       "description": "Deployment enables declarative updates for Pods and ReplicaSets.",
368       "properties": {
369         "apiVersion": {
370           "description": "APIVersion defines the versioned schema of this representation of
371           "type": "string"
372         },
373         "kind": {
374           "description": "Kind is a string value representing the REST resource this object
375           "type": "string"
376         },
377         "metadata": {
378           "allOf": [
379             {
380               "$ref": "#/components/schemas/io.k8s.apimachinery.pkg.apis.meta.v1.ObjectMeta
381             }
382           ],
383           "default": {},
384           "description": "Standard object's metadata. More info: https://git.k8s.io/communi
385         },
386         "spec": {
387           "allOf": [
388             {
389               "$ref": "#/components/schemas/io.k8s.api.apps.v1.DeploymentSpec"
390             }
391           ],
392           "default": {},
393           "description": "Specification of the desired behavior of the Deployment."
394         },
395         "status": {
396           "allOf": [
397             {
398               "$ref": "#/components/schemas/io.k8s.api.apps.v1.DeploymentStatus"
399             }
400           ],
401           "default": {},
402           "description": "Most recently observed status of the Deployment."
403         }
404       },
405       "type": "object",
406       "x-kubernetes-group-version-kind": [
407         {
408           "group": "apps",
409           "kind": "Deployment",
410           "version": "v1"
411         }
412       ]
413     },
```

图 5-4 apps/v1/Deployment 的 OpenAPI 描述

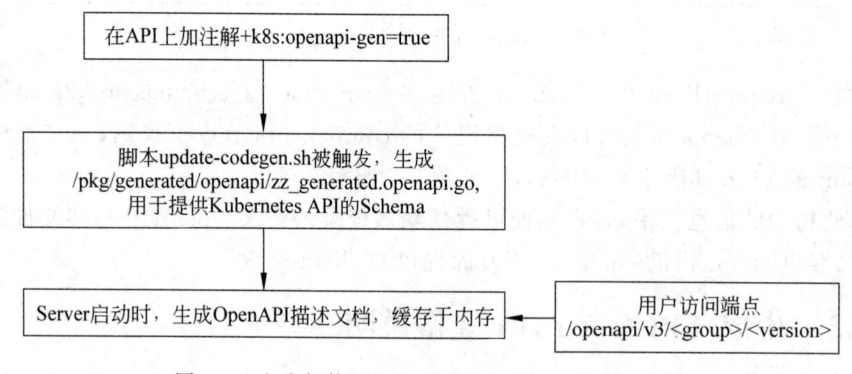

图 5-5 生成与使用 API 端点的 OpenAPI 描述文档

1. 加注解

打开任意一个 Kubernetes API 组的外部类型定义包，找到其内的 doc.go 文件，例如 staging/src/k8s.io/api/apps/v1/doc.go，会看到以下注解：

```
//代码 5-5 staging/src/k8s.io/api/apps/v1/doc.go
//+k8s:deepcopy-gen=package
//+k8s:protobuf-gen=package
//+k8s:openapi-gen=true  //要点①

package v1 //import "k8s.io/api/apps/v1"
```

代码中要点①处的注解标明需要为本包下定义的所有类型生成符合 OpenAPI 的描述，称为 Kubernetes API 的 Schema。这些类型描述将被用于在 OpenAPI 规格说明中定义 API 端点的参数。读者可查看关于 Deployment 的 Schema 截图 5-4。

2. 执行生成

注解只是标明哪些 Go 类型需要生成 OpenAPI 内的 Schema，而真正的生成需要触发，并且要在将 API Server 编译为可执行文件前进行。脚本 update-codegen.sh 包含了触发 OpenAPI Schema 的代码生成。最终结果是在工程的/pkg/generated/openapi/v3 下生成一个巨大的文件 zz_generated.openapi.go，该文件内含用于为每个内置 API 基座结构体生成 OpenAPI Schema 的函数，调用这些函数就可以获得对应内置 API 基座结构体的 Schema。apps/v1 Deployment 的 Schema 生成方法的代码如下：

```
//代码 5-6 /pkg/generated/openapi/v3/zz_generated.openapi.go
func schema_k8sio_api_apps_v1_Deployment(ref common.ReferenceCallback) common.
OpenAPIDefinition {
    return common.OpenAPIDefinition{
        Schema: spec.Schema{
            SchemaProps: spec.SchemaProps{
                Description: "Deployment enables …",
                Type:        []string{"object"},
                Properties: map[string]spec.Schema{
                    "kind": {
                        SchemaProps: spec.SchemaProps{
                            Description: "Kind is a string ...",
                            Type:        []string{"string"},
                            Format:      "",
                        },
                    },
                    "apiVersion": {
                        SchemaProps: spec.SchemaProps{
                            Description: "APIVersion defines ...",
                            Type:        []string{"string"},
                            Format:      "",
                        },
                    },
                    "metadata": {
                        SchemaProps: spec.SchemaProps{
                            Description: "Standard object'...",
```

```
                            Default:     map[string]interface{}{},
                            Ref:         ref("k8s.io/apimachinery/
                                    pkg/apis/meta/v1.ObjectMeta"),
                        },
                    },
                    "spec": {
                        SchemaProps: spec.SchemaProps{
                            Description: "Specification of …",
                            Default:     map[string]interface{}{},
                            Ref:         ref("k8s.io/api/apps/
                                           v1.DeploymentSpec"),
                        },
                    },
                    "status": {
                        SchemaProps: spec.SchemaProps{
                            Description: "Most recently …",
                            Default:     map[string]interface{}{},
                            Ref:         ref("k8s.io/api/apps/
                                           v1.DeploymentStatus"),
                        },
                    },
                },
            },
        },
        Dependencies: []string{
            "k8s.io/api/apps/v1.DeploymentSpec",
            "k8s.io/api/apps/v1.DeploymentStatus",
            "k8s.io/apimachinery/pkg/apis/meta/v1.ObjectMeta"
        },
    }
}
```

3. 启动时生成并缓存

经过前面两步，获取了 Kubernetes API 在 OpenAPI 规格说明文档中的 Schema，但 Server 上还并不存在各 API 端点的 OpenAPI 规格说明文档。启动时，Server 会根据已向其注册的端点(go-restful 中的 Web Service)和上述 Schema 信息，在内存中为每个 API 版本内的所有端点生成对应的 OpenAPI 规格说明文档，并缓存于内存中，等待客户端访问请求的到来。5.3.4 节将会介绍 Generic Server 生成该文档的过程。

从 API Server 获取一个 API 组的某个版本下所有 API 端点规格描述文档可以访问 /openapi/v3/apis/<group>/<version>或 openapi/v3/api/<version>。

5.3.4 Generic Server 与 OpenAPI

端点/openapi/v3 的定义及响应都是在 Generic Server 中实现的。由于主 Server、扩展 Server、聚合器和聚合 Server 都是在 Generic Server 之上构建出来的，所以它们会自动继承响应/openapi/v3 这种能力[①]。接下来讲解 Generic Server 这部分实现细节。

3.4 节介绍了 API Sever 的启动过程，总共分三步：制作 Server 链；调用 Server 链头的启动准备函数；最后启动，其中第 2 步调用启动准备函数实际上是调用名为 PrepareRun() 的方法，它会触发对其底座 Generic Server 的同名方法的调用，链头 Server（聚合器）会调用到 Generic Server 的这种方法来完成自己的启动准备工作，代码如下：

```
//代码 5-7 staging/src/k8s.io/apiserver/pkg/server/genericapiserver.go
func (s * GenericAPIServer) PrepareRun() preparedGenericAPIServer {
    s.delegationTarget.PrepareRun()

    if s.openAPIConfig != nil && !s.skipOpenAPIInstallation {
        s.OpenAPIVersionedService, s.StaticOpenAPISpec = routes.OpenAPI{
            Config: s.openAPIConfig,
        }.InstallV2(s.Handler.GoRestfulContainer,
                      s.Handler.NonGoRestfulMux)
    }
    //要点①
    if s.openAPIV3Config != nil && !s.skipOpenAPIInstallation {
        if utilfeature.DefaultFeatureGate.Enabled(features.OpenAPIV3) {
            s.OpenAPIV3VersionedService = routes.OpenAPI{
                Config: s.openAPIV3Config,
            }.InstallV3(s.Handler.GoRestfulContainer,
                          s.Handler.NonGoRestfulMux)
        }
    }

    s.installHealthz()
    s.installLivez()

    //一旦关机指令便会被触发,readiness 应该开始返回否定结果
    readinessStopCh := s.lifecycleSignals.ShutdownInitiated.Signaled()
    err := s.addReadyzShutdownCheck(readinessStopCh)
    if err != nil {
        klog.Errorf("Failed to install readyz shutdown check %s", err)
    }
    s.installReadyz()

    return preparedGenericAPIServer{s}
}
```

看上述代码中要点①处的 if 语句，经过简单判断后调用了 InstallV3() 这种方法[②]，它就是注册/openapi/v3 端点的地方，该方法做如下两件事情：

---

① 聚合器会屏蔽客户端对子 Server 的 openapi/v3 端点的直接访问，在 8.2.3 节中将会讲解。

② InstallV3() 的源码位于 staging/k8s.io/apiserver/pkg/server/routes/openapi.go。

(1) 把 openapi 的访问端点设置为/openapi/v3,并关联请求处理分发器,这个分发器实际上就是当调用本方法时传入的第 2 个参数：s.Handler.NonGoRestfulMux。

(2) 为每个 group/version 内 API 的端点生成 openapi v3 规格说明文档。当调用 InstallV3()时给第 1 个形参的实参是 s.Handler.GoRestfulContainer 对象,这个对象代表 go-restful 中的一个 Container,每个 gourp/version 都已经在其上注册了 Route,基于这些 Route 中的信息就知道需要为哪些端点生成 openapi 规格说明了。

5.4 Scheme 机制

软件工程的一大课题是解耦。经典设计模式中给出了 23 种模式,它们中的一大部分是在解耦。解耦的一种手段是引入中间层,2005 年前后,随着 WebService 的流行,业界特别热衷于创建中间件,中间件本质上是在多个异构系统之外引入中间层,借助它打通所有系统,从而既获得异构系统带来的技术灵活性,也得到系统协作带来的功能丰富性。

API Server 可以分为 API 和 Server 两部分来看待：

(1) Server 的主要目标是提供一个以 go-restful 为基础的 Web 服务器,在设计与实现时不会受 API 的结构影响,每个 API 在 Server 看来都是一组端点、一组 Route,Server 提供方法把 API 转换为 WebService 和 Route。

(2) API 可以视作信息的容器,是用户向 Server 提交信息的载体。它专注在自己具有的属性、属性默认值、各个版本之间的转换方式等,而不应该受下层 Server 的设计影响。对 API Server 能力的扩展主要是指不断引入新的 API,让 API Server 服务的范畴得到扩展,如果说每次引入新的 API 都需要对 Server 本身的代码进行改动,则这种设计显然是不太理想的。

二者的独立促成了两方面的灵活性：第一,设计时不互相影响;第二,扩展时各自可变,但这要求深度解耦 API 和 Server,Scheme 是 Kubernetes 达到这一目的重要工具。Scheme 技术上由一个 Go 结构体代表,代码如下：

```
//代码 5-8 staging/k8s.io/apimachinery/pkg/runtime/scheme.go
type Scheme struct {

    //API 的 GVK 向基座结构体的映射
    gvkToType map[schema.GroupVersionKind]reflect.Type

    //API 的 Go 实例向 GVK 的映射,也就是 gvkToType 的逆向信息
    //注意作为 index 的 reflect.Type 对象不能是指针,要用实例
    typeToGVK map[reflect.Type][]schema.GroupVersionKind

    //在版本转换时(ConvertToVersion()方法)不必进行转化的 GVK。地位相当于内部版本
    unversionedTypes map[reflect.Type]schema.GroupVersionKind

    //可创建于任何 API 组和版本下的 API
```

```
    unversionedKinds map[string]reflect.Type

    //将 GVK 映射到用于将其 label 转换为内部版本的函数。该 map 的 key 为外部版本 GVK
    fieldLabelConversionFuncs map[schema.GroupVersionKind]FieldLabelConversionFunc

    //将一个 Go 对象映射到它的默认值设置函数。作为 map 的 key,Go 对象不可以为指针
    defaulterFuncs map[reflect.Type]func(interface{})

    //存放所有的版本转换函数,包含默认的转换行为
    converter * conversion.Converter

    //将一个 API 组映射到一个该组具有的版本列表,这个列表是按重要性排过序的
    versionPriority map[string][]string

    //用于保存注册过程中各个版本出现的顺序
    observedVersions []schema.GroupVersion

    //注册表名称,排错时有用。如果不指定,则默认用 NewScheme()方法调用栈作为其名字
    schemeName string
}
```

5.4.1 注册表的内容

注册表(Scheme)有“方案”和“策划”的意思,甚至还有“阴谋”的含义,笔者觉得这些都不恰如其分,本书将它称为注册表。代码 5-8 展示了其所有内容,其中主要部分有以下几点。

1. GVK 到 API 的 Go 基座结构体的正反向映射

组、版本和种类(GVK)刻画了一个 API,而该 API 技术上又对应一个 Go 结构体,称为基座结构体,所以 GVK 和 Go 结构体之间有一对一的关系,该关系以 map 数据结构保存在注册表中。map 的键和值是 GVK 和 Go 结构体,而技术上可以通过反射获取 Go 结构体的元数据,类型为 reflect.Type,这一元数据完全代表该结构体,所以 map 的键和值将分别是 GVK 和类型为 reflect.Type 的对象。注册表中存在两个 map,分别对应两个方向的映射:其一从 GVK 到 reflect.Type,其二从 reflect.Type 到 GVK。该对应关系有何用处呢?试想一个客户端对 API Server 发起创建 apps/v1/Deployment 的请求,API Server 从 HTTP 请求中只可以得到目标 API 的 GVK,系统需要一个解码过程:把 HTTP 请求中目标 API 对象信息放入该 API 的 Go 结构体实例中,那么就必须能从 GVK 创建出该结构体实例,这时由 GVK 到 reflect.Type 的映射就非常关键了。

2. API 的 Go 基座结构体到其默认值设置函数的映射

第 4 章在讲解代码生成时详细讨论了默认值函数的生成过程,为了在需要时能找到一个 API 的默认值设置函数,并避免硬编码,系统把它们记录在注册表中的一个 map 中,该

map 的键值是 API 的 Go 基座结构体,它可以从 GVK 映射而来,而值就是它的默认值设置函数[①]。

3. API 内外部版本转换函数

类似默认值设置函数,版本之间的转换函数也需要保存在注册表中。保存映射的数据结构没再使用 map,而是用 apimachinery 库中的 conversion.Converter 结构体包装了一下,不过最终的作用相同。

4. 各 API 组内各个版本的重要性排名

随着时间的推移,一个组下可能出现多个版本,那么在处理过程中,当出现版本不明确时如何决定使用哪个版本呢?这可以通过设定各个版本的优先级别来确定。

注意:当用命令 kubectl api-resources 获取当前 Server 具有的所有资源时,只列出优先级最高的版本。

以上便是注册表的主要内容。在这个中间层的作用下,当 Web Server 接收了服务时,它不必懂目标 API 的技术细节,更不用把 API 的代码硬编码到自己的逻辑当中:当需要把 HTTP 请求中传入的 JSON 解码为 Go 结构体时,通过注册表找到正确的 Go 结构体类型;在进行响应前,把请求中的 API 实例从客户端使用的外部版本转换为内部版本,转换函数同样通过注册表找到。这样的解耦使 API 和 Web Server 之间相对独立,各自演化。一个新的内置 API 的引入,技术上只需如下步骤。

(1) 实现 API 的各种接口。

(2) 把该 API 对应的 RESTful 服务注册到 Web Server。

(3) 最后将该 API 注册到注册表。

过程中不涉及 Web Server 代码的改动,但读者应注意,API Server 不支持动态导入内置 API,需要在 Server 启动时决定是否支持,如果需变动,则需要重启 Server。

5.4.2 注册表的构建

注册表内容的填入是在 Server 启动过程中完成的,后续运行时不会更改。整个程序设计非常优雅,体现了 Go 语言优良的特性。该过程对每个 Go 开发者都有启发,这一节将详细介绍。

1. 构造者(Builder)模式

注册表的填充遵循了构造者模式,经典构造者模式的角色关系如图 5-6 所示。先讲解该设计模式,熟悉的读者可跳过本节。

该模式中有 4 个角色,其中产品(Product)在本模式中没有逻辑,不必细说,ConcreteBuilder 是 Builder 这个抽象角色的具体实现,所以二者扮演着同一角色。Director 和 Builder 各有责任。

(1) Director:通过定义产品零部件决定规格。例如同品牌同版本的手机,存储大小不

---

① 同 JavaScript 类似,Go 语言中函数/方法可以被当对象使用。

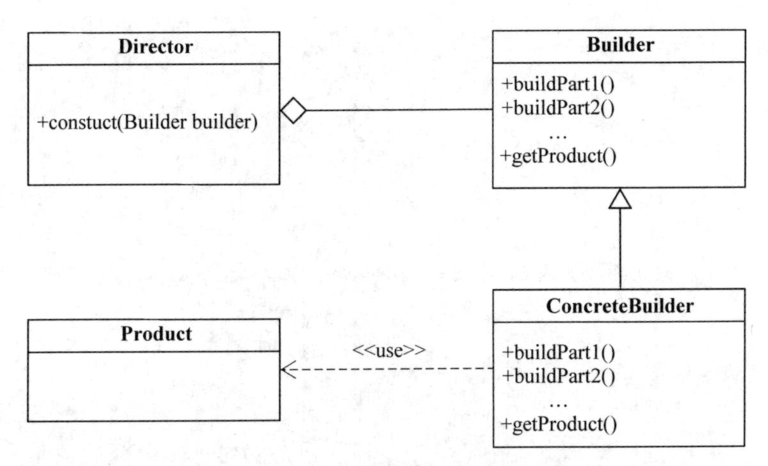

图 5-6 经典构造者模式

同造就出不同的产品，市场售价也会不同。Director 决定了最终产品包含哪些零部件及规格，但它不负责具体的加工过程。

（2）Builder 和 ConcreteBuilder：负责把产品零部件组合成产品，掌握组合流程。Director 决定给什么样的零件，Builder 负责把它们按照正确的方式组装起来。图 5-6 没有反映出 Builder 的构造要求，一般来讲，在构建一个 Builder 时，需要给足创建一个产品的必备零部件，不能少掉哪个，否则 Builder 肯定不能工作，而那些可选零部件会通过 Builder 暴露的方法去指定。

Builder 一般会定义方法 Build()或 GetProduct()，从而获取生产出的产品。以上就是经典设计模式中的建造者模式，不难理解。

注意： 实践中该经典模式演化出了简化版本，感兴趣的读者可以查询在 Java 中简化模式是怎样的，或者查询 Java Spring 框架中众多的 Builder 的源代码，其中大部分是简化版本。

2. 注册表的 Builder

SchemeBuilder 扮演了构造者模式中的 Builder 角色。编程语言不同，对同一种模式的实现手法也就不同，Go 语言是一种非面向对象的语言，其必然有独特的手法，正所谓模式是死的，人是活的。

```
//代码 5-9 staging/k8s.io/apimachinery/pkg/runtime/scheme_builder.go
package runtime

type SchemeBuilder []func(*Scheme) error

//AddToScheme 用入参 scheme 去调用 SchemeBuilder 内的函数
//如果返回 error,则表明至少一个调用失败了
func (sb *SchemeBuilder) AddToScheme(s *Scheme) error {
    for _, f := range *sb {
```

```
        if err := f(s); err != nil {
            return err
        }
    }
    return nil
}

//将一组 scheme 构建函数加入 SchemeBuilder 列表中
func (sb * SchemeBuilder) Register(funcs ...func( * Scheme) error) {
    for _, f := range funcs {
        * sb = append( * sb, f)
    }
}

//NewSchemeBuilder 为你调用注册函数
func NewSchemeBuilder(funcs ...func( * Scheme) error) SchemeBuilder {
    var sb SchemeBuilder
    sb.Register(funcs...)
    return sb
}
```

以上代码定义了 SchemeBuilder,一共有 48 行,做了两件事情:第一,定义类型 SchemeBuilder;第二,为该类型加方法。SchemeBuilder 被定义为一个数组,方法的数组,在 Go 语言中方法是可以被当作变量使用的。这个数组里的方法的签名有要求:只能有一个输入参数,其类型为 Scheme 的引用;返回值类型为 error,只有在出错时返回值才为非 nil。在 Go 语言中,任何类型都可以作为方法的接收器,这很像为该类型添加方法,而在面向对象语言中,有类/接口才能有方法,这也算 Go 语言的特色了。上述代码为 SchemeBuilder 数组定义了 3 种方法。

(1) NewSchemeBuilder()方法:Builder 的工厂方法,通过它获取一个 Builder 实例。设计模式中的 Builder 构造函数接收那些必需的零部件,所以这种方法提供了一个输入参数:可以放入 SchemeBuilder 数组的函数。读者可能猜到了,SchemeBuilder 使用的“零部件”都是以函数形式存在的。

(2) Register()方法:把可选零部件放入 SchemeBuilder 数组中。同样地,这里的“零部件”是函数。

(3) AddToScheme()方法:用零部件构造出产品——一个 Scheme 实例。它相当于经典模式中 Builder 的 GetProduct 方法:当零部件都给全了,调用这种方法,用这些零部件填充本方法的传入参数,从而得到完整的 Scheme 实例,其内部实现很简洁,是对 SchemeBuilder 数组内保存的“零部件”进行遍历,如上所述它们是一个个函数,遍历它们能干什么?自然是调用,以本方法获得的实际参数 Scheme 作为入参去调用这些函数,而这些函数内部会把自己掌握的信息交给该 Scheme 实例,完成 Scheme 实例的构建。

3. 注册表的 Director-register.go

有了 Builder,接下来看模式中的 Director 是怎么实现的。模式中的 Director 会决定给什么"零部件",前面看到 SchemeBuilder 接收的零部件是以 Scheme 指针为形式参数的函数,那么在 Director 中我们就应该能看到这些函数。

在 Kubernetes 的 Scheme 构建中 Director 有多个,每个 API Group 的每个内部版本和全部外部版本各有一个 Director,这和模式中 Director 的定位是吻合的:每个 API 版本中的 API 逻辑上都是不同的,所以不能共用同一个。在 API Server 的实现中,这个角色由不同的 register.go 文件来承担。读者可能不太习惯由一个文件来承担设计模式中角色的做法,由于 Go 语言没有类,所以文件也被用来提供一定的代码组织功能。

以 apps 组中内部版本的 register.go 文件为例,一窥究竟,代码如下:

```
//代码 5-10 pkg/apis/apps/register.go
var (
    //注册表 Builder
    SchemeBuilder = runtime.NewSchemeBuilder(addKnownTypes)    //要点①
    //在本包上暴露 Builder 的 AddToScheme()方法
    AddToScheme = SchemeBuilder.AddToScheme                    //要点④
)

//本 package 内用的组名
const GroupName = "apps"

//SchemeGroupVersion 是注册这些对象时使用的组和版本
var SchemeGroupVersion = schema.GroupVersion{Group: GroupName, Version:
runtime.APIVersionInternal}

//由 API 种类获取 GroupKind
func Kind(kind string) schema.GroupKind {
    return SchemeGroupVersion.WithKind(kind).GroupKind()
}

//由 Resource 获取一个 GroupResource
func Resource(resource string) schema.GroupResource {
    return SchemeGroupVersion.WithResource(resource).GroupResource()
}

//将一列类型添加到给定的注册表内
func addKnownTypes(scheme * runtime.Scheme) error {          //要点②
    //…
    scheme.AddKnownTypes(SchemeGroupVersion,
            &DaemonSet{},                                     //要点③
            &DaemonSetList{},
            &Deployment{},
            &DeploymentList{},
```

```
            &DeploymentRollback{},
            &autoscaling.Scale{},
            &StatefulSet{},
            &StatefulSetList{},
            &ControllerRevision{},
            &ControllerRevisionList{},
            &ReplicaSet{},
            &ReplicaSetList{},
        )
        return nil
    }
```

关注上述代码要点①处 SchemeBuilder 类型实例的构造和要点②处的 addKnownTypes()方法。Builder 实例的获取借助前面介绍的 NewSchemeBuilder()方法,它的唯一形参类型是 Scheme 指针,在 register.go 文件中在调用该方法时使用的实际参数是 addKnownTypes()方法,这种方法把当前这个 API Group 中的所有 API 都交给目标 Scheme 实例:这里目标 Scheme 实例是通过参数传进来的,Group 中的 API 则是以它们的 Go 结构体实例表示的,见要点③及其下方的代码。

Scheme 类型的 AddKnownTypes()方法会填充注册表中 GVK 和 API 基座结构体的双向映射表。代码 5-10 中已经看到 register.go 文件中的 addKnownTypes()方法被交给了 Builder,当 Builder 的 AddToScheme 方法被调用时,它就会被调用。Scheme 类型的 AddKnowTypes()方法的源代码如下:

```
//代码 5-11 staging/k8s.io/apimachinery/pkg/runtime/scheme.go
func (s * Scheme) AddKnownTypes(gv schema.GroupVersion, types ...Object) {
    s.addObservedVersion(gv)
    for _, obj := range types {
        t := reflect.TypeOf(obj)
        if t.Kind() != reflect.Pointer {
            panic("All types must be pointers to structs.")
        }
        t = t.Elem()
            s.AddKnownTypeWithName(gv.WithKind(t.Name()), obj)
    }
}
```

总结一下:只要 Builder 的 AddToScheme 方法被调用,当前 API Group 的内部版本 API 与 GVK 映射关系就会被填充到目标 Scheme 实例中。

其次,关注前面的代码 5-10 要点④。这一行把刚刚获得的 Builder 实例的 AddToScheme()方法暴露为当前包(在本例中就是包 apps)上的同名方法 AddToScheme(),这样工程内其他代码就可以通过调用 apps 包下的 AddToScheme()方法间接地触发 Builder 填充一个给定的 Scheme 实例。这很重要,因为到目前为止,前面的所有工作只是为某 API 版本制作一个 Builder 的实例,并没有真正去填充某个 Scheme,甚至连目标 Scheme 实例是谁都不知道，需要后期通过 apps.AddToScheme()方法的调用触发对某个 Scheme 的填充。

上述示例代码的 register.go 对应的是内部版本，对于 apps 这个 group 来讲源码位于 pkg/apis/apps/register.go，而外部版本 register.go 极为类似，不同的是它位于 staging/src/k8s.io/api/apps/v1/register.go 文件中。

下面还是以 apps 组为例，探究默认值设置函数和版本转换函数是如何被注册进注册表的。这次选取外部版本 apps/v1 来讲解。外部版本在 pkg/apis/apps/v1 下有一个 register.go，部分代码如下：

```
//代码 5-12 pkg/apis/apps/v1/register.go
var (
    localSchemeBuilder = &appsv1.SchemeBuilder
    AddToScheme = localSchemeBuilder.AddToScheme
)

func init() {
    //这里只注册人工撰写的默认值函数，自动生成的已经由被生成的代码注册
    //如此分开的好处是即使代码生成没有进行，这部分编译还是会成功的
    localSchemeBuilder.Register(addDefaultingFuncs)
}
```

在 v1 这个包的初始化过程中，调用了 Builder 方法的 Register()方法，向 Builder 添加了 addDefaultingFuncs()方法，读者应该能猜到这种方法的功用，它将向注册表中添加默认值设置函数。当 v1 版本对应的 Builder 被触发时，v1 版本的默认值设置方法将被注册进目标 Scheme 实例。

Converter 又是在哪里被注册进注册表的呢？实际上和 addDefaultingFuncs 一样，在包 v1 的初始化过程中，同样通过 Register()方法交给 Builder，只不过这部分源码不在 v1/register.go文件中而是在 v1/zz_generated.conversion.go 文件中，代码如下：

```
//代码 5-13 pkg/apis/apps/v1/zz_generated.conversion.go
func init() {
    localSchemeBuilder.Register(RegisterConversions)     //要点①
}
```

代码 5-12 和代码 5-13 虽然不在同一源文件中，但它们都隶属于包 v1。v1 在被引用时所有的包初始化——init()函数都会被调用，包括 v1/register.go 文件中的init()和 v1/zz_generated.conversion.go 文件中的 init()函数，而这次，把 Conversion 的注册函数交给了 Builder，见代码 5-13 的要点①处。

注册表有 4 个主要信息，到此已经找到了其中 3 个的注入地，分别为 GVK 与 API 基座结构体映射关系、默认值设置方法和内外部版本转换函数。至于最后一个主要信息“API Group 内各版本的重要级别”，马上展开讲解其注册地。

4. 触发注册表的构建

经过上述代码准备工作，每个 API Group 的每个内外部版本都有了一个被 Director 设

置好的 Builder,并且该 Builder 的产品构造触发方法 AddToScheme()被暴露到该版本对应的 Go 包上,万事俱备,就等触发构造了,但从解耦角度看还有待解决的问题: Builder 是暴露在各个版本的包上的,如果要调用它们,则必须导入这些版本的包,外部触发程序岂不是要与这些包硬绑定?

为了处理好这个问题,在每个 API Group 下都建立了一个 install/install.go 文件,工程里其他代码只要导入了一个 API Group 包的 install 子包,就会触发该 API Group 下各个版本对应的 Scheme Builder,把信息填入一个全部 API Group 共享的 Scheme 实例,还是用 apps 这个 Group 举例,代码如下:

```
//代码 5-14 pkg/apis/apps/install/install.go
func init() {
    Install(legacyscheme.Scheme)
}

//Install 会注册 API 组,并向 Scheme 中添加组内类型
func Install(scheme * runtime.Scheme) {
    utilruntime.Must(apps.AddToScheme(scheme))
    utilruntime.Must(v1beta1.AddToScheme(scheme))
    utilruntime.Must(v1beta2.AddToScheme(scheme))
    utilruntime.Must(v1.AddToScheme(scheme))
    utilruntime.Must(scheme.SetVersionPriority(v1.SchemeGroupVersion,
v1beta2.SchemeGroupVersion, v1beta1.SchemeGroupVersion))
}
```

install 包的初始化方法 init()会调用 Install 方法,该方法会逐个调用每个版本所暴露出的 AddToScheme 方法,把各个版本下的 API 信息填写入指定的注册表: pkg/api/legacyscheme.go 文件中定义的名为 Scheme、类型为 runtime.Scheme 的变量。除此以外,Install 方法还设置了这个 Group 下所有版本的优先级,这也是注册表中的一个信息,算上前序介绍的 3 个主要内容,已找到了注册表全部 4 个主要信息的注入点。

现在,每个内置 API Group 都提供了一种方便触发 Builder 工作的方式: 导入该 Group 的 Install 子包即可。注册表构建的实际触发是在 API Server 启动时完成的,一经构建,运行时不再对其更改,过程如图 5-7 所示。

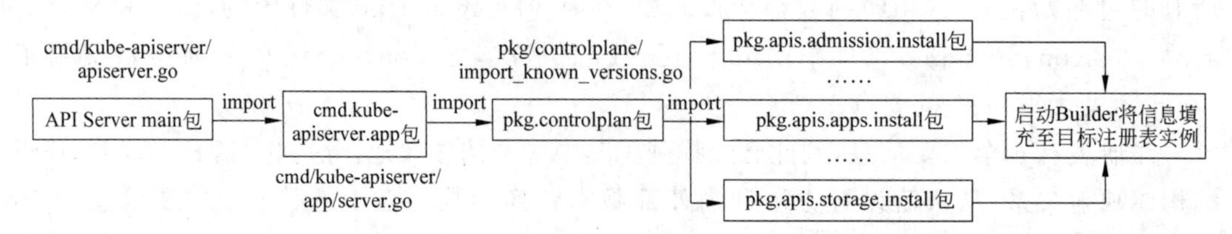

图 5-7 API Server 启动自动触发内建 API 向注册表注册信息

API Server 的应用程序从 main 包内代码开始运行,第一件事情就是导入依赖的包,这最

终触发了注册表的填充。就如它的名字所揭示的一样，图 5-7 中提及的 pkg/controlplane/import_known_versions.go 文件唯一的目的就是触发内建 API 向注册表的注册，读者可以查看其内容进行验证。

用包的导入触发注册表信息的填充非常隐蔽，以至于足以让绝大多数不了解 Kubernetes 项目的开发人员茫然，而构建注册表并不是这种手法唯一的应用场景。笔者对这种手法持保留意见，感觉是牺牲过多的可读性去获取一点点代码简洁，实属得不偿失。

至此，本章完整地讲解了 API Server 注册表的创建过程，花费了不少篇幅在这里，首先是由于注册表内信息在 Server 运行的过程中常被引用；其次它是工程内各个 register.go 文件、install.go 文件的创建目的，掌握了它就掌握了工程结构的重要部分；最后通过理解这部分源代码，体会到了 Go 语言的一些特性如何被应用，例如怎么实现构造者模式、如何利用包导入去做事情。这些特性在 Kubernetes 工程内被广泛应用。

5.5 Generic Server 的构建

本节聚焦 Generic Server 的创建过程，各个 Server 的部件如何被组装起来是重点。Generic Server 有几大核心能力。

(1) 请求过滤机制：一个请求在抵达目标处理逻辑之前，要经过一组通用的处理过滤器，从而完成限流、登录鉴权等必要处理。

(2) Server 链：两个 Generic Server 实例可以相互连接，将上游 Server 处理不了的请求传递给下游继续处理，即形成 Server Chain 的能力。第 3 章所述 API Server 内部的 Server 链正是在各个子 Server 的基座 Generic Server 的基础上构建的。

(3) 装配 Kubernetes API：在 Generic Server 的源码中看不到任何具体的 Kubernetes API，这是其上层 Server 运行时注入进来的，Generic Server 提供了将 API 注入 Server 并进行装配的接口方法。

Server 的创建过程包含了请求过滤机制和 Server 链，而 API 的注入与装配较重要，将在 5.7 节专门介绍。

注意：由于 Generic Server 是主 Server、扩展 Server、聚合器和聚合 Server 的底座，所以它的构建过程也是以上三类 Server 的构建过程的一部分，这部分内容值得重视。

5.5.1 准备 Server 运行配置

获得 Server 运行配置(Config)是创建 Server 实例的前提。Generic Server 不会独立地运行，而是作为各子 Server 的底座，所以它的运行配置均来自使用它的各子 Server。

源文件 config.go 中定义的 NewConfig()函数是 Generic Server 运行配置的工厂函数，它会返回一个推荐配置实例。子 Server 会调用它来创建其底座 Generic Server 运行配置实例，首先进行信息填充，然后用它创建出底座 Generic Server。填充所用信息来自多个源，包括用户命令行输入的参数、命令行参数默认值和子 Server 专有调整。信息流的大致方向为由启动参数流转至运行选项(Option),再由运行选项到 Config。

(1) 从命令行参数到 Option 这一过程在 3.4 节已讲解。主要步骤为首先由用户输入命令行参数值,它们是利用 Cobra 定义出的标志(flag),然后这些标志被转换为 Option 结构体实例;接着该 Option 实例会用自己的 Validate()方法校验自身内容。

(2) 信息由 Option 流转至 Config 则由各个子 Server 主导,中间会添加子 Server 需要的专有调整,例如改变 Generic Server 的某些运行配置值和添加子 Server 专有运行配置项,在 6.1.2 节、7.2.2 节和 8.2.2 节中将会介绍。具体实施上,Option 的 Apply()方法被用来将信息转移至 Config 结构体实例。

5.5.2 创建 Server 实例

Generic Server 的创建代码位于源文件 staging/src/k8s.io/apiserver/pkg/server/config.go 文件中。无论上层的 Server 是主、扩展或其他,其底层的 Generic Server 都是通过两次方法调用得到的:首先调用 Config 结构体实例的 Complete()方法得到 CompletedConfig 结构体实例,然后调用它的 New()方法得到 Generic Server。这种两步走制作 Server 实例的过程很有代表性。主 Server、扩展 Server 及聚合 Server 实例的创建过程如出一辙:它们各自具有 Config、CompletedConfig 结构体,对应结构体上也会有 Complete()方法和 New()方法,在获取各自实例时经历上述两步调用。当上层 Server 的 Complete()和 New()方法执行时会调用其底座 Generic Server 的 Complete()和 New()方法。Generic Server 实例的创建过程如图 5-8 所示。

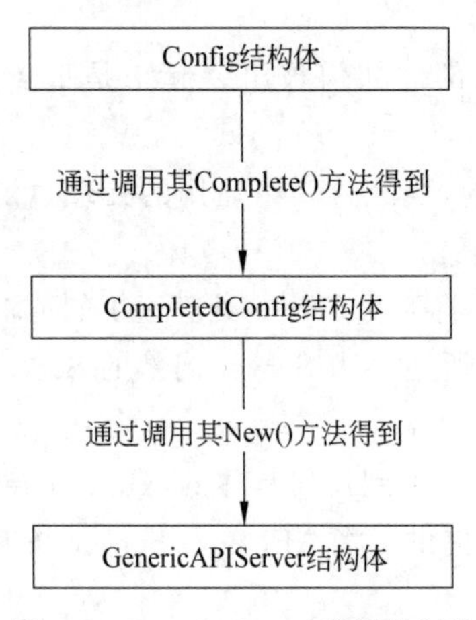

图 5-8 Generic Server 实例的创建

各步的具体工作内容如下:

(1) Config 结构体实例是这个过程的源头。可由源文件 config.go 中定义的 NewConfig()方法得到一个 Generic Server 的空 Config 实例,使用前要对其内容进行填充。Config 中信息的源头是 API Server 的启动命令参数,信息由启动参数流转至运行选项(Option),再由运行选项到 Config。

(2) Config 的 Complete()方法的作用是对参数设定进行查漏补缺。在 Generic Server 这个层面,它检查并完善了 Server 的 IP 和端口设置,以及登录鉴权的参数。Complete()方法最终制作了一个 CompletedConfig 结构体实例并以此作为结果返回。

(3) 而 CompletedConfig 结构体的 New()方法将正式开始一个 Generic Server 实例的创建。本节通过讲解 Server 核心能力的构造过程来详解这一方法。New()方法签名部分的代码如下:

```
//代码 5-15 Generic Server 实例的构造方法节选
//New()将创造一个内部组合了所传入 Server 处理链的新 Server 实例
//所传入 Server 不能为 nil。Name 参数用于在 log 中标示这个 Server
func (c completedConfig) New(name string, delegationTarget DelegationTarget)
(*GenericAPIServer, error) {
    if c.Serializer == nil {
          return nil, fmt.Errorf("Genericapiserver.New() called with
              config.Serializer == nil")
    }
    if c.LoopbackClientConfig == nil {
        return nil, fmt.Errorf("Genericapiserver.New() called with
            config.LoopbackClientConfig == nil")
    }
    if c.EquivalentResourceRegistry == nil {
        return nil, fmt.Errorf("Genericapiserver.New() called with
            config.EquivalentResourceRegistry == nil")
    }
    //要点①
    handlerChainBuilder := func(handler http.Handler) http.Handler {
        return c.BuildHandlerChainFunc(handler, c.Config)
    }

    var DebugSocket *routes.DebugSocket
    if c.DebugSocketPath != "" {
        DebugSocket = routes.NewDebugSocket(c.DebugSocketPath)
    }
    //要点②
    apiServerHandler := NewAPIServerHandler(name, c.Serializer,
        handlerChainBuilder, delegationTarget.UnprotectedHandler())
    ...
```

New()方法将主要完成两个任务：首先，制作请求处理链，包含添加请求过滤器和构造 Server 链，然后设置 Server 的启动后和关闭前的钩子函数，在 Server 启动后和关闭前，这些钩子函数将被逐个执行。

5.5.3 构建请求处理链

关注代码 5-15 的要点①和要点②。要点①制作了一个处理链 Builder，是一个名为 handerChainBuilder 的函数，这个 Builder 的实际作用是为处理链加上各种请求过滤器；要点②处利用这个 Builder 作为参数之一调用方法 NewAPIServerHandler()，生成了 apiServerHandler 这一变量，它将成为 Server 的请求处理者，本节后续会分析它的生成过程。

1. 请求过滤机制

首先讲解请求过滤器(Filter)。大多数用过其他 Web Server 的开发人员应该对 Web 服务器的过滤器机制不陌生,以 Tomcat 为例,它的管理员通过配置,让服务器接收到请求后对请求内容给出响应前对将要发出的响应内容进行处理。这些处理一般不需要去理解请求或响应的业务含义,而是一般的跨业务的处理。例如请求的筛选过滤、CSRF、CORS 等安全方面、日志记录方面等。过滤器一般有多个,它们相互连接而形成过滤器链,摆放在一个 HTTP 请求处理过程的最前或最后端。

Kubernetes Generic Server 同样设有请求过滤机制,也提供了一组请求过滤器,用于把请求交给处理器之前做预处理工作。请求到达 Server 后立即进入过滤链,这一过程甚至早于请求中所包含的 Kubernetes API 实例被解码为 Go 结构体实例,因为请求过滤器不需要理解业务逻辑。下面通过分析代码讲解这条过滤器链的构建过程。

通过代码 5-15 的要点①可以看到,handerChainBuilder()函数内部依靠 CompletedConfig 的 BuildHandlerChainFunc 字段(类型为函数)去给 http.Handler 类型的入参加过滤器。追溯类型为 CompletedConfig 的变量 c 的出处,最终可以找到 BuildHandlerChainFunc 的赋予地,即位于上述 config.go 文件的 NewConfig()方法,代码如下:

```
//代码 5-16 staging/src/k8s.io/apiserver/pkg/server/config.go
return &Config{
    Serializer:                     codecs,
    BuildHandlerChainFunc:          DefaultBuildHandlerChain, //要点①
    NonLongRunningRequestWaitGroup:
        new(utilwaitgroup.SafeWaitGroup),
    WatchRequestWaitGroup:
        &utilwaitgroup.RateLimitedSafeWaitGroup{},
    LegacyAPIGroupPrefixes:
        sets.NewString(DefaultLegacyAPIPrefix),
    DisabledPostStartHooks:         sets.NewString(),
    PostStartHooks:                 map[string]PostStartHookConfigEntry{},
    HealthzChecks:                  append([]healthz.HealthChecker{},
        defaultHealthChecks...),
    ReadyzChecks:                   append([]healthz.HealthChecker{},
        defaultHealthChecks...),
    LivezChecks:                    append([]healthz.HealthChecker{},
        defaultHealthChecks...),
    EnableIndex:                    true,
    EnableDiscovery:                true,
    EnableProfiling:                true,
    DebugSocketPath:                "",
    EnableMetrics:                  true,
    MaxRequestsInFlight:            400,
    MaxMutatingRequestsInFlight:    200,
    RequestTimeout:                 time.Duration(60) * time.Second,
```

```
    MinRequestTimeout:          1800,
    LivezGracePeriod:           time.Duration(0),
    ShutdownDelayDuration:      time.Duration(0),
    …
    JSONPatchMaxCopyBytes: int64(3 * 1024 * 1024),
    …
    MaxRequestBodyBytes: int64(3 * 1024 * 1024),
    …
    LongRunningFunc:
        genericfilters.BasicLongRunningRequestCheck(
            sets.NewString("watch"), sets.NewString()),
    lifecycleSignals:                lifecycleSignals,
    StorageObjectCountTracker:
        flowcontrolrequest.NewStorageObjectCountTracker(),
    ShutdownWatchTerminationGracePeriod: time.Duration(0),

    APIServerID:            id,
    StorageVersionManager: storageversion.NewDefaultManager(),
    TracerProvider:         tracing.NewNoopTracerProvider(),
}
```

由上述代码要点①可见，Generic Server 默认会用自身的 DefaultBuildHandlerChain()方法作为过滤器添加函数，将一组过滤器加入 Server 的请求处理器上。在构建上层 Server（例如聚合器）时，可以通过改变 Config 的该字段值来改变这一行为，不过实践中 Generic Server 所提供的所有请求过滤器都被核心 API Server 保留使用了，它们足够底层和通用。方法 DefaultBuildHandlerChain()中为请求处理添加的过滤器见表 5-2。

表 5-2 DefaultBuildHandlerChain()所添加的过滤器

#	添加过滤器	作　用
1	genericapifilters.WithAuthorization	权限
2	genericfilters.WithMaxInFlightLimit	流量控制
3	genericapifilters.WithImpersonation	冒名请求
4	genericapifilters.WithAudit	审计
5	genericapifilters.WithFailedAuthenticationAudit	审计 - 登录失败
6	genericapifilters.WithAuthentication	登录
7	genericfilters.WithCORS	跨域资源贡献
8	genericfilters.WithTimeoutForNonLongRunningRequests	超时时对客户端的响应
9	genericapifilters.WithRequestDeadline	设置处理时限
10	genericfilters.WithWaitGroup	将请求加入 wait group

续表

#	添加过滤器	作　用
11	genericfilters.WithWatchTerminationDuringShutdown	当设置了优雅关闭时长时,在系统关闭期间观测系统状态
12	genericfilters.WithProbabilisticGoaway	HTTP2 模式下适时发送 GOAWAY 请求
13	genericapifilters.WithWarningRecorder	向 Header 中添加 Warning
14	genericapifilters.WithCacheControl	设置 cache-control 请求头
15	genericfilters.WithHSTS	启用 HTTP 严格传输安全
16	genericfilters.WithRetryAfter	关机信号发出并过了延迟期,拒绝链接
17	genericfilters.WithHTTPLogging	将请求记录到日志中
18	genericapifilters.WithTracing	为支持在分布式 API Server 中追踪请求而设置
19	genericapifilters.WithLatencyTrackers	用于记录请求在 API Server 各个组件间的延迟
20	genericapifilters.WithRequestInfo	将一个 RequestInfo 实例放到 context 中
21	genericapifilters.WithRequestReceivedTimestamp	用于添加请求到达 API Server 的时间戳
22	genericapifilters.WithMuxAndDiscoveryComplete	Server 还没完全启动就收到请求,在 context 中放入特殊标志,从而返回特定 HTTP Status code
23	genericfilters.WithPanicRecovery	异常发生时记录日志并试图恢复,但 http.ErrAbortHandler 不可恢复
24	genericapifilters.WithAuditInit	创建 Audit context

由 5.1 节知道,一个 HTTP 请求最终会被交由处理器去响应,处理器类型需要实现 http.Handler 接口,该接口定义唯一方法,其签名为 ServeHTTP(w HttpRequestWriter, r *Request)。以上这些 WithXXX 方法是如何把过滤器加到处理器响应之前的呢? 通过 WithAuthorization()的源码来一探究竟。

```
//代码 5-17 staging/k8s.io/apiserver/pkg/endpoints/filters/authorization.go
//WithAuthorizationCheck 将阻拦未通过鉴权的请求,通过的请求将被转交处理器
func WithAuthorization(handler http.Handler, a authorizer.Authorizer,
                       s runtime.NegotiatedSerializer) http.Handler {
    if a == nil {
        klog.Warning("Authorization is disabled")
        return handler
    }
    return http.HandlerFunc(
     func(w http.ResponseWriter, req *http.Request) {//要点①
        ctx := req.Context()
```

```
        attributes, err := GetAuthorizerAttributes(ctx)
        if err != nil {
            responsewriters.InternalError(w, req, err)
            return
        }
        authorized, reason, err := a.Authorize(ctx, attributes)
        //…
        if authorized == authorizer.DecisionAllow { //要点②
            audit.AddAuditAnnotations(ctx,
                decisionAnnotationKey, decisionAllow,
                reasonAnnotationKey, reason)
            handler.ServeHTTP(w, req)
            return
        }
        if err != nil {
            audit.AddAuditAnnotation(ctx, reasonAnnotationKey,
                  reasonError)
            responsewriters.InternalError(w, req, err)
            return
        }

        klog.V(4).InfoS("Forbidden", "URI", req.RequestURI,
            "reason", reason)
        audit.AddAuditAnnotations(ctx,
            decisionAnnotationKey, decisionForbid,
            reasonAnnotationKey, reason)
        responsewriters.Forbidden(ctx, attributes, w, req, reason, s)
    })
}
```

WithXXX()方法均会以原始请求处理器对象作为入参，WithAuthorization()也一样，该参数在上述代码中名为 handler。所谓加鉴权过滤器，就是设法确保在 handler 的 ServeHTTP()方法被调用前，先检查请求是否能通过权限验证，如果失败，则马上结束请求过程，而只有通过了才会把请求交给原始 handler，即调用它的 ServeHTTP()去处理请求。

WithAuthorization()返回了一种类型为 http.HandlerFunc 的实例，这个实例由要点①处的匿名函数通过类型转换得来，为何一定要转换为该类型呢？类型 http.HandlerFunc 的作用是把名称任意但形式参数为(w ResponseWriter, r *Request)的方法重命名为 ServeHTTP()方法，并保持形参不变，可见，经过这样的类型转换返回的对象将符合 http.Handler 接口，可以作为请求处理器，这意味着 WithAuthorization()的返回结果可以作为下一个 WithXXX()方法的 handler 形参的实参，这确保过滤链条的生成技术上可行。综上所述，WithAuthorization()方法接收一个 http.Handler 实例，对它进行包装，最后返回包装后的结果，结果类型同样为 http.Handler。

代码 5-17 中要点①处的匿名函数就是包装结果，它会在原始请求处理器前进行鉴权，通过后将请求交给原始处理器。要点②处代码进行了校验权限,如果验证通过,则把请求交给原始 handler,而如果验证失败,则直接将错误代码返回给客户端。

以上这种“包装”方法利用了设计模式中的装饰器模式。当所有这些过滤器都被装饰到原始处理器之上后,将得到一个结构如图 5-9 所示且形如洋葱的新请求处理器。

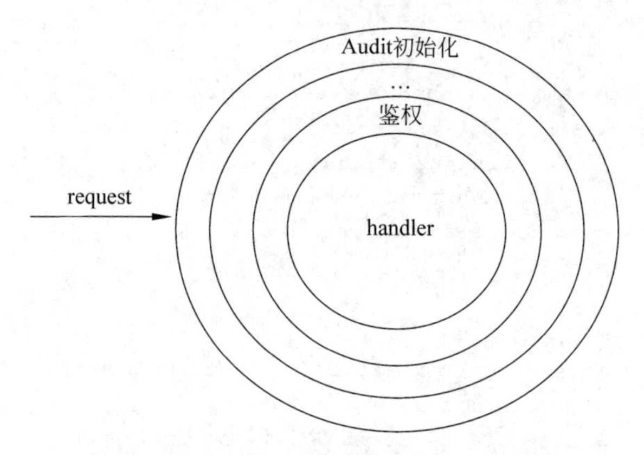

图 5-9 加入过滤器后的 HTTP 请求处理器

将焦点切回 CompletedConfig 的 New()方法,以上看到它构造了 handerChainBuilder 变量,后续当以原始请求处理器为参数去调用这个 Builder 时,原始处理器会被包裹一个个请求过滤器,而这个 Builder 何时被调用呢？就在代码 5-15 要点②处方法 NewAPIServerHandler()内完成,接下来剖析它的代码逻辑。

2. 构造 Server 链

New()方法的最终会为 Server 制造出一个 HTTP 请求处理器,这个处理器需要挂有上述准备的过滤器,还要能把自身无法处理的请求转交给请求委派处理器——也就是其入参 delegationTarget。在核心 API Server 的构建过程中,该入参的实参是当前子 Server 的下游子 Server。正是请求的传递处理使所有子 Server 逻辑上形成一条链,即本书所讲的 Server 链。它实际上是一条请求处理链,请求从一端流向另一端,直到找到可处理的 Server。

Server 链是在代码 5-15 要点②处对 NewAPIServerHandler()方法的调用中完成的,该方法是理解 Server 链的关键,将分步讲解,代码如下：

```
//代码 5-18 staging/src/k8s.io/apiserver/pkg/server/handler.go
func NewAPIServerHandler(name string, s runtime.NegotiatedSerializer,
handlerChainBuilder HandlerChainBuilderFn, notFoundHandler http. Handler) *
APIServerHandler {
    nonGoRestfulMux := mux.NewPathRecorderMux(name)
    if notFoundHandler != nil {
        nonGoRestfulMux.NotFoundHandler(notFoundHandler)   //要点①
    }

    gorestfulContainer := restful.NewContainer()              //要点②
    gorestfulContainer.ServeMux = http.NewServeMux()
```

```
    //e.g. for proxy/{kind}/{name}/{ * }
    gorestfulContainer.Router(restful.CurlyRouter{})
      gorestfulContainer.RecoverHandler(
        func(panicReason interface{}, httpWriter http.ResponseWriter) {
            logStackOnRecover(s, panicReason, httpWriter)
        })
     gorestfulContainer.ServiceErrorHandler(
        func(serviceErr restful.ServiceError,
            request * restful.Request, response * restful.Response) {
            serviceErrorHandler(s, serviceErr, request, response)
        })

    director := director{  //要点③
        name:             name,
        goRestfulContainer: gorestfulContainer,
        nonGoRestfulMux:    nonGoRestfulMux,
     }

    return &APIServerHandler{
        FullHandlerChain:   handlerChainBuilder(director),
        GoRestfulContainer: gorestfulContainer,
        NonGoRestfulMux:    nonGoRestfulMux,
        Director:           director,
      }
}
```

1）调用 NewAPIServerHandler()函数使用的实际参数

在 New()中对 NewAPIServerHandler()函数调用时，最后一个形参 notFoundHandler 的实参是 delegationTarget.UnprotectedHandler：

(1) Generic Server 基座结构体的 delegationTarget 字段称为请求委派处理器，代表当前 Server 无法处理一个请求时该由哪个处理器去接替处理。一个 API Server 子 Server 在构造自己的底座 Generic Server 时会予以指定，参见 3.4.3 节对 CreateServerChain()函数的讲解。用核心 API Server 来讲，主 Server 的下一子 Server 为扩展 Server，扩展 Server 的下一个是 NotFound Server。

(2) 而 delegationTraget 的 UnprotectedHandler 字段代表未加过滤两条的请求处理器。在第 3）点中会讲到。

2）NewAPIServerHandler()构造 Server 链

代码 5-18 要点①处，NewAPIServerHandler()方法的形参 notFoundHandler 被交给 nonGoRestfulMux 变量。就如其名字所揭示的，该变量代表一个请求处理分发器，会被作为当前 Server 请求分发器的一部分。当前 Server 不含该请求的处理器时，请求会被交由 nonGoRestfulMux 去分发，最终转至 notFoundHandler。通过对 HTTP 请求的接力处理，各个 Server 形成了链。

3）构造 Kubernetes API 端点的请求分发器

要点②处 NewAPIServerHandler()构造了一个 go-restful 中的 Container，名为

gorestfulContainer,用于为 Kubernetes API 对外暴露 RESTful 服务。目前这个 Container 还是空的,没有任何服务,在 5.7 节会详细地讲解内置 Kubernetes API 是如何被装载进去的,从而形成 go-restful 中的 WebService;除了 go-restful 框架内的服务,Server 也会在 go-restful 体系之外提供非服务,这是由之前构造的 nonGoRestfulMux 来提供的。

gorestfulContainer 和 nonGoRestfulMux 是两个请求分发器,还需要一个分发器在它们之间进行请求分发才行。这就是代码 5-18 中要点③处 director 变量的作用:gorestfulContainer 和 nonGoRestfulMux 被放入 director 结构体实例中,director 会判断一个请求到底该由谁来处理并将请求交给它。director 是一个非常重要的变量,由于它是不包含过滤器的 HTTP 请求处理器,所以有些场合下也被称为 UnprotectedHandler,上文提及的 delegationTarget. UnprotectedHandler 实际上就是 Server 链上下一个 Server 的 director。

3. 完成请求处理链的构建

NewAPIServerHandler 的最终返回值是一个 APIServerHandler 结构体实例,它就是 Generic Server 的请求处理链。该实例有以下几个重要的属性。

(1) FullHandlerChain:这个属性的值是以 director 为实参并通过调用前序所制作的 handlerChainBuilder()函数来获得的。director 之所以有资格作为该方法调用的实参,是因为该结构体也实现了 http.Hander 接口,是一个合法的 Http 请求处理器。前面已经分析过 handlerChainBuilder 的内部逻辑,它将为 director 添加过滤链。

(2) GoRestfulContainer:就是刚刚讲过的变量 gorestfulContainer,它是一个 RESTful Container,也就是请求转发器,也是一个合法的请求处理器。Kubernetes API 将被注册进 GoRestfulContainer,形成其 Web Service。同时也包含 logs 和 OpenID 相关的端点。

(3) NonGoRestfulMux:值为刚刚讲过的 nonGoRestfulMux,负责分发非 go-restful 负责处理的请求。

(4) Director:值为前面制作的 director 变量。

APIServerHandler 结构体实例就是当前 Server 对 HTTP 请求的处理器,准确地说它是一个请求分发器:虽然它实现了 http. Handler 接口,但并不处理请求,而是分发给 FullHandlerChain(最终交给 GoRestfulContainer)和 NonGoRestfulMux(其中一条路径是转交请求委派处理器)去处理。感兴趣的读者可以查看这个结构体的源码,了解其实现 http.Handler 接口的细节。根据代码 5-15 要点②,被返回的 APIServerHandler 结构体实例在 New()方法中被存入变量 apiServerHandler,在 New()方法制作的 Generic Server 实例的后续步骤中,apiServerHandler 被赋予基座结构体的 handler 字段,被用于响应 HTTP 请求[①]。

5.5.4 添加启动和关闭钩子函数

大型服务器的启动和关闭是严肃和复杂的过程,需要遵循一定顺序并要做好状态检验,

---

① 实际上该属性命名为分发器可能更恰当。

步步为营。Generic Server 是 Kubernetes 的一个通用服务器，被作为子 Server 的底座，它不可能涵盖所有上层服务器在启动后和关闭前这两个阶段的所有考量，这时就需要提供钩子机制，让上层服务器将启动和关闭逻辑注入 Generic Server 的启动与关闭流程中。在构建 Generic Server 的 New()方法的后半部分，来自 3 个来源的钩子函数被放入两组中，在两个不同的时点运行。三个来源包括 Server 链中的下一个 Server、Server 运行配置信息(CompletedConfig)和 Generic Server 自身定义；两个运行时点指：服务器启动后运行 PostStartHooks 和服务器关闭前运行 PreShutdownHooks。Generic Server 的 PostStartHooks 包含以下几部分。

(1) Server 链中下一个 Server 的 PostStartHooks。

(2) Server 运行配置信息中定义的 PostStartHooks。

(3) 自定义的 generic-apiserver-start-informers。

(4) 自定义的 priority-and-fairness-config-consumer。

(5) 自定义的 priority-and-fairness-filter。

(6) 自定义的 max-in-flight-filter。

(7) 自定义的 storage-object-count-tracker-hook。

而 PreShutdownHooks 包含 Server 链中下一个 Server 所具有的 PreShutdownHooks。为了节省篇幅不再展开介绍这些钩子，感兴趣的读者可以自行查阅。

至此，CompletedConfig 的 New()方法制作并返回了一个 GenericeAPIServer 结构体实例，待其启动方法被调用后，它将最终支撑起整个 API Server，5.6 节将展开介绍其启动过程。

5.6 Generic Server 的启动

启动以上得到的 Generic Server 实例分两个阶段完成：准备阶段和启动阶段。

5.6.1 启动准备

顾名思义，准备阶段做一些准备工作，例如必要的参数调整。Generic Server 的准备阶段工作是由 GenericAPIServer 结构体的 PrepareRun()方法实现的，它的实现包含以下内容：

(1) 触发它的请求委派处理器的 PrepareRun()。在 API Server 的实现中，请求委派处理器也是一个 Generic Server，参见代码 3-5 中的 CreateServerChain()函数。

(2) 安装 OpenAPI 的端点。这在 5.3.4 节介绍 OpenAPI 时讲过了。

(3) 安装健康检测端点、Server 运转检测端点和 Server 就续检测端点。这 3 个端点同样由 Server 实例中 handler 字段代表的请求处理器处理——精确地说是该处理器中的 NonGoRestfulMux 处理器响应的。

最终 PrepareRun()方法返回一种类型为 preparedGenericAPIServer 的新 Server 实例。该类型是以小写字母开头的，所以只有包内可见，外部不可见，它提供了一个 Run()方法，用于进行第二阶段：Server 的启动，接下来展开介绍 preparedGenericAPIServer.Run()方法逻辑。以上 PrepareRun()方法的源代码位于 staging/src/k8s.io/apiserver/pkg/server/genericapiserver.go 文件中。

5.6.2 启动

像 Kubernetes API Server 这样的 Web 应用启动，绝不单单是在目标端口上开启监听这么简单。如果在开启过程中就接收到了客户端请求该怎么处理？服务器证书在哪里，怎么配置给服务器？此外，虽然是在启动 Server，但 preparedGenericAPIServer.Run()方法的内部实现的一大部分是在安排 Server 停机时的扫尾工作。由于 Go 语言内建的 http.Server 所提供的关机钩子机制不完善，不给开发者优雅善后的机会，所以需要自行安排。Run()方法内部做了这么几件事情：

(1) 与请求过滤器配合，拒绝 Server 就续前到来的请求，将错误代码 503 返回给客户端，而不是 404。

(2) 安排服务器停机时的善后事项。

(3) 配置并启动 HTTP 服务。把技术参数应用到服务器并启动之。

1. 配置并启动 HTTP 服务

如果考虑安全证书的使用和对 HTTP2 的支持，则 Generic Server 技术上还是有些复杂性的，http 包已提供了便捷的工具，用于构造一个 Web 服务器，启动时对服务器进行配置就成为关键。HTTP 服务的启动过程如图 5-10 所示，图中 tlsconfig.go 和 secure_serving.go 是源文件，http.Server 是基础 Go 包，其他 3 个对象是类型，读者不难在工程内通过搜索定位它们。

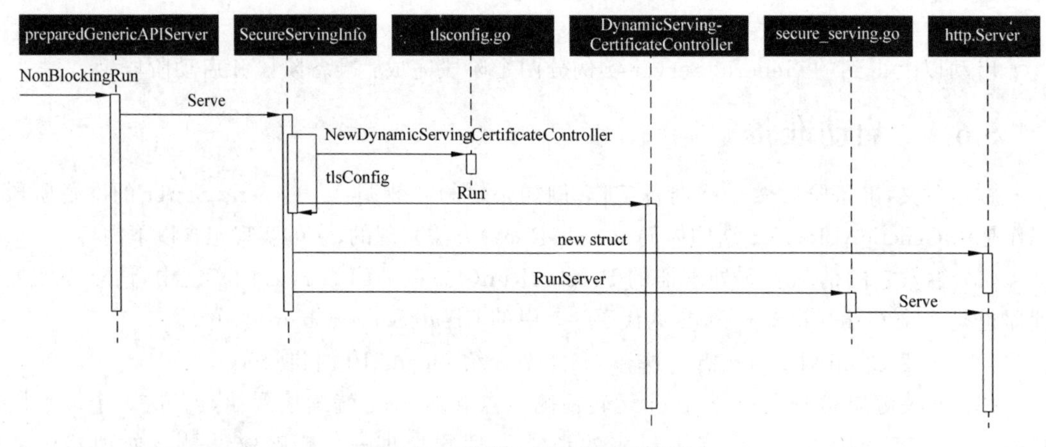

图 5-10 HTTP 服务启动时序图

Generic Server HTTP 服务的启动是由 preparedGenericAPIServer.Run()方法中的如下语句触发的：

```
//代码 staging/src/k8s.io/apiserver/pkg/server/genericapiserver.go
stoppedCh, listenerStoppedCh, err := s.NonBlockingRun(
                stopHttpServerCh, shutdownTimeout)
if err != nil {
    return err
}
```

这里变量 s 的类型是 preparedGenericAPIServer，它的 NonBlockingRun()方法包装了 HTTP 服务的启动逻辑，由于这部分比较复杂，所以用单独方法把这层逻辑包起来，切割出来增加了代码的可读性。名称以 NonBlock 为前缀，标识所启动的 HTTP 服务被运行在一个单独的协程中，对 NonBlockingRun 的调用会立刻得到返回而不会阻塞当前进程。值的注意的是，Server 启动后运行的钩子函数组 PostStartHooks 也是在这一方法中被触发运行的。以 NonBlockingRun()方法作为入口按图索骥，阅读这部分源码不困难，本节展开讲解以下要点。

1）TLS 证书的处理

Server 是由结构体 SecureServingInfo 创建并启动起来的，证书相关信息也保存在该结构体上，具体来讲有 3 个与证书相关的字段，分别如下。

（1）Cert：为 HTTPS 所准备的服务器证书和私钥，是建立 HTTPS 连接时发给客户端的证书。当 API Server 启动时，可以通过参数 tls-cert-file 和 tls-private-key 指定证书文件和私钥文件的路径。

（2）SNICerts：作用和以上 Cert 字段包含的证书一样，不过适用于单个 IP 部署了多个 Web 服务的场景。一个请求到达服务器后，服务器需要决定用哪个 Web 服务的证书进行交互，决定的依据就是 SNICerts，它是个域名和证书的映射表。当 API Server 启动时，可以通过参数 tls-sni-cert-key 来给定一个文本文件，该文件包含多个域名、证书和私钥的三元组，例如该文件的一行可以是以下内容：

```
foo.crt, foo.key: * .foo.com, foo.com
```

（3）ClientCA：API Server 和它的客户端之间通过 mTLS 进行交互，这个过程用一种不严谨但易理解的方式描述为除了 HTTPS 中的客户端对服务器的验证过程外，还附加一个反向的服务器对客户端进行验证。在 HTTPS 的握手过程中，客户端需要能够验证服务器发来的证书的合法性，从而认证服务器；那么在 mTLS 过程中，服务器也要能够认证各个客户端的证书，这就需要服务器具有客户端证书签发机构的证书，这存放在 ClientCA 中。在 API Server 启动过程中，参数 client-ca-file 用来指定从哪里读取这些证书。

一个技术细节：http.Server 能消费的证书信息需要通过 crypto 库的 tls 包所提供的 Config 结构体实例提供，而以上 3 份证书信息包含在 SecureServingInfo 结构体中，需要把它们再包装，合并为一个 Config 实例后交给 Server。

如果每个到来的连接请求都需要去读取这些文件、进行必要的格式转换、进而构造 Config 实例，则系统效率定会大大降低，所以在 Server 启动时会根据以上证书信息构造好一个 Config 实例，之后 Server 便可直接从这个实例中获取信息。看起来很美好，但为了提高安全级别，API Server 中的证书需要定时刷新，每次刷新都需要更新 Server 所使用的

Config 实例,这就有些烦琐了,如何破解?答案要到源码中寻找。SecureServingInfo 中的 tlsconfig()方法集中负责证书的配置,它将揭示应对方案。

tlsconfig()方法的实现中涉及两个相互协作的控制器,它们由两个 Go 基座结构体实现:定义于 staging/k8s.io/apiserver/pkg/server/dynamiccertificates/dynamic_cafile_content.go 的 DynamicFileCAContent 和 staging/k8s.io/apiserver/pkg/server/dynamiccertificates/tlsconfig.go 文件中定义的 DynamicServingCertificateController。

(1) 结构体 DynamicFileCAContent 实现的控制器可以监控一个证书文件,一旦文件发生变化就会向这个控制器的处理队列中加一条记录。在它的下一个控制循环中,所有当前控制器的观察者(Listener)就会被通知变化的发生。DynamicFileCAContent 保有一个观察者队列,实际运行时,这个队列的内容只有一个 DynamicServingCertificateController 结构体的实例。所谓通知观察者,就是向观察者控制器的工作队列中插入一条记录,供它们的控制循环去消费。

(2) 结构体 DynamicServingCertificateController 实现的控制器负责更新 Generic Server 所使用的 Config 实例,如果它的控制器队列中出现条目,就代表有证书文件被更新,需要针对新证书重新生成 Config 实例。

方法 tlsconfig()构造了 4 个控制器实例,其中 3 个是 DynamicFileCAContent 控制器实例,分别对应 SecureServingInfo 结构体的 Cert、SNICerts 和 ClientCA 字段,通过这 3 个控制器实例去监控三类证书的变化;还有一个 DynamicServingCertificateController 控制器实例,负责在证书变动时更新 Server 可用的证书信息。它们之间的协作关系如图 5-11 所示。

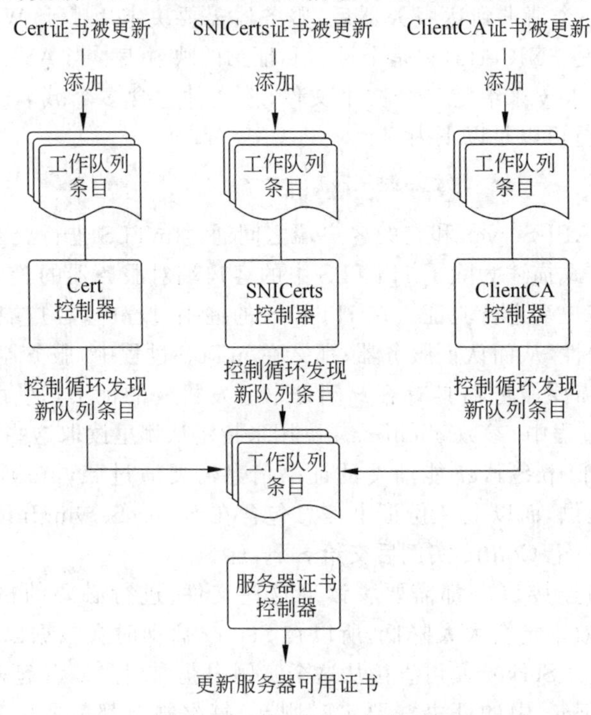

图 5-11　证书之间的协作关系

控制器模式不仅被用来构建 Kubernetes 的资源变更监控，也被用在如上的证书更新监控中，这给每个开发人员以启示：模式要活学活用，万万不可作茧自缚。我想这也是读源码的一个目的，即学习成熟应用的优良设计，然后应用到实际工作中。

2）关于 HTTP2 的设置

HTTP2 的实现细节非必要不必了解，但读者需要知道在 Go 语言中让一个 Web Server 支持 HTTP2 只需对 http.Server 做额外配置就可以了。在 Generic Server 中，如果用户启用了 HTTP2 服务，则相关配置就会被加到 Server 上，这是在 SecureServingInfo 的 Serve() 方法中完成的，代码如下：

```
//代码 5-19 向 Server 中添加 HTTP2 服务的配置
http2Options := &http2.Server{
    IdleTimeout: 90 * time.Second, //…
}

//将单流缓存和 framesize 从 1MB 缩小一些能满足大部分 POST 请求
http2Options.MaxUploadBufferPerStream = resourceBody99Percentile
http2Options.MaxReadFrameSize = resourceBody99Percentile

//…
if s.HTTP2MaxStreamsPerConnection > 0 {
    http2Options.MaxConcurrentStreams =
        uint32(s.HTTP2MaxStreamsPerConnection)
} else {
    http2Options.MaxConcurrentStreams = 250
}

//增加链接的缓存大小，从而应对指定的流并发数量
http2Options.MaxUploadBufferPerConnection =
    http2Options.MaxUploadBufferPerStream *
        int32(http2Options.MaxConcurrentStreams)

if !s.DisableHTTP2 {
    //在 Server 上应用这些配置
    if err := http2.ConfigureServer(secureServer, http2Options);
                                                    err != nil {
        return nil, nil, fmt.Errorf("error configuring http2: %v", err)
    }
}
```

3）非阻塞运行 HTTP 服务

在启动时序图中我们看到 sercure_serving.go 文件中有种方法 RunServer()被调用，这是最终启动 HTTP 服务的地方，代码如下：

```
//代码 5-20 staging/k8s.io/apiserver/pkg/server/secure_serving.go
go func() {
    defer utilruntime.HandleCrash()
    defer close(listenerStoppedCh)

    var listener net.Listener
    listener = tcpKeepAliveListener{ln}
    if server.TLSConfig != nil {
        listener = tls.NewListener(listener, server.TLSConfig)
    }

    err := server.Serve(listener) //要点①

    msg := fmt.Sprintf("Stopped listening on %s", ln.Addr().String())
    select {
    case <-stopCh:
        klog.Info(msg)
    default:
        panic(fmt.Sprintf("%s due to error: %v", msg, err))
    }
}()
```

对 http.Server.Serve()方法的调用位于上述代码要点①处,该语句是被包含在外层协程中运行的,结果就是 server.Serve 会阻塞该协程,却不会阻塞当前进程,达到了非阻塞的效果。

2. Server 停机流程

当停机指令发出时,无法预测服务器正处在什么微观状态。例如,它有未处理完毕的请求吗?有客户端正在通过 watch 命令观测 API 实例吗?即使不知道,也不能武断猜测。Generic Server 制定了 Server 的生命周期状态,每种状态都具有一个 Go 管道(Channel),用于向外界发出状态转换信息。这些生命周期状态的存在,使优雅管理 Generic Server 成为可能,包括停机时能按部就班地完成善后处理。

代码 5-21 给出了所有生命周期状态的定义,一共有 8 个,前 6 个在停机时会历经,后两个在启动时出现。

```
//代码 5-21 staging/k8s.io/apiserver/pkg/server/lifecycle_signals.go
type lifecycleSignals struct {
    //该事件发生代表 API Server 关机信号已发出
    //主程序的 stopCh 管道收到 Kill 信号并因此被关闭会触发这个信号
    ShutdownInitiated lifecycleSignal

    // 如果该事件发生,则代表从收到 ShutdownInitialed 后已经过
    //ShutdownDelayDuration 这么长的时间。ShutdownDelayDuration 的存在
    //使 API Server 可以延迟退出
```

```
    AfterShutdownDelayDuration lifecycleSignal

    //如果该事件发生,则代表所有注册的关闭钩子函数均执行完毕
    PreShutdownHooksStopped lifecycleSignal

    //如果该事件发生,则代表 Server 不再接收任何新请求
    //从此新请求得到 error 作为响应结果
    NotAcceptingNewRequest lifecycleSignal

    //如果该事件发生,则代表待处理的请求都已经处理完成
    //它被用来关闭 audit 后端的信号
    InFlightRequestsDrained lifecycleSignal

    //如果该事件发生,则代表停止监听底层 socket
    HTTPServerStoppedListening lifecycleSignal

    //如果该事件发生,则代表 readyz 端点首次返回成功
    HasBeenReady lifecycleSignal

    //如果该事件发生,则代表所有 HTTP paths 已经被安装成功
    //它存在的意义在于,避免在一个 path 安装成功前就对其访问,从而得到 HTTP 404 的反馈
    //其由实现 Generic Server 实现
    MuxAndDiscoveryComplete lifecycleSignal
}
```

启动状态较少,第1个是启动完成进入正常运转的标志,即状态 HasBeenReady 的达成;第2个是加载所有服务器端点的过程[①],这一过程完成的标志是状态 MuxAndDiscoveryComplete 的达成。

而停机涉及的状态转换就比较多了。体面地收场更能反映系统的强大,这么多的状态本身就反映出开发人员对该过程周密的安排。关机时系统状态转换如图 5-12 所示。状态的转换是 preparedGenericAPIServer.Run()方法的重要部分。

注意:图 5-12 假设服务器开启了所有可选开关,例如 ShutdownSendRetryAfter 开关、AuditBackend 开关等都被打开了。

图 5-12 显示,状态流转间善后操作穿插其中都完成了,非常优雅。总结一下这些操作主要包括以下步骤。

(1) 等待设置的秒数再停机,这是留给 Server 的"优雅退出时间"。

(2) 调用 PreShutdownHooks 里设置的停机钩子函数。

(3) 等待已收到的客户端请求全部处理完成。

(4) 通知 http Server,关闭对端口的监听。

---

① 也就是所有 Kubernetes API 都加载完毕,它们的 RESTful 端点都准备就绪了。

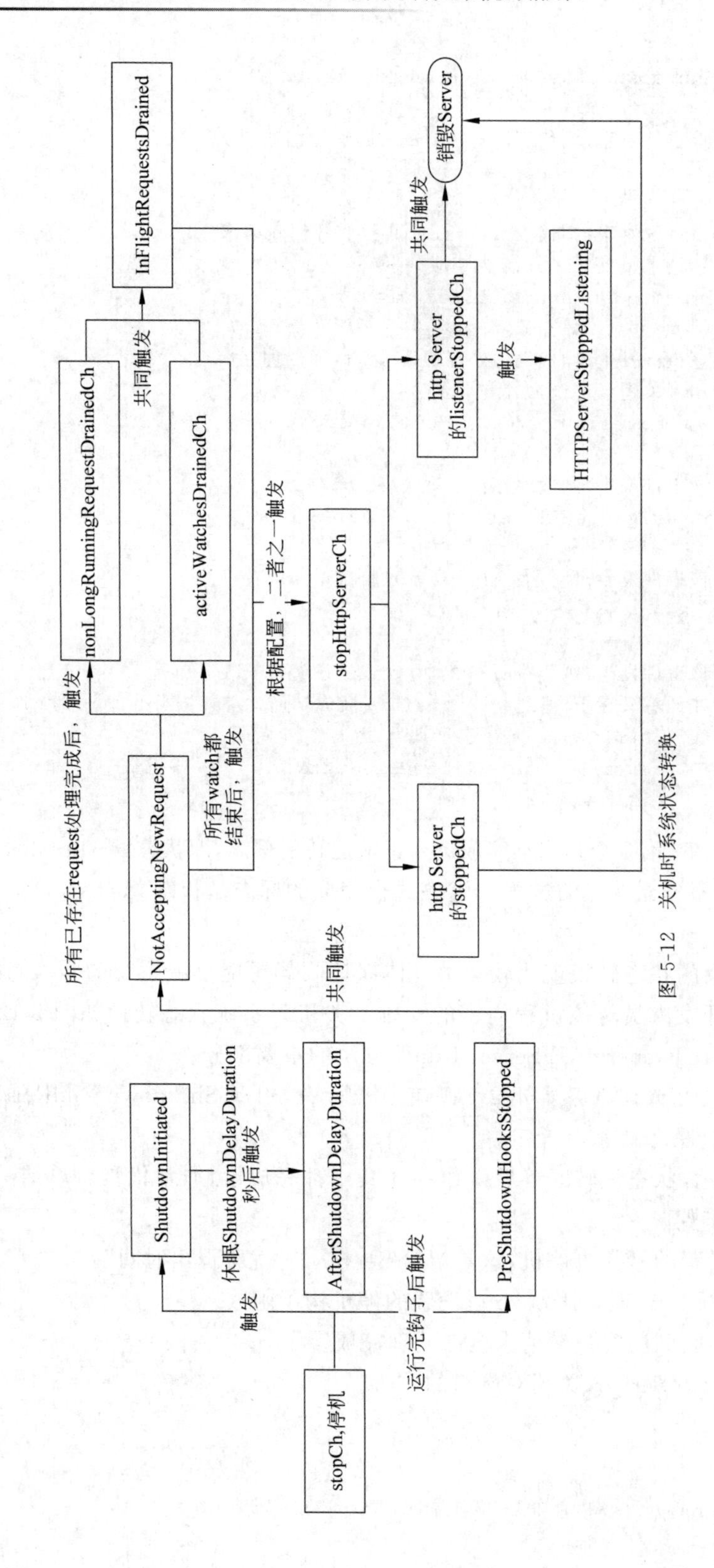

图5-12　关机时系统状态转换

preparedGenericAPIServer 的 Run()方法一经运行就不会终止，直到收到停机指令，而当指令到来时，伴随着状态的切换，上述操作开始执行。这些状态切换及操作的执行有的串行执行，更多的是并行执行，图 5-12 将这点展示得很清楚。先解释一下技术上如何定义生命周期状态的相互关系，以及如何进行状态切换，并执行伴随切换的操作。每个生命周期状态都具有类型 lifecycleSignal，它的定义如下：

```
//代码 5-22 Server 生命周期状态都基于一个管道
type lifecycleSignal interface {
    //Signal 发出事件，指出这个生命周期事件已经发生了
    //Signal 具有幂等性(idempotent)，当信号到来时它立即触发等待在
    //该事件上的 gorountine
    Signal()

    //返回一个管道，该管道在其等待的事件发生时被关闭
    Signaled() <-chan struct{}

    //生命周期状态信号的名称
    Name() string
}
```

在 Go 语言中实现并行推荐的方式是借助协程(go routine)，Run()方法就是这么做的。在它内部启动了许多协程，它们定义了生命周期状态之间的转换关系，也实现了转换时需要执行的操作，这一过程可以简述为当进入 A 状态后——也就是它关注的管道关闭了，协程进行此时该做的操作，然后协程关闭状态 A 持有的管道，从而切换到 B 状态，等待状态 B 的协程会被激活。来看一个例子：

```
//代码 5-23 利用协程定义生命周期状态的转换关系
nonLongRunningRequestDrainedCh := make(chan struct{})
go func() {     //要点①
    defer close(nonLongRunningRequestDrainedCh)      //要点③
    defer klog.V(1).Info("[graceful-termination] in-flight …")

    //等待前序状态通知自己其处理已完成，进入当前状态
    <-notAcceptingNewRequestCh.Signaled()
                              …
    s.NonLongRunningRequestWaitGroup.Wait()           //要点②
}()
```

上例中要点①处通过 go func() {}启动了一个协程，该协程先等待 NotAcceptingNewRequest 状态完成其内部处理，进而转入当前状态，一旦达成便在要点②处开始做处于当前状态应执行的任务——清空已收到的客户端请求。结束后，要点③defer 语句会被执行，关闭管道 nonLongRunningRequestDrainedCh，这会通知等待当前状态的其他协程本状态已经完成，它们可以继续处理，下面这个协程就是其中一员，代码如下：

```
//代码 5-24 另一个协程的执行条件被触发
go func() {
    defer klog.V(1).InfoS("[graceful-termin…", "name", drainedCh.Name())
    defer drainedCh.Signal()       //要点①
```

```
        <-nonLongRunningRequestDrainedCh
        <-activeWatchesDrainedCh
    }()
```

这个例子来自 Generic Server 关机状态转化的真实实现,当上述这个协程也执行完毕后,系统将切换到生命周期的 InFlightRequestsDrained 状态,这是代码 5-24 的要点①处的执行结果。

5.7 API 的注入与请求响应

5.5.3 节讲过 Generic Server 创建了一个 go-restful 中的 Container 实例并放入结构体 GenericAPIServer 结构体的 Handler 属性中①,用于暴露 Kubernetes API 的 RESTful 服务,但目前这个 Container 还是空的,没有任何 WebService 注册其中。当然,Generic Server 自己也不会有任何的 Kubernetes API 需要注册,基于它构建的上层 Server 才会有,它需要提供一个接口给上层 Server,用于传递 API 进来填充 Container。本节讲解这一 API 注入过程,以及为随之形成的端点设置响应函数的过程。注入完成后在 Generic Server 内部的 go-restful 框架内将创建出如图 5-13 所示的概念实例。

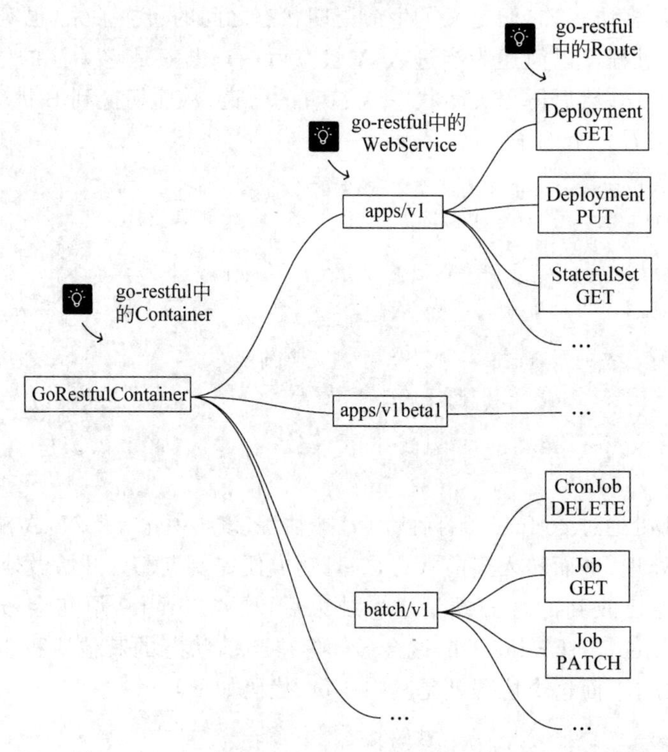

图 5-13　API 在 Generic Server 形成的 go-restful 对象

---

① 5.5.3 节讲解请求处理链时提及的变量 gorestfulContainer。

每个 API 组版本将形成一个 go-restful 的 WebService，一个组版本下的所有 GVK 都会成为这个 WebService 的 Route。由于每个 GVK 都可能支持多个操作，如查询、创建等，所以一个 GVK 完全可能形成多个 Route。

5.7.1 注入处理流程

Generic Server 对外提供了 API 注入接口，这些接口又会调用内部方法完成注入操作。接口、方法的调用过程如图 5-14 所示。本节将讲解这一过程。

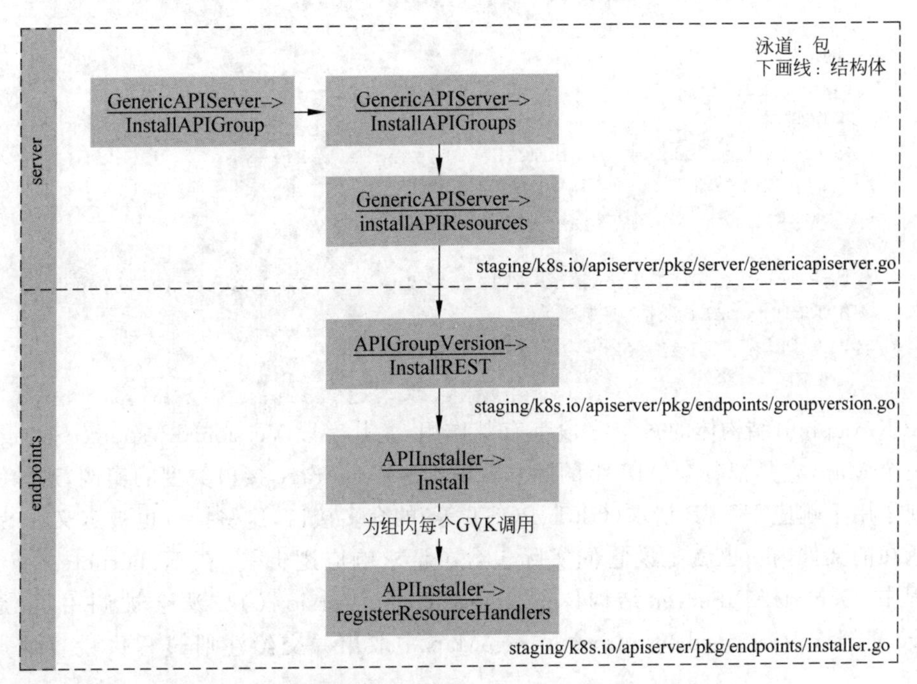

图 5-14 Generic Server 注册 Kubernetes API 的方法调用链

1. GenericAPIServer.InstallAPIGroups()方法

Generic Server 提供了两个同质的接口方法：InstallAPIGroup()和 InstallAPIGroups()方法，前者可以注册一个 API 组，后者可以注册一组 API 组；前者调用后者来完成工作。形式参数对于接口方法来讲是比较重要的，InstallAPIGroups()方法的签名如下：

```
func(s * GenericAPIServer)
            InstallAPIGroups(apiGroupInfos … * APIGroupInfo) error
```

上层 Server 在调用该方法注册 API 时，只需提供一个元素为 APIGroupInfo 结构体引用的数组。第 6～8 章在讲解 3 个上层 Server 时会介绍它们如何为各自具有的 API 组构造该结构体实例并向底座 Generic Server 代码注册。APIGroupInfo 结构体的定义代码如下：

```
//代码 5-25 staging/k8s.io/apiserver/pkg/server/genericapiserver.go
type APIGroupInfo struct {
    PrioritizedVersions []schema.GroupVersion
    //版本、资源和存储对象的映射
    VersionedResourcesStorageMap map[string]map[string]rest.Storage
    //…
    OptionsExternalVersion * schema.GroupVersion
    //…
    MetaGroupVersion * schema.GroupVersion

    //注册表
    Scheme * runtime.Scheme
    //编解码器
    NegotiatedSerializer runtime.NegotiatedSerializer
    //查询参数转换器
    ParameterCodec runtime.ParameterCodec

    //调用 InstallAPIGroups、InstallAPIGroup 和 InstallLegacyAPIGroup 时
    //生成的 OpenAPI 规格说明文档
    StaticOpenAPISpec map[string] * spec.Schema
}
```

APIGroupInfo 结构体的每个字段都有其作用,尤其字段 VersionedResourcesStorageMap。这是一个 Map,它是把各个 API 组的版本映射到 rest.Storage 接口类型的实例,这种实例同时实现了用于响应 HTTP 请求(GET、POST 等)的众多接口,这些接口也被定义在 Storage 接口所在的文件内。也就是说它们实际包含了请求响应逻辑[①]。在 Kubernetes API 的注册过程中,GenericAPIServer 结构体的 getAPIGroupVersion()方法会被调用,就是它把 Storage 实例从 VersionedResourcesStorageMap 中取出并交给注册过程去设置端点响应函数。

2. GenericAPIServer.installAPIResources()方法

上述 InstallAPIGroups() 方法的职责是对接上层 Server,真正去触发注入的是 installAPIResources()方法。这是 Generic Server 的一个私有方法,它用于转化接收的参数,把上层 Server 给出的 API Group(APIGroupInfo 结构体实例)的各个 Version 分别注入 Generic Server 中。APIGroupInfo 结构体的 PrioritizedVersions 字段包含了该 Group 具有的所有 Version,遍历之调用 endpoints 包的注入方法 endpoints.APIGroupVersion.InstallREST()即可。

installAPIResources()方法根据 APIGroupInfo 实例构建出了多个 APIGroupVersion 结构体实例,Group 的每个 Version 有一个实例,如上所述 API 的注入就是以这些 APIGroupVersion 实例为单位逐一进行的,后续方法中将大量使用这一信息。APIGroupVersion 实例的构造

① 如果想调试一条 kubectl 命令在 Server 端是怎么执行的,则可以到这个 Storage 类型所具有的方法里设置断点。

主要由两个方法完成，代码如下：

```
//代码 5-26 staging/k8s.io/apiserver/pkg/server/genericapiserver.go
func (s * GenericAPIServer) getAPIGroupVersion(apiGroupInfo * APIGroupInfo,
groupVersion schema.GroupVersion, apiPrefix string) (* genericapi.
APIGroupVersion, error) {
    storage := make(map[string]rest.Storage)
    //要点①
    for k, v := range apiGroupInfo.VersionedResourcesStorageMap[
            groupVersion.Version] {
        if strings.ToLower(k) != k {
            return nil, fmt.Errorf("resource names must… not %q", k)
        }
        storage[k] = v
    }
    version := s.newAPIGroupVersion(apiGroupInfo, groupVersion)
    version.Root = apiPrefix
    version.Storage = storage
    return version, nil
}

func (s * GenericAPIServer) newAPIGroupVersion(apiGroupInfo * APIGroupInfo,
groupVersion schema.GroupVersion) * genericapi.APIGroupVersion {
    return &genericapi.APIGroupVersion{
        GroupVersion:     groupVersion,
        MetaGroupVersion: apiGroupInfo.MetaGroupVersion,

        ParameterCodec:        apiGroupInfo.ParameterCodec,
        Serializer:            apiGroupInfo.NegotiatedSerializer,
        Creater:               apiGroupInfo.Scheme,
        Convertor:             apiGroupInfo.Scheme,
        ConvertabilityChecker: apiGroupInfo.Scheme,
        UnsafeConvertor:       runtime.UnsafeObjectConvertor(
                               apiGroupInfo.Scheme),
        Defaulter:             apiGroupInfo.Scheme,
        Typer:                 apiGroupInfo.Scheme,
        Namer:                 runtime.Namer(meta.NewAccessor()),

        EquivalentResourceRegistry: s.EquivalentResourceRegistry,

        Admit:             s.admissionControl, //要点②
        MinRequestTimeout: s.minRequestTimeout,
        Authorizer:        s.Authorizer,
    }
}
```

上述代码有两个值得特别关注的信息：

(1) 要点①处从 VersionedResourcesStorageMap 属性中的 Storage 信息开始映射，上文已经提及该信息的重要性。

(2) 要点②处把准入控制插件信息从 Generic Server 的 admissionControl 字段抽取到 APIGroupVersion 实例的 Admit 字段中，在 5.7.2 节生成 route 响应函数时会使用 Admit 字段，使针对 Kubernetes API 的 Create、Update、Delete 和 Connect 请求经过这些准入控制器处理。各个 Server 的章节会介绍各自的准入控制插件如何进入 Generic Server 的 admissionControl 字段。

3. APIGroupVersion.InstallREST()方法和 APIInstaller.Install()方法

InstallREST()和 Install()两种方法主要起到拆解细化的作用，为一个 Group Version 生成一个 go-restful 的 WebService 对象。

Install()方法会拆解一个 Group Version，得到它包含的 GVK 集合并遍历这个集合，以当前 GVK 为入参调用方法 registerResourceHandlers()，为它生成 go-restful 中的 route 对象并绑定好 route 响应函数，最后把 route 交给 Group Version 的 WebService 实例，并将该 WebService 返回给调用者。这里用到的 registerResourceHandlers()方法是 5.7.2 节的重点，它起到了非常重要作用。

InstallREST()方法会调用 Install()获得 WebService 实例，并把这个 WebService 变量放入 GoRestfulContainer 中，这样一个 Group Version 向 Generic Server 的注入就完成了。

5.7.2 WebService 及其 Route 生成过程

图 5-14 中 endpoints 包中结构体 APIInstaller 的 registerResourcehandlers()方法是魔法所在地，是最终生成 go-restful 的 route 并为其绑定响应函数的地方。这种方法大约有 1000 行代码，可见其任务之繁重。从大的步骤来看，这种方法虽长，但逻辑并不复杂，重要的步骤如图 5-15 所示。

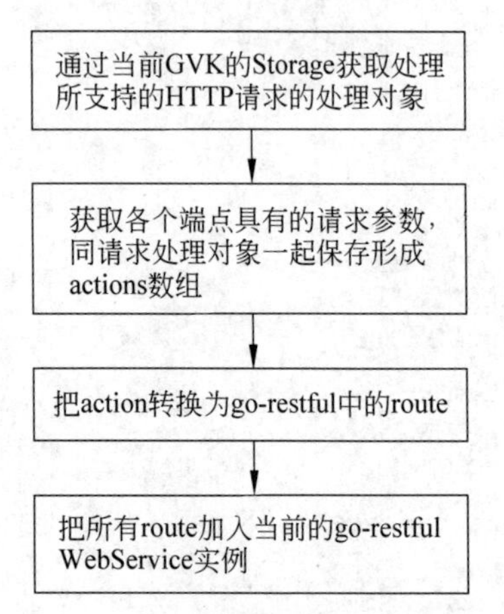

图 5-15 registerResourcehandlers()方法的主要逻辑

图 5-15 省略了大量细节，例如针对不同作用域(集群范围或命名空间范围)的 API，其 URL 路径的计算逻辑不同，这些细节留给读者自行阅读源码。

1. 获取每个 GVK 支持的端点

如 5.7.1 节所述，APIInstaller.Install()方法会为每个 GV 生成一个 go-restful WebService 对象，然后用 GVK 的 path 和 storage 作为实参调用 registerResourcehandlers()方法，把该 GV 下所有 GVK 所支持的端点注册为这个 WebService 下的 route。要达到这个目的首先要搞清楚当前 GVK 支持什么端点，包括所支持的 HTTP 方法及各种 HTTP 方法对应的处理器是什么。答案都蕴含在 5.7.1 节中提及的 rest.Storage 接口实例中。registerResourcehandlers()方法是这么从 Storage 中获取以上信息的，源码如下：

```
//代码 5-27 staging/k8s.io/apiserver/pkg/endpoints/installer.go
//获取 storage 对象都支持哪些 verb,也就是 HTTP 方法
creater, isCreater := storage.(rest.Creater)
namedCreater, isNamedCreater := storage.(rest.NamedCreater)
lister, isLister := storage.(rest.Lister)
getter, isGetter := storage.(rest.Getter)
getterWithOptions, isGetterWithOptions := storage.(rest.GetterWithOptions)
gracefulDeleter, isGracefulDeleter := storage.(rest.GracefulDeleter)
collectionDeleter, isCollectionDeleter := storage.(rest.CollectionDeleter)
updater, isUpdater := storage.(rest.Updater)
patcher, isPatcher := storage.(rest.Patcher)
watcher, isWatcher := storage.(rest.Watcher)
connecter, isConnecter := storage.(rest.Connecter)
storageMeta, isMetadata := storage.(rest.StorageMetadata)
storageVersionProvider, isStorageVersionProvider :=
storage.(rest.StorageVersionProvider)
gvAcceptor, _ := storage.(rest.GroupVersionAcceptor)
if !isMetadata {
    storageMeta = defaultStorageMetadata{}
}

if isNamedCreater {
    isCreater = true
}
```

上述代码试着把当前 GVK 的变量 storage 向 rest 包下的多个接口做运行时类型转换，这些接口就是 HTTP 请求响应对象应具有的类型，包括 Creater、NameCreater、Lister、Getter、Updater、Patcher 等。这样既获知了当前 GVK 是否支持某 HTTP 方法，又获得了该 HTTP 方法的响应对象——经过类型转换后的 storage 实例。

2. 获取端点参数

一个 HTTP 端点可能接受不同的 URL 参数，这些参数可以通过问号后跟的名-值对给出，也可以是 URL 路径的一部分，在 go-restful 中参数将成为 route 的构成信息。每个 GVK 所支持的每个 HTTP 方法都有自己所支持的参数，系统需要获取这些参数，以备制作 route 时之用。以 GET 参数的制作为例，获取参数的代码如下：

```
//代码 5-28 staging/k8s.io/apiserver/pkg/endpoints/installer.go
if isGetterWithOptions {
    getOptions, getSubpath, _ = getterWithOptions.NewGetOptions()
    getOptionsInternalKinds, _, err := a.group.Typer.ObjectKinds(
                                            getOptions)
    if err != nil {
        return nil, nil, err
    }
    getOptionsInternalKind = getOptionsInternalKinds[0]
```

```
    versionedGetOptions, err = a.group.Creater.New(    //要点①
        a.group.GroupVersion.WithKind(getOptionsInternalKind.Kind))
    if err != nil {
        versionedGetOptions, err = a.group.Creater.New(
            optionsExternalVersion.WithKind(
                getOptionsInternalKind.Kind))
        if err != nil {
            return nil, nil, err
        }
    }
    isGetter = true
}
```

这段代码要点①表明，上层 Server 给出的 APIGroupInfo 实例提供了获取 GET 参数的方法，因为代码中的 a.group 就来自该实例。

接下来，程序把已经获得的 HTTP 响应对象和 URL 参数包装到 action 结构体实例中，形成一个 actions 数组，这么做并没有特别的目的，只是方便后续遍历它，从而创建出 route 数组，使逻辑更清晰一些。可见域为命名空间时，actions 数组构造代码如下：

```
//代码 staging/k8s.io/apiserver/pkg/endpoints/installer.go
actions = appendIf(actions, action{"LIST", resourcePath,
                resourceParams,namer, false}, isLister)
actions = appendIf(actions, action{"POST", resourcePath,
                resourceParams, namer, false}, isCreater)
actions = appendIf(actions, action{"DELETECOLLECTION", resourcePath,
                resourceParams, namer, false}, isCollectionDeleter)
//于 v1.11 中废弃
actions = appendIf(actions, action{"WATCHLIST", "watch/" + resourcePath,
                 resourceParams, namer, false}, allowWatchList)

actions = appendIf(actions, action{"GET", itemPath, nameParams,
                namer, false}, isGetter)
if getSubpath {
    actions = appendIf(actions, action{"GET", itemPath + "/{path: * }",
                 proxyParams, namer, false}, isGetter)
}
actions = appendIf(actions, action{"PUT", itemPath, nameParams,
                namer, false}, isUpdater)
actions = appendIf(actions, action{"PATCH", itemPath, nameParams,
                namer, false}, isPatcher)
actions = appendIf(actions, action{"DELETE", itemPath, nameParams,
                namer, false}, isGracefulDeleter)
//于 v1.11 中废弃
actions = appendIf(actions, action{"WATCH", "watch/" + itemPath,
                nameParams, namer, false}, isWatcher)
actions = appendIf(actions, action{"CONNECT", itemPath, nameParams,
                namer, false}, isConnecter)
actions = appendIf(actions, action{"CONNECT", itemPath + "/{path: * }",
            proxyParams, namer, false}, isConnecter && connectSubpath)
```

3. 生成 go-restful Route 数组

需要为当前 GVK 的 WebService 创建 route，这项工作是基于上述 actions 数组来做的，每个 action 都会成为一个 go-restful route 交给 WebService。一个 action 所对应的 HTTP 方法[①]可能会不同，程序用了一个 case 语句去区分，GET 操作的 route 生成的代码如下：

```
//代码 5-29 staging/k8s.io/apiserver/pkg/endpoints/installer.go
    case "GET": //Get a resource.
        var handler restful.RouteFunction
        if isGetterWithOptions {
            handler = restfulGetResourceWithOptions(getterWithOptions,
                  reqScope, isSubresource)
        } else {
            handler = restfulGetResource(getter, reqScope)
        }

        if needOverride {
            handler = metrics.InstrumentRouteFunc(verbOverrider.
                  OverrideMetricsVerb(action.Verb), group, versi......
        } else {
            handler = metrics.InstrumentRouteFunc(action.Verb, group,
                  version, resource, subresource, request......
        }
        handler = utilwarning.AddWarningsHandler(handler, warnings)

        doc := "read the specified " + kind
        if isSubresource {
            doc = "read " + subresource + " of the specified " + kind
        }
        route := ws.GET(action.Path).To(handler).  //要点①
            Doc(doc).
            Param(ws.QueryParameter("pretty", "If 'true',
                    then the output is pretty printed.")).
            Operation("read"+namespaced+kind+strings.Title(
                    subresource)+operationSuffix).
            Produces(append(storageMeta.ProducesMIMETypes(action.Verb),
                    mediaTypes...)...).
            Returns(http.StatusOK, "OK", producedObject).
            Writes(producedObject)
        if isGetterWithOptions {
            if err := AddObjectParams(ws, route, versionedGetOptions);
                                          err != nil {
                return nil, nil, err
            }
        }
        addParams(route, action.Params)
        routes = append(routes, route)                  //要点②
```

① 准确地说是 Kubernetes 所定义的 HTTP verb，除了标准 HTTP 方法外，还有如 CONNECT、LIST 等 Kubernetes 所定义的 verb。

上述代码在要点①处制作了一个 route，它是一个 rest.RouteBuilder 类型的实例，其核心要素是 handler，即请求响应对象，这一信息在前面第 1 步已经获得；最后要点②处把该 route 存入 routes 数组。

4. 将 routes 数组交给 WebService

这一步相对简单，遍历得到的 routes 数组调用 WebService 的方法并把所有 route 加入其中，大功告成，代码如下：

```
//代码 5-30 staging/src/k8s.io/apiserver/pkg/endpoints/installer.go
for _, route := range routes {
    route.Metadata(ROUTE_META_GVK, metav1.GroupVersionKind{
                            Group:   reqScope.Kind.Group,
                            Version: reqScope.Kind.Version,
                            Kind:    reqScope.Kind.Kind,
    })
    route.Metadata(ROUTE_META_ACTION, strings.ToLower(action.Verb))
        ws.Route(route)
}
```

5.7.3 响应对 Kubernetes API 的 HTTP 请求

Kubernetes API 被注入 Generic Server 中形成了 WebService 及 Route，当有 HTTP 请求到来时，Server 根据 URL 最终调用到 Route 上的处理器去响应，本节讲解处理器的内部工作流程。

1. 请求数据解码和准入控制

route 上的响应处理器(handler)是如何构造出来的可以揭示它将做什么工作。以处理对某 Kubernetes API 的 HTTP POST 请求为例，其 handler 设置代码如下：

```
//代码 5-31 staging/src/k8s.io/apiserver/pkg/endpoints/installer.go
case "POST": //创建一个资源
    var handler restful.RouteFunction
    if isNamedCreater {
        handler = restfulCreateNamedResource(namedCreater, reqScope, admit)
    } else {
        //要点①
        handler = restfulCreateResource(creater, reqScope, admit)
    }
    //要点②
    handler = metrics.InstrumentRouteFunc(action.Verb, group, version,
                resource, subresource, requestSco......
    handler = utilwarning.AddWarningsHandler(handler, warnings)
    article := GetArticleForNoun(kind, " ")
    doc := "create" + article + kind
    if isSubresource {
        doc = "create " + subresource + " of" + article + kind
    }
    route := ws.POST(action.Path).To(handler).
```

```
            Doc(doc).
            Param(ws.QueryParameter("pretty", "If 'true',
                  then the output is pretty printed.")).
            Operation("create"+namespaced+kind+strings.Title(
                  subresource)+operationSuffix).
            Produces(append(storageMeta.ProducesMIMETypes(action.Verb),
                  mediaTypes…)…).
            …
            Returns(http.StatusCreated, "Created", producedObject).
            Returns(http.StatusAccepted, "Accepted", producedObject).
            Reads(defaultVersionedObject).
            Writes(producedObject)
    if err := AddObjectParams(ws, route, versionedCreateOptions);
                                                      err != nil {
        return nil, nil, err
    }
    addParams(route, action.Params)
    routes = append(routes, route)
```

如果以可见性为集群的资源创建为例，则代码中要点①处的方法 restfulCreateResource()构造了资源创建 handler[①]。可见性为集群意味着创建出的资源命名空间不相关，相关的情况是完全类似的。在调用该方法时使用了 3 个输入参数。

(1) creater：这是由当前 GVK 的 rest.Storage 实例向 rest.Creater 做动态类型转换得来的，本质上还是 GVK 的 rest.Storage 实例。

(2) reqScope：提供一些辅助信息，主要来自 API 注入时使用的 APIGroupInfo。它会有一个 Serializer 字段，后续被用于把 HTTP 消息体内的信息“反序列化”为目标 API 的基座结构体实例。

(3) admit：准入控制器集合(Admission)，准入控制机制是在进入业务逻辑前对请求做的一些修改与校验，主要是安全方面的控制。

注意：准入控制和请求过滤机制的区别为过滤器对所有到来的 HTTP 请求有效，而准入控制只针对目标为 Kubernetes API 的创建、修改、删除和 Connect 请求；过滤器发生在请求内容被反序列化为 Kubernetes API 的 Go 基座结构体实例之前，而准入控制器发生在之后。5.8 节将详细讲解准入控制。

在代码的要点②处对该 handler 进行了进一步处理，加入了测量和异常处理，无关大局，而如果继续深入 restfulCreateResource()方法的内部，探究 handler 如何处理请求，最终则会定位到 handlers 包下的 createHandler()方法，其中含有 handler 的实现。该方法非常长，声明部分的代码如下：

```
//代码 5-32 staging/k8s.io/apiserver/pkg/endpoints/handlers/create.go
func createHandler(r rest.NamedCreater, scope * RequestScope, admit admission.
Interface, includeName bool) http.HandlerFunc {
```

① 构造出的实际上是一个用于制造请求处理器的工厂函数，不过既然代码中这么命名了这里就将其称为处理器(handler)。

```
    return func(w http.ResponseWriter, req *http.Request) {
        ctx := req.Context()
        //出于追踪性能的目的
        ctx, span := tracing.Start(ctx, "Create", traceFields(req)...)
        defer span.End(500 * time.Millisecond)

        namespace, name, err := scope.Namer.Name(req)
        if err != nil {
            if includeName {
                //name was required, return
                scope.err(err, w, req)
                return
            }

        //…
        namespace, err = scope.Namer.Namespace(req)
        if err != nil {
            scope.err(err, w, req)
            return
        }
}
```

它直接返回了一个匿名函数,其形式参数(w http.ResponseWriter, req *http.Request)是不是很眼熟?这个匿名函数将来会负责接收HTTP请求的request和response并处理,这是魔法所在地。该匿名方法的内容很多,解读两个要点。第一是请求数据解码,第二是准入控制器的调用。

数据解码是指把HTTP请求消息体提取出来,转换为目标GVK的Go基座结构体实例,这是一个由字符串到Go程序变量的过程,是数据解码执行业务逻辑的前提。如果以创建API实例为例,客户端放在消息体内的是待创建API资源实例的内容,则要先把它转换为Go变量才能进行后续处理。在上述匿名函数中,首先根据HTTP请求的MediaType信息从当前GVK支持的所有序列化器中选出一个适用的,然后利用这个序列化器和HTTP请求所使用的API版本制造一个解码器;最后利用这个解码器从HTTP请求体中得到GVK的Go实例和GVK信息。解码和获取GVK信息的代码如下:

```
//代码 5-33 staging/k8s.io/apiserver/pkg/endpoints/handlers/create.go
decoder := scope.Serializer.DecoderToVersion(decodeSerializer,
            scope.HubGroupVersion)
span.AddEvent("About to convert to expected version")
obj, gvk, err := decoder.Decode(body, &defaultGVK, original)
```

再看如何调用准入控制器。准入控制器是外部交给本匿名函数的,可以直接使用。每个准入控制器都有两个能力:修改(mutate)HTTP请求给出的API实例信息;在ETCD操作前,校验(validate)API实例信息。每个HTTP请求处理器都会分两个阶段调用准入控制器的这两个接口方法,修改操作在前,校验操作在后。准入控制器为用户提供了一个有用的扩展点,可以把特殊的需求注入API Server内,例如SideCar模式中边车容器就可以在修改阶段注入Pod。在资源创建场景的处理器中,准入控制器的两个能力是这么被调用的:

```
//代码 5-34 staging/k8s.io/apiserver/pkg/endpoints/handlers/create.go
span.AddEvent("About to store object in database")
admissionAttributes := admission.NewAttributesRecord(obj, nil, scope.Kind,
namespace, name, scope.Resource, scope.Sub......
requestFunc := func() (runtime.Object, error) {
    return r.Create(
        ctx,
        name,
        obj,
        rest.AdmissionToValidateObjectFunc(admit, //要点①
            admissionAttributes, scope),
        options,
    )
}
//…
dedupOwnerReferencesAndAddWarning(obj, req.Context(), false)
result, err := finisher.FinishRequest(ctx,
    func() (runtime.Object, error) {
        if scope.FieldManager != nil {
            liveObj, err := scope.Creater.New(scope.Kind)
            if err != nil {
                return nil, fmt.Errorf("fai… %v): %v", scope.Kind, err)
            }
            obj = scope.FieldManager.UpdateNoErrors(liveObj,
                obj, managerOrUserAgent(options.FieldManag......
            admit = fieldmanager.
                NewManagedFieldsValidatingAdmissionController(admit)
        }
        if mutatingAdmission, ok := admit.(admission.MutationInterface);
                ok && mutatingAdmission.Handles(admission.Create) {
            //要点③
            if err := mutatingAdmission.Admit(ctx,
                    admissionAttributes, scope); err != nil {
                return nil, err
            }
        }
        //…
        dedupOwnerReferencesAndAddWarning(obj, req.Context(), true)
        result, err := requestFunc()  //要点②
        …
```

代码中要点①处把准入控制的校验函数交给 rest.Create 方法，当 Create 被调用时就会被启用，而 Create 是在要点②被真正调用的；准入控制器的修改操作是在要点③处被调用的。

数据解码和准入控制相当于运行业务逻辑之前的预处理，接下来将进入业务逻辑部分，这部分基本会与 ETCD 交互进行数据存取，所以不妨将其称为数据存取。

2. 数据存取

5.7.1 节强调了结构体 APIGroupInfo 的字段 VersionedResourcesStorageMap 很重要，它提供了从一个 GVK 到类型为 rest.Storage 接口的实例的映射，这些 rest.Storage 接口的实例会最终负责完成 HTTP 请求中所要求的操作，也就是响应 C(reate)、R(ead)、U(date)、

D(elete)及 Watch 等 Verb,这意味着这些实例要根据自身需要实现部分如下 Verb 相关接口:

(1) rest.Creater 接口。

(2) rest.NamedCreater 接口。

(3) rest.Lister 接口。

(4) rest.Getter 接口。

(5) rest.GetterWithOptions 接口。

(6) rest.GracefulDeleter 接口。

(7) rest.CollectionDeleter 接口。

(8) rest.Updater 接口。

(9) rest.Patcher 接口。

(10) rest.Watcher 接口。

(11) rest.Connecter 接口。

(12) rest.StorageMetadata 接口。

(13) rest.StorageVersionProvider 接口。

(14) rest.GroupVersionAcceptor 接口。

针对不同 Kubernetes API 的 HTTP 请求,处理逻辑不同,创建一个 Pod 和创建一个 Deployment 不可能一样,于是就需要针对不同 Kubernetes API 定义不同结构体去实现 rest.Storage 接口和以上 Verb 接口,然后用该类型实例去填充 VersionedResourcesStorageMap。那么,通过在源代码中查找所有 rest.Storage 接口的实现者,就应该可以找到所有 API 的 HTTP 请求处理方法了,在 IDE 的帮助下这很容易做到,在当前版本中查找到的源文件如图 5-16 所示。

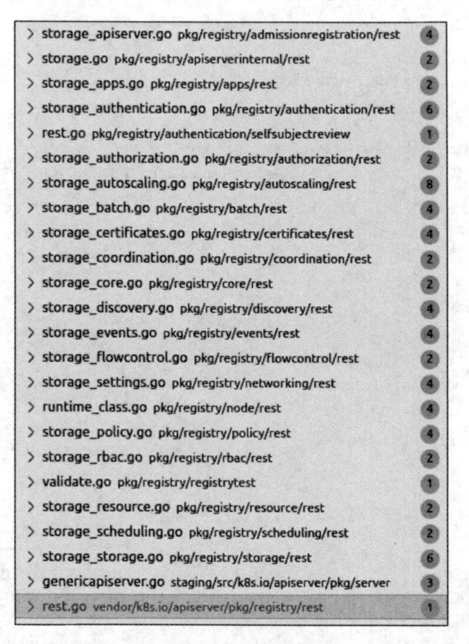

图 5-16 rest.Storage 接口的实现者

为了方便理解,还是以 Deployment 为例,其 rest.Storage 实例的实际类型是如下 REST 结构体:

```
//代码 5-35 pkg/registry/apps/deployment/storage/storage.go
//REST 为 Deployments 资源实现 RESTStorage
type REST struct {
    *genericregistry.Store
}
```

REST 结构体基本上是空的,除了匿名嵌套 generic/registry.Store 结构体。嵌套的结果是它"继承"了 generic/registry.Store 的所有属性与方法,源文件位于 staging/k8s.io/apiserver/pkg/registry/generic/registry/store.go,内容如图 5-17(a)、(b)所示。

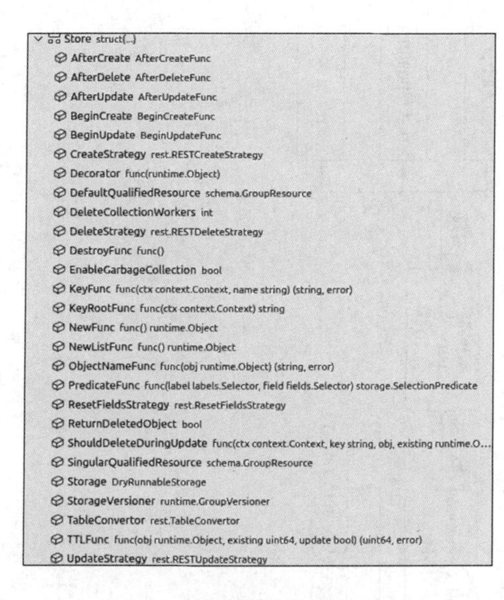

(a) Store结构体的字段

```
(*Store).calculateTTL func(obj runtime.Object, defaultTTL int64, update bool) (ttl uint64, err error)
(*Store).CompleteWithOptions func(options *generic.StoreOptions) error
(*Store).ConvertToTable func(ctx context.Context, object runtime.Object, tableOptions runtime.Object
(*Store).Create func(ctx context.Context, obj runtime.Object, createValidation rest.ValidateObjectFunc,
(*Store).Delete func(ctx context.Context, name string, deleteValidation rest.ValidateObjectFunc, option
(*Store).DeleteCollection func(ctx context.Context, deleteValidation rest.ValidateObjectFunc, options
(*Store).DeleteReturnsDeletedObject func() bool
(*Store).deleteWithoutFinalizers func(ctx context.Context, name, key string, obj runtime.Object, preco
(*Store).Destroy func()
(*Store).finalizeDelete func(ctx context.Context, obj runtime.Object, runHooks bool, options *metav1.D
(*Store).Get func(ctx context.Context, name string, options *metav1.GetOptions) (runtime.Object, error)
(*Store).GetCreateStrategy func() rest.RESTCreateStrategy
(*Store).GetDeleteStrategy func() rest.RESTDeleteStrategy
(*Store).GetResetFields func() map[fieldpath.APIVersion]*fieldpath.Set
(*Store).GetSingularName func() string
(*Store).GetUpdateStrategy func() rest.RESTUpdateStrategy
(*Store).List func(ctx context.Context, options *metainternalversion.ListOptions) (runtime.Object, error)
(*Store).ListPredicate func(ctx context.Context, p storage.SelectionPredicate, options *metainternalver
(*Store).NamespaceScoped func() bool
(*Store).New func() runtime.Object
(*Store).NewList func() runtime.Object
(*Store).qualifiedResourceFromContext func(ctx context.Context) schema.GroupResource
(*Store).startObservingCount func(period time.Duration, objectCountTracker flowcontrolrequest.Stor
(*Store).StorageVersion func() runtime.GroupVersioner
(*Store).Update func(ctx context.Context, name string, objInfo rest.UpdatedObjectInfo, createValidatio
(*Store).updateForGracefulDeletionAndFinalizers func(ctx context.Context, name, key string, option
(*Store).Watch func(ctx context.Context, options *metainternalversion.ListOptions) (watch.Interface, er
(*Store).WatchPredicate func(ctx context.Context, p storage.SelectionPredicate, resourceVersion string
```

(b) Store结构体的方法

图 5-17 Store 结构体

在图 5-17(b)所示的方法列表中，Create、Get、Update、Delete、List、Watch 等非常醒目，它们的存在使 generic/registry.Store 结构体实现了 rest.Creater、rest.Getter 等接口，能够去响应对应的 Kubernetes Verb，而 Deployment 通过匿名嵌套获得了这些方法，也具有了同等能力。

注意：generic/registry.Store 被定义于 Generic Server 代码库内，目的在于让众多 Kubernetes API 复用其方法的实现。Deployment 的 REST 结构体匿名嵌套它的做法并不是特例，绝大多数内置 Kubernete API 采用这种嵌套复用了 generic/registry.Store 的 HTTP 响应实现，不同的是各个 GVK 的结构体位于不同的包，名字大多数为 REST 或 Storage。

以上复用极大地减轻了各个 GVK 实现 HTTP 响应逻辑的压力，但问题是：如果大家都嵌套同一个结构体并以此复用它的方法，则岂不是大家的 HTTP 响应逻辑都一样了吗？创建 Pod 和 Deployment 不可能一样。规避这个问题的方法隐藏在 generic/registry.Store 结构体的字段中，这些字段绝大多数是扩展点，不同 API 通过给这些扩展点赋予不同的值来控制响应方法的内部操作，比较典型的是 * Strategy 系列属性：CreateStrategy、DeleteStrategy、UpdateStrategy。

策略设计模式在软件开发中经常被用到，它的作用是抽象出一组类似逻辑中的不同部分，形成策略对象，从而统一余下的部分进行复用，不同使用场景使用不同的策略对象。generic/registry.Store 中的这组策略属性采用的就是这种模式，Pod 会将 Pod 的策略提供到自己的 REST 结构体实例上，而 Deployment 会有 Deployment 的策略。

最后来总结 Generic Server 如何为 Kubernetes API 提供 Verb 的响应逻辑，如图 5-18 所示。为了方便展示，图中以一些核心 API Server 的资源为例，也未考虑命名空间。

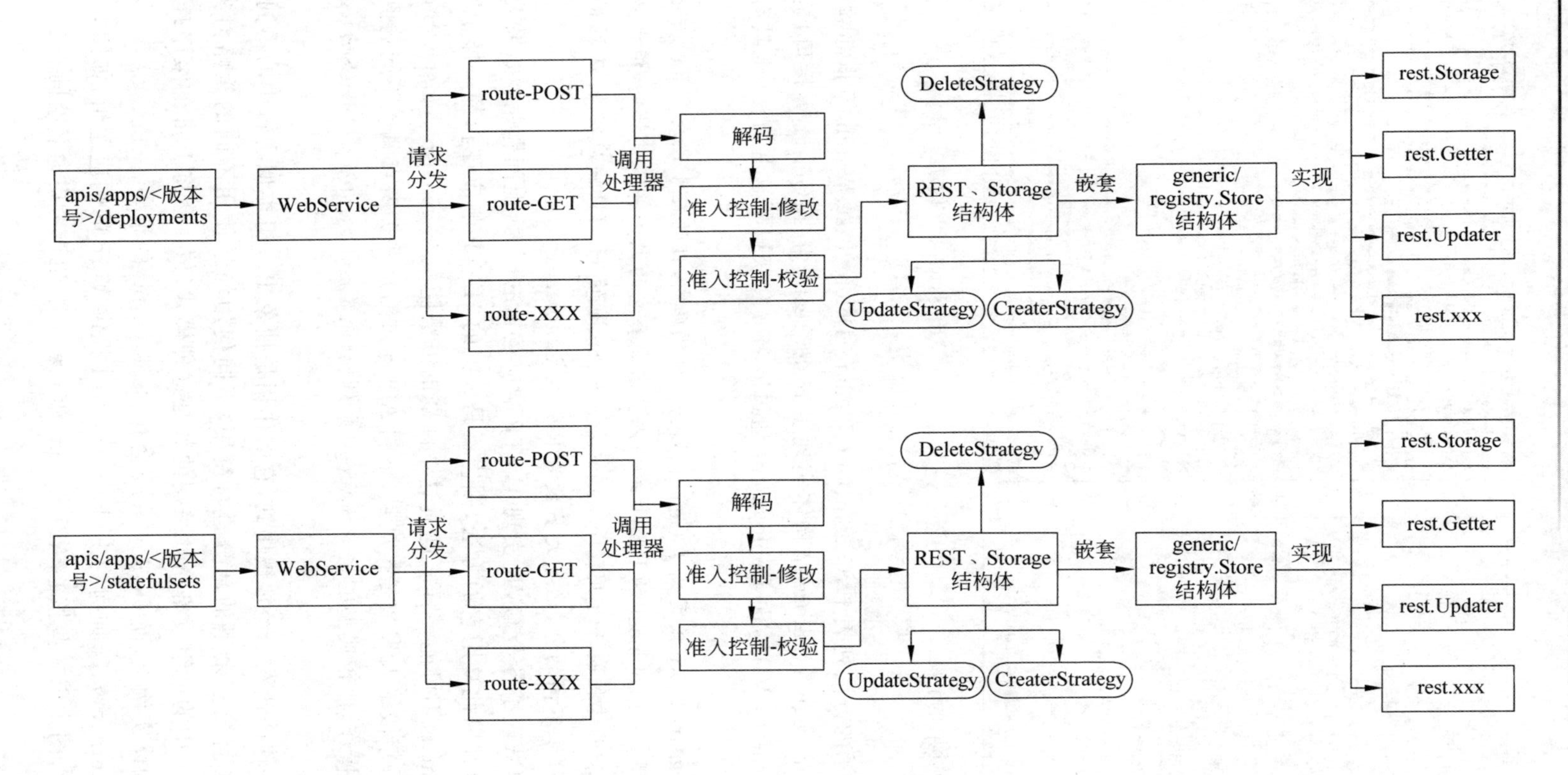

图 5-18　响应 HTTP 请求过程

5.8 准入控制机制

安全可以说是当前IT系统所需考量的头等大事，有什么功能决定了一个产品是否卖得出去，而是否安全决定了这个厂商需不需要倒贴钱。为了更好地服务于Kubernetes用户，社区不遗余力地加固Kubernetes，并且提供了方便扩展和客制化的安全机制。准入控制的出现就是由安全考量出发的，以便在API Server底层构建的一个可扩展安全机制。

5.8.1 什么是准入控制

在基于Kubernetes搭建系统或在其上运行一个应用时，你是否曾有以下需求：

（1）怎么强制系统内所有Pod消耗的资源不超过约定的警戒线？

（2）怎么保证系统内所有Pod都不会使用某个容器镜像？

（3）如何确保某个Deployment具有最高的优先级？

（4）已知某个Pod需要的权限范围，如何确保生产环境下它不被错误地关联一个权限很大的Service Account？

准入控制（Admission Control）是这类问题的一个理想答案：为了解决上述问题，可以在API Server上加准入控制器，在控制器中完成对请求的必要调整和校验，从而消除安全担忧。准入控制机制会截获所有对目标API的创建、修改和删除等请求，交给该准入控制器预处理。

准入控制是API Server接收到Verb为创建、修改、删除和CONNECT的HTTP请求后，将资源信息存入ETCD前，对请求进行修改和校验的过程。准入控制在请求处理过程中被触发的时点如图5-19所示。准入控制机制依靠准入控制器对请求进行修改和检验，Kubernetes内建了近30个准入控制器，用户也可以通过网络钩子（Webhook）挂载自开发的控制器。

准入控制机制因安全而被引入，但其作用却不限于安全领域，在不滥用的前提下，可以利用该机制完成以下类型的任务。

（1）安全检测：准入控制可以在整个集群或一个命名空间范围内落实安全基线。例如在内建准入控制器中有一个专门用于Pod的配置：PodSecurityPolicy控制器，它会禁止目标容器以root运行，并可以确保容器的root文件系统的挂载模式为只读。

（2）配置管控：准入控制还是落实各种规约的好地方。应用系统一般会有些构建要求，例如每个Pod都需要声明资源限制，以及都需要打好某个特定标签等。这就像纪律，需要有机制确保纪律被遵守。在API Server中准入控制就常常被用来集中打标签（label）和注解（annotation）。

值得注意的是，准入控制只针对创建、删除、修改和Connect请求，其中对Connect请求的支持是最近版本才加入的，而对于读取类请求（Get、Watch、List）准入控制不加干预，对于其他客制化的verb也不起作用。可以这样理解：准入控制实际上是“准许信息进入ETCD

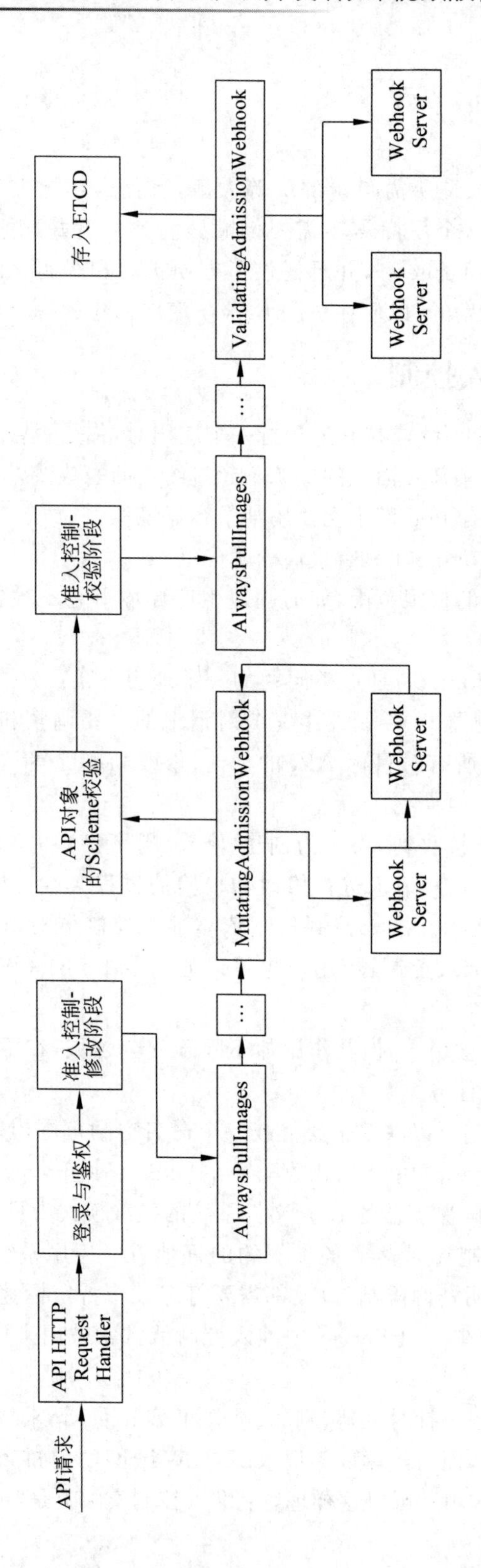

图 5-19　HTTP 请求过程中的准入控制

的控制”。这反映出该机制的局限性,它只能保证信息被持久化到系统时安全规则被遵守,一旦进入,后续其被使用时将不再受准入控制的约束。这种职责范围非常清晰的设计不失为一种明智之举,在使用该机制时(特别是借助 Webhook 创建动态准入规则时),应该继承这种思想,不滥用准入控制。

整个准入控制机制分为两个阶段:修改阶段和校验阶段。在修改阶段几乎可以不受限制地修改请求中包含的 API 实例,这是非常强大的存在,借助它可以加强资源使用限制、修改暴露的端口、补全重要信息,也可以在 Pod 中悄悄注入容器,边车模式中的边车往往如此进入 Pod,就像 ISTIO 项目注入网络代理边车那样。校验阶段无权修改目标资源,而是从信息一致性、完备性角度去验证请求内容的准确性,如果校验的结果是失败,则立即将错误返回给客户端,不再执行后续校验。这两个阶段先后执行,修改在前,校验在后①。修改阶段的准入控制器串行执行,但系统不保证执行顺序;校验阶段的控制器并行执行。

读者可能无法准确区分过滤器与准入控制,感觉二者都发生在请求处理过程中,一件事情似乎既可以在过滤器中做,也可以在准入控制中做,那么有必要明确区分它们吗?复杂处理分阶段执行是个很好的策略,API Server 把冗长的请求处理划分为 3 部分。

(1) 首先为过滤阶段:请求首先进入过滤阶段,其目的是高效地做全局性访问控制,典型操作如登录、吞吐量控制等。本阶段不对请求体包含的信息进行深入解析,因为它是普适的,不依赖业务信息。同时每个到来的请求都需要经过过滤,无论 Verb 是什么。集群管理员在启动 API Server 时可以利用命令行标志启用或关闭特定过滤器。

(2) 然后为准入控制阶段:创建、修改、删除和 Connect 类请求特有,其目的是确保进入系统的信息是合规的,安全方面是主要考量。准入控制的主要输入是目标 API 实例,通过解码请求内容得到。管理员在启动 API Server 时可以利用命令行标志启用或关闭特定准入控制器。

(3) 最后为持久化阶段:将信息存入 ETCD。

请求过滤与准入控制分处前两个阶段,输入不同,目标也不同。此外,准入控制机制为用户提供了扩展机制——Webhook 控制器,而过滤器机制并没有这种可能。

5.8.2 准入控制器

准入控制的核心是准入控制器,每个控制器都具有独到的作用,所有控制器共同支撑起准入控制机制。从外部看,准入控制机制和控制器是一体的,然而从内部看,控制器独立存在,它们以插件的形式加入整个准入控制机制中,插件化使引入新的控制器变得容易。在 API Server 启动时,管理员可以利用命令行标志指出启用哪些准入插件而禁用哪些。例如,如下命令启动 API Server 的同时开启两个控制器:

```
kube-apiserver --enable-admission-plugins=NamespaceLifecycle,LimitRanger …
```

① 如果反过来,则先做的校验岂不是毫无用处了。

而如下标志则禁用两个控制器：

```
kube-apiserver --disable-admission-plugins=PodNodeSelector, AlwaysDeny …
```

Kubernetes已经提供了34个开箱即用的准入控制器，上面两个命令用到的NamespaceLifecycl、LimitRanger、PodNodeSelector和AlwaysDeny均来自这组控制器。v1.27中内建的准入控制器见表5-3。

表5-3　内建准入控制器

#	ID	类型	作　用
1	AlwaysAdmit	校验	已废弃。允许所有Pod进入集群
2	AlwaysDeny	校验	已废弃。拒绝所有Pod进入集群
3	AlwaysPullImages	修改、校验	将Pod的镜像拉取策略修改为始终拉取，否则一旦一个镜像在一个节点上被拉取成功一次，该节点上所有应用启动时都始终优先使用该镜像而不会再去拉取，有时这并不是期望行为，特别是在开发调试阶段
4	CertificateApproval	校验	检验对CertificateSigningRequest的批复是否出自具有批复资格的用户，即spec.signerName所指定的用户
5	CertificateSigning	校验	检验对CertificateSigningRequest的status.certificate字段进行更新操作出自具有批复资格的用户，即spec.signerName所指定的用户
6	CertificateSubjectRestriction	校验	检验新创建CSR的请求，如果CSR的spec.signerName是kubernetes.io/kube-apiserver-client，则该CSR的group/organization不能是system:masters，避免能建CSR的用户借机自己提升自己的权限[①]
7	DefaultIngressClass	修改	观察Ingress的创建请求，如果它没有指定Ingress Class，则把该属性设置为默认Class
8	DefaultStorageClass	修改	观察PersistentVolumeClaim的创建请求，如果没有指定storage class属性，则把该属性设置为默认Class
9	DefaultTolerationSeconds	修改	将default-not-ready-toleration-seconds和default-unreachable-toleration-seconds两个命令行标志值应用到Pod，对node.kubernetes.io/not-ready:NoExecute和node.kubernetes.io/unreachable:NoExecute两个污点的容忍时长进行设置

① 读者可搜索Kubernetes RBAC: How to Avoid Privilege Escalation via Certificate Signing了解背景。

续表

#	ID	类型	作　用
10	DenyServiceExternalIPs	校验	不允许 Service 的 externalIPs 字段有新 IP 加入;不允许新创建的 Service 使用 externalIPs 字段
11	EventRateLimit	校验	应对请求存储 Event 的 HTTP 请求过于密集的情况
12	ExtendedResourceToleration	修改	为保护具有特殊资源的节点会利用污点机制拒绝在其上创建不需要该资源的 Pod。本准入控制器可以为真正需要该资源的 Pod 自动加 Toleration,从而可以在该节点上创建
13	ImagePolicyWebhook	校验	指定一个后端服务,去检查 Pod 希望使用的镜像在当前组织机构内是否允许使用。只有具有注解 *.image-policy.k8s.io/* 的 Pod 才会触发这个检测
14	LimitPodHardAntiAffinityTopology	校验	用于避免一个 Pod 利用反亲和性阻止其他 Pod 向一个节点上部署,它禁止一个 Pod 在定义 RequiredDuringScheduling 类反亲和性时使用 Topologykey,只能使用 hostname
15	LimitRanger	修改、校验	配合 LimitRange API 实例,确保去往一个命名空间的请求量不超标。也可以用于给没有声明资源使用量的 Pod 加上默认的资源量
16	MutatingAdmissionWebhook	修改	是由 Generic Server 提供的动态准入控制机制的一部分,在修改阶段调用动态准入控制器(Webhooks),从而使用户定义的准入控制插件起作用
17	NamespaceAutoProvision	修改	检查针对一个命名空间内 API 的请求,如果该命名空间不存在,则先创建它
18	NamespaceExists	校验	确保那些请求中使用的命名空间一定存在,如果不存在,则直接拒绝
19	NamespaceLifecycle	校验	由 Generic Server 提供,确保: -不在正被关停的命名空间内创建 API 对象 -拒绝请求不存在的命名空间 -阻止删除系统保留的 3 个命名空间:default、kube-system、kube-public
20	NodeRestriction	校验	用于限制一个 kubelete 可修改的节点或 Pod 的标签
21	OwnerReferencesPermissionEnforcement	校验	只允许具有删除权限的用户修改 metadata.ownerReferences 信息

续表

#	ID	类型	作　用
22	PersistentVolumeClaimResize	校验	不允许调整 PersistentVolumeClaim 所声明的大小,除非该 PVC 的 StorageClass 明确将 allowVolumeExpansion 设置为 true
23	PersistentVolumeLabel	修改	自动为 PersistentVolumes 加 region 或 zone 标签。这将有利于确保为 Pod 挂载的 PersistentVolumes 与该 Pod 处于同一区域
24	PodNodeSelector	校验	读取命名空间上或全局设置中关于节点选择器的注解,确保该命名空间中 API 实例会使用这些节点选择器
25	PodSecurity	校验	依据目标命名空间定义的 Pod 安全标准和请求的安全上下文,决定一个 Pod 创建请求是否 OK
26	PodTolerationRestriction	修改、校验	检查 Pod 的 Toleration 和其所在命名空间的 Toleration 没有冲突,如果有就拒绝 Pod 的创建和修改;如果没有就合并命名空间和 Pod 的 Toleration,为 Pod 实例生成新的 Toleration
27	Priority	修改、校验	根据 priorityClassName 为 Pod 计算生成 priority 属性值;如果根本没有设置前者,则拒绝该 Pod 创建和修改请求
28	ResourceQuota	校验	检验请求确保一个命名空间中 ResourceQuota API 实例中的设置起作用,也就是说如果请求的资源导致超限,则拒绝之
29	RuntimeClass	修改、校验	观测 Pod 创建请求,根据 Pod 设置的 RuntimeClass 计算.spec.overhead 并设置;如果请求中 Pod 已经设置了 overhead,则直接拒绝
30	SecurityContextDeny	校验	已废弃。拒绝对 Pod 设置某些 SecurityContext
31	ServiceAccount	修改、校验	自动向 Pod 中注入 ServiceAccounts
32	StorageObjectUseProtection	修改	向新创建的 PVC 和 PV 中加 kubernetes.io/pvc-protection 或 kubernetes.io/pv-protection finalizer
33	TaintNodesByCondition	修改	目的是为新创建的节点打上 NotReady 和 NoSchedule 污点,从而阻止在该节点完全就绪前向它部署 Pod
34	ValidatingAdmissionPolicy	校验	由 Generic Server 提供,对请求执行 CEL 校验
35	ValidatingAdmissionWebhook	校验	由 Generic Server 提供的动态准入控制机制的一部分,在校验阶段调用动态控制器(webhooks)。和 MutatingAdmissionWebhook 类似,为用户提供扩展点

技术上说，一个准入控制器插件主要涉及如图 5-20 所示的 3 个接口。

(1) admission.Interface：控制器插件必须实现的接口。

(2) admission.MutationInterface：参与修改阶段必须实现的接口，它使本插件成为修改准入控制器。

(3) admission.ValidationInterface：参与校验阶段必须实现的接口，它使本插件成为校验准入控制器。

上述接口定义的源文件为 staging/k8s.io/apiserver/pkg/admission/interfaces.go。

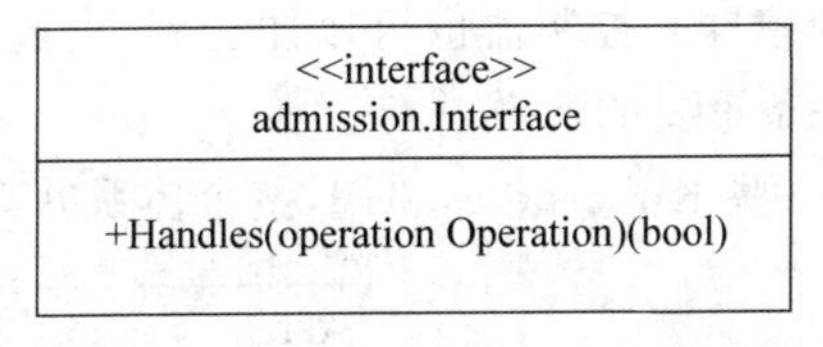

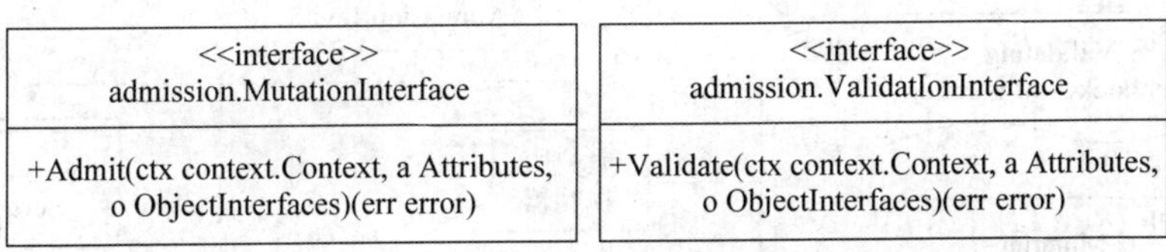

图 5-20 准入控制器相关接口

以上每个接口都很简洁，各有一个接口方法。admission.Interface 的 Handles()方法会接收 Operation 类型的参数，它是一个字符串，值可以是 CREATE、UPDATE、DELETE 和 CONNECT。如果 Handles()的返回值为 true，则这个插件可以处理该类 HTTP 请求。Handles()方法会被准入控制机制调用以确认该控制器插件是否需要参与当前请求的处理，而接口 admission.MutationInterface 和 admission.ValidationInterface 各自有一种方法去修改或去校验请求内容，这些方法的入参中有一个类型为 Attributes，该入参会提供目标资源的基本信息，通过它也可以直接获取请求中的资源，在大多数场景下基于这些信息足够完成准入控制的工作。另一种类型为 ObjectInterfaces 的入参可以从请求中获取 Defaulter、Converter 这种不太常用的信息，在处理 CRD 时有可能需要它们。

开发一个内建准入控制器并不难，只要以一个 Go 结构体为基座制作一个插件，实现以上 3 个接口，并将其注入准入控制机制中就可以了。作为 Kubernetes 的普通用户并没有定义内建准入控制器的机会，需要通过动态准入控制器(Webhooks)注入自己的控制逻辑，但在自开发聚合 Server 的场景中，准入控制器的开发是完全可行并且比较重要的工作，在本书第三篇中，读者将看到相关开发例子。

5.8.3 动态准入控制

在内建的准入控制器中，有两个特殊的控制器——MutatingAdmissionWebhook 和 ValidatingAdmissionWebhook。它们本质上各自代表了一系列由用户自己开发出来的准入控制器，是 Kubernetes 为客户提供的一种扩展机制。在第三篇中也会包含一个建立动态准入控制器的例子,本节着重介绍其结构和工作原理。

1. 工作原理

一般的准入控制器代码是随 API Server 源码一起编译打包的,属于 API Server 可执行文件的一部分,用户不可能去把自己的控制逻辑以这种方式放入 API Server,而动态准入控制的两个准入控制器为用户进行扩展开了口子:用户只需将自己的准入控制逻辑编写为独立运行的网络服务并部署在集群内或集群外,通过配置告知上述动态准入控制器如何使用这些服务,这样就完成了准入机制的扩展。准入控制除了做安全控制,技术上也可以做任何其他控制,这一点通过观察内建准入控制器也可以体会到,由此可见,动态准入控制实际上为扩展 Kubernetes 开辟了一条重要的通道。

动态准入控制机制涉及一些 Kubernetes API,整个体系并不复杂,如图 5-21 所示。

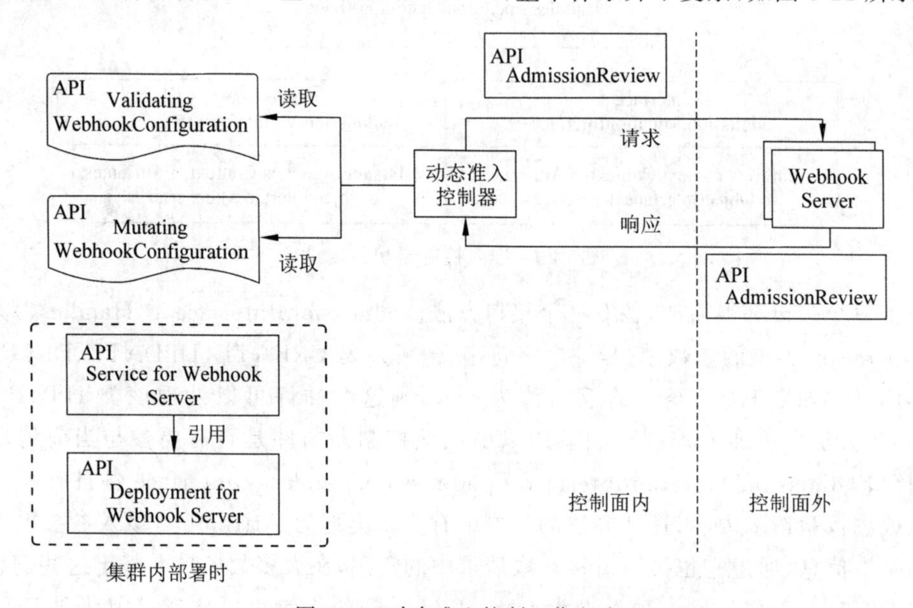

图 5-21 动态准入控制工作方式

图 5-21 中 Webhook Server 指代用户自开发的包含准入控制逻辑的 Web 服务。

当动态准入控制器被 API Server 调用时,它会把待校验、待修改的 HTTP 请求内容包装成一个 AdmissionReview 实例发往 Webhook Server。AdmissionReview 是一个瞬时的 Kubernetes API,内部包含目标请求中的关键信息,供 Webhook Server 中的客户代码做判断之用,而 Webhook Server 也会以 AdmissionReview 的格式给出判断结果。得到结果后,动态准入控制器会把用户意志反映到针对 HTTP 请求的响应中,准入控制过程结束。

动态准入机制能调用 Webhook Server 的前提如下:

(1) 知道它的存在,包括在哪里、如何调用。

(2) 知道它能参与修改和校验的哪个阶段。一般的准入控制器插件会实现 admission.Interface 接口,其中 Handles()方法可以告知准入控制机制当前这个插件是否可以处理一个到来的请求,这样准入机制可以预先决定要不要在修改和校验阶段调用它,但这一套不能直接套用到动态准入控制器上，因为动态准入控制器只起中转作用。这些问题都由 Webhook Server 的配置信息回答。有两个 Kubernetes API 专门用于为动态准入控制器提供配置，它们是 ValidatingWebhookConfiguration 和 MutatingWebhookConfiguration。它们含有以下信息：

（1）有哪些 Webhook Server 存在，以及名称是什么。

（2）Webhook Server 关注的 HTTP 请求匹配规则。规则可以基于 Kubernetes API 的属性——例如所在组，也可以是灵活的通用表达语句(CEL)。

（3）Webhook Server 的访问方式。地址可通过 URL 或集群内的 Service 资源来指定，还可能包含必要的认证设置。

Webhook Server 的部署可以采用集群内部署，也可放到集群外。如果部署到集群内，则可以将该服务包装成 Deployment 资源，然后通过一个 Service 资源在集群内暴露它。

2. 构造动态准入器插件

两类动态准入控制器也是以插件形式存在的，这部分以 MutatingAdmissionWebhook 为例讲解其插件的代码实现，其他内建准入器插件的开发过程与此类似，自然包括 Validating Webhook。关键部分的代码如下：

```
//代码 5-36
//staging/k8s.io/apiserver/pkg/admission/plugin/webhook/mutating/plugin.g//o

const (
    //PluginName 给出准入控制插件的名字
    PluginName = "MutatingAdmissionWebhook"
)

//用于向准入控制机制注册本插件
func Register(plugins * admission.Plugins) {
    plugins.Register(PluginName,
        func(configFile io.Reader) (admission.Interface, error) {
            plugin, err := NewMutatingWebhook(configFile)
            if err != nil {
                return nil, err
            }

            return plugin, nil
        })
}

//Plugin 实现接口 admission.Interface
type Plugin struct {
    * generic.Webhook
}

var _ admission.MutationInterface = &Plugin{}
```

```
//返回一个动态准入控制插件
func NewMutatingWebhook(configFile io.Reader) (* Plugin, error) {   //要点①
    handler := admission.NewHandler(admission.Connect,
        admission.Create, admission.Delete, admission.Update)
    p := &Plugin{}
    var err error
    p.Webhook, err = generic.NewWebhook(handler, configFile,
        configuration.NewMutatingWebhookConfigurationManager,
        newMutatingDispatcher(p))                                   //要点②
    if err != nil {
        return nil, err
    }

    return p, nil
}

//实现接口 InitializationValidator,检验初始化情况
func (a * Plugin) ValidateInitialization() error {
    if err := a.Webhook.ValidateInitialization(); err != nil {
        return err
    }
    return nil
}

//根据请求属性做出修改类准入控制决定
//要点③
func (a * Plugin) Admit(ctx context.Context, attr admission.Attributes,
                        o admission.ObjectInterfaces) error {
    return a.Webhook.Dispatch(ctx, attr, o)
}
```

由名字就可以看出，结构体 Plugin 将用于代表 MutatingAdmissionWebhook，确实如此，它通过嵌套结构体 generic.Webhook 获得了后者的众多方法，其中就包括 admission.MutaionInterface 要求的 Handles()方法，这使 Plugin 结构体有资格成为准入控制插件。

最上面的 Register 方法是留给外部调用的接口，准入控制机制会调用它将当前插件加入插件库。从该方法中可以看到，方法 NewMutatingWebhook()会负责制作该插件的实例，从要点①处开始，该方法首先定义一个 handler 变量，指明 MutatingAdmissionWebhook 可以处理 Create、Update、Delete 和 Connect 类 HTTP 请求，然后利用 generic.NewWebhook 方法，基于刚才的 handler 和配置信息——也就是 API Server 中的 MutatingWebhookConfiguration API 实例，以及 newMutatingDispather()方法的返回值制作一个 webhook 存入插件的 Webhook 字段。

要点②处对 newMutatingDispatcher()方法的调用特别重要：它为 Webhook Server 做了一个分发器 Dispatcher。查看要点③处的 Admit 方法逻辑：当有目标 HTTP 请求到来

时，准入控制机制会调用它进行修改操作，而它直接让插件 Webhook 字段把它分发出去，这里的分发便利用了 Dispatcher。分发器的代码位于 staging/k8s.io/apiserver/pkg/admission/plugin/webhook/mutating/dispatcher.go，复杂程度由其代码长度就能看出。由其源码可见，分发操作主要发生在 Dispatch()和 callAttrMutationHook()方法，它们一共有 300 行，由于篇幅所限，所以就不在这里展开其逻辑了，感兴趣的读者可以自行阅读。

注意：这里要提一下 MutatingAdmissionWebhook 与 ValidatingAdmissionWebhook 在调用其 Webhook Server 时的重要程度不同：ValidatingAdmissionWebhook 使用并行的方式调用注册其上的 Webhook Server，对每个 Webhook Server 的调用都在单独协程中进行，而 MutatingAdmissionWebhook 采用串行但不保证顺序的方式。二者都体现出一种无序性，这是设计有意为之：它要求开发者在写动态准入控制器逻辑时，不能假设其他控制器已经执行完毕。

对动态准入控制器的介绍到此为止，这节知识为第三篇动手编写准入控制器打下坚实的基础。

5.9 一个 HTTP 请求的处理过程

经过本章的介绍，读者对 Generic Server 所输出的能力有了较好的了解，在这一节换一个视角看 Generic Server 的工作方式。一个 Web Server 所有的服务都是通过处理 HTTP 请求实现的，如果从 HTTP 请求出发，观察它在 Server 内部经历了哪些流转和处理过程、各触及哪些方法，则能更好地理解 Generic Server。这一过程如图 5-22 所示。

Generic Server 提供的端点有多种，最主要的是针对 Kubernetes API 的，它们的相对地址以 apis/(针对具有组的 API)或 api/(针对核心 API)开头；其次 Server 还提供辅助性的端点供外界查询，典型的有健康状况检查端点 readyz、livez 和 healthz，不过 healthz 端点在新版本中被前面的两个替代了。

经过简单转发后，请求被逐个交给过滤链中的过滤器，完成各项基本检测，包括登录、鉴权、审计、CORS 防护等。值得留意的是登录和鉴权，它们的触发地是在过滤器中，在第 6 章讲解主 Server 时会用到。

请求顺利通过过滤器后来到一个关键的分流时刻：handlers 包的 director 结构体会判断当前请求是针对 Kubernetes API 的，还是针对其他的。如果是前者，则请求将被转交 go-restful 的转发器——GoRestfulContainer；如果是后者，则请求将交给普通转发器——NonGoRestfulMux。

对于针对系统健康状况查询端点的请求，director 会将其流转给 healthz 包的 handleRootHealth 方法去处理，请求过程随之结束。

对于请求 Kubernetes API 的请求，由 handlers 包下的各个资源处理器去处理。处理过程包含 3 步：

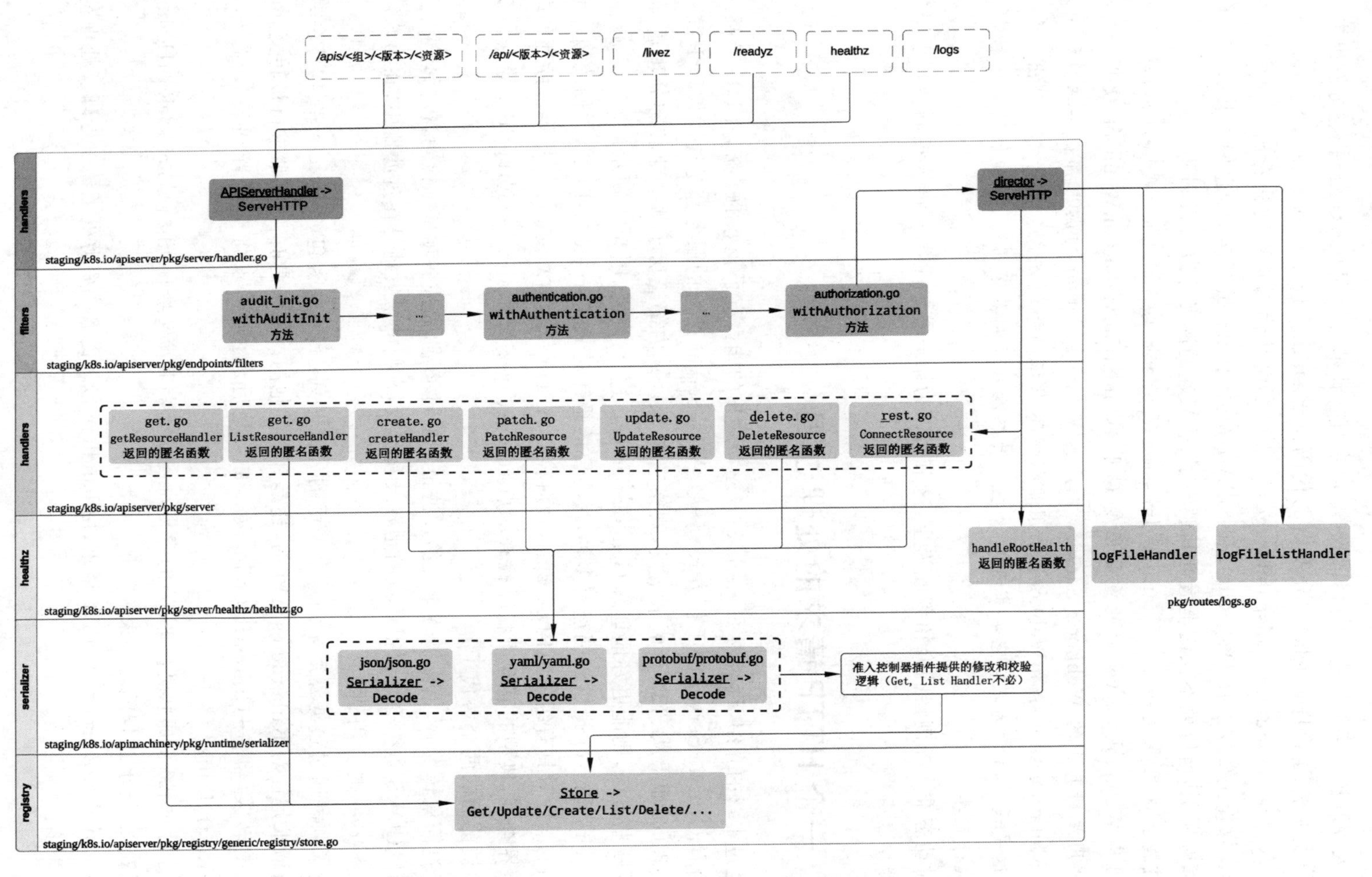

图 5-22 Generic Server 内 HTTP 请求流转

(1) 除了 Get 和 List 请求,先解析出请求体中传递过来的 GVK 信息,形成对应的 Kubernetes API 的 Go 基座结构体实例。这是借助序列化器进行的,Generic Server 提供了 3 种解析器应对 3 种格式: JSON 解析器、YAML 解析器和 Protobuf 解析器。

(2) 对解析出的 Kubernetes API 实例,逐个调用准入控制器插件的修改逻辑,之后再逐个调用校验逻辑,完成准入控制的所有处理。

(3) 利用 GVK 的 rest.Storage 接口实例,针对请求的 Verb 去进行 CRUD 等操作,结束后请求响应也随之结束。Generic Server 在 generic/registry 包中提供了 Store 结构体,它实现了 rest.Getter、rest.Updater 等接口,供各个 GVK 在自己的 Storage 结构体上去匿名嵌套,从而复用这些实现。

5.10 本章小结

Generic Server 是 Kubernetes API Server 的基础框架,本章从如何在 Go 语言中构造一个 Web Server 入手,讲解了在 Go 语言中构建 Web Server 的基本原理,这部分看似非常基础,但对后续理解 API Server 的架构有举足轻重的作用;进一步引入 API Server 所使用的 RESTful 框架——go-restful,在该框架的辅助下为 Web Server 增加 RESTful 能力非常简单,API Server 中所有 Kubernetes API 都是以 go-restful 定义的 Web Service 对外暴露的,建议读者多花些时间去查找和学习该框架;OpenAPI 是 API Server 暴露 Kubernetes API 为端点时所遵循的规范,客户端也会利用 OpenAPI 的服务规格说明对用户输入的请求内容做初始校验,本章介绍了 Generic Server 如何使用 OpenAPI;接下来注册表(Scheme)机制闪亮登场,GVK 实例默认值的设置、内外部版本之间进行转换等 API Server 特色性的操作都需要向注册表登记,5.4 节聚焦注册表的内容含义和构建过程,并且进行了全面讲解。

在完成上述基础知识的介绍后,本章正式进入 Generic Server 源代码。在 Server 创建部分,请求处理链的构建和服务器启动与关闭时钩子函数设置是重点内容,其中包含过滤器与 Server 链的构建过程。Server 启动部分讲解了几个复杂的功能,其一是证书的加载和动态更新,它利用了控制器模式,是学习和使用该模式的好例子;其二是停机流程,这里用了大量的 Go 管道来协调停机时伴随状态转换发生的操作,设计很精巧,然后介绍了 Kubernetes API 向 Generic Server 的注入过程,虽然 Generic Server 自己只是瓶,没有自己的酒——API,但它需要向上层 Server 提供注入 API 的能力。Server 还需要能向外暴露这些 Kubernetes API,从而接收与处理用户关于 API 的请求,这部分原理本章也进行了详细介绍,列出了涉及的文件、结构体和方法。

笔者建议开发人员重视 Generic Server 的内容。从技术上讲,Generic Server 囊括了 API Server 的精华,对于在 Go 语言中构建高效、安全、专业的 Web 服务大有裨益。它山之石可以攻玉,在不断学习与借鉴中,相信读者的工程水平会日臻化境。

第6章 主 Server

主 Server（又称为 Master Server 或 Master）是 API Server 的核心，它承载了绝大多数面向使用者的内置 Kubernetes API。在核心 API Server 的 Server 链中，主 Server 处于聚合器与扩展 Server 之间，起着承上启下的作用。主 Server 从聚合器接收 HTTP 请求，处理自己所负责的类型，并将不能处理的请求分发至下游的扩展 Server。主 Server 是 Kubernetes 项目中历史最悠久的控制面部件，扩展 Server、聚合 Server 及聚合器机制的创立都晚于主 Server。主 Server 是 API Server 的精华所在。

本篇第 3 章介绍了 API Server 的启动过程，讲解了各子 Server 在何处创建及哪部分代码把它们组装了起来，形成 Server 链；第 5 章剖析了各子 Server 如何以 HTTP 请求处理为主线形成 Server 链，这些知识为读者从宏观描绘了 API Server 的结构。从本章开始将为读者详解各子 Server 的内部细节，这些信息在前序章节有意略过。本章的焦点是主 Server。

6.1 主 Server 的实现

3.4.3 节提到 CreateServerChain()函数负责构造 Server 链，这就需要先构造出各子 Server，通过查看该函数的实现可知主 Server 的构造是在函数 CreateKubeAPIServer()中完成的。这个函数的内部极为简洁，只是以形式参数 kubeAPIServerConfig 为起点做了一个链式方法调用：

```
//代码 6-1 cmd/kube-apiserver/app/server.go
//创建并编织出一个可用 APIServer
func CreateKubeAPIServer(kubeAPIServerConfig * controlplane.Config,
            delegateAPIServer genericapiserver.DelegationTarget)
                                    (* controlplane.Instance, error) {
    return kubeAPIServerConfig.Complete().New(delegateAPIServer)
}
```

这行代码背后触发了主 Server 的完整构造过程，本节将从它的起点 kubeAPIServerConfig 讲起，详解这一过程，但在这之前，需要先讲解注册表(Scheme)的填充过程。

6.1.1 填充注册表

注册表的填充利用了构造者模式，这在 Generic Server 的章节已经详细介绍过了，这里不必赘述，但注册的触发程序做得十分隐蔽，不容易发现，在讲解每种 Server 时都会再重申一下该 Server 如何填充注册表，从而加深读者的理解。下面讲主 Server 如何填充。

每个内置 Kubernetes API 组都有一个 install.go 文件，就像它的名字揭示的一样，这个 API 组的所有 API 的 GVK 与 Go 基座结构体的映射、内外部版本转换函数等信息都会由它注册进给定的注册表，而且只要该文件所在的 Go 包(一般包名也是 install)被导入就会自动触发注册的执行。apps 组内部版本对应的 install.go 所含的代码如下：

```
//代码 6-2 pkg/apis/apps/install/install.go
func init() {
    Install(legacyscheme.Scheme)
}

//向 scheme 中注册 apps 组信息
func Install(scheme * runtime.Scheme) {
    utilruntime.Must(apps.AddToScheme(scheme))
    utilruntime.Must(v1beta1.AddToScheme(scheme))
    utilruntime.Must(v1beta2.AddToScheme(scheme))
    utilruntime.Must(v1.AddToScheme(scheme))
    utilruntime.Must(scheme.SetVersionPriority(v1.SchemeGroupVersion,
        v1beta2.SchemeGroupVersion, v1beta1.SchemeGroupVersion))
}
```

以上代码片段还展示了另外一个细节：apps 组下的 API 是被注册进 legacyscheme.Scheme 这个注册表实例中的。事实上不仅是 apps 组，所有内置 API 组都是被注册进这个注册表实例的。

继续追问，这些内置 API 组的 install 包又是何时被导入的呢？这是一个分两步走的过程。第 1 步，controlplane 包会导入这些 install 包，代码如下：

```
//代码 6-3 pkg/controlplane/import_known_versions.go
17  package controlplane
18
19  import (
20    //These imports are the API groups the API server will support.
21    _ "k8s.io/kubernetes/pkg/apis/admission/install"
22    _ "k8s.io/kubernetes/pkg/apis/admissionregistration/install"
23    _ "k8s.io/kubernetes/pkg/apis/apiserverinternal/install"
24    _ "k8s.io/kubernetes/pkg/apis/apps/install"
25    _ "k8s.io/kubernetes/pkg/apis/authentication/install"
26    _ "k8s.io/kubernetes/pkg/apis/authorization/install"
27    _ "k8s.io/kubernetes/pkg/apis/autoscaling/install"
28    _ "k8s.io/kubernetes/pkg/apis/batch/install"
```

```
29    _"k8s.io/kubernetes/pkg/apis/certificates/install"
30    _"k8s.io/kubernetes/pkg/apis/coordination/install"
31    _"k8s.io/kubernetes/pkg/apis/core/install"
32    _"k8s.io/kubernetes/pkg/apis/discovery/install"
33    _"k8s.io/kubernetes/pkg/apis/events/install"
34    _"k8s.io/kubernetes/pkg/apis/extensions/install"
35    _"k8s.io/kubernetes/pkg/apis/flowcontrol/install"
36    _"k8s.io/kubernetes/pkg/apis/imagepolicy/install"
37    _"k8s.io/kubernetes/pkg/apis/networking/install"
38    _"k8s.io/kubernetes/pkg/apis/node/install"
39    _"k8s.io/kubernetes/pkg/apis/policy/install"
40    _"k8s.io/kubernetes/pkg/apis/rbac/install"
41    _"k8s.io/kubernetes/pkg/apis/resource/install"
42    _"k8s.io/kubernetes/pkg/apis/scheduling/install"
43    _"k8s.io/kubernetes/pkg/apis/storage/install"
44  )
```

第2步,controlplane包又会被API Server主程序导入,具体位置为cmd/kube-apiserver/app/server.go,函数CreateServerChain()也在该源文件中。由此可见,当API Server被命令行调用启动的第一时间,所有主Server负责的内置API组信息会被注册到注册表中。

6.1.2 准备Server运行配置

回到CreateKubeAPIServer()函数的讲解。在调用它时使用的实际参数——kubeAPIServerConfig的得来也颇费周折,需要由命令行标志生成Option[①],再由Option生成Config,也就是运行配置。用户录入的命令行标志值、命令行未被使用标志的默认值都会被映射到一个Option结构体实例内;在对该实例进行补全和校验后,以它为实参调用函数CreateKubeAPIServerConfig()生成主Server运行时配置(Config)结构体实例——kubeAPIServerConfig,其类型为controlplane.Config的引用。这便是kubeAPIServerConfig的由来。

注意:kubeAPIServerConfig不仅为创建主Server实例提供了运行配置,也服务于创建其他子Server的过程。

1. 由命令行输入到Option结构体

由于命令行标志都需要被映射到Option结构体,所以可用的命令行标志受Option结构体字段的制约。这在代码6-4所展示的Flags()方法中得以体现,Flags()方法的部分代码如下:

```
//代码 6-4 /cmd/kube-apiserver/app/options/options.go
func (s *ServerRunOptions) Flags() (fss cliflag.NamedFlagSets) {
```

---

① 读者可回顾3.4节介绍的Server启动流程,其中有Option的详细讲解。

```
//要点①
s.GenericServerRunOptions.AddUniversalFlags(fss.FlagSet("generic"))
s.Etcd.AddFlags(fss.FlagSet("etcd"))
s.SecureServing.AddFlags(fss.FlagSet("secure serving"))
s.Audit.AddFlags(fss.FlagSet("auditing"))
s.Features.AddFlags(fss.FlagSet("features"))
s.Authentication.AddFlags(fss.FlagSet("authentication"))
s.Authorization.AddFlags(fss.FlagSet("authorization"))
s.CloudProvider.AddFlags(fss.FlagSet("cloud provider"))
s.APIEnablement.AddFlags(fss.FlagSet("API enablement"))
s.EgressSelector.AddFlags(fss.FlagSet("egress selector"))
s.Admission.AddFlags(fss.FlagSet("admission"))
s.Metrics.AddFlags(fss.FlagSet("metrics"))
logsapi.AddFlags(s.Logs, fss.FlagSet("logs"))
s.Traces.AddFlags(fss.FlagSet("traces"))
//…
fs := fss.FlagSet("misc")
fs.DurationVar(&s.EventTTL, "event-ttl", s.EventTTL,
              "Amount of time to retain events.")
fs.BoolVar(&s.AllowPrivileged, "allow-privileged",…
…
```

如 Flags()中要点①及其下数行所示，所有命令行标志被分为不同集合，这些集合包括以下几种。

- generic
- etcd
- secure serving
- auditing
- features
- authentication
- authorization
- cloud provider
- API enablement
- egress selector
- admission
- metrics
- logs
- traces
- misc

这些集合大部分由 Option 具有的字段生成，这体现了 Option 对可用命令行标志的影响。Flags()方法的接收器 s 的类型是 ServerRunOptions 结构体，它的字段被各自的

AddFlags()方法关联到不同命令行标志集合中。正是由于这里的关联,后续在用户输入标志后,Cobra 框架才会自动把输入的命令行标志值放入 ServerRunOptions 结构体实例内。

2. 由 Option 生成 Server 运行配置

主 Server 运行配置分为两部分:底座 Generic Server 定义的配置和自己扩展出的配置,代码 6-5 展示了它的构成。

```
//代码 6-5 kubernetes/cmd/kube-apiserver/app/server.go
config := &controlplane.Config{
    GenericConfig: genericConfig,               //要点①
    ExtraConfig: controlplane.ExtraConfig{      //要点②
        APIResourceConfigSource: storageFactory.APIResourceConfigSource,
        StorageFactory:          storageFactory,
        EventTTL:                s.EventTTL,
        KubeletClientConfig:     s.KubeletConfig,
        EnableLogsSupport:       s.EnableLogsHandler,
        ProxyTransport:          proxyTransport,

        ServiceIPRange:          s.PrimaryServiceClusterIPRange,
        APIServerServiceIP:      s.APIServerServiceIP,
        SecondaryServiceIPRange: s.SecondaryServiceClusterIPRange,

        APIServerServicePort: 443,

        ServiceNodePortRange:      s.ServiceNodePortRange,
        KubernetesServiceNodePort: s.KubernetesServiceNodePort,

        EndpointReconcilerType:
                reconcilers.Type(s.EndpointReconcilerType),
        MasterCount:            s.MasterCount,

        ServiceAccountIssuer:        s.ServiceAccountIssuer,
        ServiceAccountMaxExpiration: s.ServiceAccountTokenMaxExpiration,
        ExtendExpiration:
                s.Authentication.ServiceAccounts.ExtendExpiration,

        VersionedInformers: versionedInformers,
    },
}
```

生成该运行配置也相应地被分为两部分:一是为 Generic Server 定义的配置赋值,二是为扩展配置赋值。CreateKubeAPIServerConfig()函数就是这么做的。先看扩展配置部分。代码 6-5 要点②下的内容清楚地展示了这类配置项,内容较繁杂但值大部分来自 Option 入参,即变量 s。再说为 Generic Server 运行配置赋值。5.5.1 节介绍过 Generic Server 提供了方法 NewConfig()来创建自己的运行配置,它从自身出发为各个配置项设置了默认值。对于主 Server 来讲,需要调整这些默认值,从而适应主 Server 的要求。调整的内容很丰富,由函数 buildGenericConfig()完成。限于篇幅，此处不展开介绍该函数，但考虑到这些调整将影响整个核心 API Server，列出其所作的主要调整：

(1) API 版本、API 的启用与禁止设置。

(2) HTTPS 安全配置。

(3) API Server 功能开关(Feature Gate)的设置。

(4) Egress 设置。

(5) OpenAPI v1 和 v3 配置。

(6) 对 ETCD 参数进行调整。

(7) 登录和鉴权器的设置。

(8) 审计设置。

(9) 准入控制。

(10) 启用准入控制机制。

注意： 以上调整十分重要，核心 API Server 与 Generic Server 的不同表现由它们造就。

3. 补全 Server 运行配置

制作主 Server 的第 1 步是补全以上生成的 Server 运行配置——kubeAPIServerConfig，它具有的方法 Complete()可以完成这项工作。在 Option 阶段也发生过补全[①]，而 Config 又基于 Option 生成，所以主要信息应该是完善的，这一步再补全主要有两个目的：

(1) 触发 Generic Server 的 Config 实例的补全操作。在讲 Generic Server 的创建时阐述过，它的创建过程也是以补全后的运行配置为基础的，既然 Generic Server 是主 Server 的底座，那自然需要对 Generic Server 运行配置进行补全。

(2) 添加或调整一些主 Server 特有的运行配置。例如 API Server 的 IP 地址，以及其内 Service 可使用的 IP 地址段(CIDR)。

6.1.3 创建主 Server

补全后的 Server 运行配置结构体实例具有创建主 Server 的工厂方法：New()。这一设计十分类似 Generic Server，它的创建也基于补全后的运行配置。本节将 New()方法的执行分为 3 个步骤，逐一进行讲解。主 Server 的创建过程如图 6-1 所示。

1. 创建实例

首先，创建一个 Generic Server 实例，它提供了 Server 的底层能力，接着向 Generic Server 的 Handler.GoRestfulContainer 属性加入几个专用端点。

(1) /logs：通过这个端点可直接获取 API Server 中/var/log 目录下的日志文件。

(2) /.well-known/openid-configuration：客户端可以通过该端点取得 OpenID Server 的地址等信息。当集群启用 OpenID 登录认证时，客户端(例如 kubectl)可以通过这个端点获取 OpenID Idp 的地址。

---

① 参考 3.4.3 节。

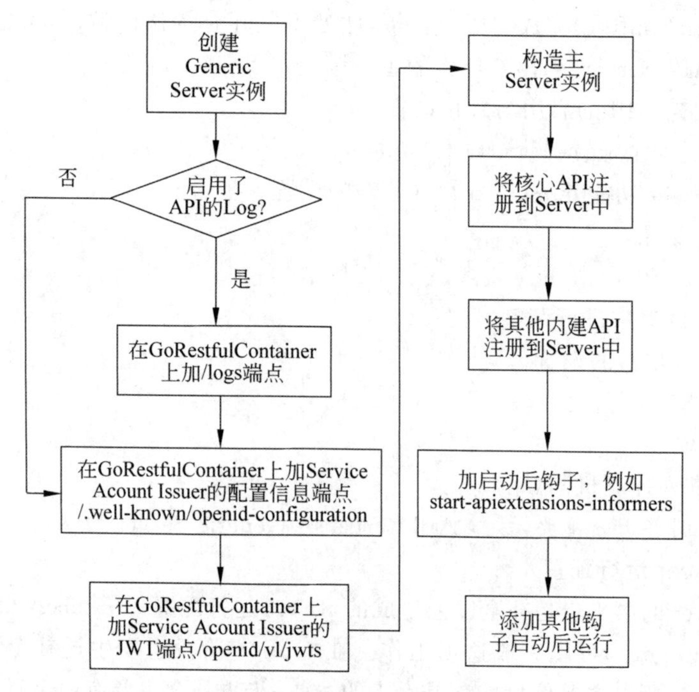

图 6-1　主 Server 的创建过程

(3) /openid/v1/jwts：同样是当集群启用了基于 OpenID 的登录认证时，客户端通过这个端点获取 OpenID Idp 提供者的 JSON Web Key 文档，这个文档中包含了 JWT 验证密钥。

然后创建一个主 Server 实例，它的类型是 controlplane 包下的 Instance 结构体，该结构体含有两个字段，一个是 Generic Server 结构体实例，另一个是集群的登录认证方式的信息，其源代码如下：

```
//代码 6-6 pkg/controlplane/instance.go
type Instance struct {
    GenericAPIServer *genericapiserver.GenericAPIServer

    ClusterAuthenticationInfo
                clusterauthenticationtrust.ClusterAuthenticationInfo
}
```

2. 注入 API

主 Server 的 Kubernetes API 分两批注入底座 Generic Server。

(1) 注入核心 API，调用 Generic Server 实例的 InstallLegacyAPIGroup()方法完成。

(2) 注入其他内置 API，调用 Generic Server 实例的 InstallAPIGroups()方法完成。

注入接口的核心输入参数是 APIGroupInfo 结构体的实例或数组，每个 API Group 有一个该类型实例。API 的注入过程在讲解 Generic Server 时介绍过，主 Server 如何构造出该输入参数是本段的要点。

由于核心 API 都在名为空的 API 组内，所以调用 InstallLegacyAPIGroup()时只需传入该 Group 的 APIGroupInfo 实例，这个实例的构造时序图如图 6-2 所示。

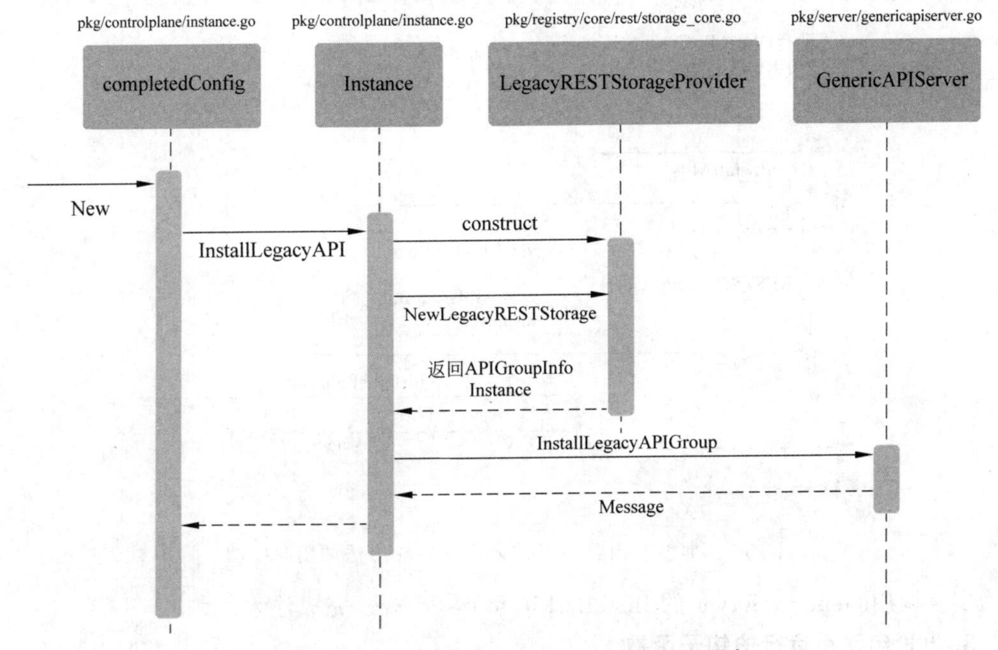

图 6-2 核心 API 注入主 Server 方法的调用顺序

注意：由于 Go 并非面向对象的语言，用标准 UML 描述 Go 程序逻辑很有挑战。图 6-2 中的 4 个实体都是结构体，它们所在的定义文件标注在其名称上方。

图 6-2 略去大部分和 API 注入无关的方法调用，但为了和 Generic Server 中介绍的 API 注入相呼应，图中保留了调用 Generic Server 注入接口的部分。LegacyRESTStorageProvider 结构体是核心 API 的 APIGroupInfo 结构体实例生成者，其 NewLegacyRESTStorage()方法负责根据一个核心 API 生成 APIGroupInfo 实例。

获取其他内置 API 的 APIGroupInfo 实例则要复杂一些，因为它们分布在不同的 API Group 内，若由单一对象为所有 API 生成，则体现出较高耦合性，与现有设计格格不入。于是设计出 RESTStorageProvider 接口(注意不是结构体)，要求各个 API 自行实现该接口以生成 APIGroupInfo 结构体实例，主 Server 代码会逐个调用。这部分内置 API 的注入过程如图 6-3 所示，其中包含 APIGroupInfo 数组的构建。除 RESTStorageProvider 是一个接口外，图中其他实体均为结构体。

图 6-3 中 completedConfig 结构体的 New()方法从各个 API Group 收集 APIGroupInfo 实例生成器，形成元素类型为 RESTStorageProvider 接口的数组，该接口定义了 NewRESTStorage()方法，用于获取一个 API Group 的 APIGroupInfo 实例。Instance 实例负责遍历该数组，调用元素的 NewRESTStorage()方法获取 APIGroupInfo 实例，最后以这组 APIGroupInfo 实

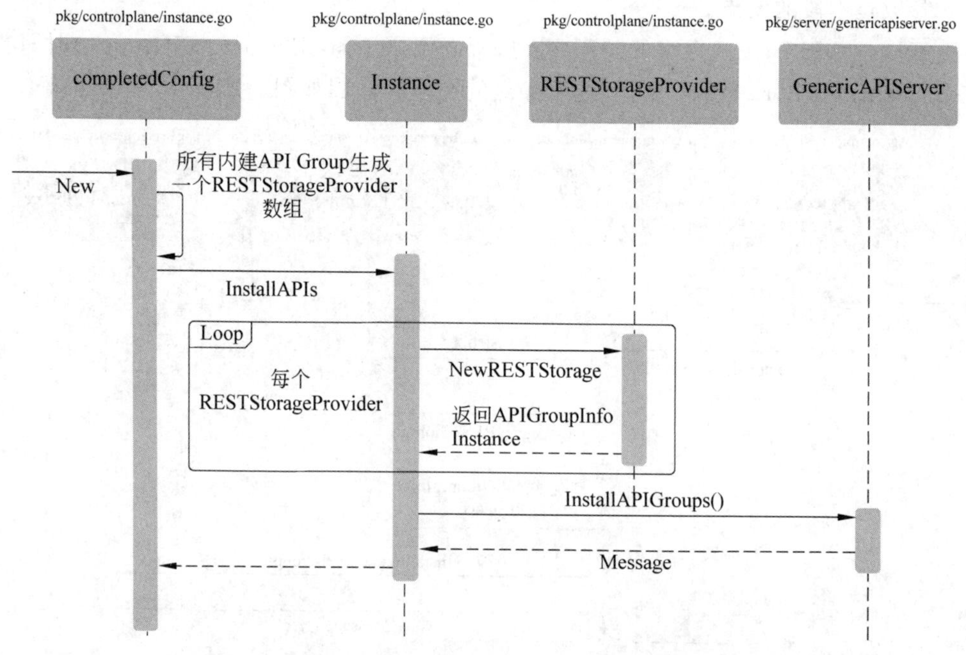

图 6-3 非核心内置 API 注入主 Server 方法调用时序图

例为实参调用 Generic Server 的 InstallAPIGroups()方法,完成注入。

3. 设置启动后运行的钩子函数

回到 New()方法的主逻辑。将 API 注入 Generic Server 后,代码开始将一些函数加入启动后运行的钩子函数组(PostStartHooks),例如负责启动一系列处理 CRD 的控制器的名为 start-apiextensions-controllers 的钩子。PostStartHooks 在 Generic Server 部分已介绍过,Generic Server 自己也会添加许多钩子进去。

至此,主 Server 实例构造完毕,这个实例将被嵌入以聚合器为头的 Server 链中,等待接收针对内置 API(涵盖核心 API)和 CRD 的请求,其中 CRD 部分将被转发至下游子 Server。

6.2 主 Server 的几个控制器

主 Server 承载了全部内置 API 实例,它根据客户端的请求对 API 实例进行增、删、改、查操作,确保 ETCD 中具有这些 API 实例的最新信息,这很好,但还不够。如果要 API 实例所代表的用户期望落实到系统中,则还需控制器对 API 实例内容进行细化并驱动计划器等组件调整系统。

注意: 控制器的作用举足轻重。Kubernetes 以容器技术为基础,应用程序的任务最终通过在节点上运行容器来完成,从 API 实例到节点容器之间有很长的距离需要控制器、计划器等去桥接。控制器起到的作用是解读 API 实例内容,将其细化到计划器、Kube-Proxy 等组件能消费的粒度,它驱动了系统的运转。以 Deployment 为例,其控制器会由其单一

Deployment 实例派生出 ReplicaSet 实例；再由 ReplicaSet 控制器接力派生出 Pod 实例；接下来计划器消费 Pod，为其选取节点。

主 Server 负责的 API 的控制器绝大部分不运行在 API Server 中，而是由控制器管理器这一可执行程序去执行并管理。本书的重点不在控制器管理器，不会展开介绍它的设计和实现，但为了让读者对 API Server 有完整认识，本节选择几种重要且常见 API 的控制器源代码进行简要介绍。

6.2.1 ReplicaSet 控制器

ReplicaSet API 的前身是 ReplicationController，简称 RC。虽然名字中含有 Controller，但它实际上是 API，而不是控制器。一个 RC 可以确保任何时刻都有指定数量的 Pod 副本在运行，当然这里的"任何时刻"是指逻辑上的，现实中无法达到如此细的粒度。可将 RC 比作管家，时刻看管着家中佣人是不是都在正常工作。RC 的定位非常简单明了，就只负责这些。为了能计数，RC 的 selector 属性记录了筛选目标 Pod 用的标签；为了能创建 Pod，RC 的 template 属性记录了 Pod 应具有的属性；另外一个重要属性是 replicas，它的值是一个整数，标明需要多少个 Pod 副本。一个 ReplicationController 实例如图 6-4 所示。

RC 已经被 ReplicaSet（RS）所替代，RS 是 RC 的加强版。为了获得更多能力，RS 基本不会被单独使用，总是通过 Deployment API 间接使用它。

1. 控制器的基座结构体

ReplicaSet 控制器完全构建在 ReplicaSetController 这个结构体上，本书将这类结构体称为基座结构体。所有控制器都建立在自己的基座结构体上。它的所有字段如图 6-5 所示，其中以下几个较关键。

```
apiVersion: v1
kind: ReplicationController
metadata:
  name: nginx
spec:
  replicas: 3
  selector:
    app: nginx
  template:
    metadata:
      name: nginx
      labels:
        app: nginx
    spec:
      containers:
      - name: nginx
        image: nginx
        ports:
        - containerPort: 80
```

图 6-4　ReplicationController 实例

```
ReplicaSetController struct{...}
  burstReplicas int
  eventBroadcaster record.EventBroadcaster
  expectations *controller.UIDTrackingControllerExpectations
  GroupVersionKind schema.GroupVersionKind
  kubeClient clientset.Interface
  podControl controller.PodControlInterface
  podLister corelisters.PodLister
  podListerSynced cache.InformerSynced
  queue workqueue.RateLimitingInterface
  rsIndexer cache.Indexer
  rsLister appslisters.ReplicaSetLister
  rsListerSynced cache.InformerSynced
  syncHandler func(ctx context.Context, rsKey string) error
```

图 6-5　ReplicaSetController 结构体字段

(1) kubeClient：与 API Server 连通，用于获取 RS 实例和 Pod 实例等。

(2) podControl：操作 Pod 的接口，例如创建、删除等。

(3) podLister 和 rsLister：从 informer 实例上获取的访问本地缓存中的 Pod 和 ReplicaSet 实例的接口。

(4) syncHandler：其类型是函数，内含控制循环所执行的核心逻辑，当 RS 参数变化或底层 Pod 情况有变时，控制循环最终会调用该方法进行系统调整。

(5) queue：控制器工作队列，存储待处理的 RS 实例主键。

基座结构体上还附加了许多方法，如图 6-6 所示，其中重要的方法有以下几种。

```
(*ReplicaSetController).addPod func(obj interface{})
(*ReplicaSetController).addRS func(obj interface{})
(*ReplicaSetController).claimPods func(ctx context.Context, rs *apps.ReplicaSet, selector labels.Selector, filteredPods []*v1.Pod) ([]*v1.Pod, error)
(*ReplicaSetController).deletePod func(obj interface{})
(*ReplicaSetController).deleteRS func(obj interface{})
(*ReplicaSetController).enqueueRS func(rs *apps.ReplicaSet)
(*ReplicaSetController).enqueueRSAfter func(rs *apps.ReplicaSet, duration time.Duration)
(*ReplicaSetController).getIndirectlyRelatedPods func(logger klog.Logger, rs *apps.ReplicaSet) ([]*v1.Pod, error)
(*ReplicaSetController).getPodReplicaSets func(pod *v1.Pod) []*apps.ReplicaSet
(*ReplicaSetController).getReplicaSetsWithSameController func(logger klog.Logger, rs *apps.ReplicaSet) []*apps.ReplicaSet
(*ReplicaSetController).manageReplicas func(ctx context.Context, filteredPods []*v1.Pod, rs *apps.ReplicaSet) error
(*ReplicaSetController).processNextWorkItem func(ctx context.Context) bool
(*ReplicaSetController).resolveControllerRef func(namespace string, controllerRef *metav1.OwnerReference) *apps.ReplicaSet
(*ReplicaSetController).Run func(ctx context.Context, workers int)
(*ReplicaSetController).syncReplicaSet func(ctx context.Context, key string) error
(*ReplicaSetController).updatePod func(old, cur interface{})
(*ReplicaSetController).updateRS func(old, cur interface{})
(*ReplicaSetController).worker func(ctx context.Context)
```

图 6-6 RSC 结构体方法

(1) Run()方法：负责启动控制器。这是控制器暴露给包外的唯一方法，外部只需在合适的时候调用该方法启动控制器。

(2) worker()方法：控制器工作的执行者，它不断地从控制器工作队列中取出任务进行处理。一个控制器可以在 Run()中启动多个协程运行 worker()方法以达到并行处理的目的。

(3) processNextWorkItem()方法：worker()内部就是一个死循环，每次循环都执行这个方法，该方法驱动 worker()获取的每项任务的执行。

(4) syncReplicaSet()方法：在 Run 中它被赋予 RS 的 syncHandler 字段所代表的函数，每次有 RS 变动而需要调整 Pod 数量时，控制循环就会调用这个方法。

(5) manageReplicas()方法：比较 RS 需要的 Pod 数与实际存在的 Pod 数量，如果不够就创建新 Pod，如果多出了就停掉一些。

(6) addXXX、deleteXXX 和 updateXXX 方法：当有 RS 实例或由 RS 管理的 Pod 实例发生变动时，检验变动是否会触发对 Pod 数量的调整，如果是，则把受影响的 RS 放入 queue 中。

2. 控制器的执行逻辑

控制器管理器会调用控制器基座结构体提供的Run()方法来逐个启动控制器。之后控制器便自行运转直至控制器管理器关停。ReplicaSet 控制器的内部运作逻辑如图 6-7 所示。

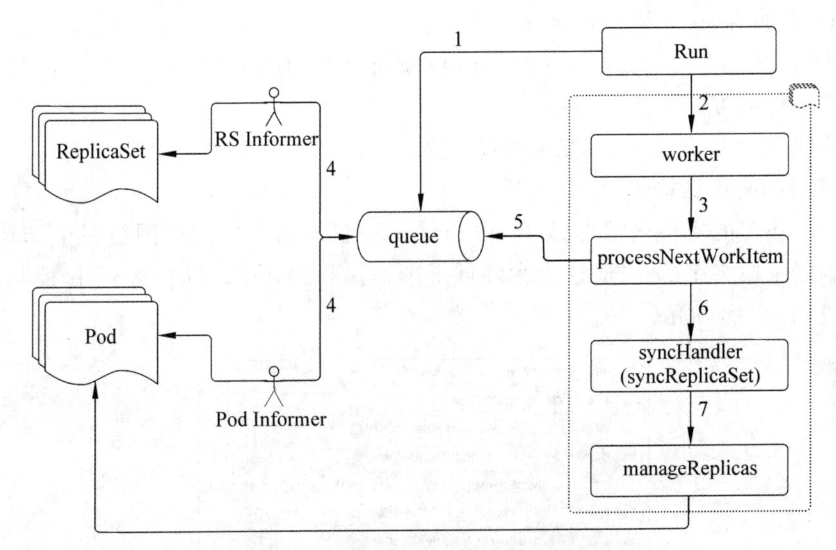

图 6-7　ReplicaSet 控制器运作机制

Run()方法内部会启动工作队列 queue，然后启动多个协程，每个都运行控制器的 worker()方法。worker()方法的内部以死循环的方式不断地重复运行 processNextWorkItem()方法，这个方法每次运行时会首先检查队列中有无 ReplicaSet 实例[①]，一旦有就意味着和该 RS 实例相关的 Pod 副本数量已被调整，需要落实到系统。于是它做初步检查，以确认需要调整系统中 Pod 数量，一旦得到数量便调用 manageReplicas()方法去实际创建或删除 Pod。

Informer 具有事件机制，当其关联的 API 发生变化时——例如新实例的创建，相应事件将被触发，事件所关联的回调函数将被执行。RS Informer 和 Pod Informer 充当了工作队列内容的生产者角色，RS Informer 事件上的回调函数会把造成事件的 RS 实例加入队列，而 Pod Informer 事件上的回调函数则会首先确定被 Pod 变化影响到的 RS 实例，然后将这个实例放入队列。

6.2.2　Deployment 控制器

Deployment 是常用的 API，它将 Pod 副本管理工作交给一个 ReplicaSet，自身则提供高层次功能。Deployment 提供给用户的典型能力有以下几种。

(1) 发布应用的更新：用户只需改变 Deployment 实例中的 Pod 属性，控制器全权负责把修改向系统发布。如果采用滚动更新策略，则会有新的 ReplicaSet 被创建出来并逐步关

① 实际队列中存放 RS 实例 key 信息，待使用时再根据 key 找到实例。文中这种替代不会影响理解。

停老的 ReplicaSet。

(2) 版本回退:当发现新版本有问题时,用户可以让 Deployment 回退到前序版本,以及时恢复生产。

(3) 系统伸缩:高峰时多启动 Pod 以应对高负载,低谷时关停部分 Pod 以节省资源。Deployment 借助 Scale 子资源提供这项能力。

(4) 暂停发布:当 Deployment 在逐步更新所具有的 Pod 时,用户可以暂停更新,这为系统管理带来更多可能性。

这些功能均由 Deployment 控制器主导完成。

1. 控制器的基座结构体

与 ReplicaSet 的实现非常类似,Deployment 控制器的实现同样围绕一个结构体,而且主要的控制器字段名字都相同,这大大降低了理解代码的难度。Deployment 控制器结构体具有的字段如图 6-8 所示。

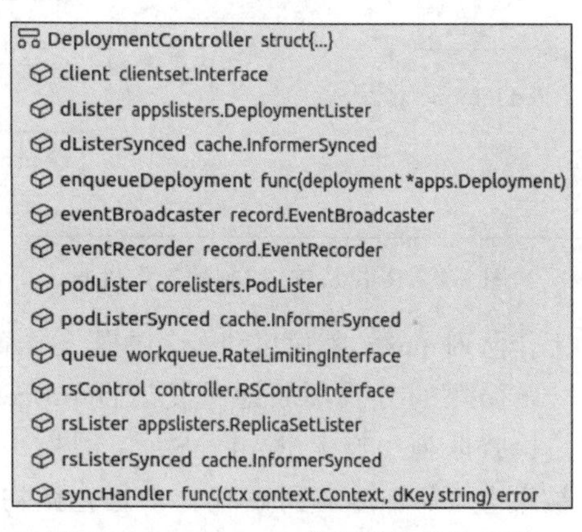

图 6-8 Deployment 控制器结构体字段

(1) queue、syncHandler 和 client 字段的意义同 ReplicaSet 控制器结构体一致。

(2) rsControl:操作 ReplicaSet 实例的接口。一个 Deployment 底层需要一个 ReplicaSet 去管理 Pod 副本。

(3) podLister、rsLister 和 dLister:由不同 informer 构造,是访问 API Server 中 ReplicaSet、Deployment 和 Pod 的工具。

Deployment 控制器结构体具有的方法如图 6-9 所示,其中同样具有 worker()、processNextWorkItem()、addXXX()、updateXXX()、deleteXXX(),它们的作用完全类似 ReplicaSet 控制器上的相应方法。

Deployment 在关注自身实例的变化的同时,还需要关注其拥有的 ReplicaSet 实例的变化,二者都会造成相关 Deployment 进入控制循环监控的队列,这就是为什么既有 add/update/deleteDeployment()方法,也需要 add/update/deleteReplicaSet()方法。特别地,如果一个 Deployment 的所有 Pod 都被删除了,则系统需要重新创建该 Deployment,所以这里也定义了 deletePod()方法去关注这个事件,当发生这种情况时把受影响的 Deployment

```
(*DeploymentController).addDeployment func(logger klog.Logger, obj interface{})
(*DeploymentController).addReplicaSet func(logger klog.Logger, obj interface{})
(*DeploymentController).deleteDeployment func(logger klog.Logger, obj interface{})
(*DeploymentController).deletePod func(logger klog.Logger, obj interface{})
(*DeploymentController).deleteReplicaSet func(logger klog.Logger, obj interface{})
(*DeploymentController).enqueue func(deployment *apps.Deployment)
(*DeploymentController).enqueueAfter func(deployment *apps.Deployment, after time.Duration)
(*DeploymentController).enqueueRateLimited func(deployment *apps.Deployment)
(*DeploymentController).getDeploymentForPod func(logger klog.Logger, pod *v1.Pod) *apps.Deployment
(*DeploymentController).getDeploymentsForReplicaSet func(logger klog.Logger, rs *apps.ReplicaSet) []*apps.Deployment
(*DeploymentController).getPodMapForDeployment func(d *apps.Deployment, rsList []*apps.ReplicaSet) (map[types.UID][]*v1.Pod, error)
(*DeploymentController).getReplicaSetsForDeployment func(ctx context.Context, d *apps.Deployment) ([]*apps.ReplicaSet, error)
(*DeploymentController).handleErr func(ctx context.Context, err error, key interface{})
(*DeploymentController).processNextWorkItem func(ctx context.Context) bool
(*DeploymentController).resolveControllerRef func(namespace string, controllerRef *metav1.OwnerReference) *apps.Deployment
(*DeploymentController).Run func(ctx context.Context, workers int)
(*DeploymentController).syncDeployment func(ctx context.Context, key string) error
(*DeploymentController).updateDeployment func(logger klog.Logger, old, cur interface{})
(*DeploymentController).updateReplicaSet func(logger klog.Logger, old, cur interface{})
(*DeploymentController).worker func(ctx context.Context)
```

图 6-9 Deployment 控制器结构体方法

入队列，从而触发重建。

方法 syncDeployment()是 Deployment 控制器的核心逻辑，当有 Deployment 实例信息发生了变化而需要对系统进行调整时，这个方法就会被执行。

2. 控制器的执行逻辑

控制器管理器程序通过 Run 方法在多个协程中分别启动 worker()方法，它内部以死循环的方式调用 processNextWorkItem()方法，这个方法只有在 queue 中有内容时才取出其中的一个来处理。queue 中含有可能需要调整的 Deployment 实例，其内容来自 3 个 Informer：Deployment Informer、ReplicaSet Informer 和 Pod Informer。这 3 个 Informer 的 Add、Update 和 Delete 事件被绑定了响应方法，当事件发生时会先找出受影响的 Deployment 实例，然后放入工作队列。

Deployment 控制器的运作机制如图 6-10 所示。

processNextWorkItem()获得需要处理的 Deployment 实例后，需要进一步调用 syncDeployment()，该方法在其内部分清实际情况，按需调用下游方法以完成调整。

(1) sync()方法：如果 Deployment 在发布时被暂停而现在要继续执行，或接收到伸缩指令，则需调用本方法进行处理。

(2) rollback()方法：回退到之前的版本。

(3) rolloutRecreate()方法：以重建的方式更新 Pod。当 Deployment 实例采取“停掉老的 ReplicaSet，然后创建新的”的策略时，这种方法会被启用。

(4) rolloutRolling()方法：目的同上，当 Deployment 实例采用滚动更新策略时，在逐步关停老 ReplicaSet 上的 Pod 的同时逐步启动新的 ReplicaSet，这种方法被启用。

结合 6.2.1 节介绍的 ReplicaSet，综合来看一个 Deployment 实例被创建出来后，系统内

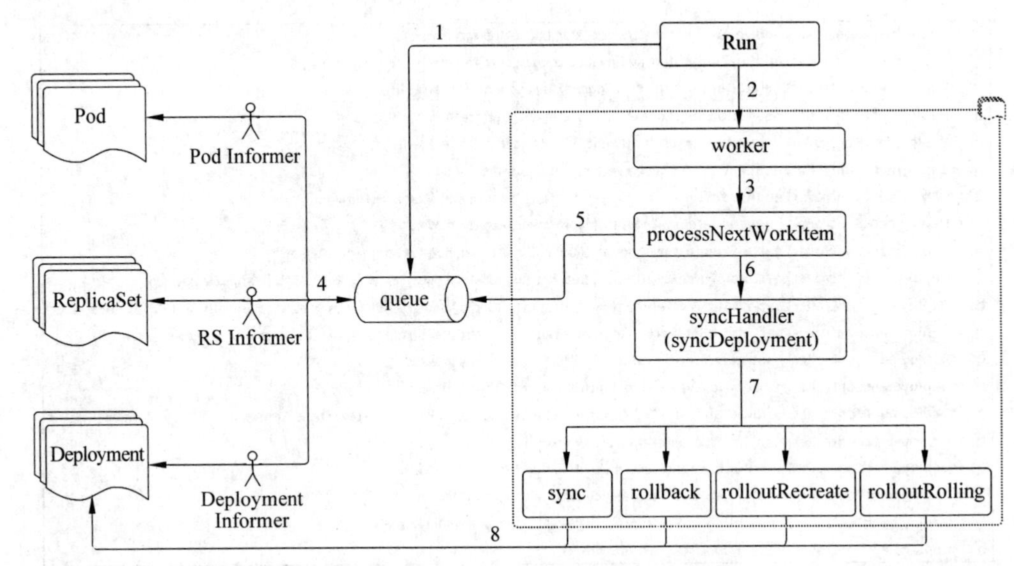

图 6-10 Deployment 控制器的运作机制

的各个组件是如何协作的。这个过程如图 6-11 所示。

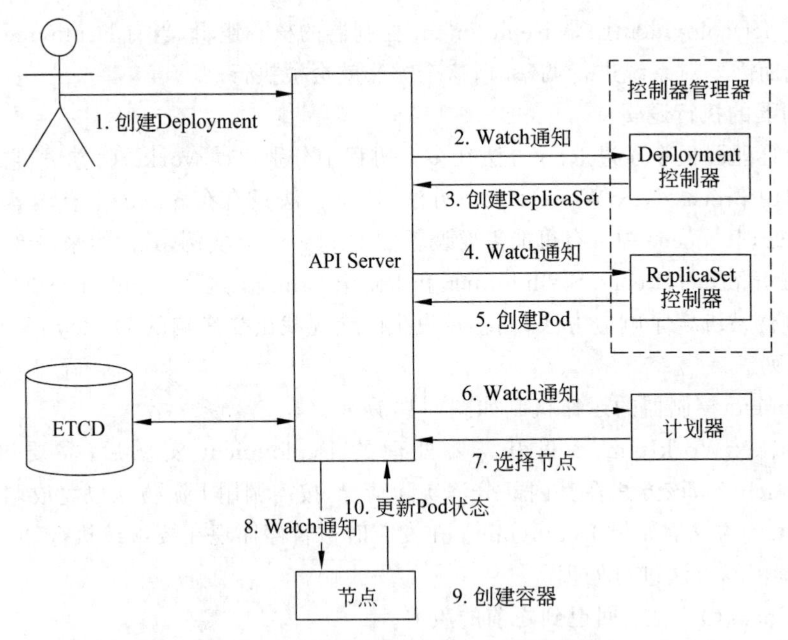

图 6-11 系统响应 Deployment 实例创建

6.2.3 StatefulSet 控制器

Deployment 通过 ReplicaSet 创建并管理一组 Pod，它们具有完全相同的参数，彼此可以相互替代，遇有失败也可以直接用新 Pod 替代。Deployment 非常适用于部署无状态应用，例如大型 Web 系统经常会设置在最前端的负载均衡服务就适合用 Deployment 来部署，但是并非所有应用都如此，Pod 之间虽然参数相同，但各有不同使命，彼此不可替代的场景也不少。这类应用是一种有状态应用，它们具有以下特点：

（1）各 Pod 往往利用自有存储保存一些自己负责并影响应用程序状态的信息。

（2）由于 Pod 之间相互依赖，所以它们的启动和关闭顺序是要固定的。

（3）Pod 的 DNS 标识需要相对固定，以便其他服务与之联系。

Kubernetes 设立 StatefulSet(SS)来满足这类应用的需求。

1. 控制器的基座结构体

Go 结构体 StatefulSetController 是这个控制器的基座，它承载了控制器的典型属性和方法。有了前面介绍的控制器知识，会很快判断出 XXXLister、queue 和 XXXControl 等字段的作用。实际上相对前面介绍的几个控制器，StatefulSet 控制器设计被简化了，它甚至省略了重要字段：syncHandler，但这不代表 SS 控制器没有类似其他控制器的 syncHandler，实际上 StatefulSetController 的 sync() 方法替代了 syncHandler 字段。SS 控制器基座结构体的主要字段如图 6-12 所示。

```
StatefulSetController struct{...}
  control StatefulSetControlInterface
  eventBroadcaster record.EventBroadcaster
  kubeClient clientset.Interface
  podControl controller.PodControlInterface
  podLister corelisters.PodLister
  podListerSynced cache.InformerSynced
  pvcListerSynced cache.InformerSynced
  queue workqueue.RateLimitingInterface
  revListerSynced cache.InformerSynced
  setLister appslisters.StatefulSetLister
  setListerSynced cache.InformerSynced
```

图 6-12 StatefulSet 控制器基座结构体的主要字段

StatefulSet 控制器的方法个数同样较少。worker()、processNextWorkItem() 和 Run() 的作用可参照之前的控制器；StatefulSet 控制器关心 Pod 的变化，addPod()、updatePod() 和 deletePod() 方法被绑定到 Pod Informer 的相应事件上，从而把受影响的 StatefulSet 实例放入工作队列；除此之外，SS 控制器显然也关心 StatefulSet 实例自身的变化，方法 enqueueStatefulSet() 被直接绑定到 SS Informer 的相应事件上，把变化的 StatefulSet 实例放入队列。SS 控制器基座结构体的主要方法如图 6-13 所示。

```
(*StatefulSetController).addPod func(logger klog.Logger, obj interface{})
(*StatefulSetController).adoptOrphanRevisions func(ctx context.Context, set *apps.StatefulSet) error
(*StatefulSetController).canAdoptFunc func(ctx context.Context, set *apps.StatefulSet) func(ctx2 context.Context) error
(*StatefulSetController).deletePod func(logger klog.Logger, obj interface{})
(*StatefulSetController).enqueueSSAfter func(ss *apps.StatefulSet, duration time.Duration)
(*StatefulSetController).enqueueStatefulSet func(obj interface{})
(*StatefulSetController).getPodsForStatefulSet func(ctx context.Context, set *apps.StatefulSet, selector labels.Selector) ([]*v1.Pod, error)
(*StatefulSetController).getStatefulSetsForPod func(pod *v1.Pod) []*apps.StatefulSet
(*StatefulSetController).processNextWorkItem func(ctx context.Context) bool
(*StatefulSetController).resolveControllerRef func(namespace string, controllerRef *metav1.OwnerReference) *apps.StatefulSet
(*StatefulSetController).Run func(ctx context.Context, workers int)
(*StatefulSetController).sync func(ctx context.Context, key string) error
(*StatefulSetController).syncStatefulSet func(ctx context.Context, set *apps.StatefulSet, pods []*v1.Pod) error
(*StatefulSetController).updatePod func(logger klog.Logger, old, cur interface{})
(*StatefulSetController).worker func(ctx context.Context)
```

图 6-13 StatefulSet 控制器基座结构体的主要方法

2. 控制器的运行逻辑

SS控制器的运行逻辑如图6-14所示。需要特殊说明的只有第8步对方法updateStatefulSet()的调用。syncStatefulSet()方法会在有StatefulSet实例发生变化时被调用,但它并不"实操"去改变系统状态,那是由defaultStatefulSetControl结构体的updateStatefulSet()方法来完成的。StatefulSet的特殊之处是它的各个Pod不能互相替代,启动和关停时各个Pod的顺序不能乱,这些都是在updateStatefulSet()方法中保证的,感兴趣的读者可自行阅读。

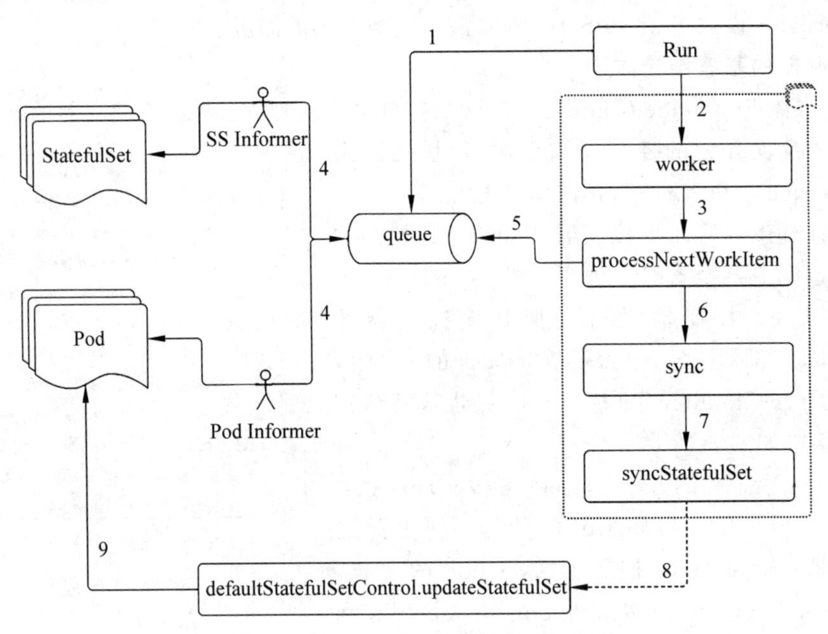

图6-14 StatefulSet控制器的运行逻辑

6.2.4 Service Account 控制器

顾名思义,Service Account代表一种账号的概念,但它不是分配给人用的用户,而是分配给程序使用。Service Account提供了一种用于在Kubernetes集群内标识一个实体的API,各种实体可以使用获得的SA向API Server声明自己的身份,例如Pod、Kubelet等系统组件便是如此。Service Account的典型应用场景如下:

(1) 如果一个Pod需要和API Server交互就要通过API Server的登录和鉴权(6.4节),该Pod可以使用一个SA实例来完成。

(2) 一个Pod需要和一个外部服务建立联系,该服务已经和Kubernetes集群建立了信任关系,认可集群内的SA。这时SA机制提供了一个简易的用户数据库。

(3) SA可以被用来作为私有镜像库的用户。

Service Account是一种Kubernetes API,引入新的SA实例只需通过资源定义文件在API Server中建立一个SA资源就可以了。每个SA实例都隶属某个命名空间,在创建时SA将被赋予default命名空间,管理员后续可以改变。SA和另外一种API——Secret有着密切关系。对于一个账号来讲,“密码”是必不可少的信息,SA 是借用 Secret API 来管理器密码的。正是由于关系密切,所以实现 SA 控制器的 Go 包 serviceaccount 内特别写了一个控制器,专门处理那些由 SA 使用的 Secret,称为 Token 控制器。

1. 控制器的基座结构体

SA 和 Token 控制器分别基于结构体 ServiceAccountsController(SAC)和 TokensController(TC)构建,相比 Deployment 控制器等,它们结构简单。Token 控制器结构体有两个 queue,分别是 syncSecretQueue 和 syncServiceAccountQueue,前者用于存放变化了的 Secret 实例,而后者用于存放变化了的 SA 实例。SA 的变化会牵扯到 Secret,例如当删除一个 SA 实例时,和它关联的 Secret 极有可能也要被删除,但其实这里完全可以把两个 queue 合并,只需在 SA 变化而影响 Secret 时先取出受影响的 Secret,然后放入工作队列就可以了,这种做法在前面介绍的控制器实现中很常见。SA 控制器的结构体只有一个 queue,用于存放变化了的命名空间。

注意:与其他控制器不同,SAC 的工作队列 queue 并非存放其对应的 API——SA,而是存放命名空间。SA 的性质决定了不需要系统针对该类 API 实例做什么落实工作,唯一要做的 Secret 维护已经被 TC 承担。转而将为一个命名空间创建名为 default 的默认 SA 这一任务交给 SAC。

TC 与 SAC 控制器结构体的字段如图 6-15 所示。

TokensController struct{...}
client clientset.Interface
maxRetries int
rootCA []byte
secretSynced cache.InformerSynced
serviceAccounts listersv1.ServiceAccountLister
serviceAccountSynced cache.InformerSynced
syncSecretQueue workqueue.RateLimitingInterface
syncServiceAccountQueue workqueue.RateLimitingInterface
token serviceaccount.TokenGenerator
updatedSecrets cache.MutationCache

(a) TC控制器结构体的字段

ServiceAccountsController struct{...}
client clientset.Interface
nsLister corelisters.NamespaceLister
nsListerSynced cache.InformerSynced
queue workqueue.RateLimitingInterface
saLister corelisters.ServiceAccountLister
saListerSynced cache.InformerSynced
serviceAccountsToEnsure []v1.ServiceAccount
syncHandler func(ctx context.Context, key string) error

(b) SAC控制器结构体的字段

图 6-15 TC 与 SAC 控制器结构体的字段

SAC 与 TC 控制器结构体的重要方法如图 6-16 所示。由于需要介入的情况较少,所以 SAC 结构体上的方法不多,也精简了一些无足轻重的方法,如图 6-16(a)所示。runWorker()方法相当于其他控制器中的 worker();SA 资源内容简单,需要控制器介入进行处理的情况主要和命名空间有关:

(1) 命名空间的创建或改变,这时需要检查是否需要创建一个 default 的 SA 实例给它。

(2) 命名空间内 default SA 实例被删除,需要马上重建一个给它。

为了监控到这些事件,方法 serviceAccountDeleted()被注册到 SA Informer 的删除事件上,从而把受影响的命名空间入列;方法 namespaceAdded()和 namespaceDeleted()被注册到命名空间 Informer 的相应事件上,将受影响的命名空间入列。当有命名空间变化而需要控制循环去处理时,方法 syncNamespace()被调用。

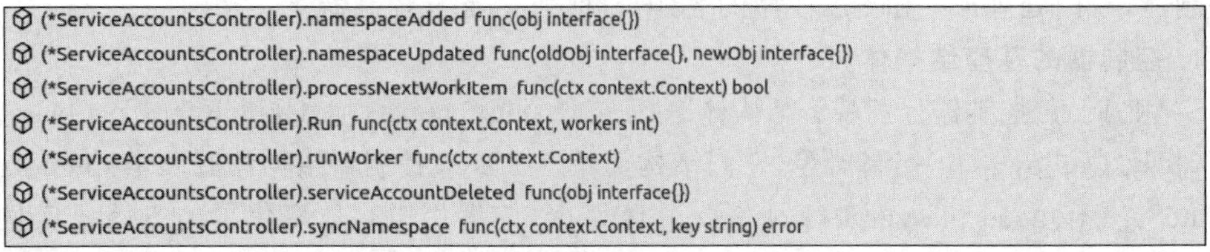

```
(*ServiceAccountsController).namespaceAdded func(obj interface{})
(*ServiceAccountsController).namespaceUpdated func(oldObj interface{}, newObj interface{})
(*ServiceAccountsController).processNextWorkItem func(ctx context.Context) bool
(*ServiceAccountsController).Run func(ctx context.Context, workers int)
(*ServiceAccountsController).runWorker func(ctx context.Context)
(*ServiceAccountsController).serviceAccountDeleted func(obj interface{})
(*ServiceAccountsController).syncNamespace func(ctx context.Context, key string) error
```

(a) SAC控制器结构体方法

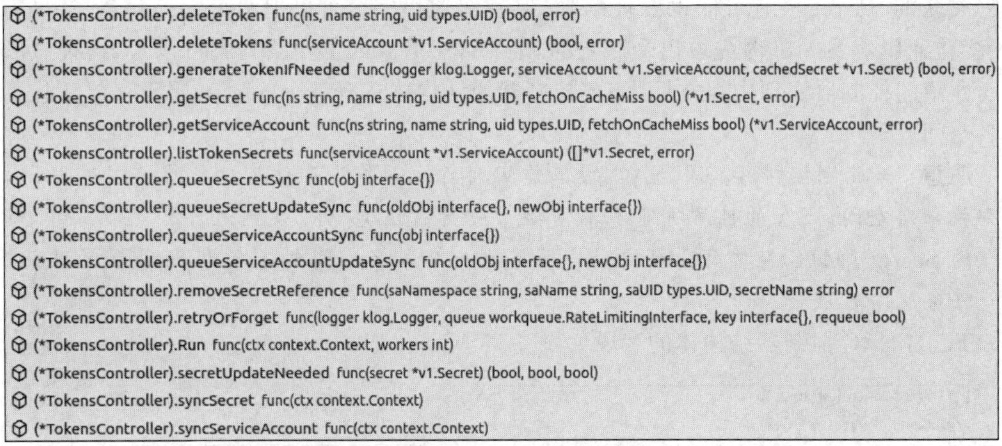

```
(*TokensController).deleteToken func(ns, name string, uid types.UID) (bool, error)
(*TokensController).deleteTokens func(serviceAccount *v1.ServiceAccount) (bool, error)
(*TokensController).generateTokenIfNeeded func(logger klog.Logger, serviceAccount *v1.ServiceAccount, cachedSecret *v1.Secret) (bool, error)
(*TokensController).getSecret func(ns string, name string, uid types.UID, fetchOnCacheMiss bool) (*v1.Secret, error)
(*TokensController).getServiceAccount func(ns string, name string, uid types.UID, fetchOnCacheMiss bool) (*v1.ServiceAccount, error)
(*TokensController).listTokenSecrets func(serviceAccount *v1.ServiceAccount) ([]*v1.Secret, error)
(*TokensController).queueSecretSync func(obj interface{})
(*TokensController).queueSecretUpdateSync func(oldObj interface{}, newObj interface{})
(*TokensController).queueServiceAccountSync func(obj interface{})
(*TokensController).queueServiceAccountUpdateSync func(oldObj interface{}, newObj interface{})
(*TokensController).removeSecretReference func(saNamespace string, saName string, saUID types.UID, secretName string) error
(*TokensController).retryOrForget func(logger klog.Logger, queue workqueue.RateLimitingInterface, key interface{}, requeue bool)
(*TokensController).Run func(ctx context.Context, workers int)
(*TokensController).secretUpdateNeeded func(secret *v1.Secret) (bool, bool, bool)
(*TokensController).syncSecret func(ctx context.Context)
(*TokensController).syncServiceAccount func(ctx context.Context)
```

(b) TC控制器结构体方法

图 6-16 SAC 和 TC 控制器结构体的重要方法

Token 控制器要复杂一些,其方法如图 6-16(b)所示。它既要关心 SA 实例的变化,也要关心隶属于 SA 的 Secret 实例的变化。方法 queueServiceAccountSync()会把新创建的 SA 入列,queueServiceAccountUpdateSync()把更改的 SA 入列;方法 queueSecretSync()和 queueSecretUpdateSync()针对 Secret 做类似的事情。在 Token 控制器上没有看到控制循环方法 worker()和 processNextWorkItem(),这是由于方法 syncSecret()和 syncServiceAccount()被直接放在协程内进行循环调用了。这两种方法会检查各自队列,如果有内容,则取出一个处理,剩余的等待下一个控制循环。

2. 控制器的运行逻辑

ServiceAccount 控制器的运行逻辑如图 6-17 所示。和前序介绍的控制器没有不同之处,由于操作简单,所以由 syncNamespace()方法利用 ServiceAccount 的客户端编程接口——SAC 的 client 字段直接创建 SA。

Token 控制器的逻辑和其他控制器有较大不同:如果单看一个控制循环,例如 Secret 的控制循环,结构被简化了,因为它省略了 worker()、processNextWorkItem()方法,syncXXX 方法直接从队列取目标 API 实例,然后马上调整目标 API 资源,但如果看总体,则它比其他控制器多了一个控制循环,所以总体内容更多。笔者比较喜欢 Token 控制器省略 worker()

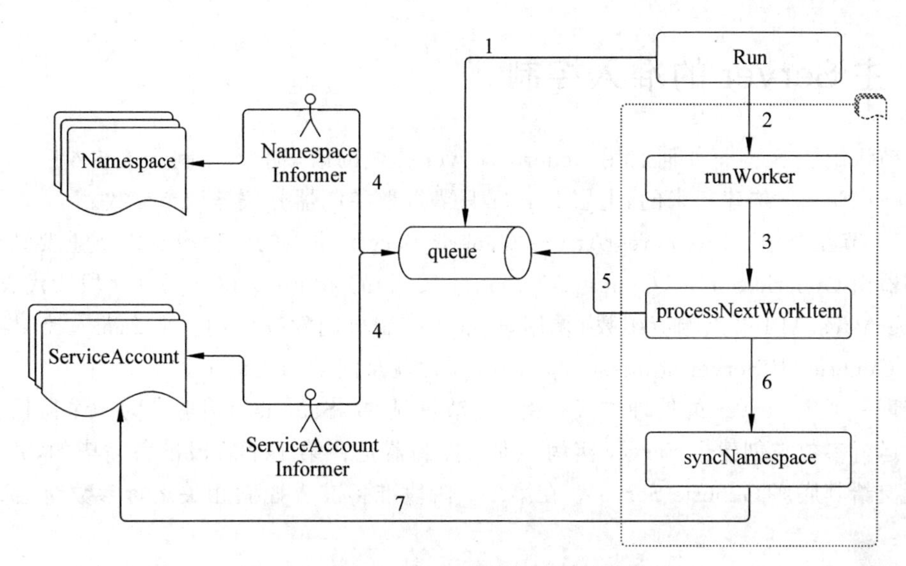

图 6-17　ServiceAccount 控制器的运行逻辑

和 processNextWorkItem()的做法，其他控制器的实现应该效仿此法，这会让代码更好理解，从而使学习曲线更平缓。Token 控制器的运行逻辑如图 6-18 所示。

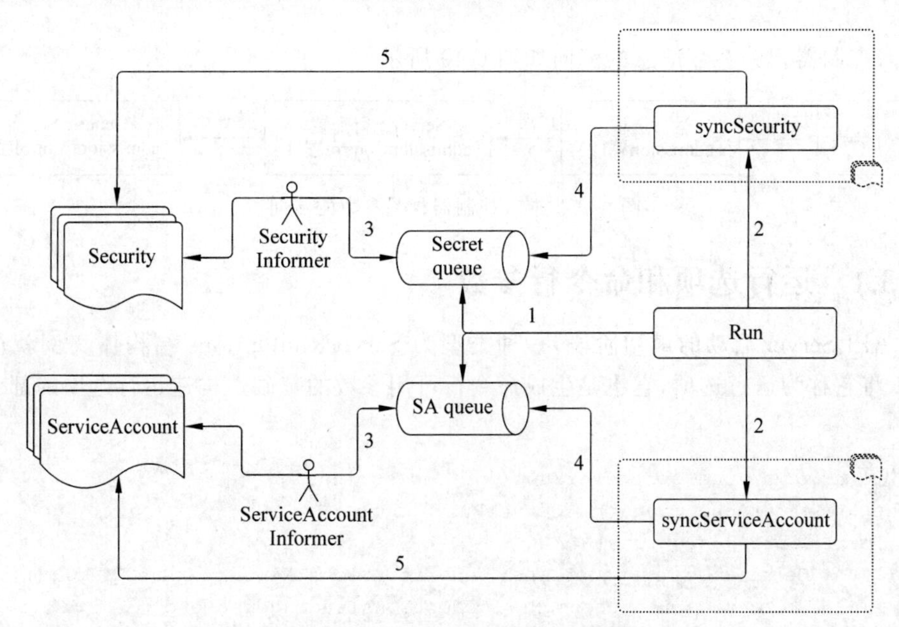

图 6-18　Token 控制器的运行逻辑

6.3 主 Server 的准入控制

本节讲解主 Server 如何启用 Generic Server 提供的诸多准入控制器。准入控制机制是由 Generic Server 构建起来的,上层 Server 只需选取控制器并按需调整参数。

5.7.1 节在介绍 Kubernetes API 向 Generic Server 注入的流程时有以下重要结论:准入控制器由 Generic Server(GenericAPIServer 实例)的 admissionControl 字段所代表,它会被 Kubernetes API 端点响应函数[1]调用,使准入控制机制发挥作用。那么准入控制器是怎么进入 GenericAPIServer.admissionControl 属性就是问题的关键了。

梳理一下主 Server 的处理方式。由 6.1 节可见,主 Server 的构造分为两个阶段:准备 Server 运行参数与创建主 Server 实例。准入控制器是在第 1 个阶段准备完毕的,并在第 2 个阶段交给其底座 Generic Server。在第 1 个阶段准备准入控制相关运行参数时会经历两个环节:

(1) 第 1 个环节是根据用户的命令行输入决定出最终控制器列表,该列表最终会落入选项结构体(Option)。

(2) 第 2 个环节是根据选项结构体中的控制器列表,生成 Server 运行配置中准入控制器列表。

准入控制器相关参数信息的流向如图 6-19 所示。

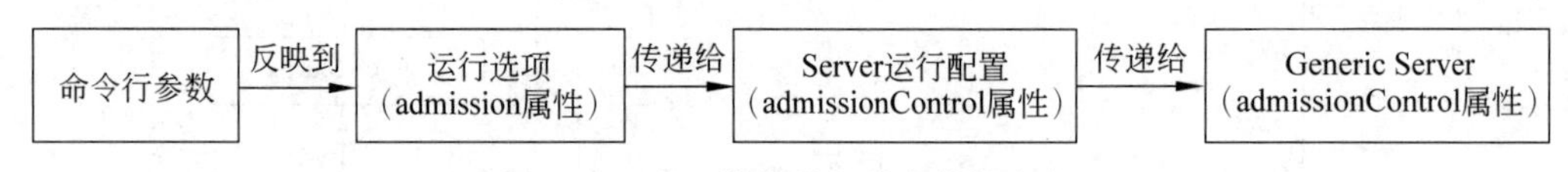

图 6-19 准入控制器相关参数的流向

6.3.1 运行选项和命令行参数

在 API Server 启动的最初阶段,一种类型为 ServerRunOptions 结构体实例就被构造出来了,将它称为运行选项,它也是生成命令行可用参数的基础。构造运行选项的部分代码如下:

```
//代码 6-7 cmd/kube-apiserver/app/options/options.go
func NewServerRunOptions() *ServerRunOptions {
    s := ServerRunOptions{
        GenericServerRunOptions: genericoptions.NewServerRunOptions(),
        Etcd: genericoptions.NewEtcdOptions(storagebackend.
            NewDefaultConfig(kubeoptions.DefaultEtcdPathPrefix, nil)),
        SecureServing:  kubeoptions.NewSecureServingOptions(),
        Audit:           genericoptions.NewAuditOptions(),
```

① 将响应函数关联到 go-restful route 上。

```
        Features:          genericoptions.NewFeatureOptions(),
        Admission:        kubeoptions.NewAdmissionOptions(), //要点①
        Authentication: kubeoptions.NewBuiltInAuthenticationOptions().
                          WithAll(),
        Authorization:  kubeoptions.NewBuiltInAuthorizationOptions(),
        CloudProvider:           kubeoptions.NewCloudProviderOptions(),
        …
```

要点①处 Admission 字段由 kubeOptions.NewAdmissionOptions()方法生成。该方法的工作主要包括以下两点。

(1) 利用 Generic Server 的如下方法构造出准入控制机制选项。该机制由 Generic Server 提供,同时还提供了可用的基本选项。相关代码如下:

```
//代码 6-8 staging/k8s.io/apiserver/pkg/server/options/admission.go
func NewAdmissionOptions() *AdmissionOptions {
    options := &AdmissionOptions{
        Plugins:    admission.NewPlugins(), //要点①
        Decorators: admission.Decorators{admission.DecoratorFunc(
                    admissionmetrics.WithControllerMetrics)},
        //这个列表中既包含修改插件也包括校验插件,但系统定会保证先运行修改插件
        //所以不必担心它们混合出现在表中
        RecommendedPluginOrder: []string{
            lifecycle.PluginName,
            mutatingwebhook.PluginName,
            validatingadmissionpolicy.Plug…
            …
        },
        DefaultOffPlugins:      sets.NewString(),
    }
    server.RegisterAllAdmissionPlugins(options.Plugins) //要点②
    return options
}
```

这里的 Plugins 字段将会承载所有准入控制插件,包括 Generic Server 默认激活的和上层 Server 创建并注册进来的。Generic Server 默认启用的几个插件是:NamesapceLifecycle、ValidatingAdmissionWebhook、MutatingAdmissionWebhook 和 ValidatingAdmissionPolicy。通过在要点②处调用 RegisterAllAdmissionPlugins()方法将它们加入 options.Plugins 数组。

(2) 将其他内建准入控制器都加入以上准入控制机制中,主 Server 后续根据命令行输入决定启用哪些。

如此这般,运行选项的 Admission.GenericAdmission.Plugins 属性中将包含所有内建的准入控制器,但这些准入控制器在启动时未必都需要启用,用户可以通过命令行参数决定启用哪些,这又是怎么做到的呢?Admission.GenericAdmission 除了有 Plugins 字段,还有 EnabledPlugins 和 DisabledPlugins 字段,它们被绑定到命令行参数 enanled-admission-plugins 和 disabled-admission-plugins。程序会根据 Plugins、EnanledPlugins 和 DisabledPlugins 这 3 个字段决定启用的准入控制器。

经过以上方法的运作,运行选项(ServerRunOptions 结构体实例)将包含所有准入控制插件及构建准入控制机制所需要的辅助信息。运行选项会经过补全操作,从而形成类型为 completedServerRunOptions 结构体的变量,但这两个结构体的关系是嵌套关系,可以认为所具有的字段一致。

6.3.2 从运行选项到运行配置

运行选项面向用户输入,其信息只有进入 Server 运行配置中才会影响 Server 的启动与运行。6.1.2 节介绍了如何准备 Server 运行配置——变量 kubeAPIServerConfig,它是方法 CreateServerChain()所做的第一件事。准入控制信息也是在这个过程中完成迁移的,迁移过程如图 6-20 所示。

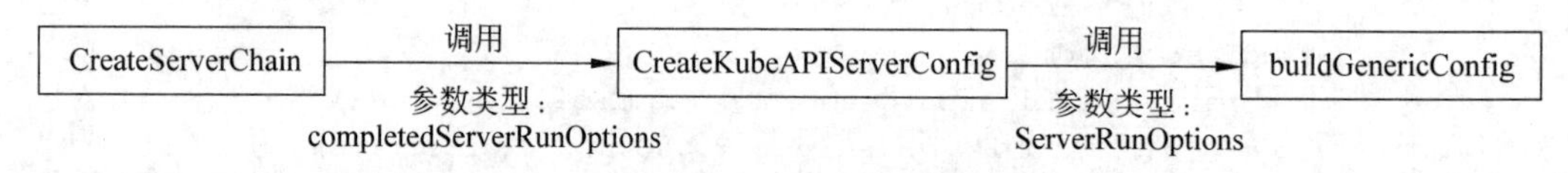

图 6-20 命令行参数流迁至运行配置

由图 6-20 可以看出,最终着手将准入控制机制信息抽取到运行配置的是方法 buildGenericConfig(),其中有关代码段如下:

```
//代码 6-9 cmd/kube-apiserver/app/server.go
admissionConfig := &kubeapiserveradmission.Config{
    ExternalInformers:    versionedInformers,
    LoopbackClientConfig: genericConfig.LoopbackClientConfig,
    CloudConfigFile:      s.CloudProvider.CloudConfigFile,
}
serviceResolver = buildServiceResolver(s.EnableAggregatorRouting,
        genericConfig.LoopbackClientConfig.Host, versionedInformers)
schemaResolver := resolver.NewDefinitionsSchemaResolver(k8sscheme.Scheme,
        genericConfig.OpenAPIConfig.GetDefinitions)

pluginInitializers, admissionPostStartHook, err =
        admissionConfig.New(proxyTransport,
            genericConfig.EgressSelector, service......)
if err != nil {
    lastErr = fmt.Errorf("failed to create admission plugin
                          initializer: %v", err)
    return
}

err = s.Admission.ApplyTo( //要点①
        genericConfig,
```

```
        versionedInformers,
        kubeClientConfig,
        utilfeature.DefaultFeatureGate,
        pluginInitializers...)
if err != nil {
    lastErr = fmt.Errorf("failed to initialize admission: %v", err)
    return
}
```

要点①处变量 s 的类型是 ServerRunOptions，包含 Server 运行选项，其 Admission 字段包含准入控制信息，而 ApplyTo()方法[①]的作用是把调用者——也就是 s.Admission 中的某些信息抽取出来后放入某个入参中——这里是 genericConfig。这意味着变量 genericConfig 将拥有准入控制信息，它将为主 Server 运行配置结构体 GenericConfig 字段提供内容，所以主 Server 运行配置将含有准入控制配置。ApplyTo()方法还接收名为 pluginInitializers 的变量作为参数，它是含有一组准入插件的资源赋予器，起到初始化准入控制插件的作用。例如一个准入控制插件可以通过实现 WantsCloudConfig 接口声明需要这项配置，资源赋予器就会把该信息交给它。

上述 ApplyTo()方法由 Generic Server 定义与实现，代码如下：

```
//代码 6-10 staging/k8s.io/apiserver/pkg/server/options/admission.go
func (a *AdmissionOptions) ApplyTo(
        c *server.Config, informers informers.SharedInformerFactory,
        kubeAPIServerClientConfig *rest.Config,
        features featuregate.FeatureGate,
        pluginInitializers …admission.PluginInitializer,) error {

    if a == nil {
        return nil
    }

    //Admission 依赖 CoreAPI 去设置 SharedInformerFactory 和 ClientConfig
    if informers == nil {
        return fmt.Errorf("admission depends on a Kube…")
    }

    pluginNames := a.enabledPluginNames()

    pluginsConfigProvider, err := admission.ReadAdmissionConfiguration(
                pluginNames, a.ConfigFile, configScheme)
    if err != nil {
        return fmt.Errorf("failed to read plugin config: %v", err)
    }
```

① 在 Kubernetes 源码中常见名为 ApplyTo()的方法，它们的目的类似。

```
    clientset, err := kubernetes.NewForConfig(kubeAPIServerClientConfig)
    if err != nil {
        return err
    }
    dynamicClient, err := dynamic.NewForConfig(kubeAPIServerClientConfig)
    if err != nil {
        return err
    }
    genericInitializer := initializer.New(clientset, dynamicClient,
     informers, c.Authorization.Authorizer, features, c.DrainedNotify())
    initializersChain := admission.PluginInitializers{genericInitializer}
    initializersChain = append(initializersChain, pluginInitializers…)
    //要点①
    admissionChain, err := a.Plugins.NewFromPlugins(pluginNames,
        pluginsConfigProvider, initializersChain, a.Decorators)
    if err != nil {
        return err
    }

    c.AdmissionControl = admissionmetrics.WithStepMetrics(admissionChain)
    return nil
}
```

ApplyTo()方法把运行选项中的Admission转换为Generic Server运行配置的AdmissionControl属性。代码中要点①处所有被启用的插件被做成一个链,在加装指标测量器(metrics)后被赋予运行配置的AdmissionControl属性。

要点①处所调用的a.Plugins.NewFromPlugins()方法会把所有被启用的准入控制器放入一个数组,然后把这个数组用一个结构体包装起来,并让该包装结构体成为一个标准的准入控制器——实现admission.Interface、admission.MutationInterface、admission.ValidationInterface接口。这样Server在调用准入控制机制时直接调用包装结构体上的接口方法即可,感觉不到是在触发一系列准入控制器,简化了调用方逻辑。

6.3.3 从运行配置到Generic Server

现在,Generic Server和主Server的运行配置信息中都具有了准入控制信息,放在属性AdmissionControl中,只要这个信息交到Generic Server的实例的admissionControl字段中,Generic Server就会把它应用到针对API的创建、修改、删除和Connect的请求处理中。

每个Server的实例都由补全后的运行配置结构体生成,对于主Server就是controlplane.CompletedConfig结构体的New()方法负责创建;Generic Server则是由server.CompletedConfig的New()方法[①]负责创建。主Server的构造会先行触发Generic Server的构造,这就确保了

① 这里没有体现包的完整路径,但它们在工程中的位置不难确定。

准入控制机制将被构建。回到5.5节介绍的创建Generic Server实例的New()方法，其中准入控制相关的环节代码如下：

```
//代码 6-11 staging/k8s.io/apiserver/pkg/server/config.go
func (c completedConfig) New(name string, delegationTarget DelegationTarget)
(*GenericAPIServer, error) {
    …
    apiServerHandler := NewAPIServerHandler(name, c.Serializer,
        handlerChainBuilder, delegationTarget.UnprotectedHandler())

    s := &GenericAPIServer{
            discoveryAddresses:            c.DiscoveryAddresses,
            LoopbackClientConfig:          c.LoopbackClientConfig,
            legacyAPIGroupPrefixes:        c.LegacyAPIGroupPrefixes,
            admissionControl:              c.AdmissionControl, //要点①
            Serializer:                    c.Serializer,
            AuditBackend:                  c.AuditBackend,
            Authorizer:                    c.Authorization.Authorizer,
            delegationTarget:              delegationTarget,
            EquivalentResourceRegistry:    c.EquivalentResourceRegistry,
            NonLongRunningRequestWaitGroup:
                                           c.NonLongRunningRequestWaitGroup,
            WatchRequestWaitGroup:         c.WatchRequestWaitGroup,
            Handler:                       apiServerHandler,
            UnprotectedDebugSocket:        DebugSocket,
    …
```

在以上代码中，要点①清楚显示completedConfig.AdmissionControl被赋予了Generic Server实例的admissionControl。

注意： 虽然本章以主Server为背景讲解准入控制机制的设置，但创建聚合器、扩展Server同样使用了kubeAPIServerConfig中关于Generic Server的运行配置，这由3.4.3节讲解的CreateServerChain()函数就可验证[①]，所以它们的底座Generic Server在构建API端点处理器时将使用同样的聚合器。故本节所讲过程同样适用聚合器与扩展Server的准入控制构建。

6.4　API Server的登录验证机制

登录事关安全，对任何系统来讲都是件很严肃的事情，对于Kubernetes也是一样的。Kubernetes制定的目标更高，希望具备适应各种不同登录方案的能力。本节讲解Kubernetes如何建立登录机制。

① 代码3-5中的要点②与要点⑤。

6.4.1 API Server 登录验证基础

一般来讲,一个 IT 系统会构建自己的用户管理模块,这个模块能够回答“有哪些用户”,以及“用户信息是什么”,也会负责用户登录时对登录凭据进行验证,然而 Kubernetes 完全没有这样一个模块,或者说它把这个模块切割了出去,交给其他解决方案去实现了。这样的设计带来了灵活性,企业可以根据自己的需要选择不同的方案。Kubernetes 通过不同方式确保被外部用户模块认证的合法用户也会被 Kubernetes 自身认可。

Kubernetes 中的用户和一般意义上的用户稍有不同,可以分为两类。

(1) 真人:通过客户端工具连接 API Server,进行各种操作。可以是集群的管理员,也可以是使用集群的开发人员等。

(2) 程序:自主和 API Server 连接,根据既定逻辑自动完成任务。例如 Pod、Jenkins 中的作业、Kubelet、Kube-Proxy 等。

注意:老版本中还有匿名用户,但新版本中不再可用,以下讨论也不考虑这种用户。

由于自身没有用户数据库,所以无论是以上哪种用户,以什么样的认证方式通过登录验证,API Server 必须能根据请求中身份凭证判定出其身份:它是谁,以及用户名及所属组,并且该判定必须是可靠的。

Kubernetes 的用户认证模块具有一条行为准则:完全依赖管理员配置的验证请求所携带的认证凭据的能力,一旦凭据通过验证,系统会根据其用户名和组信息确定权限。至于一个用户源自哪里则根本不重要,当然该用户数据源一定是 Kubernetes 信任的,这需要管理员做一些配置工作。在底层,Kubernetes 主要依靠两个技术手段检验认证凭据的真伪:数字证书机制和 JSON Web Tokens(JWT)机制,先来讲解这两个机制。

1. 数字证书机制

访问过 HTTPS 网站的读者都已经使用过数字证书了,只是绝大部分人不会关心其中的原理。数字证书解决的是信任问题,常常被用来在互联网中确认身份。例如支持 HTTPS 协议的网站,它实际上会向访问者(浏览器)出示自己的证书来亮明身份,这份证书由公认权威机构签发;访问者具有该权威机构提供的工具,用来校验收到证书的真伪,浏览器在接收到网站发来的证书后,立即使用该工具进行校验,如果通过了,则正常访问,如果没通过就向用户发出告警,由用户决定是否继续访问。

数字证书之所以能做身份证明,有赖于如下两个工具/规则。

(1) 非对称加密技术:非对称加密体系包含一对不同密码,这对密码有个特点,用一个加密的信息只能用另一个解密。在数字证书体系内,一个主体(例如一个 Web 服务器,或证书颁发机构)都会具有这么一对密码,它把其中一个留为己用,称为私钥,而把另一个交给任何需要的人——对方只要需要就可以给他,所以是公开的,称为公钥。

(2) 签名和验证签名(验签)规则:数字世界里的签名和现实世界非常类似,也是对一份文档内容进行确认后,按上自己的手印或签上自己的名字。假设有这么一个文件,里面记录了一个网站的域名,以及隶属组织等信息,一家权威机构检阅后确认无误,接下来如何进行一个签名，从而让该机构的学员知道机构是验证过这份文件中的信息的呢？只需签名加验签两个过程。机构签名过程如下：把这个文件内容做一次摘要，也就是把它的内容映射成一段固定长的字符串。当然，摘要算法要确保将内容不同的文件映射成不同的字符串，然后用自己的私钥把这个定长字符串做一次加密，得到的结果就是我对这份文件的签名。概括地说，签名＝用私钥加密摘要。签名的目的是让这个机构的学员看到带签名的文件后，能确认其内容和该机构看到的一模一样，怎么确认？这就是验签，过程如下：学员手里握有机构公钥，它用公钥解密签名，从而得到机构做的文件内容摘要，然后自己也用机构使用的摘要算法对文件内容做一次摘要，只要这两个摘要的内容一样，那么内容就没有变化过，所以验签＝用公钥解密摘要＋摘要对比。

由此可见，非对称加密服务于签名和验签过程，而不是直接用于交互双方（例如浏览器和网站）对交流内容的加密，这是常常被误解的一点。非对称加密过于耗时，不适合应用在对大量交互内容加密的使用场景。

在数字世界里，以上权威机构被称为 Certificate Authority（CA），它特别重要，因为一个普通主体无论如何不能证明自己的内容是真实的，要借助这样的一个公认的权威机构做裁决；那份被签名的文件实际上是一个主体向 CA 递交的待认证信息，包含本主体的标识信息，称为 Certificate Signing Request（CSR），而证书是由 CA 针对一份 CSR 颁发的认证文件，它是被认证主体的身份证明，其内容包含以下几点。

（1）被认证主体的信息，如域名、组织机构名、地址等。

（2）被认证主体的公钥。

（3）CA 的签名。

（4）其他，如 CA 做摘要的哈希算法、证书有效期等。

证书的持有者（例如一个网站，或者 Kubernetes 中的一个用户）主动提供认证需要的信息，并提交给 CA，最后获得证书，从而能够向 CA 的学员证明自己的身份；“机构的学员”对应的是信任该 CA 的主体，如浏览器、操作系统等，它们握有该 CA 自己的身份证书，其中包含 CA 的公钥，而该公钥是 CA 提供的验签工具①。这一点非常重要：具有并信任上游签发所用证书，是检验下游证书是否合法的前提。在 Kubernetes 中许多配置项都要提供数字证书，很多是 CA 的证书，目的就是用它们去验证其他证书的真实性，从而认证该证书的持有者。

2. JSON Web Tokens 机制

JWT 是实现了 RFC7519 规范的信息传递格式。它以 JSON 为基础表述格式，用于在主体之间安全地传递重要信息。在传递时，JWT 信息可以先经过加密处理再传送，这样它就可以被用于机密信息的传递了，但现如今它更为广泛地用于不加密地传递小批量信息，最典型的就是微服务间传递用户角色信息。我们这里只围绕不加密的场景讨论，在这种使用

① 通常一个操作系统默认安装好了国际上几大 CA 的证书，这代表这些 CA 被操作系统信任了，它们所颁发的子证书、由子证书签发的后代证书都会被操作系统信任。

场景下,JWT 运用签名机制,保证所传递的信息准确无篡改,但信息本身只经过 base64 再编码,算是明文传递的。

JWT 规范定义的一份信息有三部分。

(1) 头部(header): 给出元信息,例如签名涉及的算法。

(2) 载荷(payload): 信息的主体,例如当前用户具有的权限信息。

(3) 签名(signature): 利用自己的一个密钥、头部进行 base64 编码的结果、载荷的 base64 编码结果这 3 个元素及头部指出的签名算法,做出一个签名。这个签名的作用和数字证书中签名的作用一样,即都是为确保消息没有被篡改。

一个标准的 JWT 形如

```
xxx.yyyy.zzzz
```

其中,xxx 是头部的 base64 编码结果; yyyy 代表载荷的 base64 编码结果; zzzz 是签名信息。注意,签名时用到的密钥可以是非对称密码体系中的私钥,验签用公钥,也可以是对称密码中的单一密码,既用来签发又用来验签。前者适用于签名者为非验签者的情况,而后者适用于同一主体的不同模块,一个先签、一个后验。无论哪种方式,密钥、私钥的安全性都非常重要,一旦丢失就没有安全性可言了。

其实从内容上来看,JWT 非常像一张数字证书,只是在使用场景上二者有所不同,签名和验签过程中 JWT 不涉及基于 CA 的信任链,顶多运用到一对非对称密钥,这就很轻便了,使用时同样简单,这一过程如图 6-21 所示。

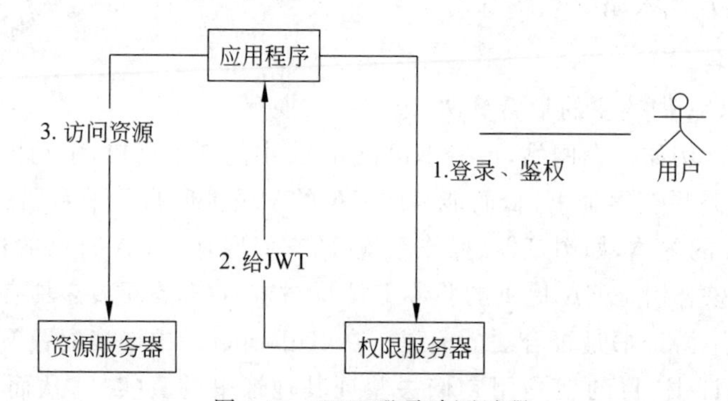

图 6-21 JWT 登录验证过程

在访问资源之前,应用程序要先获取代表当前用户权限的 JWT,这会经过登录和鉴权工作,这一过程可以很复杂,不在 JWT 所管范畴,例如基于 OAuth 2.0、基于 SAML 和基于 OpenID Connect 等,但最终这些机制会产生一个 JWT,代表当前用户权限。应用程序会带着这个权限去资源服务器访问其内容。

站在资源服务器的角度看,能够验证一个 JWT 出自自己信任的权限服务器,并且内容无篡改是关键的,怎么保证? 只要有密钥或公钥,用它能够顺利验签,这样以上两个要求就都满足了。也就是说关键是要得到验签密钥,在 API Server 的启动配置中包含这个密钥条目。

6.4.2 API Server 的登录验证策略

利用数字证书和JWT规范，辅以一些其他朴素的验证策略，API Server提供了多种登录验证方案。为了给技术实现部分做铺垫，本节对这些方案进行简单介绍，更详细的信息可以在官方文档中找到。

1. 基于数字证书的登录验证策略

1）X509客户证书

X509证书是基于国际电信联盟的X509标准制定的数字证书，使用非常广泛，openssl一类工具对X509证书的操作支持也很完善，这助推了它的大面积应用。证书的主要作用是证明身份，这不是和登录场景非常契合吗？

首先，Kubernetes系统管理员为每个合法的用户颁发一张X509证书。我们知道在证书签发时需要用到某个CA的私钥，一般集群自己会生成一个CA，具有私钥和公钥（证书），可以用它去签发。用户证书的颁发也可以由集群信任的机构去做，这时集群只要持有CA机构的公钥，后续就可以用它对用户证书进行验签了，而公钥一般包含在证书里，所以集群只要持有签发机构的CA证书。这个证书可以通过启动API Server时的参数--client-ca-file来指定，系统把它存放在kube-system命名空间内的一个名为extension-apiserver-authentication的ConfigMap中。

当用户利用客户端工具登录API Server去操作集群时，用户先把自己的X509证书提交给API Server来亮明身份，Server获得后遵循验签流程，用CA证书去验证客户证书，如果通过，则在该用户的后续会话中标注其合法地位，也就不用再次验证了，直到过期。

X509证书方式适用于程序、机器和人类用户，证书的subject信息会被用来代表用户名，organization信息被用来标识用户组。

2）身份认证代理

身份认证代理方式是为聚合器与聚合Server之间交互而特别设计的。API Server允许用户自定义聚合Server来对其扩展，聚合Server和聚合器之间是相互独立的，可以理解为运行在两台物理服务器上。一个针对聚合Server中资源的访问请求会首先到达聚合器，经过常规的登录过程后，请求内容和登录结果（用户名、用户组等信息）将被转发给聚合Server，这时核心Server起到的是一个中间代理的作用，但聚合Server必须能确认到来的请求是真正的由核心Server转发过来的，而不是恶意的第三方。这怎么做呢？还是依赖数字证书机制。整个过程如图6-22所示。

关键点在核心Server向聚合Server转发请求时，需要提供一张聚合Server可以验签的客户端证书，聚合Server在接收到请求后第一时间验证请求所使用证书是否合法。聚合Server验签所使用的CA及核心Server所使用的客户端证书都是启动核心API Server时通过命令行参数指定的（参数--requestheader-client-ca-file），然后会被系统存入kube-system命名空间中的名为extension-apiserver-authentication的ConfigMap资源中，这个ConfigMap也保存了X509客户端证书的CA。这里假设核心Server持有的客户端证书不

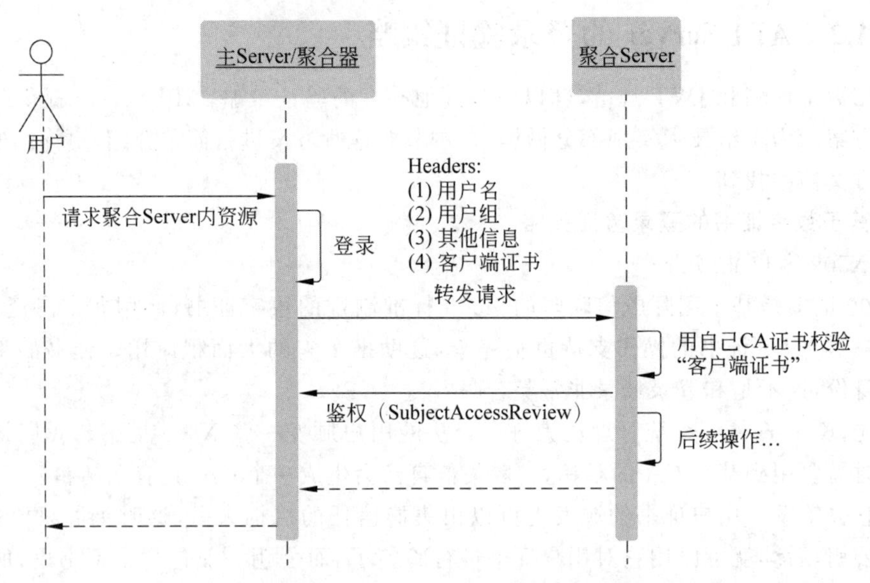

图 6-22 身份认证代理策略过程

会泄露,它只保存在 API Server 的 kube-system 命名空间上,其他人碰不到它。需要提醒的是,严格控制 kube-system 命名空间的访问权限,否则没有安全可言。

这就是身份认证代理策略,虽然它为聚合 Server 而设计,但细想完全可以推广到一般情况①:先把进入 API Server 的请求转发到一个登录服务器,完成登录后转发回 API Server 继续处理,登录服务器和 API Server 之间通过 X509 证书进行互信。

关于聚合 Server 会在单独章节详细介绍。

2. 基于 JWT 的登录验证策略

1)服务账号(ServiceAccount)

X509 证书可服务于人类用户登录,那么另一类集群用户——程序该借由何种方式来登录呢?答案是服务账号 ServiceAccount②。

ServiceAccount 是种类为 ServiceAccount 的 Kubernetes API,它专门用于为集群中的程序(例如 Pod 中的)提供登录 API Server 的账号,一个 ServiceAccount 实例就是一个可登录账号。每个 ServiceAccount 实例关联一个 Secret 实例,该 Secret 专门用于保存 ServiceAccount 实例的 JWT 凭证,它是登录时 API Server 验证的主体。

集群中所有节点上的 Pod③ 都可以和 API Server 进行交互,它们之所以能够通过 API Server 的身份验证,是由于获得了某一 ServiceAccount 实例所提供的账号。该账号是由节点上的 Kubelet 组件从 API Server 中获取的,并通过名为 ServiceAccount 的准入控制器以

---

① API Server 并没有提供一般的方式让外部 Web Server 与之对接,需要深度定制或借助聚合器机制。

② 技术上,无论人和程序都可以使用对方的认证方式,文中从常用方式角度谈。

③ 严格地说,是运行 Pod 中的各种程序。

映射卷的方式绑定到 Pod 实例上。一个 Pod 相关的资源定义片段如图 6-23 所示。

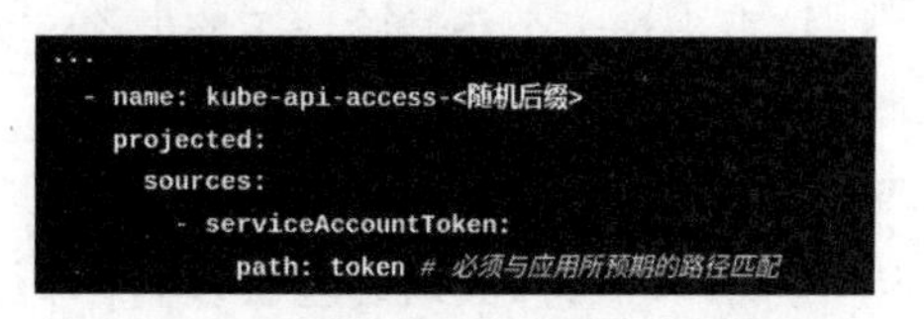

...
- name: kube-api-access-<随机后缀>
projected:
sources:
- serviceAccountToken:
path: token # 必须与应用所预期的路径匹配

图 6-23 Pod 绑定 ServiceAccount Token

当 Pod 需要请求 API Server 时，它以读取本地文件的方式获得 JWT 令牌，放入 HTTP Header 中，这可以保证它通过登录验证。

2）OpenID Connect

OpenID Connect 是一种实现了 OAuth 2.0 规范的登录鉴权协议。在 OAuth 2.0 规范下，身份提供者可以独立于应用服务，这样一个登录服务可以服务于多个不同的应用。OAuth 2.0 在互联网生态下应用广泛，例如常在一些国内 App 上见到可利用微信账号登录，这是由于微信后台扮演了 OpenID Connect 协议中的身份提供者角色。OpenID 对 OAuth 2.0 做了一个小扩展：引入了 ID Token，它是身份提供者在完成登录认证后，返给请求者的一个令牌。这是一个标准的 JWT 令牌，其中含有多种标识用户身份的信息。

（1）iss：身份服务提供者。

（2）sub：被认证用户的标识。

（3）aud：令牌发给谁使用，对应 OAuth 中的 client_id。

（4）exp：过期时间。

API Server 可以消费 OpenID Connect 中身份服务提供者的服务，它从最终的 ID Token 中获得用户信息。很多公司内部有统一的登录服务器，这时就可以基于 OpenID Connect 协议把已有的登录服务接入 Kubernetes 集群。API Server 和 OpenID Connect 服务提供者的互动如图 6-24 所示。

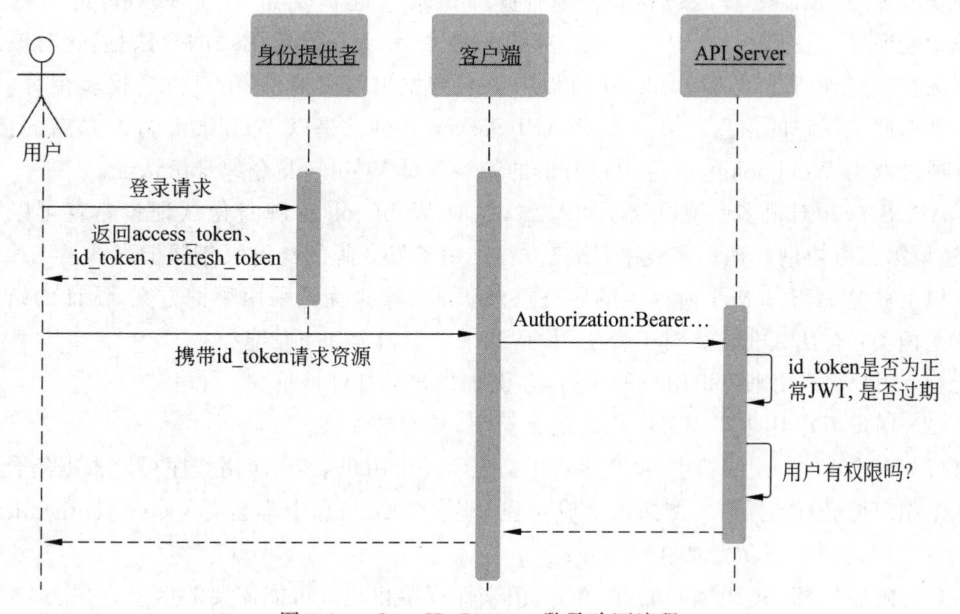

图 6-24 OpenID Connect 登录验证流程

3. 特殊用途的登录验证策略

接下来这3个登录验证策略要么非常简单朴素，要么有特殊用途，本段加以简单介绍。

1) 静态令牌

这是最简单的一种登录验证策略：API Server启动时通过参数--token-auth-file来指定一个CSV文件，其内容包含多行，每行代表一个用户；每行包含多列，分别是令牌、用户名、ID、组信息。当客户端请求API Server时，只需在HTTP头中加入如下条目就可以证明身份。

```
Authorization: Bearer <CSV中第1列的某个token>
```

提供了合法Authorization头的请求都可以通过登录验证。

2) 启动引导令牌

这种令牌主要的应用场景是创建新集群或在集群中加入新节点。这时新节点的Kubelet组件需要连接API Server读取信息以完成必要的配置，这就需要通过登录认证，而启动引导令牌就是为这种场景准备的。

一个启动引导令牌格式满足这个正则表达式：[a-z0-9]{6}.[a-z0-9]{16}，例如781292.db7bc3a58fc5f07e，点号前是令牌的ID，后半部分代表一个密码。当使用kubeadm这一工具把一个新节点加入集群时，可以通过token参数指定启动引导令牌。

3) Webhook令牌身份认证

设想如下场景，管理员在配置一个Kubernetes集群，将使用公司内部基于SAML协议的登录验证服务器进行用户认证。设计的登录流程为首先用户通过客户端——如kubectl顺利获取了SAML令牌，然后将令牌随资源请求一起提交给API Server，最后由API Server验证，但API Server显然无法直接理解该令牌，无法确定用户的合法性，这时该怎么处理呢？在这种情况下API Server可以向第三方发出解读请求，第三方会检验令牌，如果合法就返回该用户的信息。第三方对API Server来讲就是以Webhook方式暴露的接口。这种通过调用Webhook来确定用户身份的策略就是Webhook令牌身份认证。

API Server对很多令牌协议不可理解，这时Webhook令牌身份认证策略就可以被启用，邀请第三方协助处理。实践中，第三方往往由签发令牌的身份服务器担当。

以上就是API Server所提供的所有登录认证方案。无论采用哪种方案，认证的结果无非就是两类：合法或非法。对于合法用户，结果中会包含如下信息。

(1) 用户名：用来辨识用户的字符串，例如用户的邮件地址。

(2) 用户ID：用来辨识最终用户的字符串，具有唯一性。

(3) 用户组：一组字符串，每个字符串都表示一个用户集合，应用程序可以根据集合来决定一个用户可进行的操作。例如每个成功登录用户的组信息中都会有system:authenticated，代表这个用户属于成功登录这一用户组。

(4) 附加信息：一组额外的键-值对，用来保存鉴权组件可能需要的信息。

上述信息在登录成功后，被附加到请求中供后续处理使用，一般会被放入HTTP Header中。

6.4.3　API Server 中构建登录认证机制

Kubernetes 提供了如此丰富的登录验证策略，那么它们在登录验证过程中如何和谐共生呢？API Server 的登录验证机制基于插件化的思想，将各个策略分别构建成不同的登录插件，在进行验证时逐个调用，只要有一个登录插件成功认证了请求用户，则登录成功。

注意： 通过与否的准则与准入控制机制不同，准入控制机制下一个请求只要被一个准入控制器拒绝，请求就失败了，而登录认证则只需在一种方式下成功便通过。

API Server 登录认证机制的构建过程如图 6-25 所示。从配置信息流转上看，与准入控制机制的构建过程十分类似，但它与准入控制机制也有重要不同，登录认证是在过滤器中实现的。回顾 Generic Server 的创建过程，在构建请求过滤器链时有一个名为 Authentication 的过滤器，其作用就是提供登录认证服务。过滤器在请求刚刚进入 API Server 时会被执行，这的确是登录、鉴权及其他安全保护逻辑理想的触发时机。

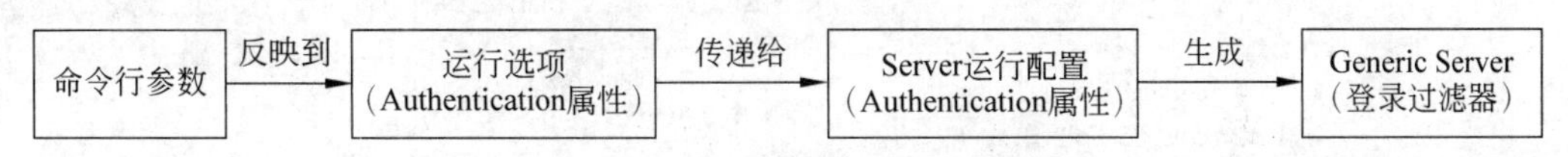

图 6-25　登录认证机制构建过程

1. 运行选项和命令行参数

API Server 在启动时的第 1 项工作就是定义一种类型为 ServerRunOptions 的变量，它是后续制作可用命令行参数和 Server 运行配置的数据来源，需要搞清楚这个数据源中关于登录认证的信息是怎么得来的。以 cmd/kube-apiserver/app/server.go 源文件中 API Server 启动命令生成方法 NewAPIServerCommand()为入口，找到该变量是经如下方法制作并返回的。

```
//代码 6-12 cmd/kube-apiserver/app/options/options.go
func NewServerRunOptions() *ServerRunOptions {
    s := ServerRunOptions{
        GenericServerRunOptions: genericoptions.NewServerRunOptions(),
        Etcd: genericoptions.NewEtcdOptions(storagebackend.
            NewDefaultConfig(kubeoptions.DefaultEtcdPathPrefix, nil)),
        SecureServing:  kubeoptions.NewSecureServingOptions(),
        Audit:          genericoptions.NewAuditOptions(),
        Features:       genericoptions.NewFeatureOptions(),
        Admission:      kubeoptions.NewAdmissionOptions(),
        //要点①
        Authentication: kubeoptions.NewBuiltInAuthenticationOptions()
            .WithAll(),
        Authorization:  kubeoptions.NewBuiltInAuthorizationOptions(),
        CloudProvider:  kubeoptions.NewCloudProviderOptions(),
        APIEnablement:  genericoptions.NewAPIEnablementOptions(),
        EgressSelector: genericoptions.NewEgressSelectorOptions(),
        …
```

代码 6-12 要点①表明,用户认证相关选项数据是 NewBuiltInAuthenticationOptions()方法,以及对其返回值的 WithAll()方法调用得来的。从技术上说,在这之后还有可能对 Authentication 内信息做进一步修改,但实际上 Authentication 属性的内容后续就不会被修改了,只要搞清楚 NewBuiltInAuthenticationOptions()和 WithAll()方法,就清楚了登录认证配置从何而来。

```
//代码 6-13 pkg/kubeapiserver/options/authentication.go
func NewBuiltInAuthenticationOptions() *BuiltInAuthenticationOptions {
    return &BuiltInAuthenticationOptions{
        TokenSuccessCacheTTL: 10 * time.Second,
        TokenFailureCacheTTL: 0 * time.Second,
    }
}

func (o *BuiltInAuthenticationOptions) WithAll()
                                    *BuiltInAuthenticationOptions {
    return o.
        WithAnonymous().
        WithBootstrapToken().
        WithClientCert().
        WithOIDC().
        WithRequestHeader().
        WithServiceAccounts().
        WithTokenFile().
        WithWebHook()
}
```

第 1 个方法创建了一种类型为 BuiltInAuthenticationOptions 结构体实例并返回,第 2 个方法向接收者——也就是第 1 个方法的返回值添加各种登录认证插件,包括以下几种策略。

(1) 匿名登录认证策略：由 WithAnonymous()方法加入。

(2) 启动引导认证策略：由 WithBootstrapToken()方法加入。

(3) X509 证书认证策略：由 WithClientCert()方法加入。

(4) OpenID Connect 认证策略：由 WithOIDC()方法加入。

(5) 代理认证策略：由 WithRequestHeader()方法加入。

(6) Service Account 认证策略：由 WithServiceAccounts()方法加入。

(7) 静态令牌验认证策略：由 WithTokenFile()方法加入。

(8) Webhook 验认证策略：由 WithWebHook()方法加入。

以上就是运行选项中 Authentication 属性信息的来源。这一信息在运行选项的补全阶段会被做一个小修改：禁止匿名登录策略。运行选项补全发生在 Complete()方法中[①],这里 Authentication 属性的 ApplyAuthorization()方法会被调到,而它只做了一件事情：在一

① 在 cmd/kube-apiserver/app/server.go 中。

定条件下禁止匿名登录策略，见代码6-14。

```
//代码6-14 pkg/kubeapiserver/options/authentication.go
func (o *BuiltInAuthenticationOptions) ApplyAuthorization(
                    authorization *BuiltInAuthorizationOptions) {
    if o == nil || authorization == nil || o.Anonymous == nil {
        return
    }

    //当鉴权模式为ModeAlwaysAllow时，禁止匿名用户登录AnonymousAuth
    if o.Anonymous.Allow && sets.NewString(authorization.Modes...).
                Has(authzmodes.ModeAlwaysAllow) {
        klog.Warningf("…")
        o.Anonymous.Allow = false
    }
}
```

大多数登录认证插件有自己的配置，例如OpenID Connect策略需要设置校验JWT凭据时用到的密钥或证书，这些配置需要管理员在启动API Server时通过命令行参数设置。另外，通过命令行参数也可以启用或禁用一些登录认证插件，这些命令行参数都由ServerRunOptions.Authentication字段来承载。该字段的类型为BuiltInAuthenticationOptions结构体，具有AddFlags()方法，这种方法把所有可用登录插件的命令行参数加入Cobra框架中，Cobra负责把用户的相关输入赋值给ServerRunOptions.Authentication。

2. 从运行选项到运行配置

运行选项结构体(ServerRunOptions)面向命令行，负责组织包含命令行输入信息在内的所有选项配置信息，而主Server运行配置结构体(controlplan.Config)面向Server，选项信息是它的主要信息来源，辅以一些其他逻辑决定的信息。登录认证信息也有一个从运行选项到运行配置转移的一个过程。

登录认证机制完全是由Generic Server提供的，主Server直接把这部分工作交给自己的底座Generic Server；类似地，主Server的运行配置结构体通过Generic Server的运行配置结构体(genericapiserver.Config)代持Authentication信息，代码上可看到controlplan.Config直接定义了一个属性GenericConfig来嵌入Generic Server运行配置。

```
type Config struct {
    GenericConfig *genericapiserver.Config
    ExtraConfig ExtraConfig
}
```

登录认证策略的运行选项传递至运行配置的过程如图6-26所示。

登录认证参数从命令行选项到运行参数的转移过程与准入控制参数的过程如出一辙，这里重温一下。方法buildGenericConfig()以前续得到的ServerRunOptions结构体实例为入参，构造一个Generic Server的Config结构体实例；这个Config结构体实例会成为主Server运行配置的一部分——也就是前面看到的controlplan.Config结构体的GenericConfig字段。

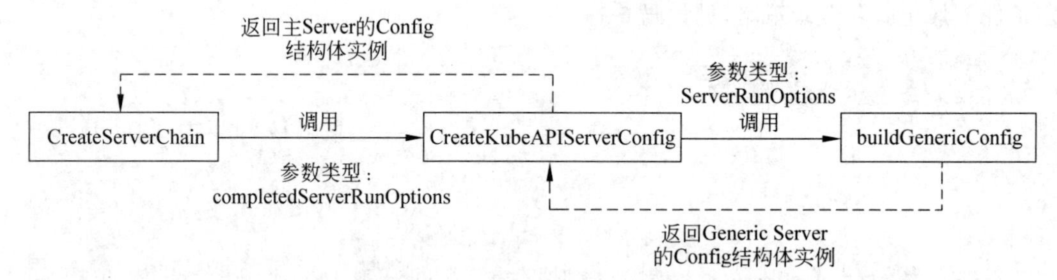

图 6-26 登录认证参数从命令行选项到运行配置

buildGenericConfig()方法的源代码显示，ServerRunOptions 中的 Authentication 字段通过一种方法调用传递给 Config 结构体实例。相关的代码如下：

```
//代码 6-15 cmd/kube-apiserver/app/server.go
if lastErr = s.Authentication.ApplyTo(
                &genericConfig.Authentication,
                genericConfig.SecureServing,
                genericConfig.EgressSelector,
                genericConfig.OpenAPIConfig,
                genericConfig.OpenAPIV3Config,
                clientgoExternalClient,
                versionedInformers); lastErr != nil {
    return
}
```

s.Authentication 是已得到的运行选项上的 Authentication，它的 ApplyTo()方法会把其上信息交给其第 1 个入参：genericConfig.Authentication，而变量 genericConfig 将作为 buildGenericConfig()方法的返回值，成为主 Server 运行配置的一部分。这样登录验证信息便完成从运行选项到运行配置的传递。ApplyTo()方法的内部也很精彩，其内部逻辑如图 6-27 所示。

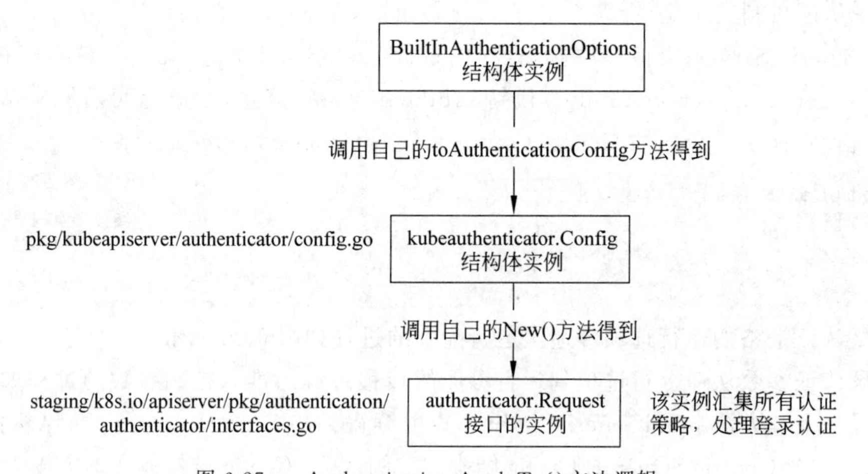

图 6-27 s.Authentication.ApplyTo()方法逻辑

由图 6-27 可知，ApplyTo()方法生成了一个 authenticator.Request 接口实例，这个实例非常重要，暂且将其称为链头。登录验证策略有很多种，在执行时它们都会起作用，在图 6-27 中的 New()方法内，所有这些策略被做成策略链条，其头就是这个链头实例。当有登录认证请求时，直接调用链头的 Authenticate.Request()方法就可得到结果。Request 接口的定义如下：

```
//代码 6-16
//staging/k8s.io/apiserver/pkg/authentication/authenticator/interfaces.go
type Request interface {
    AuthenticateRequest(req *http.Request) (*Response, bool, error)
}
```

这个链头会成为 Generic Server 运行配置的 Authentication.Authenticator 属性。

3. 从运行配置到 Generic Server 过滤器

Generic Server 如何构造请求过滤器已经在前文讲解过，在此基础上理解登录认证器如何成为过滤器没有障碍。回顾前文，过滤器的构造在 DefaultBuildHandlerChain()方法中进行，对它的调用是在如下方法中完成的：

```
//代码 6-17 staging/k8s.io/apiserver/pkg/server/config.go
func (c completedConfig) New(name string, delegationTarget DelegationTarget)
                                    (*GenericAPIServer, error) {
    if c.Serializer == nil {
        return nil, fmt.Errorf("Genericapiserver.New()…")
    }
    if c.LoopbackClientConfig == nil {
        return nil, fmt.Errorf("Genericapiserver.New()…")
    }
    if c.EquivalentResourceRegistry == nil {
        return nil, fmt.Errorf("Genericapiserver.New()…")
    }

    handlerChainBuilder := func(handler http.Handler) http.Handler {
        return c.BuildHandlerChainFunc(handler, c.Config) //要点①
    }
    …
```

由于要点①处的 BuildHandlerChainFunc 字段被赋予方法 DefaultBuildHandlerChain()，所以实际被调用的是后者。注意实际参数：c.Config 就是 Generic Server 的运行配置，由第 2 段可知它的 Authentication.Authenticator 就是认证处理链头。DefaultBuildHandlerChain()方法构造登录认证处理器的代码如下：

```
//代码 6-18 staging/k8s.io/apiserver/pkg/server/config.go
failedHandler := genericapifilters.Unauthorized(c.Serializer)
```

```
    failedHandler = genericapifilters.WithFailedAuthenticationAudit(
                        failedHandler, c.AuditBackend,
                        c.AuditPolicyRuleEvaluator)

    failedHandler = filterlatency.TrackCompleted(failedHandler)
    handler = filterlatency.TrackCompleted(handler)
    handler = genericapifilters.WithAuthentication(  //要点①
                    handler,
                    c.Authentication.Authenticator,
                    failedHandler,
                    c.Authentication.APIAudiences,
                    c.Authentication.RequestHeaderConfig)
    handler = filterlatency.TrackStarted(
                    handler, c.TracerProvider, "authentication")
```

要点①处调用 WithAuthentication()方法会构造登录认证过滤器,这里它使用的就是运行配置中的认证链头——c.Authentication.Authenticator。由于篇幅所限,所以此处不再深入讨论该方法,感兴趣的读者自行查阅。

经过上述步骤,登录认证配置由命令输入最终作用到启动的 API Server。

注意: 与准入控制机制类似,本节以主 Server 为背景讲解登录认证机制的配置,但运行时主 Server 的底座 Generic Server 并不会被启动,聚合 Server 的底座 Generic Server 会依据同样的配置对外提供登录认证服务。

6.5 本章小结

在 Generic Server 知识的基础上,本章首先讲解了主 Server 的构建,其底层会以一个 Generic Server 实例为底座,众多功能由它提供。主 Server 向底座 Generic Server 注入所有内置 Kubernetes API,这些 API 包含 Kubernetes 核心业务逻辑。虽然不是本书重点,但是本章介绍了几种内置控制器的设计和实现,控制器与 API 配合,负责细化 API 内容,从而驱动各组件将之落实到系统中。

本章剖析了 Kubernetes 集群的登录认证,并讨论了主 Server 如何引入准入控制器。Kubernetes 最前端的安全控制有 3 个:登录认证、权限认证和准入控制,本章讲解了其中的两个,剩下的权限认证从代码实现角度与登录认证十分类似。

第 7 章

扩展 Server

全球范围内做企业软件最成功的公司非德国老牌 ERP 提供商 SAP(思爱普)莫属,这家已创立 50 多年的公司至今已经火了 40 多年,连 ERP(Enterprise Resource Planning)这个词都是它在几十年前创造的。时至今日常常出现的有趣一幕是: SAP 是什么公司人们并不知道,但一提 ERP 对方立刻报以"噢,就是它呀"的神情。SAP ERP 成功的一大原因是它找到了功能标准化和可扩展性的平衡点,在不丢失一般性的前提下为企业提供数以千计的扩展点,便于企业针对特有需求进行二次开发。优良的扩展性成就了 SAP 的品牌,也培育了一个以其产品为核心的生态圈,毕竟独行快众行远,一个繁荣的生态确保了它能历经半个世纪的风雨,依旧生机盎然。

SAP ERP 的例子揭示了一个道理: 可扩展性对一款软件产品的重要性不容小觑。Kubernetes 作为一个社区驱动的开源系统,可扩展性必然不会缺席。通过前面几章的介绍读者已经看到了 Kubernetes 是以其 API 为核心的,系统内建提供了数十种开箱即用的 API,它们有承担具体工作负载的,有针对存储的,有负责批处理的,很是全面,但这就涵盖了所有现实中的全部场景吗? 恐怕谁也不敢说。于是两种扩展 Kubernetes API 的方式被创造出来,这一章聚焦其中一种: Extension Server(也称扩展 Server)和其所支持的核心 API - CustomResourceDefinition (CRD)。

7.1 CustomResourceDefinition 介绍

读者先回顾前序章节,思考一个 Kubernetes API 是如何存在及怎样起作用的。每个 Kubernetes API 都在 API Server 上作为一种类型存在,本质上定义了该类型的对象可具有的属性集合;类型由系统定义好,而实例则由用户按需创建,创建的方式是借助该 API 对应的 RESTful 端点完成的。在 REST 概念体系内,API 实例又被称为资源。对于每一 Kubernetes API 种类,系统还需要为其配备控制器,以监控该 API 的实例增、删、改事件,并根据实例中所指定的信息对系统进行调整。绝大多数 Kubernetes API 种类的控制器提供在控制器管理器模块中,独立于 API Server 程序。由此可见,类型的描述和控制器是一个 Kubernetes API 发挥作用的两个核心要素。如果要定义新的 Kubernetes API,则核心工作是在系统中提供这两条信息。

可不可以直接以创建内置 API 的方式引入新的 Kubernetes API? 一个内置 API 的类型本质上由一组 Go 结构体定义,这组结构体给出了该 API 类型的实例可以具有的属性,它们被以 GVK 为"标识"注册到 API Server 的注册表中。如果以类似的方式引入扩展 API,则用户就需要进行代码开发,并把开发出的类型信息依照 API Server 注册表的要求进行注册,这太复杂了,只适用于特别熟悉 API Server 内部机制的群体。更笨拙的是,这种方式必须重新编译,以便生成 API Server 应用程序,这不是一种可热插拔的方式,所以效仿内置 API 的构建方式进行 Kubernetes API 的扩展并不是一个好想法。

Kubernetes 采取了一个稍抽象但十分巧妙的方式去支持客制化 API 的引入——CustomResourceDefinition,简称 CRD。在 Kubernetes 中,万事皆为 API,CRD 也只是一个内置 API,只不过它比较特殊: 它的每个实例都代表一个客制化 API 类型,针对这个客制化 API 用户就可以创建 API 实例来表达自己的期望了。说 CRD 抽象也就是源于这里。

Deployment 与 CRD 的对比如图 7-1 所示。

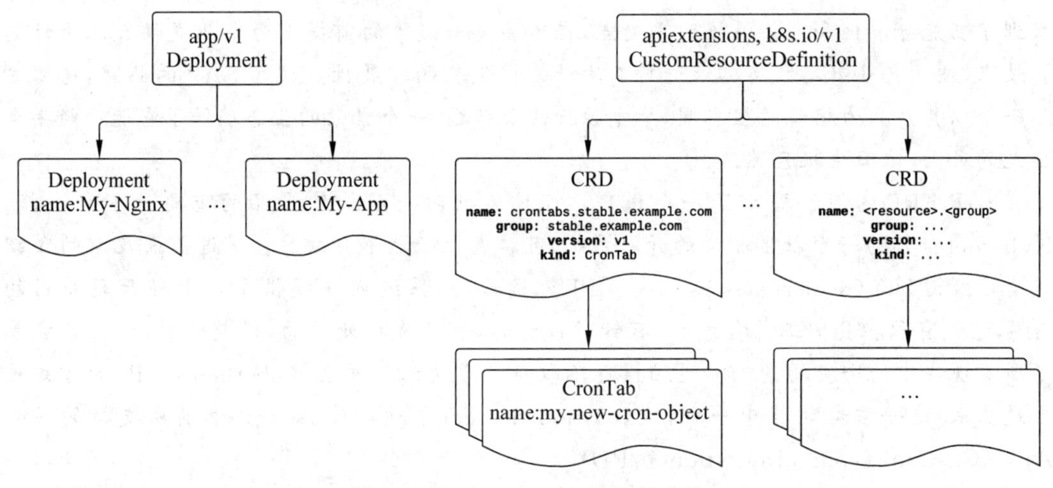

图 7-1 Deployment 与 CRD 的对比

图 7-1 中名为 crontabs.stable.example.com 的 CRD 实例定义了一个 GVK 分别为 stable.example.com、v1、CronTab 的客制化 API,基于这个 API 类型创建出一系列实例,其中有一个名为 my-new-cron-object。然而众所周知,Deployment 的实例是不能作为 API 类型用于创建实例的。

注意: CRD 实例与客制化 API 的 GVK 并不是一一对应的关系,由于一个 CRD 内可以定义客制化 API 的多个版本,所以严格地说 CRD 可含多个 GVK。

7.1.1 CRD 的属性

1. 所有顶层属性

用 API(CRD)去定义 API(客制化 API),听起来就不简单。首先了解 CRD 具有的顶层属性，包括 apiVersion、kind、metadata、spec 和 status。这些都是标准的内置 API 属性，意义明显，无须过多解释。再看客制化 API，既然是 Kubernetes API，那么就需要有 API 该有的信息，例如 metadata、GVK 和 spec。metadata 中大部分属性均不用明确定义，系统会自动为客制化 API 添加，而 GVK 和 spec 的内容则要根据规则在 CRD 实例的 spec 中指定。下面是一个 CRD 实例：

```
apiVersion: apiextensions.k8s.io/v1
kind: CustomResourceDefinition
metadata:
    name: crontabs.stable.example.com
spec:
    group: stable.example.com
    versions:
        - name: v1
          served: true
          storage: true
          schema:
            openAPIV3Schema:
                type: object
                properties:
                    spec:
                        type: object
                        properties:
                            cronSpec:
                                type: string
                            image:
                                type: string
                            replicas:
                                type: integer
                    status:
                        type: object
                        properties:
                            replicas:
                                type: integer
                            labelSelector:
                                type: string
        subresources:
            status: {}
            scale:
                specReplicasPath: .spec.replicas
                statusReplicasPath: .status.replicas
                labelSelectorPath: .status.labelSelector
    scope: Namespaced
    names:
        plural: crontabs
        singular: crontab
        kind: CronTab
        shortNames:
        - ct
```

需要注意 CRD 的 metadata.name 属性,它的值有特殊要求,必须符合如下格式:

```
<资源名>.<组名>
```

由于资源名就是 API 名称的小写复数,所以格式也可以用 CRD 属性表述为

```
< names.plural> .< group>
```

本例中 crontabs.stable.example.com 实际上是由资源名 crontabs 和组名 stable.example.com 共同构成的。如果要创建上述定义的客制化 API 的实例,则可以撰写如下资源定义文件,通过 kubectl 交给 API Server:

```
kind: CronTab
metadata:
    name: my-new-cron-object
spec:
    cronSpec: "* * * * */5"
    image: my-awesome-cron-image
```

使用体验与内置 API 毫无区别,使用者根本感受不到自己创建的资源是由 CRD 定义的客制化 API。

2. spec

在所有顶层属性中,spec 最为重要,客制化 API 就是在这个属性中定义的,接下来聚焦 CRD 的 spec 属性。spec 有多个子属性,它们共同刻画出客制化 API。

1) spec.group

必有属性。spec.group 给出客制化 API 的组名,即 GVK 中的 G。当用户访问客制化 API 的实例时,端点 URL 格式将为 /apis/<group>/…,可见 group 是必不可少的。

2) spec.names

必有属性。spec.names 确定类型名(names.kind,GVK 中的 K)、资源名称的单数(names.singular)、复数(names.plural,等同于资源名)、分类名(names.categories)、资源列表名(names.listKind)、资源名的简短名称(names.shortNames)等。

3) spec.scope

必有属性。spec.scope 指出客制化 API 是集群级别资源还是命名空间内的资源。合法值是 Cluster 和 Namespaced。

4) spec.versions

必有属性。spec.versions 内容为一个数组,给出该客制化 API 的所有版本。同内置 API 一样,随着时间的推移客制化 API 会出现多个可用的版本。版本名称决定了它在所有版本中的排位。排位将决定 GVK 在客户调用 API 发现接口时得到的返回列表中的位次。排序规则如下:

(1) 遵循 Kubernetes 版本编制命名规则的版本号排在不遵循该规则的版本之前。

(2) 非规则的版本号按照字典排序。

(3) 正式版本(GA)排在非正式版本之前(beta、alpha)。

（4）beta 排在 alpha 之前。

（5）高版本排在低版本之前。

例如，某个 API 的所有版本从高到低排序：v9、v2、v1、v11beta2、v10beta3、v3beta1、v12alpha1、v11alpha2、foo1、foo10。

versions 下还有子属性，重要的作用有以下几点。

（1）versions.served：该版本是否需要通过 REST API 对外暴露。

（2）versions.storage：该版本是否为在 ETCD 中存储时使用的版本。所有的版本中只能有一个版本在这个属性上为 true。

（3）versions.schema：这个属性定义了客制化 API 的 spec 有哪些属性，当创建客制化 API 实例时它的信息也会被用于校验内容是否正确。鉴于其重要性，7.1.2 节将单独介绍其内容。

（4）version.subresources：客制化 API 也可以有子资源，例如 status 和 scale，7.1.3 节单独讲解。

5）spec.conversion

内置 API 不同版本之间通过代码生成创建内外版本相互转换的函数，并且代码将被打包在 API Server 可执行文件内，客制化 API 不同版本之间如何转换呢？就是在 spec.conversion 内进行定义的。conversion.strategy 定义大方向：如果是 None，则将简单处理，转换时直接将 apiVersion 值改变至目标版本，其他内容保持不变；如果是 Webhook，则 API Server 在需要进行版本转换时去调用外部钩子服务，这时 conversion.webhook 中需要含有目标服务的地址。

7.1.2 客制化 API 属性的定义与校验

7.1.1 节讲解了在 CRD 的 spec 中如何设定客制化 API 的 G、V、K 等属性，现在读者可思考一个问题：在 CRD 的 spec 中如何完整、正规地定义客制化 API 的属性？所谓正规定义在这里有多层含义：

（1）对属性值类型的定义要准确。字符串型和数字类型的属性是不同的。假如有个客制化 API，它的 spec.replica 属性用于指定需要多少副本，显然这必须是一个整数，在定义 replica 时需要能够声明该属性值的类型。

（2）属性的层级结构定义要明确。还是以 spec.replica 为例，既需要定义出客制化 API 具有 spec 属性和 replica 属性，也需要明确指出 replica 是 spec 的直接子属性。

需要一种正规化语言去完成客制化 API 属性定义的任务。一个正规的定义除了为使用者提供明确的指导，还是进行校验的依据。计算机能多便利地使用校验规则取决于定义语言在什么程度上机器可读可理解。一个极端是完全使用人类的语言，写一份翔实的文档去说明客制化 API 有何属性、结构如何、类型是什么；另一个极端则是使用计算机可执行的方式去描述，例如客制化 API 的作者编写程序去描述规则。这两个极端都不可取，而是希望有一种折中的方案：既要人类易读可编写，又要易于计算机去执行。读者是否联想到了

5.3 节介绍的 OpenAPI?

Kubernetes 选择了 OpenAPI Schema,该 Schema 完全满足以上需求。相对于 OpenAPI v2,在属性规约方面 OpenAPI v3 具有绝对优势,并且 OpenAPI v3 是 Kubernetes 官方推荐的,所以后文使用 OpenAPI v3 进行讲解。5.3 节介绍过 OpenAPI,它能够以语言独立的方式完整地描述一个应用 API①。应用 API 的重要组成部分是输入和输出参数,使用 OpenAPI 的 Schema 就可以对参数进行正规描述,包括其类型和结构。不仅如此,OpenAPI Schema 本质上是一种采用 JSON 格式定义的描述结构化信息的"元语言",用它就可以准确地定义客制化 API 所具有的属性。JSON 文档格式兼顾了人类与计算机双方的可读可理解要求:人们可以很快看懂可用的字段,并使用它们去定义自己的资源属性;计算机也可以顺畅地解析 JSON,很好地理解元语言给出的规约,也就能对用户给出的资源描述进行校验。

具体来讲,客制化 API 的特有属性被定义在 CRD 资源的 spec. versions. schema. openAPIV3Schema 节点下。每个 version 都可以有自己的 schema 元素,对本 version 下具有的属性进行正规描述。毕竟随着版本的演化的确会有属性的增加、减少和改变。openAPIV3Schema 下内容可使用的属性由两方面因素决定。首先,由 OpenAPI Schema v3 定义了全部属性,这是个很大的属性集合,其中部分元素见表 7-1。

表 7-1 OpenAPI Schema v3 部分元素

#	注　解	作　用
1	allOf	指定一组子规则,被修饰属性必须全部满足
2	anyOf	指定一组子规则,被修饰属性必须满足其一
3	default	设置默认值
4	enum	枚举出可能值
5	format	目标所使用的表示规范
6	maxItems	非负整数,定义数组的最大元素数
7	maxLength	非负整数,定义字符串的最大长度
8	maxProperties	非负整数,一个对象能具有的最多属性数
9	maximum	定义最大值
10	minItems	非负整数,定义数组的最少元素数
11	minLength	非负整数,定义字符串的最小长度
12	minProperties	非负整数,一个对象能具有的最小属性数

① 为了和 Kubernetes API 区分,这里称为应用 API。

续表

#	注　解	作　用
13	minimum	定义最小值
14	multipleOf	正整数，被修饰属性必须是它的整数倍
15	not	取反
16	nullable	目标属性的值可以是 null
17	oneOf	指定一组子规则，被修饰属性恰好满足一条
18	pattern	一个正则表达式
19	properties	指定目标应具有的属性
20	required	必须指定的属性
21	title	短名称
22	type	指定数据类型：null、boolean、object、array、number 或者 string
23	uniqueItems	布尔值，当值为 true 时，被修饰的属性(为数组)不能含有重复元素

其次，并非所有 OpenAPI Schema 定义的属性在 CRD 中都可用，要参考各版本 Kubernetes 的规定。本书写作时所针对的版本是 v1.27，这个版本中如下 OpenAPI Schema 元素是不能在定义客制化 API 时使用的：

- definitions
- dependencies
- deprecated
- discriminator
- id
- patternProperties
- readOnly
- writeOnly
- xml
- $ref

此外，Kubernetes 根据 OpenAPI 的 Schema 扩展规则定义了一些特殊属性，见表 7-2。

表 7-2　Kubernetes 扩展 OpenAPI Schema

#	注　解	作　用
1	x-kubernetes-embedded-resource	被修饰属性是否代表一个子资源
2	x-kubernetes-list-type	只能是 atomic、set 或 map。指出被修饰属性为一个列表，配合其他注解使用

续表

#	注　解	作　用
3	x-kubernetes-list-map-keys	x-kubernetes-list-type 为 map 时可以使用。指定被修饰属性的哪个子属性被用作 map 的键
4	x-kubernetes-map-type	进一步描述一种类型为 map 的属性。当值为 granular 时,属性值是真实的键-值对;当值为 atomic 时,属性值是单一实体
5	x-kubernetes-preserve-unknown-fields	是否保存未定义的属性
6	x-kubernetes-validations	用 CEL 表达式语言编写的验证规则表

这些属性各有功用,其中 x-kubernetes-preserve-unknown-fields 很重要,它控制了是否在 ETCD 中保留客制化 API 实例所含的未定义属性。虽然通过这种方式正规地定义了客制化 API 的属性,但 Kubernetes 还是允许客户在资源定义时使用未定义的属性,当向 ETCD 存储一个客制化 API 实例时,可以选择直接忽略未知属性而不去保存它,也可以选择保存它。至于选择何种策略需要通过参数的设定来达成(x-kubernetes-preserve-unknown-fields = false)。不过非常明确,Kubernetes 官方推荐使用 OpenAPI Schema v3 定义所有属性并忽略所有未知属性。

7.1.3 启用 Status 和 Scale 子资源

客制化 API 同样可以具有 Status 和 Scale 子资源。Status 子资源给出了当前 API 实例的状态信息,在客户请求一个 API 资源时作为信息之一返回,从而反映资源的状态,而 Scale 子资源主要服务于系统的伸缩。客制化 API 的子资源被定义在 CRD 的 spec.versions.subresources 节点中,注意 subresources 是在每个 spec.versions 中定义的,也就是说不同的 version 都可以单独地定义自己的子资源。

1. Status 子资源

如果一个客制化 API 需要 status 子资源,则只需把 versions.subresources.status 设置为一个空 JSON 对象“{}”,它的作用就像一个开关。API Server 已经为 status 内容做好了定义,只要开启这个开关就可以使用了,但一旦开启,针对客制化 API 资源的 HTTP Put/Post/Patch 请求所包含的 Status 信息(例如 patch 请求中带有的修改 Status 的内容)将被忽略;如果要修改 Status,用户则可以在该客制化 API 端点的 URL 后添加/status 后缀,向其发送 PUT 请求,此时所使用的请求体实际上是该客制化 API 的一个实例,只是 Server 在响应该请求时完全忽略除 Status 信息外的其他信息。

2. Scale 子资源

Scale 子资源存在的目的是实现系统伸缩:用量高峰时提高资源供应,而低谷时减少分配的资源。系统资源主要是以 Pod 为单位组织起来的。Scale 子资源的定义是在节点 version.subresources.scale 下进行的,只要这个属性出现在 CRD 的 spec 中,Scale 子资源就算启用了。这时用户向/scale 这个端点发送 GET 请求会得到当前客制化资源的 scale 信息，这将是一个内置 API autoscaling/v1 Scale 的对象。version.subresources.scale 对应一个结构体，根据该结构体的定义，这个属性下还可以有 3 个子属性，代码如下：

```
//代码 7-1
//staging/src/k8s.io/apiextensions-apiserver/pkg/apis/apiextensions/types.go
type CustomResourceSubresourceScale struct {
    //指出.spec.下用于定义副本数的属性的 JSON 路径，其中要去除数组标识
    SpecReplicasPath string
    //指出.status.下用于记录副本数的属性的 JSON 路径，其中要去除数组标识
    StatusReplicasPath string
    …
    //+optional
    LabelSelectorPath *string
}
```

7.1.4 版本转换的 Webhook

一个 CRD 的实例可以定义一个客制化 API 的多个版本，这是在 spec.versions 中进行的，当向 ETCD 存储数据时一定会以某一固定版本去存储，当然这个被选定的固定版本也不是一成不变的，当初选定的存储版本完全有可能后续废弃，即不再支持。客制化 API 实例在不同版本之间进行相互转换是无法避免的，例如出于以下原因：

(1) 客户端请求的版本和 ETCD 中存储的版本不同，包含 Watch 请求所指定的版本不同于 ETCD 中该资源的实际存储版本的情况。

(2) 当修改一个客制化资源时，请求中携带的资源信息版本不同于 ETCD 存储所用的版本。

(3) 更换存储版本。在某些情况下会触发已有老版本资源向新版本转换。

客制化 API 实例之间进行版本转换有两种策略：一是 None 策略(默认策略)，二是 Webhook 策略。None 策略几乎等于什么也不做，只是把原资源的 apiVersion 从老的版本改成新的版本；而 Webhook 则把转换规则留给 CRD 的创建者：在创建该 CRD 实例时，指定一个外部服务负责进行版本转换。

1. 制作版本转换 Webhook

1) 撰写 Webhook 服务

一个 Webhook 服务是一个可以接收并处理 HTTP 请求的网络服务，它可以运行于集群内，也可以运行在集群外。开发者可以用任何自己熟悉的方式在 Go 语言中实现一个网络服务，对它的要求是：第一对外暴露可以接收转换请求的端点，第二进行转换操作后按既定格式返回结果，第三与 API Server 建立信任关系。开发者可以参考 Kubernetes e2e 测试中使用的 webhook① 创建自己的服务，这可以省去一些编码工作。Webhook 遵循的一条原则是：在进行转换工作时，不可以修改除了标签(labels)和注解(annotations)之外 metadata

① 位于/test/images/agnhost/crd-conversion-webhook/main.go。

内的其他信息，例如 name、UID 和 namespace 都不可以改，这些信息一旦修改，API Server 就无法把它们对应回原始资源了。

2）部署 Webhook 服务

如果部署在集群内，则把它暴露为一个 Service，从而集群内可见；如果部署在集群外，则部署方式由开发者决定，最后要确保提供一个可访问的 URL。Webhook 服务证书配置稍微复杂一些，证书的作用是让 Webhook 能确认请求方（API Server）的身份，这和部署一个准入控制 Webhook 非常类似。

3）配置 CRD 来启用版本转换 Webhook

在 CRD 资源定义文件中，spec.conversion 用来进行 Webhook 的配置，首先把转换策略设置为 Webhook，然后给出 Webhook 的技术参数。当 Webhook 运行于集群内时，它应该被暴露为一个 Service，这时只需将该 Service 设定至 spec.conversion 中；当 Webhook 运行于集群外时，则需要指出它的 URL。下例针对集群内的情况：

```
conversion:
    strategy: Webhook
    webhook:
        conversionReviewVersions: ["v1","v1beta1"]
        clientConfig:
            service:
                namespace: default
                name: example-conversion-webhook-server
                path: /crdconvert
            caBundle: "Ci0tLS0tQk...<base64-encoded PEM bundle>...tLS0K"
```

下例针对集群外的情况：

```
conversion:
    strategy: Webhook
    webhook:
        clientConfig:
            url: "https://my-webhook.example.com:9443/my-webhook-path"
```

2. 使用版本转换 Webhook

Webhook 部署就绪后，当 API Server 需要做版本转换时就会调用它，整个过程由客户端行为触发，由 API Server 向 Webhook 服务发起请求，转换完成后结果将被传回 API Server，过程如图 7-2 所示。

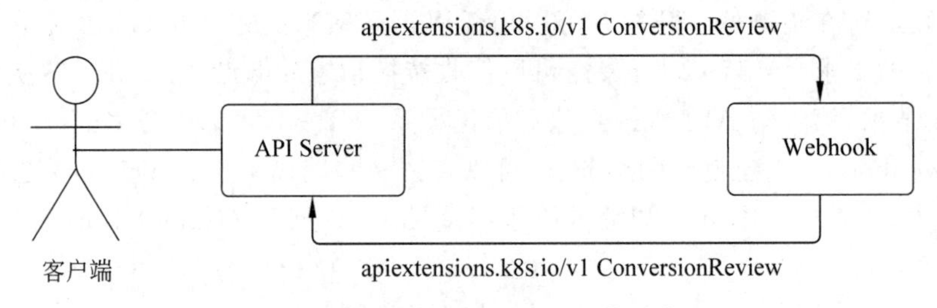

图 7-2　版本转换 Webhook 工作示意

API Server 发往 Webhook 的请求以一个 apiextensions.k8s.io/v1 ConversionReview API 实例为载体，它的 objects 属性下含有原版本的客制化资源，而 Webhook 返给 API Server 的转换结果依然以这种类型的资源实例为载体，由转换得到的目标版本将被放在 convertedobjects 属性下。

7.2 扩展 Server 的实现

在介绍了 CRD 的概念及使用方式后，读者对这一扩展机制有了基本的了解，这为本节打下必要的基础。本节剖析 CRD 机制的源码，讲解它是如何构建起来的。与主 Server 相同，扩展 Server 也是以 Generic Server 为底座的，二者的关系如图 7-3 所示。

图 7-3 扩展 Server 内部构件

Generic Server 提供了可复用的基础能力。准入控制、过滤器链、基于 go-restful 的 RESTful 设施和登录鉴权机制是扩展 Server 特别依赖的。有了坚实的基础，扩展 Server 只需将与自身业务相关的内容注入其中。API Server 中万事皆 API，所以它的内容就是扩展与业务相关的 API，这又包含两部分：一是 CRD；二是 CRD 实例定义出的客制化 API。它们是本节将要介绍的主要内容。

7.2.1 独立模块

在 v1.27 中，扩展 Server 已经成为独立模块：k8s.io/apiextensions-apiserver，并且完全可以脱离 API Server 作为一个独立的可执行程序运行。扩展 Server 的主程序如图 7-4 所示。

上述代码表明，apiextensions-apiserver 这个模块具有一个 main 包和 main 函数，这保证了它可以成为独立的可执行文件。main 函数内容与核心 API Server 如出一辙(参见 3.4 节)，它也是利用了 Cobra 命令行程序框架接收命令行发来的启动命令，对 Server 进行启动。图 7-4 中第 30 行的方法调用 cli.Run()对启动命令进行响应，这最终启动一个 Web 服务。虽然扩展 Server 在 API Server 中并不单独运行，但是它成为核心 API Server 可执行程序的一部分，具有独立提供以下功能的能力：

- 登录鉴权
- 准入控制
- 请求过滤链
- 有序地启动和关闭状态转换
- 针对 CRD 的 RESTful 服务
- 针对客制化 API 的 RESTful 服务

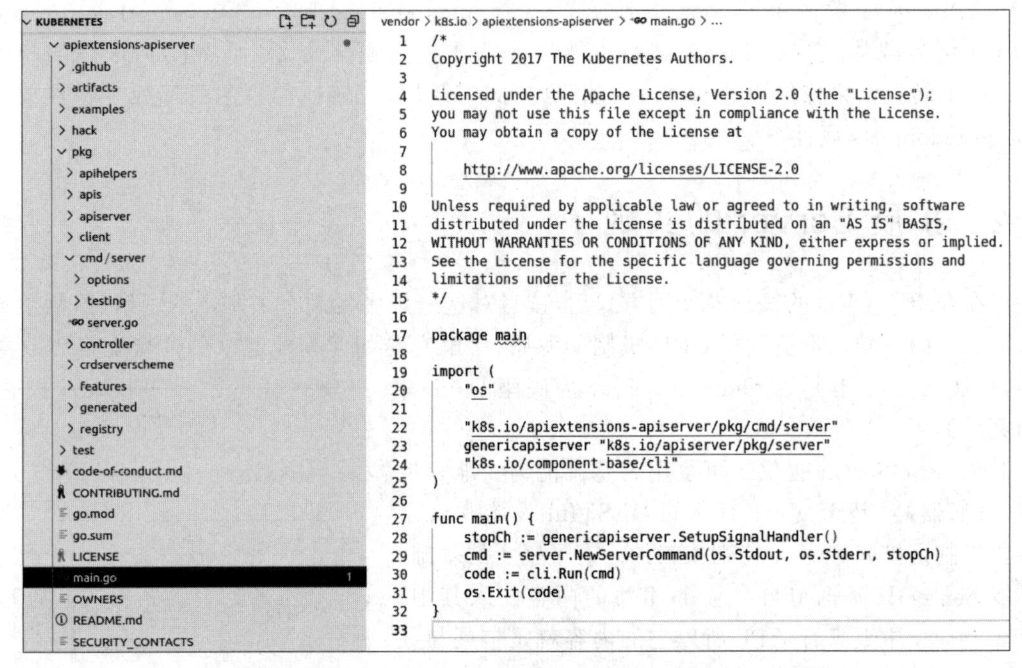

图 7-4　扩展 Server 项目结构和主函数

这与主 Server 非常相似，最大的不同是一个提供内置 API，另一个提供 CRD 与客制化 API。这种相似并非巧合，而是设计上有意为之，第 8 章将介绍的聚合器也是这样一个基于 Generic Server 构建起来的可以独立运行的 Server。扩展 Server 的独立可运行打开了未来的可能性，在必要的情况下，将扩展 Server 从核心 API Server 程序中切割出来，运行在独立的基础设施上这在技术上是可行的。就像将大的单体应用切割为小规模微服务，可获得高可用、可伸缩等好处。

在本书写作的时，扩展 Server 在控制面上并非独立于核心 API Server 运行的，它不需要单独的请求过滤链(包括登录鉴权)，而是与其他子 Server 共用一套，这提升了处理效率，但似乎独立于核心 Server 运行扩展 Server 的大幕已经开启，这能带来的优势是减轻核心 API Server 的工作负载，从而得到更稳定的集群。要知道 CRD 的数量及客制化 API 实例的数量均取决于集群使用场景，完全有可能引入海量客制化 API 实例，这将挤压核心 API 的可获资源而影响集群健康。这一趋势值得关注。

7.2.2　准备 Server 运行配置

构造扩展 Server 前要先得到其配置信息，这由 createAPIExtensionsConfig() 函数完成，获取配置的过程包括以下主要事项：

(1) 继承主 Server 的底座 Generic Server 运行配置信息。绝大部分均保持与主 Server 相同，例如准入控制。主 Server 运行配置的生成在 6.1.2 节介绍过，这里不再赘述。

(2) 设置 ETCD 信息,从而让端点处理器与之连通。

(3) 为扩展 Server 中定义的 API 组版本设置编解码器(coder 和 decoder)。

(4) 将 API 在 ETCD 中的存储版本设定为 v1beta1。

(5) 获取 API 端点所支持的参数。

(6) 清空启动钩子函数,这些函数在赋值主 Server 配置时获得,不适用扩展 Server,需清除。

完成上述修改后,createAPIExtensionsConfig()函数会返回扩展 Server 运行配置结构体的实例,该实例涵盖了底座 Generic Server 需要的与扩展 Server 特有的配置,代码如下:

```
//代码 kubernetes/cmd/kube-apiserver/app/apiextensions.go
apiextensionsConfig := &apiextensionsapiserver.Config{
    GenericConfig: &genericapiserver.RecommendedConfig{
        Config:                genericConfig,
        SharedInformerFactory: externalInformers,
    },
    ExtraConfig: apiextensionsapiserver.ExtraConfig{
        CRDRESTOptionsGetter: crdRESTOptionsGetter,
        MasterCount:          masterCount,
        AuthResolverWrapper:  authResolverWrapper,
        ServiceResolver:      serviceResolver,
    },
}
```

7.2.3 创建扩展 Server

API Server 中的扩展 Server 的构造同样是在 CreateServerChain()函数中触发的,在 Server 链中处在主 Server 之后的一环。代码 3-5 中,要点②处基于主 Server 的运行配置构造出扩展 Server 的配置;要点③处利用配置信息构造出扩展 Server;要点④处则是把该扩展 Server 作为参数去构造主 Server,它将与主 Server 一起构成 Server 链中的两环。CreateServerChain()函数的代码环环相扣,一气呵成。

createKubeAPIExtensionsServer()函数负责创建扩展 Server,它接收两个参数,一个是上述运行配置信息,另一个是其在 Server 链上的下一个 Server。对于扩展 Server 来讲,链上的下一个 Server 是只会返回 HTTP 404 的 NotFound Server。函数内部通过两个步骤完成 Server 的创建:调用运行配置结构体的 Complete()方法完善扩展 Server 配置信息,这将得到一个 CompletedConfig 结构体实例;紧接着调用这个实例的 New()方法去创建扩展 Server。从 CreateServerChain()方法到 New()方法的调用链如图 7-5 所示,图中只保留了方法名,省去了接收者。

New()方法中的内容非常关键,仔细查看其源码,它主要完成了 3 项工作。

(1) 把 CRD 这个 Kubernetes API 通过 Generic Server 提供的 InstallAPIGroup()方法注入 Server,从而生成 API 端点。

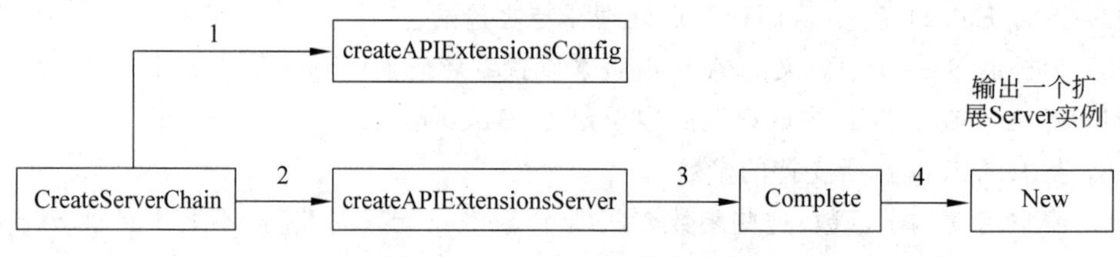

图 7-5 扩展 Server 创建过程

(2) 为通过 CRD 定义出的客制化 API 制作 HTTP 请求响应方法。

(3) 通过控制器监听 CRD 实例的创建,当有新的 CRD 时,更新客制化 API 组等信息。

中间还穿插完成较琐碎的事项,例如确保所有 HTTP 端点在准备就绪前客户端发来的请求得到 HTTP 503 而不是 404。本节详细讲解上述 3 项主要工作,但在这之前,和介绍主 Server 时类似,先探究一下扩展 Server 的注册表如何填充,这是创建 Server 的必备条件。

1. 准备工作:填充注册表

注册表在 API Server 程序中的作用很重要,它的填充不可忽略。扩展 Server 的注册表填充遵循了与主 Server 类似的过程,其具有的内置 API 组会由 install 包去注册组内 API 信息。由于扩展 Server 只具有一个内置 API 组——apiextensions,所以注册过程也被简化了。apiextensionis 组的 install 包内只有一个源文件 install.go,其源代码如下:

```
//代码 7-2
//vendor/k8s.io/apiextensions-apiserver/pkg/apis/apiextensions/install/
//install.go
package install

import (
    "k8s.io/apiextensions-apiserver/pkg/apis/apiextensions"
    v1 "k8s.io/apiextensions-apiserver/pkg/apis/apiextensions/v1"
    "k8s.io/apiextensions-apiserver/pkg/apis/apiextensions/v1beta1"
    "k8s.io/apimachinery/pkg/runtime"
    utilruntime "k8s.io/apimachinery/pkg/util/runtime"
)

//向注册表注册 API 组
func Install(scheme * runtime.Scheme) {
    utilruntime.Must(apiextensions.AddToScheme(scheme))
    utilruntime.Must(v1beta1.AddToScheme(scheme))
    utilruntime.Must(v1.AddToScheme(scheme))
    utilruntime.Must(scheme.SetVersionPriority(v1.SchemeGroupVersion,
                          v1beta1.SchemeGroupVersion))
}
```

它定义了一个 Install()函数,但没有像主 Server 的内置 API 组那样在 install 包的初始化方法内去调用该函数,而是在扩展 Server 的 apiserver 包初始化函数 init()中调用,代码如下:

```
//代码 7-3
//vendor/k8s.io/apiextensions-apiserver/pkg/apiserver/apiserver.go
var (
    Scheme = runtime.NewScheme()    //要点①
    Codecs = serializer.NewCodecFactory(Scheme)

    //如果修改了这部分代码,则需确保同时更新 crEncoder
    unversionedVersion = schema.GroupVersion{Group: "", Version: "v1"}
    unversionedTypes   = []runtime.Object{
        &metav1.Status{},
        &metav1.WatchEvent{},
        &metav1.APIVersions{},
        &metav1.APIGroupList{},
        &metav1.APIGroup{},
        &metav1.APIResourceList{},
    }
)

func init() {
    install.Install(Scheme)    //要点②

    //…
    metav1.AddToGroupVersion(Scheme,
            schema.GroupVersion{Group: "", Version: "v1"})

    Scheme.AddUnversionedTypes(unversionedVersion, unversionedTypes…)
}
```

上述代码要点②处调用了 Install 方法。apiserver 包也是 New()方法所在的包,在包 init()函数内进行调用以确保 New()方法被调用前注册表填充已经完成。同时读者应注意,扩展 Server 的注册表实例是要点①处新建的,这和主 Server 并不是同一个。

2. CRD API 的注入

注入的目的是让 Generic Server 为内置 API 暴露 RESTful 端点。同样,注册是以 API 组为单位进行的,扩展 Server 只需把自己的 API 组包装成 genericserver.APIGroupInfo 结构体实例,以此去调用接口方法就可以了。由于扩展 Server 只有一个 API 组 apiextensions,其内也只有一个 API CustomResourceDefinition,所以注入过程很简单,代码如下:

```
//代码 7-4
//vendor/k8s.io/apiextensions-apiserver/pkg/apiserver/apiserver.go
apiGroupInfo := genericapiserver.NewDefaultAPIGroupInfo(
        apiextensions.GroupName, Scheme, metav1.ParameterCodec, Codecs)
storage := map[string]rest.Storage{}

//customresourcedefinitions
```

```
if resource := "customresourcedefinitions"; apiResourceConfig.
        ResourceEnabled(v1.SchemeGroupVersion.WithResource(resource)) {

    //要点①
    customResourceDefinitionStorage, err := customresourcedefinition.
        NewREST(Scheme, c.GenericConfig.RESTOptionsGetter)
    if err != nil {
        return nil, err
    }
    storage[resource] = customResourceDefinitionStorage
    storage[resource+"/status"] = customresourcedefinition.NewStatusREST(
            Scheme, customResourceDefinitionStorage)
}
if len(storage) > 0 {
    apiGroupInfo.VersionedResourcesStorageMap[v1.
            SchemeGroupVersion.Version] = storage
}
//要点②
if err := s.GenericAPIServer.InstallAPIGroup(&apiGroupInfo); err != nil {
    return nil, err
}
```

上述代码首先定义了一个 apiGroupInfo 变量，它根据扩展 Server 信息构造出来，但其中缺失了 rest.Storage 信息，每个 API 都依赖它去落实 HTTP 请求所要求的增、删、改、查操作。要点①处为 CRD 构造了两个 rest.Storage，其一为 CRD 自身准备，其二为 CRD 的 Status 子资源准备。Status 子资源的 Storage 是复制 CRD 的 Storage 后稍加修改得到的。CRD 的 rest.Storage 实例的实际类型是结构体 REST[①]，定义在文件 vendor/k8s.io/apiextensions-apiserver/pkg/registry/customresourcedefinition/etcd.go 中。同样在这个文件中，函数 NewREST()负责生成一个实例。在一个 Storage 中，Create、Update、Delete 等策略是最重要的部分，每种策略都是 REST 结构体中的一个属性，对于 CRD 的 Storage 来讲，同一个 strategy 实例被赋予 4 个 Strategy 属性，如图 7-6 所示。

```
CreateStrategy:      strategy,
UpdateStrategy:      strategy,
DeleteStrategy:      strategy,
ResetFieldsStrategy: strategy,
```

图 7-6 CRD Storage 的策略

有了 Storage 信息，apiGroupInfo 需要的信息便完善了。要点②处用 apiGroupInfo 变量作为参数调用 Generic Server 的 InstallAPIGroup()方法，完成了 CRD 这个 API 的注册。

3. 响应对客制化资源的请求

CRD 实例定义出客制化 API，从使用者角度看，客制化 API 和 Kubernetes API 并无不同，用户同样可以通过 HTTP 请求去创建其实例。那么客制化 API 的端点如何制作出来的？内置 API 均可借助 Generic Server 提供的接口完成注入和端点生成工作，客制化 API

① 实际是 REST 指针，但理解上区别不大，本书绝大部分地方不刻意区分。

可以借用同样的方式进行吗？很遗憾，并没有这么便利。

客制化 API 相比内置 API 有重要不同。在内置 API 注入 Generic Server 前，它们的相关信息需要都已被注册进了注册表，例如 GVK、Go 结构体等，这些信息确保了端点可以正确地生成，但客制化 API 不具备这样的条件，它的结构、属性的所有信息都是在 CRD 资源中动态指定的，甚至没有专门的 Go 结构体去对应一个客制化 API。另外，内置 API 并不会动态地在控制面上创建和删除，例如 apps/v1 Deployment 不可能被一条命令从系统里删除，如果要移除一种 API 种类，则需要重启 API Server，但客制化 API 天然地允许动态地创建和删除，Generic Server 只有 API 的注入接口，并没有移除接口。

既然 Generic Server 没有办法为客制化 API 准备端点，那么扩展 Server 只能自力更生了。在 New()方法中可以找到这部分逻辑。首先如下两行代码很醒目：

```
//代码 7-5
//vendor/k8s.io/apiextensions-apiserver/pkg/apiserver/apiserver.go

s.GenericAPIServer.Handler.NonGoRestfulMux.Handle("/apis", crdHandler)
s.GenericAPIServer.Handler.NonGoRestfulMux.HandlePrefix(
                                                    "/apis/", crdHandler)
```

它把路由到 NonGoRestfulMux 的目标端点以"/apis"或以"/apis/"为前缀的请求全部交给变量 crdHandler 去处理。NonGoRestfulMux 和 GoRestfulContainer 字段已经被反复提及，后者负责接收并转发针对 Kubernetes API 的 HTTP 请求，而前者兜底，负责处理所有后者不能处理的请求。两者有一个技术上的显著不同：GoRestfulContainer 在 go-restful 框架下构建，而 NonGoRestfulMux 就像它名字那样，没有用 go-restful，能接收它所分发的请求的处理器只需实现 http.Handler 接口，这多少提供了一些灵活性。代码 7-5 显示，针对客制化资源的请求也会被注册到 NonGoRestfulMux 上，并且 crdHandler 变量是请求处理器，不难猜到 crdHandler 的类型一定实现了 http.Handler 接口。该变量的创建逻辑可以在 New()方法中找到，虽然构造它需要大量传入参数，但作用重大的并不多。接下来聚焦 crdHandler 对 HTTP 请求的响应逻辑，讲解系统如何响应客制化 API 的请求。

1) 客制化 API 的 HTTP 请求响应

crdHandler 所接收的请求要么针对/apis，要么针对/apis/开头的一个端点，这背后隐藏了如下几类请求目的。

(1) 第一类：获取扩展 Server 所有的客制化 API 组，此时端点格式为/apis。

(2) 第二类：获取扩展 Server 中某一客制化 API 组的所有版本，此时端点格式为/apis/<api 组名称>。

(3) 第三类：获取扩展 Server 中某一组版本下客制化 API，此时端点格式为/apis/<api 组名称>/<版本>。

(4) 第四类：操作扩展 Server 中某一客制化 API 资源，此时端点格式为/apis/<api 组名称>/<版本>/…。

注意：对端点/apis 发送 GET 请求，代表要 Server 返回所有内置 API 组的信息，这里虽让 crdHandler 响应它，但实际上 crdHandler 是处理不了的，因为它只负责客制化 API，一旦真地接到这个请求，它只能返回一个 HTTP 404。其实，一般情况下扩展 Server 永远不会接收到针对/apis 的请求，这个请求将被第 8 章要介绍的聚合器拦下并处理，当然聚合器是需要扩展 Server 来提供它支持哪些内置 API 组的，第 8 章将会看到扩展 Server 如何提供这一信息。

变量 crdHandler 的类型是个结构体，名称也是 crdHandler，它的 ServeHTTP()方法给出了请求的处理逻辑。收到请求后，首先要区分是以上哪类请求：如果是第一类，则会交给 Not Found Handler 去处理；如果是第二类或第三类，则会交由组发现器或版本发现器去处理，下文将介绍；如果是第四类，则将是最复杂的，由 ServeHTTP()方法自身处理这种情况。HTTP 请求响应的总体过程如图 7-7 所示。

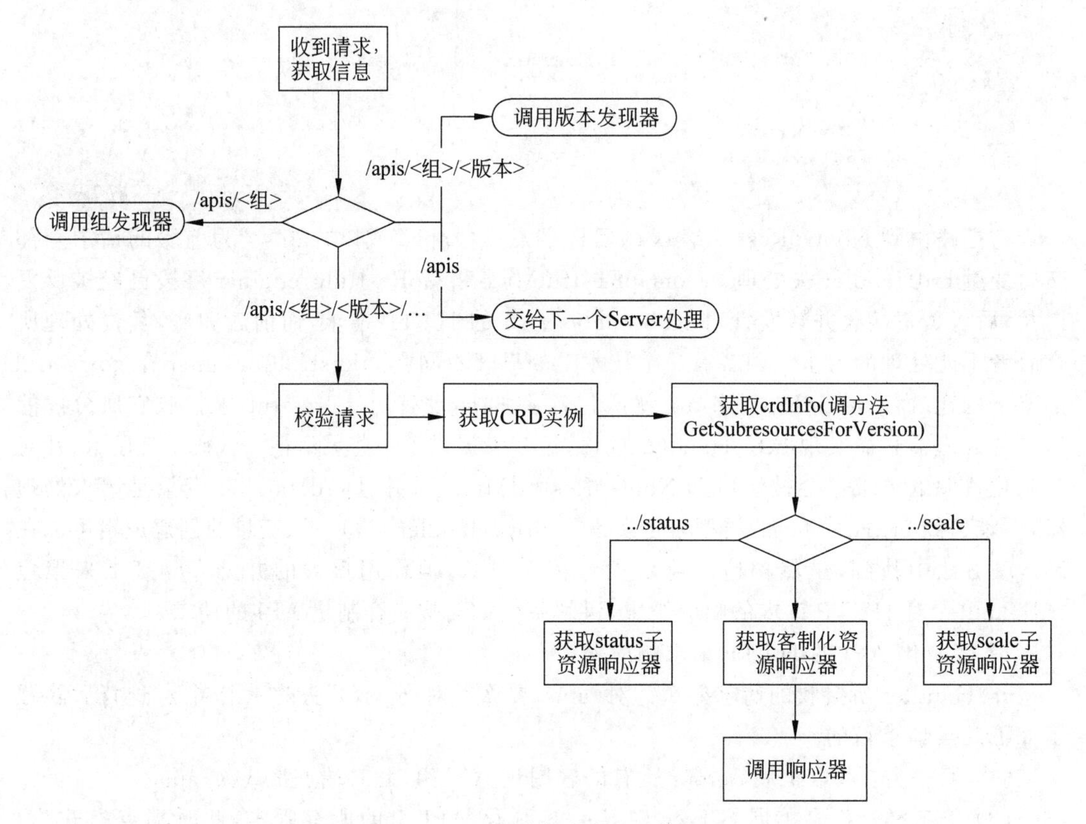

图 7-7　HTTP 请求响应的总体过程

下面介绍第四类请求的处理流程。首先要进行一系列校验工作，这包括以下两种。

(1) 检验命名空间。例如目标 API 是不带命名空间的，而请求中指定了命名空间，那么直接将请求流转到下一个 Server 处理。

(2) 查看目标 API 是不是有在役的版本。如果所有 spec.versions 下的版本在 served 属性上全是 false，则这个 API 没有办法对外服务。

顺利通过所有校验后，一个请求将被根据目标资源分派给 crdHandler 的 3 种方法处理：针对 status 子资源的请求，交给方法 serveStatus()所生成的请求响应器处理；针对 scale 子资源的请求，交给 serveScale()方法生成的请求响应器处理；剩下的就是针对客制化资源的请求，把它们都交给方法 serveResource()生成的请求响应器，继续分析这个分支。

回顾一下 Generic Server 中一个 HTTP 请求的响应器是怎么来的，简单来讲就是 APIGroupInfo 中所包含的 Storage 实例被类型转换到 rest.Creater 等接口，然后利用它做参数调用 handlers.createHandler()方法[①]，制造出请求处理器。客制化 API 的 HTTP 请求响应器的制作过程完全类似。serveResource()方法为针对客制化 API 资源的 get、list、watch、create、update、patch、delete 和 deletecollection 请求，用 handlers 包提供的方法，分别生成请求响应器，代码如下：

```
//代码 7-6
//vendor/k8s.io/apiextensions-apiserver/pkg/apiserver/customresource_
//handler.go
case "get":
    return handlers.GetResource(storage, requestScope)
case "list":
    forceWatch := false
    return handlers.ListResource(storage, storage, requestScope,
            forceWatch, r.minRequestTimeout)
case "watch":
    forceWatch := true
    return handlers.ListResource(storage, storage, requestScope,
            forceWatch, r.minRequestTimeout)
case "create":
    //…
    justCreated := time.Since(apiextensionshelpers.FindCRDCondition(
        crd, apiextensionsv1.Established).LastTransitionTime.Time)
          < 2 * time.Second
    if justCreated {
        time.Sleep(2 * time.Second)
    }
    if terminating {
        err := apierrors.NewMethodNotSupported(
            schema.GroupResource{Group: requestInfo.APIGroup, …
        err.ErrStatus.Message = fmt.Sprintf("%v not allowed while custom
            resource definition is terminating", requestInfo.Verb)
        responsewriters.ErrorNegotiated(err, Codecs,
            schema.GroupVersion{Group: requestInfo.APIGroup, Ve …
```

① 源文件 vendor/k8s.io/apiserver/pkg/endpoints/handlers/create.go。

```
            return nil
        }
        return handlers.CreateResource(storage, requestScope, r.admission)
    case "update":
        return handlers.UpdateResource(storage, requestScope, r.admission)
    case "patch":
        return handlers.PatchResource(storage, requestScope,
                r.admission, supportedTypes)
    case "delete":
        allowsOptions := true
        return handlers.DeleteResource(storage, allowsOptions,
                requestScope, r.admission)
    case "deletecollection":
        checkBody := true
        return handlers.DeleteCollection(storage, checkBody,
                requestScope, r.admission)
        …
```

在上述代码中,生成每种 handler 时 storage 都是必需的参数,这是一个针对客制化 API 的 rest.Storage 对象。与内置 API 的 Storage 对象一样,它负责提供 HTTP 请求所需要的操作。rest.Storage 对象是在 crdHandler.ServeHTTP()方法中通过调用 crdHandler.getOrCreateServingInfoFor() 方法获得的,这种方法会读取目标 CRD 实例,把它的重要信息放到一个 crdInfo 结构体实例中并返回,包含了各个版本下该客制化 API 的 storage 信息,感兴趣的读者可自行查阅源文件[①]。

2) 响应"组发现"和"版本发现"请求

在 crdHandler.ServeHTTP()的逻辑中,当目标端点是/apis/<组>或/apis/<组>/<版本>时,请求会被交由组发现器和版本发现器去处理。

(1) 组发现:客户端想获取当前 Server 所支持的某个 API 组下的所有版本,可以向端点 /apis/<组>发 GET 请求,一个组发现器会负责响应这个请求。组发现器的类型为 groupDiscoveryHandler 结构体(定义于 New()方法所在的 apiserver 包),它具有 ServeHTTP()方法,实现了 http.Handler 接口。

(2) 版本发现:客户端想获取当前 Server 所支持的某个 API 组的某一版本内的所有 API 资源及各个资源所支持的操作(get、post、watch…),可以向端点 /apis/<组>/<版本>发送 GET 请求,一个版本发现器会负责响应这个请求。版本发现器的类型为 versionDiscoveryHandler 结构体(同样定义于 New()方法所在的 apiserver 包),它同样具有 ServeHTTP()方法,实现了 http.Handler 接口。

如上所述,组发现器和版本发现器均在 New()方法中创建,并交由 crdHandler 供其使用,New()中的相关代码如下:

① vendor/k8s.io/apiextensions-apiserver/pkg/apiserver/customresource_handler.go。

```
//代码 7-7
//vendor/k8s.io/apiextensions-apiserver/pkg/apiserver/apiserver.go
//要点①
versionDiscoveryHandler := &versionDiscoveryHandler{
    discovery: map[schema.GroupVersion]*discovery.APIVersionHandler{},
    delegate:  delegateHandler,
}
//要点②
groupDiscoveryHandler := &groupDiscoveryHandler{
    discovery: map[string]*discovery.APIGroupHandler{},
    delegate:  delegateHandler,
}
establishingController := establish.NewEstablishingController(
    s.Informers.Apiextensions().V1().CustomResourceDefinitions(),
         crdClient.ApiextensionsV1())

crdHandler, err := NewCustomResourceDefinitionHandler( //要点③
    versionDiscoveryHandler,
    groupDiscoveryHandler,

    s.Informers.Apiextensions().V1().CustomResourceDefinitions(),
    delegateHandler,
    c.ExtraConfig.CRDRESTOptionsGetter,
    c.GenericConfig.AdmissionControl,
    establishingController,
    c.ExtraConfig.ConversionFactory,
    c.ExtraConfig.MasterCount,
    s.GenericAPIServer.Authorizer,
    c.GenericConfig.RequestTimeout,
    time.Duration(c.GenericConfig.MinRequestTimeout) * time.Second,
    apiGroupInfo.StaticOpenAPISpec,
    c.GenericConfig.MaxRequestBodyBytes,
)
```

要点①与②处所定义的就是版本发现器和组发现器，要点③处它们被作为入参去构造crdHandler变量。由代码7-7可见，定义之初二者内部的字段discovery都是空map，但discovery字段是发现器的ServeHTTP()方法执行时的信息来源，内容不能为空，它们的填充是在一个被称为发现控制器(discoveryController)的控制器中进行的，7.3节专门讲解了扩展Server用到的控制器，包括发现控制器。现在假设两个发现器的discovery字段均已被完全填充。

在组发现器的discovery字段中，键用于存放组名，而值是一个指针，指向discovery包(vendor/k8s.io/apiextensions-apiserver/pkg/apiserver/customresource_discovery.go)内的APIGroupHandler结构体实例。APIGroupHandler结构体同样实现了http.Handler接口，可以响应HTTP请求。当discovery被完全填充后，当前Server所支持的客制化API组分别与各自对应的APIGroupHandler实例配对出现在其中。组发现器的ServeHTTP()方法

会从这个 map 中找到目标 API 组的 APIGroupHandler 实例,调用它的 ServeHTTP()方法来响应请求,返回该组下的所有版本。

版本发现器的工作方式与此完全类似,只不过它的 discovery map 的键是组与版本,而值是 discovery 包的 APIVersionHandler 结构体实例。读者可自行查阅实现源码。

4. 监听 CRD 实例创建

在扩展 Server 的构建方法 New()的后半部分,一系列控制器被构建出来,它们分别如下。

(1) 发现控制器:用于填充客制化 API 组和版本发现器的 discovery 属性,也为服务于聚合器的 resourceManager 填充信息。

(2) 名称控制器:用于校验客制化 API 的命名(单数名、复数名、短名和 kind)是否已经在同 API 组下存在了。

(3) 非结构化规格控制器:根据 CRD 实例中定义的客制化 API 规格——spec.Scheme 节点所含的内容校验一个客制化资源的定义是否符合规则。

(4) API 审批控制器:如果要在命名空间 k8s.io、*.k8s.io、kubernetes.io 或 *.kubernetes.io 内创建 CRD,则需要具有名为 api-approved.kubernetes.io 的注解,注解的内容是一个 URL,指向该 CRD 的设计描述页面,而如果该客制化 API 还没有被批准,则值必须是一个以 unapproved 开头的字符串。该控制器会把这个信息反映到 CRD 实例的 status 属性上。

(5) CRD 清理控制器:当一个 CRD 实例被删除时,这个控制器会删除它的所有客制化 API 实例,从而达到彻底清理的目的。

以上就是扩展 Server 涉及的重要控制器,7.3 节专门介绍了它们的实现。New()方法利用各个控制器的工厂方法分别创建出它们的一个实例,并在扩展 Server 启动后运行的名为 start-apiextensions-controllers 的钩子中去启动它们。

至此,扩展 Server 的构造过程就完成了,这个实例会在 CreateServerChain()方法中被嵌入 Server 链中,最终成为核心 API Server 的一部分。

7.2.4 启动扩展 Server

如前所述,扩展 Server 可以被编译为单独可执行的应用程序。扩展 Server 启动代码只有在其独立运行时才会执行。程序主函数秉承了 Cobra 设计风格,非常简单:创建一个命令,然后运行之。扩展 Server 的主函数的代码如下:

```
//代码 7-8 vendor/k8s.io/apiextensions-apiserver/main.go
func main() {
    stopCh := genericapiserver.SetupSignalHandler()
    cmd := server.NewServerCommand(os.Stdout, os.Stderr, stopCh)
    code := cli.Run(cmd)
    os.Exit(code)
}
```

在上述代码中，NewServerCommand()方法所制作的命令对象是关键。该方法首先为所生成的命令对象设置可用的命令行标志，以供用户提供参数。这些参数均来自底层的Generic Server，包含3个方面：

(1) 通用标志，来自ServeRunOptions结构体的AddUniversalFlags()方法(vendor/k8s.io/apiserver/pkg/server/options/server_run_options.go)。

(2) 推荐标志，来自RecommendedOptions结构体的AddFlags()方法(vendor/k8s.io/apiserver/pkg/server/options/server_run_options.go)。

(3) 开启、关闭API的标志，来自APIEnablementOptions的AddFlags()方法(vendor/k8s.io/apiserver/pkg/server/options/api_enablement.go)。

然后为该命令对象的RunE属性赋予一个匿名函数，它在用户启动本程序时会被调用，从而将扩展Server运行起来，代码如下：

```
//代码 7-9 vendor/k8s.io/apiextensions-apiserver/pkg/cmd/server/server.go
cmd := &cobra.Command{
    Short: "Launch an API extensions API server",
    Long: "Launch an API extensions API server",
    RunE: func(c * cobra.Command, args []string) error {
            if err := o.Complete(); err != nil {
                return err
            }
            if err := o.Validate(); err != nil {
                return err
            }
            if err := Run(o, stopCh); err != nil {
                return err
            }
            return nil
        },
}
```

用户通过命令行输入的参数会被Cobra转交到选项结构体实例——代码7-9的变量o中，通过变量o该匿名函数在执行时便得到了包含用户输入的所有参数值，在经过o.Complete()的补全和o.Validate()的校验后，以变量o为一个参数去执行Run()函数。Run()函数的代码如下：

```
//代码 7-10 vendor/k8s.io/apiextensions-apiserver/pkg/cmd/server/server.go
func Run (o * options.CustomResourceDefinitionsServerOptions, stopCh <- chan
struct{}) error {
    config, err := o.Config()
    if err != nil {
        return err
    }

    server, err := config.Complete().New(
                    genericapiserver.NewEmptyDelegate())
```

```
        if err != nil {
            return err
        }
        return server.GenericAPIServer.PrepareRun().Run(stopCh)
}
```

在上述代码中,Run()方法分三步将 Server 启动起来:

(1) 由选项结构体制作 Server 运行配置结构体实例。

(2) 对运行配置结构体实例进行完善(Complete()方法)并由此创建扩展 Server 实例,过程就是 7.2.3 节已经讲解的 New()方法。

(3) 启动扩展 Server 的底座 Generic Server,这会启动一个 Web Server 等待响应请求。

扩展 Server 的代码值得一看的一个重要原因是,它展示了如何基于 Generic Server 做一个子 Server,代码非常清晰简明,开发者看得懂。本书第三篇会采取这种方式制作聚合 Server,代码结构极为相似,例如以上的启动代码的设计思路几乎可以完全复用到聚合 Server 上。

7.3 扩展 Server 中控制器的实现

API Server 的主要作用是承载 Kubernetes API,保存其定义并容纳它们的实例,但这些信息是无法对系统产生任何影响的,还需要控制器根据这些信息将系统调整到期望的状态。扩展 Server 内的 CRD 及客制化 API 都有控制器,它们会持续监听 CRD 实例的创建、修改和删除操作,根据最新 API 实例内容开展自己的业务逻辑。

每个控制器均遵从第 1 章所介绍的控制器设计模式,内部结构十分类似,这里简单地进行回顾。首先,控制器以一个 Go 结构体为核心数据结构,称为基座结构体,该结构体内会包含一个工作队列(queue),用于记录增、删、改了的 API 实例,这些 API 实例会有一种类型为方法的字段,字段名一般为 syncFn,然后以该结构体为接收者定义一系列方法。这些方法有的是控制器用的方法,如 Run()启动控制器、runWorker()启动控制循环、enqueueXXX()方法用来判断增、删、改的发生并将 API 实例放入队列;而有的代表当前控制器的主逻辑,用于应对 API 实例的增、删、改操作,可以称为同步方法,将被赋予控制器结构体的 syncFn 字段。同步方法是一个控制器的核心逻辑。控制器的核心元素如图 7-8 所示。

7.3.1 发现控制器

7.2.3 节中提到了两个发现器的 discovery 字段是必须填充的,这两个 map 把客制化 API 的组名(或组内版本名)映射到可以给出组(或版本)内容的结构体实例。填充它们并不简单。和 Kubernetes 内置 API 不同,客制化 API 可以是用户动态创建的,没有办法一次性地找出所有客制化 API,而是要在 API Server 中出现新 CRD 或有 CRD 变更发生时采取行动,调整 discovery 属性的内容。此外,当聚合器(第 8 章将介绍)响应针对端点/apis 的 GET

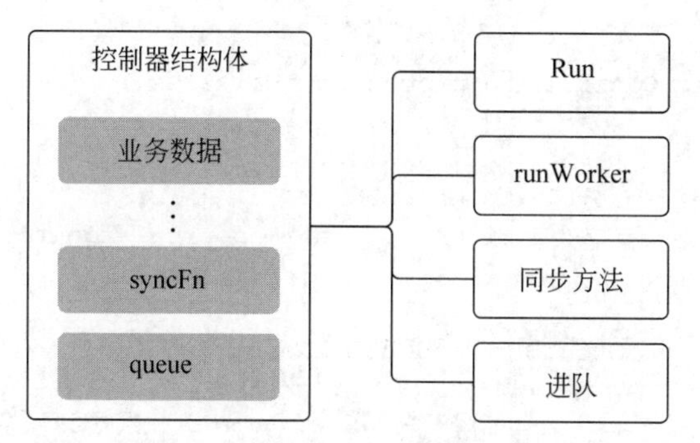

图 7-8 控制器的核心元素

请求时会给出主 Server、扩展 Server 及聚合 Server 所支持的所有 API 组，包括客制化 API 组，所以聚合器也需要及时获知 CRD 实例的增、改、删操作。这种运行时动态调整的操作特别适合用控制器模式实现。扩展 Server 开发了发现控制器来满足上述需求，发现控制器的基座结构体及其方法的代码如下：

```
//代码 7-11
//vendor/k8s.io/apiextensions-apiserver/pkg/apiserver/customresource_
//discovery_controller.go

type DiscoveryController struct {
    versionHandler   *versionDiscoveryHandler
    groupHandler     *groupDiscoveryHandler
    resourceManager discoveryendpoint.ResourceManager

    crdLister  listers.CustomResourceDefinitionLister
    crdsSynced cache.InformerSynced

    //To allow injection for testing.
    syncFn func(version schema.GroupVersion) error

    queue workqueue.RateLimitingInterface
}

func (c *DiscoveryController) sync(version schema.GroupVersion) error {
    …
}
func (c *DiscoveryController) Run(stopCh <-chan struct{},
            synchedCh chan<- struct{}) {
    …
}
func (c *DiscoveryController) runWorker() {
    …
```

```
}
func (c * DiscoveryController) processNextWorkItem() bool {
    …
}
func (c * DiscoveryController) enqueue(
            obj * apiextensionsv1.CustomResourceDefinition) {
    …
}
func (c * DiscoveryController) addCustomResourceDefinition(obj interface{}) {
    …
}
func (c * DiscoveryController) updateCustomResourceDefinition(
            oldObj, newObj interface{}) {
    …
}

func (c * DiscoveryController) deleteCustomResourceDefinition(
            obj interface{}) {
    …
}
```

发现控制器基座结构体的字段 versionHandler 和 groupHandler 对应组和版本发现器，发现控制器会填充它们的 discovery 字段；resourceManager 字段负责为聚合器提供所有客制化 API 组的信息；crdLister 用于获取 API Server 中所有的 CRD 实例；syncFn 是一种方法，每次控制循环发现有 CRD 的增、改、删操作时会执行的主要逻辑就在这里；queue 是一个队列，新创建，被修改的 CRD 实例会被放入其中等待在控制循环中去处理。工厂函数 NewDiscoveryController()可以创建一个发现控制器实例，代码如下：

```
//代码 7-12
//vendor/k8s.io/apiextensions-apiserver/pkg/apiserver/customresource_
//discovery_controller.go
func NewDiscoveryController(
        crdInformer informers.CustomResourceDefinitionInformer,
        versionHandler * versionDiscoveryHandler,
        groupHandler * groupDiscoveryHandler,
        resourceManager discoveryendpoint.ResourceManager,
                                    ) * DiscoveryController {
    c := &DiscoveryController{
            versionHandler:  versionHandler,
            groupHandler:    groupHandler,
            resourceManager: resourceManager,
            crdLister:       crdInformer.Lister(),
            crdsSynced:      crdInformer.Informer().HasSynced,

            queue: workqueue.NewNamedRateLimitingQueue(workqueue.
                DefaultControllerRateLimiter(), "DiscoveryController"),
    }
```

```
    crdInformer.Informer().AddEventHandler( //要点①
        cache.ResourceEventHandlerFuncs{
            AddFunc:    c.addCustomResourceDefinition,
            UpdateFunc: c.updateCustomResourceDefinition,
            DeleteFunc: c.deleteCustomResourceDefinition,
    })

    c.syncFn = c.sync

    return c
}
```

上述代码展示了如下信息：

（1）组发现器、版本发现器及 resourceManager 字段都是通过入参赋值的，它们会在控制循环中被不断填充。

（2）crdLister 被赋值为一个由 CRD Informer 所产生的 Lister，Informer 机制是客户端从 API Server 获取 API 实例的高效手段。

（3）工作队列被赋值为一个具有限流功能的队列，被增、改、删的 CRD 的实例 Key 都会先被放入其中。队列的填充实际上是由 crdInformer 进行的，它充当了“生产者”的角色：要点①处的方法调用告诉该 Informer，当有增、改、删操作时分别去调用 DiscoverController 的 addCustomResourceDefinition()、updateCustomResourceDefinition() 和 deleteCustomResourceDefition()方法。

（4）发现控制器的控制循环主逻辑方法——字段 syncFn 被赋值为 DiscoverController. sync()方法，读者只要了解清楚了该方法的逻辑就清楚了该控制器的主逻辑。Sync()方法是工作队列的“消费者”。

当控制循环发现 queue 中有待处理内容时，就会逐个取出并交给 sync()方法去处理，sync()负责填充组发现器、版本发现器和 resourceManager。

7.3.2　名称控制器

客制化 API 会有名字，包括单数名称、复数名称、短名称；也会有种类（kind）和 ListKind 信息。名字在 CRD 实例内定义，系统需要检查这些名称是否在同组内出现冲突。例如，同组、同种类只应出现在单一 CRD 实例中。检查工作由名称控制器完成。名称控制器的基座结构体的定义，代码如下：

```
//代码 7-13
//vendor/k8s.io/apiextensions-apiserver/pkg/controller/status/naming_
//controller.go
type NamingConditionController struct {
    crdClient client.CustomResourceDefinitionsGetter

    crdLister listers.CustomResourceDefinitionLister
```

```
    crdSynced cache.InformerSynced
    //…
    crdMutationCache cache.MutationCache

    //删除这个字段不会影响控制器的构建,但它的存在便于 test 时注入测试用对象
    syncFn func(key string) error

    queue workqueue.RateLimitingInterface
}
```

控制器的检验结果需要写回 API 实例的 Status,这里 crdClient 属性用来执行写回操作。syncFn 属性被赋值为该结构体的 sync()方法,这种方法的内部逻辑用于比较冲突是否存在,记录合法的名字等信息,并根据冲突状态设置 CRD 实例的 condition,并写回 CRD 实例。被写回 Status 的信息如图 7-9 所示。注意,Accepted Names 和 Conditions 中关于名字的信息。

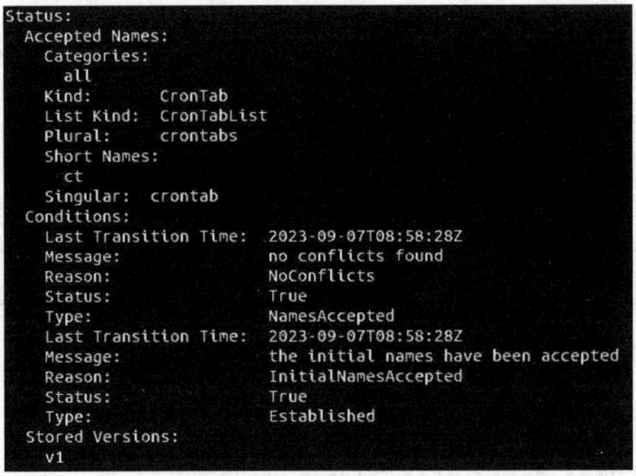

```
Status:
  Accepted Names:
    Categories:
      all
    Kind:        CronTab
    List Kind:   CronTabList
    Plural:      crontabs
    Short Names:
      ct
    Singular:  crontab
  Conditions:
    Last Transition Time:  2023-09-07T08:58:28Z
    Message:               no conflicts found
    Reason:                NoConflicts
    Status:                True
    Type:                  NamesAccepted
    Last Transition Time:  2023-09-07T08:58:28Z
    Message:               the initial names have been accepted
    Reason:                InitialNamesAccepted
    Status:                True
    Type:                  Established
  Stored Versions:
    v1
```

图 7-9　CRD 实例的 Status

7.3.3　非结构化规格控制器

CRD 实例会针对其定义的客制化 API 所具有的字段和属性进行规格定义,例如类型是整数还是字符串,以及长度限制等,而 CRD 实例是用户使用资源定义文件写出来的,对规格的表述是否符合 OpenAPI Schema 的语法定义很有必要验证。这项任务由非结构化规格控制器来完成。

1. 校验逻辑

本控制器的核心逻辑自然是如何做规格校验,其实现在 calculateCondition()函数(源码位于 vendor/k8s.io/apiextensions-apiserver/pkg/controller/nonstructuralschema/nonstructuralschema_controller.go)。该方法接收一个 CRD 作为入参,然后对这个 CRD 中定义的客制化 API 的版本列表进行循环,具体如下:

(1) 将该版本的 schema 内容(类型为结构体 CustomResourceValidation)从当前版本转换为内部版本。

(2) 用以内部版本表示的 Schema 制作结构化规格(Structural Schema),结构化规格的类型是 Structural,它的定义位于 vendor/k8s.io/apiextensions-apiserver/pkg/apiserver/schema/structural.go。如果制作结构化规格失败,则意味着 CRD 实例的资源定义文件违规,不必进行下去,直接返回错误。

(3) 针对上一步制作出的结构化规格,调用如下方法进行校验并记录发现的错误,该方法的源代码如下:

```
//代码 7-14
//vendor/k8s.io/apiextensions-apiserver/pkg/apiserver/schema/validation.go
func ValidateStructural(fldPath * field.Path, s * Structural) field.ErrorList
{
    allErrs := field.ErrorList{}

    allErrs = append(allErrs, validateStructuralInvariants(s,
                rootLevel, fldPath) …)
    allErrs = append(allErrs,
                validateStructuralCompleteness(s, fldPath) …)

    //…
    sort.Slice(allErrs, func(i, j int) bool {
        return allErrs[i].Error() < allErrs[j].Error()
    })

    return allErrs
}
```

上述循环执行完毕后,如果任何一个版本检验失败,该方法就返回一个 CustomResourceDefinitionCondition 结构体实例,其内记录错误情况,而如果没有失败发生,则将返回 nil。

2. sync()方法

本控制器的 syncFn 字段被赋值为方法 sync(),它针对 CRD 实例的增、删、改操作调用上述规格校验逻辑,其内部执行逻辑如下:

(1) 取出目标 CRD 实例。

(2) 调用上述 calculateCondition()函数,计算校验结果,得到 CustomResourceDefinitionCondition,这代表 CRD 实例最新的非结构化规格状态。

(3) 获取 CRD 实例的 Status 中类型是 NonStructuralSchema 的 condition 信息,这代表之前 CRD 实例的非结构化规格状态。

(4) 比较(2)与(3)的两种状态,如果不一致,则更新,使 Status 中类型是 NonStructuralSchema 的 condition 为最新状态。

7.3.4 API审批控制器

2019年，Kubernetes的GitHub库中出现一项提议[1]：社区应该着手在CRD领域保护属于社区的API组，这些组要么名为k9s.io、kubernetes.io，要么以之结尾，符合 *.k8s.io 和 *.kubernetes.io 模式。

保护的方式是这样的：如果在CRD中定义客制化API使用的组名符合上述模式，则代表要在Kubernetes专有组内进行新API的创建，这需要经社区审批，作者要在该API上通过注解给出审批通过的pull request，例如：

```
"api-approved.kubernetes.io": "https://github.com/kubernetes/kubernetes/
pull/78458"
```

如果由于某些原因暂时没有获批，但依然需要创建，则需要在该注解上使用unapproved开头的文字。API审批控制器就是针对这条规则对一个CRD实例进行校验的。校验的结果会反映到CRD实例的Status上。

1. 校验逻辑

理解了本控制器的目的后再看校验逻辑就很简单了。如果目标CRD实例正在向Kubernetes专有组中引入新API，则获得该CRD实例的注解api-approved.kubernetes.io，查看是否合规，据此形成condition返回。这正是方法calculateCondition()所做的事情，代码如下：

```
//代码 7-15
//vendor/k8s.io/apiextensions-apiserver/pkg/controller/apiapproval/
//apiapproval_controller.go
func calculateCondition(crd *apiextensionsv1.CustomResourceDefinition)
                    *apiextensionsv1.CustomResourceDefinitionCondition {
    if !apihelpers.IsProtectedCommunityGroup(crd.Spec.Group) {
        return nil
    }

    approvalState, reason :=
            apihelpers.GetAPIApprovalState(crd.Annotations)
    switch approvalState {
    case apihelpers.APIApprovalInvalid:
        return &apiextensionsv1.CustomResourceDefinitionCondition{
            Type:    apiextensionsv1.
                        KubernetesAPIApprovalPolicyConformant,
            Status:  apiextensionsv1.ConditionFalse,
            Reason:  "InvalidAnnotation",
            Message: reason,
        }
```

① 原文链接为 https://github.com/kubernetes/enhancements/pull/1111/。

```
        case apihelpers.APIApprovalMissing:
            return &apiextensionsv1.CustomResourceDefinitionCondition{
                Type:    apiextensionsv1.
                             KubernetesAPIApprovalPolicyConformant,
                Status:  apiextensionsv1.ConditionFalse,
                Reason:  "MissingAnnotation",
                Message: reason,
            }
        case apihelpers.APIApproved:
            return &apiextensionsv1.CustomResourceDefinitionCondition{
                Type:    apiextensionsv1.
                             KubernetesAPIApprovalPolicyConformant,
                Status:  apiextensionsv1.ConditionTrue,
                Reason:  "ApprovedAnnotation",
                Message: reason,
            }
        case apihelpers.APIApprovalBypassed:
            return &apiextensionsv1.CustomResourceDefinitionCondition{
                Type:    apiextensionsv1.
                    KubernetesAPIApprovalPolicyConformant,
                Status:  apiextensionsv1.ConditionFalse,
                Reason:  "UnapprovedAnnotation",
                Message: reason,
            }
        default:
            return &apiextensionsv1.CustomResourceDefinitionCondition{
                Type:    apiextensionsv1.
                             KubernetesAPIApprovalPolicyConformant,
                Status:  apiextensionsv1.ConditionUnknown,
                Reason:  "UnknownAnnotation",
                Message: reason,
            }
        }
    }
```

2. sync()方法

完全类似非结构化规格控制器的 sync()方法,甚至连计算 condition 的方法都同名,这里不再赘述。sync()方法的最终执行结果要么是更新名为 KubernetesAPIApprovalPolicyConformant 的 condition,要么是什么都不做。

7.3.5 CRD 清理控制器

如果一个 CRD 实例被删除,则依附其上的客制化资源同样应该被删除。本控制器就是做客制化资源的删除清理的,下面提及的方法均在源文件 vendor/k8s.io/apiextensions-apiserver/pkg/controller/finalizer/crd_finalizer.go 中。

1. 删除客制化资源的逻辑

deleteInstances()方法包含了客制化资源的删除逻辑,它的执行过程如下:

(1) 找到目标 CRD 实例的所有客制化资源。

(2) 以命名空间为单位,逐个清理其中的目标客制化资源。

(3) 以 5s 为间隔检查清理的状态,查看是否全部清理完毕,最长等待 1min。

(4) 返回清理状态,如果有错,则连同错误一起返回。

本方法返回一种类型为 CustomResourceDefinitionCondition 的状态,用于标识删除结果。

2. sync()方法

当有 CRD 实例被删除时,本方法将被调用,以此来进行清理操作。它会先调用 deleteInstances()方法,然后把该方法返回的 condition 写回被删除 CRD 实例的 Status 中[①];接着移除 CRD 实例上的名为 customresourcecleanup.apiextensions.k8s.io 的 Finalizer,确保系统可以删除 CRD 实例。

7.4 本章小结

本章聚焦扩展 Server。相对于主 Server 及其内置 Kubernetes API,扩展 Server 和它的主要 API——CustomResourceDefinition 并非耳熟能详,所以本章从 CRD 的定义开始介绍,不仅描述了它的属性,也介绍了 CRD 定义过程中的主要信息,这为理解扩展 Server 的代码打下基础。接着剖析了扩展 Server 的代码实现,重点介绍了 Server 的构造方法 New()。由于有了 Generic Server 和主 Server 的知识,读者可以很好地理解 CRD 相关端点是如何暴露出去的,但客制化资源的端点生成及响应过程较复杂,本章对此进行了讲解。最后,扩展 Server 的一组控制器对其正常工作起着决定性作用,属于必讲内容,本章基于第 1 章所介绍的控制器模式知识,讲解了扩展 Server 的几大控制器实现。

---

① 在清理完成前 CRD 实例上的 Finalizer 会阻止系统真正删除它,所以这个实例还在。

第8章 聚合器和聚合 Server

本章将进入核心 API Server 的最后一块拼图——聚合器及扩展 API Server 的另一种途径——聚合 Server。作为 API Server 链的头,聚合器和 Server 链上其他子 Server 一样,也是以 Generic Server 为底座构建的。

8.1 聚合器与聚合 Server 介绍

8.1.1 背景与目的

在引入并在 API Server 上实现了 CRD 后,社区对 API Server 扩展的需求得以释放,大量的 Kubernetes 解决方案开始使用 CRD 机制制作客制化 API。时至今日这一做法依然是扩展 API Server 的主流方式。也许是 CRD 打开了人们的想象空间,越来越多的公司、项目和专家期望通过引入 API 来扩展 Kubernetes 的能力,并且渐渐不再满足 CRD 这种模仿内置 API 的方式,而是希望引入地道的 Kubernetes API。开发者首先想到的是引入新的内置 API。结果是 GitHub 上积压了大量需要去 Review 的关于新 API 的代码提交,根本没有足够的力量及时审核,即使人力不是问题,绝大部分提交也会被拒绝,因为这些期望被引入的 API 并不具备足够的普遍性。此路不通,需要另寻他途。

2017 年 8 月,一份通过创建聚合 Server 来引入新 API 的增强建议被提了出来,最终这份提议通过了评审并被正式采纳。它的核心思想是把原本单体的 API Server 改装成由多个子 Server 构成的集合,有一点儿微服务化的意思。该提议提出了两个目标:

(1) 每个 Developer 都可以通过自建子 Server(称为聚合 Server)的方式来向集群引入新的客制化 API。

(2) 这些新 API 应该无缝扩展内置 API,也就是说它们与内置 API 相比无明显使用差别。

这一提议最终确立了当今 API Server 的整体架构,如图 3-5 所示。主 Server、扩展 Server、第三方自主开发的聚合 Server 及将它们连为一体的聚合器共同构成了当今控制面上的 API Server,它们分管不同 API 并提供请求处理器处理来自客户端的请求。引入聚合器是为了能协调和管理这些子 Server,聚合器起到三方面作用:

（1）提供一个 Kubernetes API，供子 Server 注册自己所支持的 API。

（2）汇集发现信息（Discovery）。简单来讲就是收集子 Server 所支持的 API Group 和 Version，供外界通过/apis 端点来直接获取，这样当查询请求到来时[1]就不必去询问各子 Server 了。发现信息的典型消费者包括 kubectl 和控制器管理器。用控制器管理器举例，它需要查询集群具有的 API，从而决定哪些控制器需要启动而哪些不必启动。

（3）做一个反向代理，把客户端来的请求转发到聚合 Server 上。

为了让每个开发者都可以高效地创建聚合 Server，Kubernetes 的 Generic Server 库被构造得足够易用。通过第 5～7 章的介绍，读者已充分了解了 Generic Server，也明白了主 Server、扩展 Server 如何在其基础上构建，对 Generic Server 的可重用性应该有了充分认识。每个开发者都可以依葫芦画瓢，用 Generic Server 创建自己的聚合 Server。从工具的角度来讲，Kubernetes 社区也提供了众多脚手架。这方面的成果有很多，例如 Kubernetes SIG 开发的 API Server Builder 就是专业做聚合 Server 开发的。

注意：本书中聚合 Server 指由企业或个人基于 Generic Server 框架开发的子 API Server，用于引入客制化 API；聚合器指处于 API Server 最前端的部件，它负责将客户端请求直接传递至与其同处核心 API Server 的主 Server 和扩展 Server，或通过代理机制转发至远端的聚合 Server。一些文档中也采用英文直译，将聚合器称为聚合层（Aggregated Layer）。

8.1.2 再谈 API Server 结构

回顾第 3 章 API Server 结构图，它显示聚合 Server 与其他子 Server 的地位明显不同。虽然核心 Server 中的聚合器、主 Server 和扩展 Server 都基于 Generic Server 独立构建，也可以编译成单独的应用程序独立运行，但在 Kubernetes API Server 的实践中它们被放入一个应用程序，即核心 API Server，而聚合 Server 则不同，一般来讲，每个聚合 Server 都是一个 Web Server，独立运行于核心 API Server 之外。

1. 核心 API Server

人们在各种讨论中常说的“启动控制面上的 API Server”实际上指启动核心 API Server，它是一个可执行程序。当编译 Kubernetes 工程时可以生成所有组件，这是一系列可执行程序，核心 API Server 就是其中之一。它内部包含了聚合器、主 Server 和扩展 Server 所支持的所有内置 API，能处理客户端发送给各个子 Server 的 HTTP 请求。主 Server 和扩展 Server 均基于 Generic Server 并且具有成为独立可执行程序的能力，但当它们和聚合器一起构成核心 API Server 时它们之间并没有独立，核心 API Server 对三者的整合如图 8-1 所示。

图 8-1 选取有代表性的几方面来展示核心 API Server 的构成方式，这些方面是：所支持的 API、准入控制器、请求过滤、准入控制机制和底层 Web Server 的基本能力。这里忽略了其他方面，例如和各自 API 密切相关的控制器、启动后关闭前的钩子函数。

---

① 到达/apis 或/api 端点的 GET 请求。

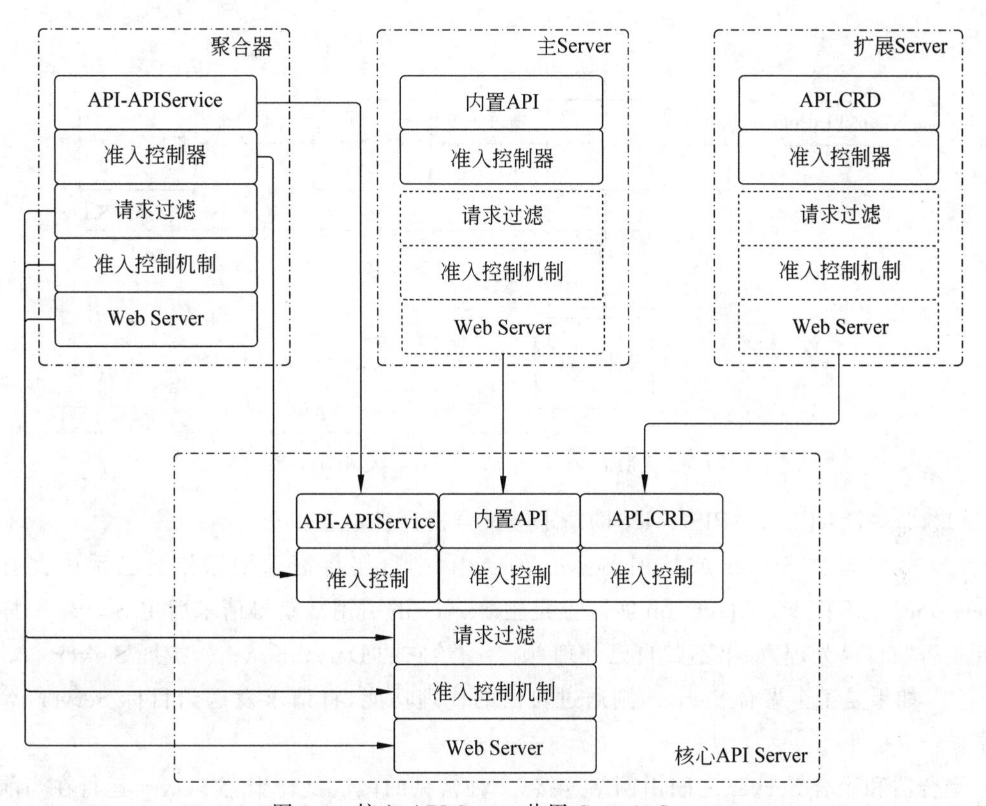

图 8-1 核心 API Server 共用 Generic Server

核心 API Server 是一个纯粹的组合体，它的各个组成部分分别来自 3 个子 Server：

(1) 底层 Web Server、准入控制机制和请求过滤的能力来自聚合器底座 Generic Server。

(2) 所支持 API 是聚合器、主 Server 和扩展 Server 所支持 API 的合集。

(3) 准入控制机制含有 3 个子 Server 的准入控制器合集。

注意：核心 API Server 准入控制器是子 Server 准入控制器的合集并不意味着一个请求需要经过所有准入控制器处理，实际上它只会经过目标 API 所在子 Server 定义的准入控制器。v1.27 中，核心 API Server 的 3 个子 Server 启用了完全一致的准入控制器。

这种组合是一种逻辑上而非物理上的组合，主 Server 和扩展 Server 中没有被采用的部分依然存在，只是它们永远不会被系统调用到，最典型的就是它们的底座 Generic Server 的 Web 服务器被弃置不用。这当然是代码上的冗余，却带来工程上的巨大便利。

2. API Server 整体结构

现在把聚合 Server 也考虑进来，API Server 将构成如图 8-2 所示的结构。

核心 API Server 中各个子 Server 同处于一个可执行程序内，它们构成了前文提及的 Server 链。当一个针对 Kubernetes API 的请求到来时，聚合器先行判断出正确的响应子 Server，然后采取不同的处理方式：

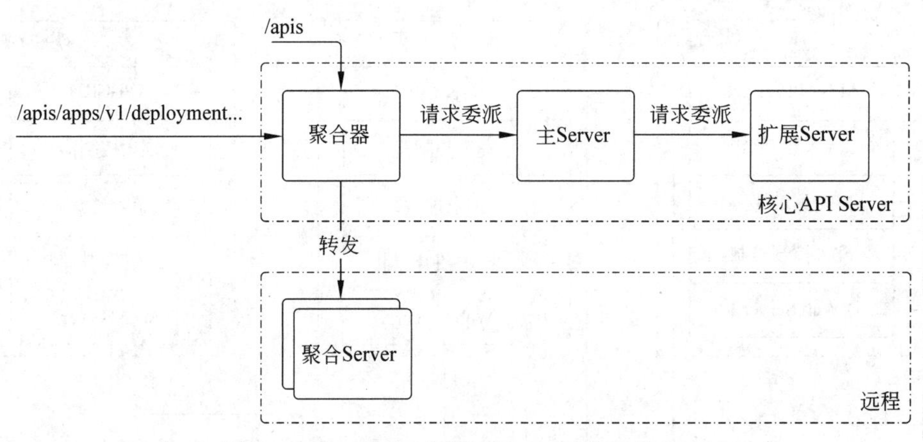

图 8-2 API Server 全部子 Server 及相互关系

(1) 那些针对 API APIService 的请求被聚合器自身响应。

(2) 如果是主 Server 或扩展 Server 的 API,则直接将请求委派给自己手中握有的 Delegation 就好了,该 Delegation 实际上是主 Server 的引用。获得请求后主 Server 一样会判断是否归自己处理,如果不归自己处理,则会交给它的 Delegation——扩展 Server。

(3) 如果是某个聚合 Server,则通过自己的代理功能,将请求发送给目标 Server,等待结果。

聚合器和聚合 Server 之间由网络连接,一种常见的做法是让聚合 Server 运行在当前集群内的某个 Pod 内,此时处于控制面的聚合器通过集群内网和该 Server 交互。在交互过程中聚合器启用了自己的代理(Proxy)能力。

聚合器的一个能力是收集各个子 Server 的发现信息,据此直接响应针对"/apis"的 GET 请求。这个请求的含义是询问 API Server 它所支持的所有 API Group 及 Version 信息。一种简单的做法是当有请求时去遍历子 Server,索要这一信息并返回客户端,而聚合器则事先从子 Server 获取,然后保存在自己的缓存中,从而加速响应效率。由于 CRD 和聚合 Server 的存在,Group 和 Version 不是静态不变的,例如新的 CRD 的创建或新的聚合 Server 的加入都会带来新的 Group 和 Version,为了及时更新自己的缓存,聚合器引入了控制器,8.3 节将详细介绍。图 8-5(b)展示了端点/apis 的返回结果片段。

8.2 聚合器的实现

与扩展 Server 类似,聚合器同样处于单独的模块: k8s.io/kube-aggregator,形成单独代码库。由于基于 Generic Server,所以同样具有准入控制、登录鉴权等基础功能,而且这个模块也可以被编译为可单独运行的应用程序。在设计上和扩展 Server 的思路如出一辙,这里不再赘述。

8.2.1 APIService 简介

聚合器具有由它管理和使用的 Kubernetes API：apiregistration.k8s.io 组内的 APIService。查看当前集群中具有的 APIService 实例的命令如下：

```
$ kubectl get APIService
```

在一个 Minikube 本地单节点集群中运行上述命令，将得到如图 8-3 所示的返回结果。

```
NAME                                     SERVICE   AVAILABLE   AGE
v1.                                      Local     True        32d
v1.admissionregistration.k8s.io          Local     True        32d
v1.apiextensions.k8s.io                  Local     True        32d
v1.apps                                  Local     True        32d
v1.authentication.k8s.io                 Local     True        32d
v1.authorization.k8s.io                  Local     True        32d
v1.autoscaling                           Local     True        32d
v1.batch                                 Local     True        32d
v1.certificates.k8s.io                   Local     True        32d
v1.coordination.k8s.io                   Local     True        32d
v1.discovery.k8s.io                      Local     True        32d
v1.events.k8s.io                         Local     True        32d
v1.networking.k8s.io                     Local     True        32d
v1.node.k8s.io                           Local     True        32d
v1.policy                                Local     True        32d
v1.rbac.authorization.k8s.io             Local     True        32d
v1.scheduling.k8s.io                     Local     True        32d
v1.stable.example.com                    Local     True        20d
v1.storage.k8s.io                        Local     True        32d
v1beta2.flowcontrol.apiserver.k8s.io     Local     True        32d
v1beta3.flowcontrol.apiserver.k8s.io     Local     True        32d
v2.autoscaling                           Local     True        32d
```

图 8-3　APIService 实例

一个 APIService 实例代表一个 API Group 和 Version 的组合。在聚合器内，API Server 的每个 API Group 的每个 Version 都会有一个 APIService 实例与之对应。这一点特别重要，聚合器依赖这些信息确定一个请求的响应 Server 并进行请求委派或代理转发。一个 APIService 的 spec 中具有的信息如下：

```go
//代码 8-1 vendor/k8s.io/kube-aggregator/pkg/apis/apiregistration/types.go
type APIServiceSpec struct {
    …
    //+optional
    Service * ServiceReference
    //API 组
    Group string
    //API 版本
    Version string
    …
    InsecureSkipTLSVerify bool
    …
    //+optional
```

```
    CABundle []byte
    …
    GroupPriorityMinimum int32
    …
    //…
    VersionPriority int32
}
```

APIServiceSpec 对理解聚合器的工作机制非常重要,它的主要字段的含义如下:

(1) Group 和 Version 字段记录这个 APIService 实例为哪一个 API 组与版本所创建,这印证了每个 Group 和 Version 的组合会有一个 APIService 实例。

(2) Service 代表目标子 Server 的地址:如果该组版本处于一个聚合 Server,则 Service 引用一个 Kubernetes Service 实例;如果是聚合器、主 Server 或扩展 Server,则 Service 字段将是 nil,因为这三者同处核心 API Server,相对聚合器来讲为本地。

(3) GroupPriorityMinimum 和 VersionPriority 字段决定了这个组和版本出现在发现信息列表的位置:各个组之间用 GroupPriorityMinimum 排序;同组内的各个版本用 VersionPriority 排序,并且都是倒序。

(4) 字段 CABundle:当聚合 Server 与核心 API Server 联络时,核心 API Server 需要能够验签聚合 Server 所出示的证书,并且要求该证书是颁给<service>.<namespace>.svc 的。验签过程需要签发聚合 Server HTTPS 证书的 CA 证书,这个 CABundle 字节数组会存放该 CA 证书 base64 编码后的内容。

注意:聚合 Server 也有认证核心 API Server 的要求,也就是说核心 API Server 也要向聚合 Server 出示证书并且聚合 Server 要能验签它,这实际上在二者之间建立了 mutual-TLS 关系。讲委派代理(8.4.3 节与 8.4.4 节)时会解释聚合 Server 验签核心 API Server 证书。

举一个 APIService 资源的例子,代码如下:

```
apiVersion: apiregistration.k8s.io/v1beta1
kind: APIService
metadata:
    name: v1alpha1.dummy
    spec:
        caBundle: <base64-encoded-serving-ca-certificate>
        group: dummyGroup
        version: v1alpha1
        groupPriorityMinimum: 1000
        versionPriority: 15
        service:
            name: dummy-server
            namespace: dummy-namespace
    status:
    …
```

8.2.2 准备 Server 运行配置

为了创建聚合器，首先要得到它的运行配置信息，函数 createAggregatorConfig()会完成这项工作。该函数不必从零开始，只需在主 Server 的底座 Generic Server 运行配置信息的基础上进行修改，主要修改内容如下：

(1) 删除主 Server 的启动后运行的钩子函数，这是为了避免这一信息的重复。将主 Server 作为 delegation(链上的下一个 Server)传给聚合器构造函数，聚合器在构造其底座 Generic Server 实例时，delegation 中的启动钩子函数先会被抽取出来，然后放入该 Generic Server。如果这里不删除，则聚合器底座 Generic Server 将重复导入主 Server 的启动钩子函数。

(2) 指明 Generic Server 不必为 OpenAPI 的端点安装请求处理器。第 5 章 Generic Server 讲解过，它的 PrepareRun()方法会为端点/openapi/v2 和/openapi/v3 设置请求处理器，但聚合器会专门设置，不需要 Generic Server 接手，故这里需要设置。

(3) 阻止 Generic Server 生成 OpenAPI 的请求处理器(handler)。原因同上，聚合器做了客制化的处理器，不希望 Generic Server 接手这一工作。

(4) ETCD 配置信息。它针对 APIService 配置了实例进出 ETCD 时的编解码器。

(5) 根据命令行参数设定是否启用 APIService 的各版本。

(6) 设置证书和私钥。作为代理服务器向聚合 Server 转发请求时，需要证书等与聚合 Server 建立互信。

8.2.3 创建聚合器

聚合器的创建依然是在 CreateServerChain()函数内触发的。聚合器是核心 API Server 内的 Server 链头，所以它最后一个被构建出来，它在链上的下级 Server 是主 Server。聚合器构建完成后，整个 CreateServerChain()函数也随之结束，聚合器实例被作为最终结果返回。CreateServerChain()函数中与聚合器相关的代码如下：

```
//代码 8-2 cmd/kube-apiserver/app/server.go
aggregatorConfig, err := createAggregatorConfig(
        *kubeAPIServerConfig.GenericConfig,
        completedOptions.ServerRunOptions,
        kubeAPIServerConfig.ExtraConfig.VersionedInformers,
        serviceResolver,
        kubeAPIServerConfig.ExtraConfig.ProxyTransport,
        pluginInitializer)
if err != nil {
    return nil, err
}
aggregatorServer, err := createAggregatorServer(
        aggregatorConfig,
        kubeAPIServer.GenericAPIServer,
        apiExtensionsServer.Informers)
```

```
    if err != nil {
        //…
        return nil, err
    }

    return aggregatorServer, nil
```

聚合器的创建过程如图 8-4 所示。它重复了主 Server 与扩展 Server 的流程，但内部细节肯定不同，这是需要特别讲解之处。

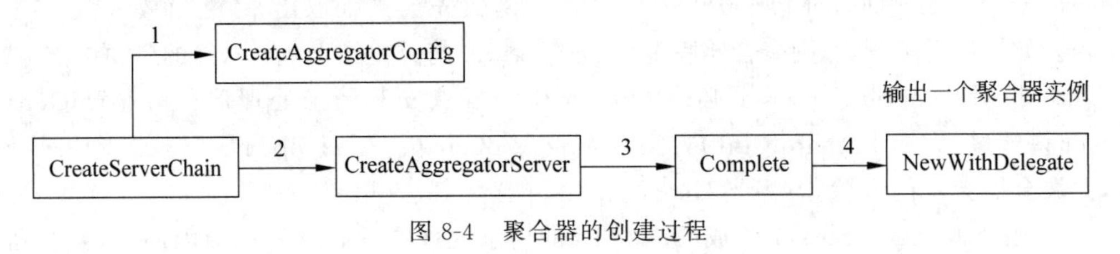

图 8-4 聚合器的创建过程

基于运行配置信息、主 Server 的 Generic Server 实例和由扩展 Server 构造的 Informers，函数CreateAggregatorServer()将创建出聚合器。

注意：最后一个入参 Informers 将用于监控扩展 Server 中的 CRD 实例的变化，这个信息可以由扩展 Server 中已经有的 Informers 直接得来，从而避免了重复构建，故作为入参传入。

本段聚焦 CreateAggregatorServer()函数，包括它直接和间接调用的方法，以此来讲解这一创建过程。CreateAggregatorServer()的实现同主 Server 与扩展 Server 大体相同，但局部稍有不同。该方法同样以两步走的方式进行创建：

(1) 调用运行配置信息的 Complete()方法来完善配置，得到一种类型为 aggregatorapiserver.CompletedConfig 的变量。

(2) 调用该变量的 NewWithDelegate()方法创建聚合器实例。

不同的是，CreateAggregatorServer()函数在这之后又做了额外的操作——引入两个控制器：自动注册控制器(autoRegisterController)和 CRD 注册控制器(crdRegistrationController)。这两个控制器共同完成一项任务：帮 CRD 定义的客制化 API 完成 API 的注册，即创建、删除或变更客制化 API 对应的 APIService 实例。当一个 CRD 实例出现变更时，由它所定义的客制化 API 极有可能发生了变化，例如新的 Version 被引入，以及属性的微调等。与该客制化 API 组和 Version 的组合所对应的 APIService 实例应该随客制化 API 的变化而调整，这便是这两个控制器存在的意义。有关它们的更多内容在 8.3 节讲解，这里继续展开(1)、(2)两步。

在第(1)步配置信息的完善(方法 Complete())过程中，Generic Server 的 API 信息发现功能被关闭了，也就是屏蔽 Generic Server 提供的服务于端点/apis 和/api 的处理器。这是因为聚合器提供了自己的实现方式，不需要其底座 Generic Server 接手，后续 8.2 节中介绍这一实现。相关移除代码如下：

```
//代码 8-3 vendor/k8s.io/kube-aggregator/pkg/apiserver/apiserver.go
func (cfg * Config) Complete() CompletedConfig {
    c := completedConfig{
            cfg.GenericConfig.Complete(),
            &cfg.ExtraConfig,
    }

    //聚合器提供了自己的发现机制
    c.GenericConfig.EnableDiscovery = false
    version := version.Get()
    c.GenericConfig.Version = &version

    return CompletedConfig{&c}
}
```

NewWithDelegate()方法构建聚合器的逻辑稍显复杂。它首先为聚合器构建了一个Generic Server实例，这个实例应用了第(1)步得到的运行配置信息；同时该Geneic Server实例会使用聚合器的下游Server所提供的处理器作为自身无法响应的请求的处理器。

然后该方法创建了client-go中的ClientSet。在该ClientSet的基础上创建了一个用于读取APIServer API实例的Informer。

注意：ClientSet由client-go库提供，包含了从API Server获取API实例的技术细节，这也是创建Informer的基石。由NewWithDelegate()方法可见，即使在核心API Server自身的代码中client-go也大有用处。

接着开始构建聚合器实例。这是一种类型为结构体APIAggregator的变量，它通过Generic Server提供的InstallAPIGroup()接口方法注入聚合器所管理和使用的API，即APIService，这促使Generic Server为其生成RESTful端点。APIService是聚合器引入的唯一一个Kubernetes API。

为API信息发现端点"/apis"设置处理器是下一项工作。对该端点发送GET请求会得到API Server所支持的所有Group和所有Version。这部分内容在8.2.4节单独讲解。

接下来3个控制器被创建出来：API Service注册控制器，将用于监控APIService实例的变动；代理用证书监控控制器，用于及时应用最新的证书和私钥；API Service的状态监控控制器，用于检查并缓存各个API Service所包含的API的状态。第1个控制器将在8.3.2节讲解，第3个控制器将在8.3.3节讲解。关于证书监控控制器，5.6.2节讲解了Generic Server对证书变动的监控，这里如出一辙，并且使用的控制器也是在同样的包中实现的，控制器的基座结构体的定义代码如下：

```
//代码 8-4
//vendor/k8s.io/apiserver/pkg/server/dynamiccertificates/dynamic_serving_
//content.go

type DynamicCertKeyPairContent struct {
```

```
    name string
    keyFile string
    certKeyPair atomic.Value

    listeners []Listener
    queue workqueue.RateLimitingInterface
}

func (c *DynamicCertKeyPairContent) AddListener(listener Listener) {
    …
}
func (c *DynamicCertKeyPairContent) loadCertKeyPair() error {
    …
}
func (c *DynamicCertKeyPairContent) RunOnce(ctx context.Context) error {
    …
}
func (c *DynamicCertKeyPairContent) Run(ctx context.Context, workers int) {
    …
}
func (c *DynamicCertKeyPairContent) watchCertKeyFile(
            stopCh <-chan struct{}) error {
    …
}
func (c *DynamicCertKeyPairContent) handleWatchEvent(e fsnotify.Event,
            w *fsnotify.Watcher) error {
    …
}
func (c *DynamicCertKeyPairContent) runWorker() {
    …
}
func (c *DynamicCertKeyPairContent) processNextWorkItem() bool {
    …
}
func (c *DynamicCertKeyPairContent) Name() string {
    …
}
func (c *DynamicCertKeyPairContent) CurrentCertKeyContent() (
            []byte, []byte) {
    …
}
```

NewWithDelegate()方法的最后一项工作是将 Informer 的启动、3 个控制器的启动全部注册为 Server 启动钩子函数。这样聚合器实例创建完毕，等待执行启动操作。

8.2.4 启动聚合器

作为核心 API Server 的 Server 链头，聚合器的启动也就是核心 API Server 的启动。处于聚合器下游的主 Server 和扩展 Server 需要在启动前后执行的逻辑都会由聚合器的启动触发执行，例如逐个调用子 Server 所注册的启动钩子函数。

回顾 3.4 节介绍的 API Server 的启动过程，用户通过命令行启动 API Server 时，Run()方法会被调用，它会触发构造 Server 链，然后调用链头节点的 PrepareRun()和 Run()方法以完成启动，关键代码如下：

```
//代码 8-5 cmd/kube-apiserver/app/server.go
prepared, err := server.PrepareRun()
if err != nil {
    return err
}

return prepared.Run(stopCh)
```

在上述代码中，变量 server 即是聚合器，由此可见，分析 PrepareRun()与 Run()的实现是剖析聚合器启动的关键。

1. PrepareRun()方法

顾名思义，PrepareRun()方法进行启动准备。这包括聚合器的自身准备逻辑和调用其 delegation 的 PrepareRun()方法。delegation 实际上是主 Server 的底座 Generic Server，而它的 PrepareRun()逻辑已经在 5.6.1 节讲解过，本节聚焦聚合器所含的两项工作做准备逻辑。

(1) 为 OpenAPI 的端点设置响应机制。完善后的配置信息中已明确指出不希望其底层 Generic Server 为 OpenAPI 的端点设置响应器，而是由自己在这里单独设置。聚合器针对 OpenAPI 端点的响应结果片段如图 8-5(a)所示。

(2) 为 API 信息发现端点(/apis)设置响应器。完善后的运行配置信息中聚合器指出不希望底层 Generic Server 响应针对/apis 端点的请求，真正的响应机制设置由它在这里完成。聚合器针对信息发现端点的响应结果片段如图 8-5(b)所示。

2. PrepareRun() - 设置 OpenAPI 端点响应器

OpenAPI 的端点/openapi/v3/apis 返回一个规格说明[①]，包含当前 API Server 所支持的所有 API 组及版本；访问端点 /openapi/v3/apis/<组>/<版本>(访问核心 API 时将 apis 替换为 api 并省略组信息)则会返回该组版本下的所有 API 的 RESTful 服务规格说明。聚合器自身管理的只是 APIService 这一个 Kubernetes API，其他的 API 的 OpenAPI 规格说明需要从各个子 Server 中获取。如果等到请求到来时去轮询子 Server，则有获取效率的问

① OpenAPI v3 已经取代 OpenAPI v2 成为推荐版本，本书主要围绕 OpenAPI v3 介绍，OpenAPI v2 端点的响应器依然在，但其设置过程完全类似。

```
"paths":⊖{
    ".well-known/openid-configuration":⊖{
        "serverRelativeURL":"/openapi/v3/.well-known/openid-configuration?hash=18CF16EDE
    },
    "api":⊖{
        "serverRelativeURL":"/openapi/v3/api?hash=A99B133801158EA735EF6FB92D28764F5CD33I
    },
    "api/v1":⊖{
        "serverRelativeURL":"/openapi/v3/api/v1?hash=DFD9519E7C704D40792E1361348701D0EE2
    },
    "apis":⊖{
        "serverRelativeURL":"/openapi/v3/apis?hash=DE65977925AD461DFA48DB322271E99779671
    },
    "apis/acme.cert-manager.io/v1":⊖{
        "serverRelativeURL":"/openapi/v3/apis/acme.cert-manager.io/v1?hash=F8E8DE4B9467I
    },
    "apis/admissionregistration.k8s.io":⊖{
        "serverRelativeURL":"/openapi/v3/apis/admissionregistration.k8s.io?hash=ED540A8
    },
    "apis/admissionregistration.k8s.io/v1":⊖{
        "serverRelativeURL":"/openapi/v3/apis/admissionregistration.k8s.io/v1?hash=5C0C
    },
    "apis/apiextensions.k8s.io":⊖{
        "serverRelativeURL":"/openapi/v3/apis/apiextensions.k8s.io?hash=2D3E155D89E3AB2
    },
    "apis/apiextensions.k8s.io/v1":⊖{
        "serverRelativeURL":"/openapi/v3/apis/apiextensions.k8s.io/v1?hash=54BFD17CFD15
    },
    "apis/apps":⊖{
        "serverRelativeURL":"/openapi/v3/apis/apps?hash=5AF63D67063669E8018BCB91E07D0EC
    },
    "apis/apps/v1":⊖{
        "serverRelativeURL":"/openapi/v3/apis/apps/v1?hash=78F8FA729E53CF430EDC9471C573
    },
```


(a) 端点openapi/v3返回的结果

图 8-5 端点 openapi/v3 与/apis

```
"kind":"APIResourceList",
"apiVersion":"v1",
"groupVersion":"apps/v1",
"resources":⊟[
    ⊞Object{...},
    ⊟{
        "name":"daemonsets",
        "singularName":"daemonset",
        "namespaced":true,
        "kind":"DaemonSet",
        "verbs":⊞Array[8],
        "shortNames":⊟[
            "ds"
        ],
        "categories":⊟[
            "all"
        ],
        "storageVersionHash":"dd7pWHUlMKQ="
    },
    ⊞Object{...},
    ⊟{
        "name":"deployments",
        "singularName":"deployment",
        "namespaced":true,
        "kind":"Deployment",
        "verbs":⊟[
            "create",
            "delete",
            "deletecollection",
            "get",
            "list",
            "patch",
            "update",
            "watch"
        ],
```


(b) 端点/apis返回的结果

图 8-5 （续）

题。设想每个子 Server 都去查询 ETCD 并找出相应信息,返回结果不会很快。相比核心 API Server,聚合 Server 的返回效率就更加不可控了。为了缓解这一问题,聚合器采用了缓存策略:把所有 OpenAPI 规格说明文档从各个子 Server 上收集过来并在本地缓存,当有规格说明的变化时也会通过一个控制器来更新缓存,基于这些信息去响应对 OpenAPI 规格的请求。

1)构造 OpenAPI 规格下载器

OpenAPI 规格下载器具有从各个子 Server 的 OpenAPI 端点上下载其规格说明的能力。

2)构造并注册 OpenAPI 端点响应器

访问/openapi/v3 端点的 HTTP 请求会被专有响应器处理。所有子 Server 中 API 的 OpenAPI 规格说明被缓存于该响应器的内部,规格说明的下载也发生于此。函数 BuildAndRegisterAggregator()完成了相关设置,代码如下:

```
//代码 8-6
//vendor/k8s.io/kube-aggregator/pkg/controllers/openapiv3/aggregator/
//aggregator.go
func BuildAndRegisterAggregator(
    downloader Downloader,
    delegationTarget server.DelegationTarget,
    pathHandler common.PathHandlerByGroupVersion) (SpecProxier, error) {

    //要点①
    s := &specProxier{
            apiServiceInfo: map[string]*openAPIV3APIServiceInfo{},
            downloader:     downloader,
    }

    i := 1
    for delegate := delegationTarget; delegate != nil;  //要点④
                        delegate = delegate.NextDelegate() {
        handler := delegate.UnprotectedHandler()
        if handler == nil {
            continue
        }

        apiServiceName := fmt.Sprintf(localDelegateChainNamePattern, i)
        localAPIService := v1.APIService{}
        localAPIService.Name = apiServiceName
        s.AddUpdateAPIService(handler, &localAPIService)
        s.UpdateAPIServiceSpec(apiServiceName)   //要点③
        i++
    }
```

```
    handler := handler3.NewOpenAPIService()
    s.openAPIV2ConverterHandler = handler
    openAPIV2ConverterMux := mux.NewPathRecorderMux(openAPIV2Converter)

    s.openAPIV2ConverterHandler.RegisterOpenAPIV3VersionedService(
                    "/openapi/v3", openAPIV2ConverterMux)
    openAPIV2ConverterAPIService := v1.APIService{}
    openAPIV2ConverterAPIService.Name = openAPIV2Converter
    s.AddUpdateAPIService(
        openAPIV2ConverterMux,
        &openAPIV2ConverterAPIService)
    s.register(pathHandler) //要点②

    return s, nil
}
```

上述要点①处声明的结构体 specProxier 实例 s 将被设置为处理针对/openapi/v3 或以/openapi/v3/开头的 HTTP 请求，这是在要点②完成的。specProxier 结构体的以下两个方法将分别处理上述两类端点上的请求：

```
(*specProxier) handleDiscovery func(w http.ResonseWriter, r *http.Request)
(*specProxier) handleGroupVersion func(
                                    w http.ResonseWriter, r *http.Request)
```

该 specProxier 实例的字段 apiServiceInfo 上缓存了全部 OpenAPI 规格说明信息，规格说明的数据结构为 openAPIV3APIServiceInfo 结构体。apiServiceInfo 是一个 map，它的 key 类型为 string，value 类型为结构体 openAPIV3APIServiceInfo。二者的关系如图 8-6 所示。

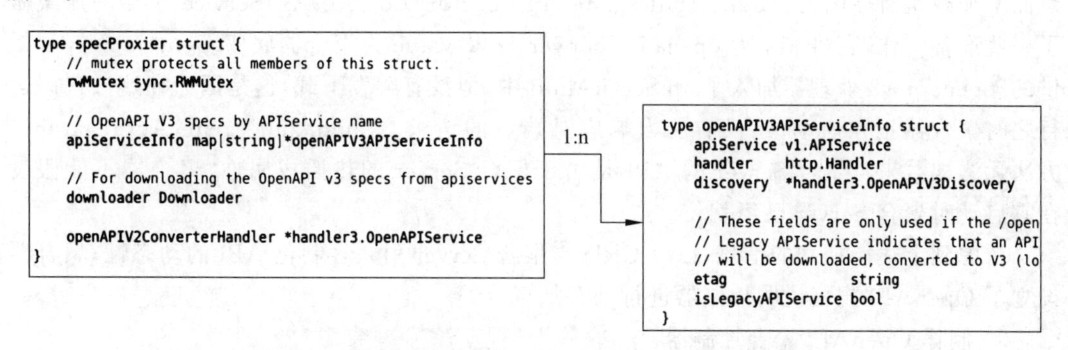

图 8-6 specProxier 与 openAPIV3APIServiceInfo 的关系

结构体 openAPIV3APIServiceInfo 的主要字段的意义如下。

(1) apiService 字段：代表一个 APIService 的实例，但并非严格如此，聚合器在处理过程中会创建一些虚拟的 APIService 实例，马上会看到这一点。

(2) handler 字段：聚合器会触发它对/openapi/v3 端点的响应，从而获取这个 APIService

实例的 OpenAPI 规格说明。当 apiService 代表一个 API 组版本时,得到的结果将是这个 API 组版本下所有 API 的规格说明。

(3) discovery 字段:由 handler 返回的结果将保存在这个字段中。这是聚合器发现信息的直接信息源。

当聚合器的/openapi/v3 端点被访问时,specProxier.handleDiscovery()方法将进行响应。这种方法将进行嵌套的双重遍历:第 1 层遍历字段 apiServiceInfo,第 2 层遍历每个 apiServiceInfo 元素的 discovery 字段,用 discovery 的信息形成对请求的响应。

当聚合器的/openapi/v3/apis/<组>/<版本>端点被访问时,specProxier.handleGroupVersion()方法将进行响应,它也是通过上述双重遍历找到目标组与版本对应的 discovery 并形成响应结果的。

由此可见,apiServiceInfo 是聚合器响应 OpenAPI 规格请求的核心变量。该变量的内容填写并非一步到位,方法 BuildAndRegisterAggregator()会将核心 API Server 的内置 API(除了 APIService)以子 Server 作为单位加载进去,这是通过创建 specProxier 时向 apiServiceInfo 添加两个虚拟 APIService 实例做到的,见代码 8-6 要点④处的 for 循环。这两条 apiServiceInfo 记录的关键信息如下:

(1) key 为 k8s_internal_local_delegation_chain_1,value 的 handler 被设置为主 Server 的 UnprotectedHandler。

(2) key 为 k8s_internal_local_delegation_chain_2,value 的 handler 被设置为扩展 Server 的 UnprotectedHandler。

紧接着要点③触发了对 value.handler 的调用,于是主 Server 与扩展 Server 中内置 API 的端点信息被加载到 value.discovery 字段内。BuildAndRegisterAggregator()方法遗留了部分 API 没有加载,包括聚合器自己的 API——APIService 和来自聚合 Server 的 API。遗留而不加载是有原因的。BuildAndRegisterAggregator()方法为 APIService API 的加载做了一些准备工作,它将 key 为 openapiv2converter 及 value 为聚合器底座 Generic Server 提供的/openapi/v3 处理器加入了 apiServiceInfo 中,但没有触发下载,这是因为在这段代码运行之时聚合器正在启动,还没有能力响应对端点的请求。BuildAndRegisterAggregator()方法无法加载来自聚合 Server 的 API 是由于聚合 Server 的热插拔属性,聚合器不能假设在它启动时聚合 Server 已经就位。

考虑到上述待加载的信息,以及 CRD 与聚合 Server 引入客制化 API 的动态性,聚合器设立了 OpenAPI 规格说明控制器进行动态加载。

3) 制作 OpenAPI 聚合控制器

PrepareRun()方法通过调用 openapiv3controller.NewAggregationController()方法创建一个 OpenAPI 聚合控制器,将其保存在聚合器基座结构体的 openAPIV3AggregationController 字段上。控制器的构造方法以一个 specProxier 实例作为形参,实参用的就是上文所创建的 specProxier 实例。这个控制器的控制循环只做一件事情:利用 specProxier 实例,为其工作队列中的 APIService 实例重新下载 API 组版本的 OpenAPI 规格说明,并更新 specProxier

实例上的缓存——apiServiceInfo 字段。在以下情况下会向该控制器的工作队列中添加内容：

(1) 在创建该控制器时，specProxier 实例的 apiServiceInfo 内保有的 APIService 信息都会被加入工作队列。

(2) 当有 APIService 实例变动时，聚合器会调用本控制器的 AddAPIService()、UpdateAPIService()、RemoveAPIService()方法，将目标 APIService 加入控制器工作队列中。

注意：这里留一个问题供读者思考，如何知道有新 APIService 实例变动了呢？答案在8.3.2 节揭晓。

这样，在 OpenAPI 聚合控制器的协助下，聚合器的/openapi/v3 端点响应器——上述 specProxier 结构体实例将始终缓存 API Server 的 API 组版本下所有 API 的 OpenAPI 规格说明书。当客户端请求时可以直接从缓存中取出信息并返回，从而大大地提升了响应效率。

3. PrepareRun()：设置 API 信息发现响应器

PrepareRun()中为响应/apis 端点做了配置工作。在理解了 OpenAPI 端点响应器设置后，理解这部分就容易多了。响应 API 信息发现请求和响应 OpenAPI 规格说明请求具有类似的难点：结果分布在整个 API Server 的各个子 Server 上，为了提速聚合器需要在本地缓存这些信息，而代码的实现思路几乎一致。在 PrepareRun()方法中，相关代码如下：

```
//代码 8-7 vendor/k8s.io/kube-aggregator/pkg/apiserver/apiserver.go
if utilfeature.DefaultFeatureGate.Enabled(genericfeatures.
                                    AggregatedDiscoveryEndpoint) {
    s.discoveryAggregationController = NewDiscoveryManager( //要点①
        s.GenericAPIServer.AggregatedDiscoveryGroupManager
            .WithSource(aggregated.AggregatorSource),
    )
    s.GenericAPIServer.AddPostStartHookOrDie(                //要点②
        "apiservice-discovery-controller",
        func(context genericapiserver.PostStartHookContext) error {
        //启动发现管理器的 worker 用来监控 APIService 的变更
            go s.discoveryAggregationController.Run(context.StopCh)
                return nil
        }
    )
}
```

代码 8-7 的核心是制作并启动 API 发现聚合控制器。它首先在要点①处创建一个 API 发现聚合控制器，并保存在聚合器的 discoveryAggregationController 属性上，然后要点②处制作启动后的钩子函数，用于启动该控制器。由要点①可见，API 发现聚合控制器是基于聚合器的 GenericAPIServer.AggregatedDiscoveryGroupManager 属性所创建的，这个属性的内部缓存了所有 API 的发现信息，控制器的控制循环会不断地更新它。

AggregatedDiscoveryGroupManager 属性很重要,因为它是/apis 端点的请求响应器,这是方法 NewWithDelegate()在创建聚合器时的设置,代码如下:

```
//代码 8-8 vendor/k8s.io/kube-aggregator/pkg/apiserver/apiserver.go
apisHandler := &apisHandler{
    codecs:         aggregatorscheme.Codecs,
    lister:         s.lister,
    discoveryGroup: discoveryGroup(enabledVersions),
}

if utilfeature.DefaultFeatureGate.Enabled(                //要点①
                    genericfeatures.AggregatedDiscoveryEndpoint) {
    apisHandlerWithAggregationSupport := aggregated.      //要点②
        WrapAggregatedDiscoveryToHandler(apisHandler,
            s.GenericAPIServer.AggregatedDiscoveryGroupManager)
    s.GenericAPIServer.Handler.NonGoRestfulMux.Handle("/apis",
        apisHandlerWithAggregationSupport)
} else {
    s.GenericAPIServer.Handler.NonGoRestfulMux.Handle("/apis",
                                                apisHandler)
}
s.GenericAPIServer.Handler.NonGoRestfulMux.UnlistedHandle("/apis/",
                                                apisHandler)
```

上述代码要点①处的 if 语句用于判断功能“聚合式 API 信息发现端点”是否启用了,如果没有启用就找出所有的 APIService 实例,取出它们的 group 和 version 信息,以此去响应请求;如果启用了,则优先使用 GenericAPIServer. AggregatedDiscoveryGroupManager,由于它实现了 http.Handler 接口,所以可以直接响应 HTTP 请求。前一种方式作为备用,v1.27 中默认该功能是启用的。

API 发现聚合控制器基于如图 8-7 所示的结构体构建。对其重要字段与方法稍做解释。

(1) 字段 mergedDiscoveryHandler 保有聚合器的 AggregatedDiscoveryGroupManager,在控制循环中它的内部信息会被更新,从而一直具有各个 APIService 所代表的最新 API 信息。

(2) 字段 apiServices 扮演了控制器的工作队列的角色,该队列内容的生产者是方法 AddAPIService()和方法 RemoveAPIService(),当有新的 APIService 实例变动时,这两种方法会被调用,以便让目标 APIService 入队。

注意:这里再留一个问题供读者思考,如何知道“有新的 APIService 实例变动了”? 答案在 8.3.2 节一同揭晓。

(3) 方法 syncAPIService 是控制循环的主要逻辑,其内的主要逻辑只有一个:更新 mergedDiscoveryHandler。

```
discoveryManager struct{...}
  apiServices map[string]groupVersionInfo
  cachedResults map[serviceKey]cachedResult
  dirtyAPIServiceQueue workqueue.RateLimitingInterface
  mergedDiscoveryHandler discoveryendpoint.ResourceManager
  resultsLock sync.RWMutex
  servicesLock sync.RWMutex
```

(a) 基座结构体字段

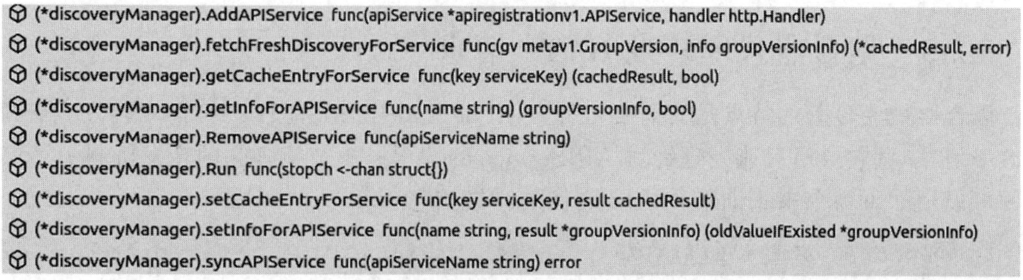

```
(*discoveryManager).AddAPIService func(apiService *apiregistrationv1.APIService, handler http.Handler)
(*discoveryManager).fetchFreshDiscoveryForService func(gv metav1.GroupVersion, info groupVersionInfo) (*cachedResult, error)
(*discoveryManager).getCacheEntryForService func(key serviceKey) (cachedResult, bool)
(*discoveryManager).getInfoForAPIService func(name string) (groupVersionInfo, bool)
(*discoveryManager).RemoveAPIService func(apiServiceName string)
(*discoveryManager).Run func(stopCh <-chan struct{})
(*discoveryManager).setCacheEntryForService func(key serviceKey, result cachedResult)
(*discoveryManager).setInfoForAPIService func(name string, result *groupVersionInfo) (oldValueIfExisted *groupVersionInfo)
(*discoveryManager).syncAPIService func(apiServiceName string) error
```

(b) 基座结构体方法

图 8-7　发现聚合器基座结构体

在 API 发现聚合控制器的辅助下，/apis 端点响应器内一直具有最新的 API 信息，可直接应用于查询响应，从而大大地提高了效率。

4. PrepareRun()：触发底层 Generic Server 的 PrepareRun()

PrepareRun()中有一行容易被忽略的代码，其内容如下。它调用了其下层 Generic Server 的 PrepareRun()，保证它的准备工作也得以执行。

```
prepared := s.GenericAPIServer.PrepareRun()
```

在 Generic Server 的 PrepareRun()的第 1 步就是触发其自身的请求委派处理器的 PrepareRun()，使下游 Server 有机会完成准备工作。聚合器的请求委派处理器是主 Server 的底座 Generic Server，主 Server 的请求委派处理器则是扩展 Server 的底座 Generic Server，它们的 PrepareRun()会被逐层触发。

这一方法调用的结果被存入 prepared 变量，其类型是 preparedGenericAPIServer，代表了做好启动准备的底座 Generic Server。它会作为整个 PrepareRun()方法返回值的一部分，被赋值给 preparedAPIAggregator 的 runnable 字段，而这也是后续 Run 方法的运行基础，代码如下：

```
return preparedAPIAggregator{APIAggregator: s, runnable: prepared}, nil
```

5. Run()方法

启动聚合器的下一步是执行经 PrepareRun()方法处理后的聚合器实例，该实例有 Run()方法。和 PrepareRun()的任务繁重完全不同，Run 方法非常简单：

```
//代码 8-9 vendor/k8s.io/kube-aggregator/pkg/apiserver/apiserver.go
func (s preparedAPIAggregator) Run(stopCh <-chan struct{}) error {
    return s.runnable.Run(stopCh)
}
```

由于runnable属性的实际类型是Generic Server库中定义的preparedGenericAPIServer，所以它的Run方法就是在启动聚合器的底座Generic Server，这部分逻辑在5.6.2节讲解过。

8.2.5 聚合器代理转发HTTP请求

聚合器最为显著的特点是其需要将针对Kubernetes API的HTTP请求转发到正确的子Server，毕竟它自己只能处理针对APIService的请求。本节梳理它的转发机制。

可以用如下命令来查询某个API实例的详细信息：

```
$ kubectl describe <API><实例名字>
```

例如，请求聚合器直接管理的名为“v1.”的APIService实例，命令如下：

```
$ kubectl describe APIService v1.
```

注意：目标API是由哪个子Server管理对客户端透明，因为命令中根本没有指定。请求发出后，kubectl首先根据用户的输入组织出要访问的URL，格式为https://ip:port/apis/<API组>/<API版本>/<API>/<实例名>[①]，然后向这个URL发起HTTP GET请求。聚合器会最先接收到这一HTTP请求，分情况进行处理：

（1）针对APIService的，聚合器的Generic Server会截留处理。

（2）针对其他内置API的，则交给它的Delegation，即由主Server去处理。

（3）针对来自聚合Server的客制化API，则启动一个反向代理服务，利用它将请求转发给该聚合Server。

这个判断并不是通过写if语句实现的，聚合器通过给不同端点绑定不同响应器的方式来达成。对于第1种情况，它的Generic Server已经为其注册了响应器；对于第2、第3种情况，聚合器把分发和响应逻辑都放在了apiserver包下一个名为proxyHandler的结构体中，它的定义如代码8-10所示。

```
//代码 8-10 vendor/k8s.io/kube-aggregator/pkg/apiserver/handler_proxy.go
type proxyHandler struct {
    localDelegate http.Handler
    proxyCurrentCertKeyContent certKeyFunc
    proxyTransport             *http.Transport
    serviceResolver ServiceResolver
    handlingInfo atomic.Value
    egressSelector *egressselector.EgressSelector
```

① 忽略命名空间。

```
    rejectForwardingRedirects bool
}
func (r *proxyHandler) ServeHTTP(w http.ResponseWriter, req *http.Request) {
    ...
}
func (r *proxyHandler) setServiceAvailable(value bool) {
    ...
}
func (r *proxyHandler) updateAPIService(
        apiService *apiregistrationv1api.APIService) {
    ...
}
```

这个结构体实现了 http.Hanlder，可以作为端点响应器。每当有 APIService 实例被创建出来时，聚合器就会根据该实例信息创建一个 proxyHandler 结构体的实例，并调用其 updateAPIService 方法完成内部信息的初始化，最后将它设置为端点/apis/<该 API 组>/<该 API 版本>的响应器。ProxyHandler 结构体在客户端请求分发过程中的作用如图 8-8 所示。

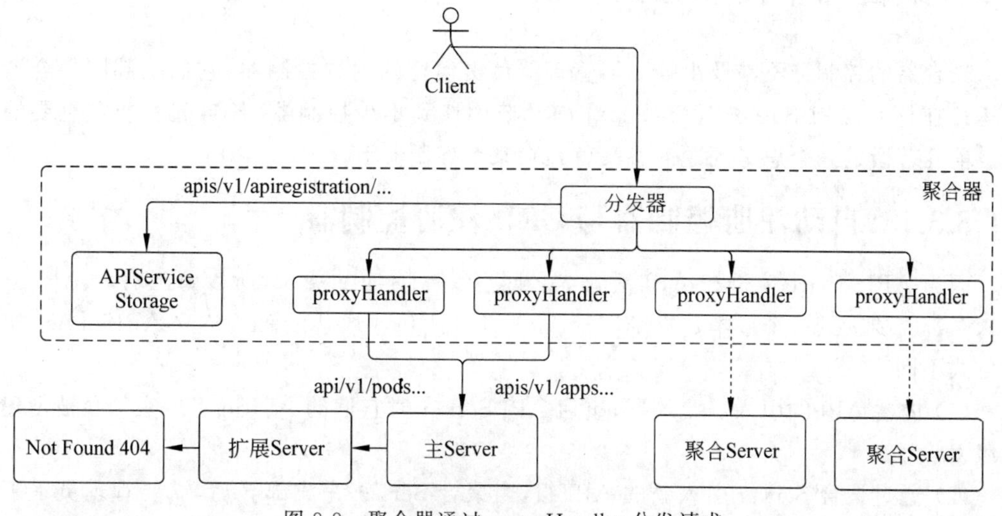

图 8-8　聚合器通过 proxyHandler 分发请求

注意：这里再次出现"当有 APIService 实例被创建出来"，依然暂时不回答如何落实到代码上，8.3.2 节一同揭晓。

proxyHandle.updateAPIService()方法将创建反向代理服务时需要的信息组织到 handlingInfo 字段中，包括但不限于：代理服务用于和聚合 Server 建立互信的证书、私钥与 CA 证书、目标 Service 的 host 和 port 等信息。

proxyHandler.ServeHTTP()方法首先会取出 handlingInfo，据此判断是不是由主 Server 和扩展 Server 负责的 API，如果是，则交由 localDelegate 字段所代表的主 Server 去处理，否则就需要交由聚合 Server 了。如果需要与聚合 Server 交互，则需先创建代理服务，这用到 handlingInfo 中的信息：类型为 url.url 的地址信息、类型为 http.RoundTriper 的请求操作信息，它们被同请求内容一起交给反向代理服务提供者来获得代理服务。apimachinery 库实现了反向代理服务提供者，它包装了基础库 net/http 中 httputil.ReverseProxy 结构体所提供的能力，感兴趣的读者可以从 ServeHTTP()的代码开始查阅，相关代码如下：

```
//代码 8-11 vendor/k8s.io/kube-aggregator/pkg/apiserver/handler_proxy.go
handler := proxy.NewUpgradeAwareHandler(location, proxyRoundTripper,
                    true, upgrade, &responder{w: w})
if r.rejectForwardingRedirects {
    handler.RejectForwardingRedirects = true
}
utilflowcontrol.RequestDelegated(req.Context())
handler.ServeHTTP(w, newReq)
```

针对本节开头的例子，当从 kubectl 发出的 describe 命令被转换成 HTTP 请求并到达聚合器时，根据目标端点的不同，请求将流转到不同的响应器去处理。

8.3 聚合器中控制器的实现

聚合器的控制器不涉及由控制器管理器负责运行的内置控制器，它们全部同聚合器一起运行在核心 API Server 程序中。在前几节中谈到不少控制器，各自起着非常重要的作用。前几节留的 3 个思考问题的答案就是在某个控制器上。

8.3.1 自动注册控制器与 CRD 注册控制器

因为 APIService 实例和 API 组版本之间有一一对应的关系，所以每当有新 API 组的引入时都需要为其每个版本建立 APIService 实例。不同类型的 API 建立 APIService 实例的方式不同：

(1) 内置 API 的引入需要编码，重启 API Server 时它们的 APIService 实例会被创建并加载。

(2) 通过聚合 Server 引入新的 API 组，当聚合 Server 完成部署后，需要管理员手工为其创建 APIService 实例，这部分也不用程序进行特殊处理。

(3) 通过定义 CRD 来引入的客制化 API，则需要代码创建 APIService 实例。这个问题是由自动注册控制器和 CRD 注册控制器联手解决的。它们的协作过程如图 8-9 所示。

步骤 1：CRD 注册控制器会用一个 CRD Informer 关注 CRD 的增、删、改事件，把目标 CRD 实例放入工作队列。

步骤 2：handleVersionUpdate()方法是 CRD 注册控制器的控制循环主逻辑，当工作队列中有 CRD 实例时它会被调用。为 CRD 实例定义的客制化 API 制作 APIService 实例，并放入自动注册控制器的工作队列中。

步骤 3：自动注册控制器的控制循环的主逻辑是方法 checkAPIService()，当工作队列

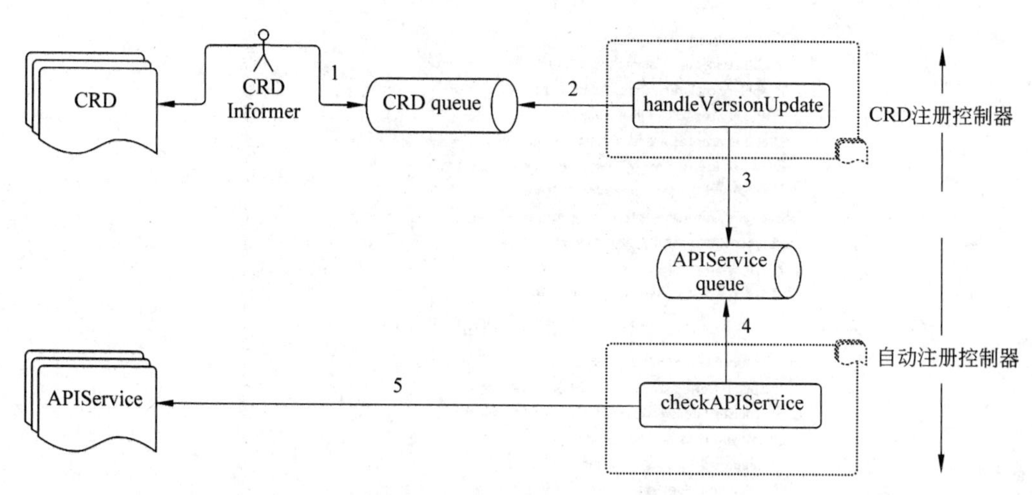

图 8-9　两个控制器的内部结构

中有 APIService 实例时，它会被调用，将接收的 APIService 实例的最新信息持久化到 ETCD：该创建就创建，该修改就修改。这样将 CRD 中定义的客制化 API 的 APIService 实例体现到数据库中。

在这一过程中，CRD 注册控制器扮演了自动注册控制器的工作队列内容生产者的角色，而自动注册控制器则负责将最新的 APIService 信息保存到数据库。数据库中 APIService 实例的变化又会触发其他关注 APIService 变化的控制器去执行操作，从而形成连锁反应。

这两个控制器的创建是在 createAggregatorServer()方法中完成的，代码片段如下，从中可以看到 CRD 注册控制器的构造方法需要一个自动注册控制器实例作为入参，因为前者需要把"产品"放入后者的工作队列。同样是在这种方法中，这两个控制器的启动被制作为启动钩子函数，在 Server 启动后被执行。

```
//代码 8-12 cmd/kube-apiserver/app/aggregator.go
autoRegistrationController := autoregister.NewAutoRegisterController(
      aggregatorServer.APIRegistrationInformers.
      Apiregistration().V1().APISer… )
apiServices := apiServicesToRegister(
      delegateAPIServer,
      autoRegistrationController)
crdRegistrationController := crdregistration.NewCRDRegistrationController(
      apiExtensionInformers.Apiextensions().V1().
      CustomResourceDefinitions(),
      autoRegistrationController
)
```

这两个控制器分别基于结构体 autoRegisterController 和 crdRegistrationController，其结构体的定义如图 8-10 所示。可以从上述代码段找到它们所在的定义文件进行查阅。

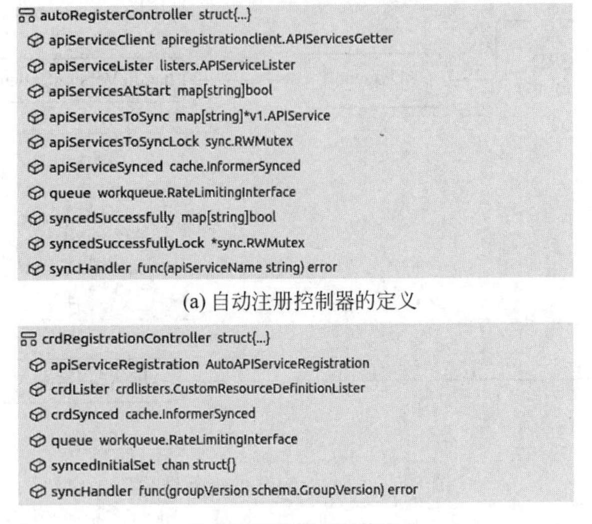

(a) 自动注册控制器的定义

(b) CRD注册控制器的定义

图 8-10　自动注册控制器和 CRD 注册控制器的基座结构体

8.3.2　APIService 注册控制器

8.2 节中留下了 3 个问题供读者思考，分别是在制作 OpenAPI 端点响应器时、制作端点/apis 的响应器时和为每个 API 组版本的端点制作响应器(proxyHandler)时该如何监控 APIService 实例的变动。答案是本节要介绍的 APIService 注册控制器。

1. 控制器的创建

APIService 注册控制器的创建发生在 NewWithDelegate()方法中，工厂函数 NewAPIServiceRegistratioinController()被调用，从而创建了它，代码如下：

```
//代码 8-13
//vendor/k8s.io/kube-aggregator/pkg/apiserver/apiservice_controller.go
func NewAPIServiceRegistrationController(apiServiceInformer
    informers.APIServiceInformer, apiHandlerManager APIHandlerManager)
                                *APIServiceRegistrationController {
    c := &APIServiceRegistrationController{
        apiHandlerManager: apiHandlerManager,
        apiServiceLister:  apiServiceInformer.Lister(),
        apiServiceSynced:  apiServiceInformer.Informer().HasSynced,
        queue:             workqueue.NewNamedRateLimitingQueue(
            workqueue.DefaultControllerRateLimiter(),
            "APIServiceRegistrationController"),
    }

    apiServiceInformer.Informer().AddEventHandler(
```

```
        cache.ResourceEventHandlerFuncs{
            AddFunc:    c.addAPIService,
            UpdateFunc: c.updateAPIService,
            DeleteFunc: c.deleteAPIService,
    })

    c.syncFn = c.sync

    return c
}
```

NewAPIServiceRegistratioinController()函数接收两个入参：第 1 个是 APIServiceInformer 的 Informer，用来监控 ETCD 中 APIService 实例的变化并发出事件；第 2 个参数类型是接口 APIHandlerManager，实参用的就是构建中的聚合器实例，聚合器实现了该接口。APIHandlerManager 的定义如下：

```
//代码 8-14
//vendor/k8s.io/kube-aggregator/pkg/apiserver/apiservice_controller.go
type APIHandlerManager interface {
    AddAPIService(apiService * v1.APIService) error
    RemoveAPIService(apiServiceName string)
}
```

2. 控制器的内部结构

APIService 注册控制器遵从了标准的控制器模式，基于前面对各种控制器的介绍并不难理解其内部构造。它的实现基于结构体 APIServiceRegistrationController，其字段如图 8-11(a)所示，方法如图 8-11(b)所示。

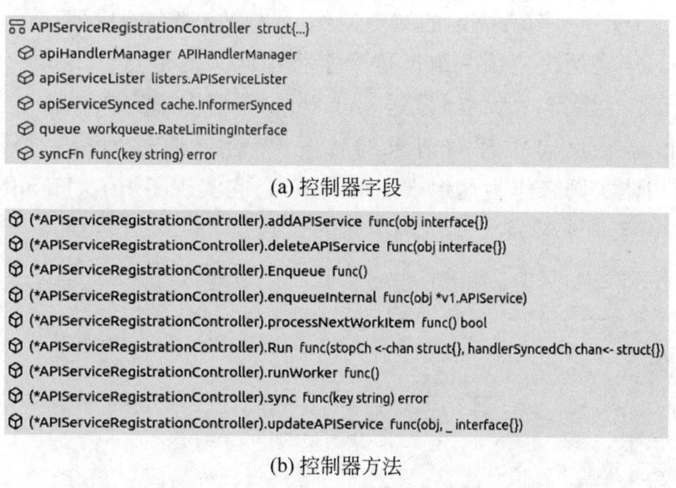

(a) 控制器字段

(b) 控制器方法

图 8-11　APIService 控制器的字段和方法

理解一个控制器的关键是理解其控制循环的主逻辑，这通常是控制器基座结构体上的一个方法,而且这个方法的名字一般以 sync 为前缀。对于 APIService 注册控制器来讲,这个方法就是 sync(),它的逻辑非常简洁和清晰。

```
//代码 8-15
//vendor/k8s.io/kube-aggregator/pkg/apiserver/apiservice_controller.go
func (c *APIServiceRegistrationController) sync(key string) error {
    apiService, err := c.apiServiceLister.Get(key)
    if apierrors.IsNotFound(err) {
        c.apiHandlerManager.RemoveAPIService(key)
        return nil
    }
    if err != nil {
        return err
    }

    return c.apiHandlerManager.AddAPIService(apiService)
}
```

sync()方法通过查询 ETCD 的方式确定目标 APIService 实例是否被删除,如果是,则调用 apiHandlerManager(也就是聚合器实例)的 RemoveAPIService()方法删除它,否则属于新增或修改的情况,调用 AddAPIService()方法添加。就是这么简单,那么聚合器的 RemoveAPIService()和 AddAPIService()方法都做了什么事情就是关键了。

3. 聚合器的 AddAPIService()

当新增和修改 APIService 实例时,聚合器的这种方法被调用,签名如下:

```
func (s *APIAggregator) AddAPIService(apiService *v1.APIService) error
```

该方法内部处理如下几件事情。

1) 为该 APIService 实例所决定的端点制作(或修改)端点响应器

一个 APIService 实例决定了一组以这个字符串开头的端点:/apis/<组名>/<版本>,客户端通过向/apis/<组名>/<版本>发送 Get、Post 等请求来完成操作。当目标 API 由聚合 Server 提供时,需要反向代理做请求的转发,聚合器通过创造一个 8.2.5 节介绍的 proxyHandler 结构体实例来作为这组端点的响应器,它实现了 http.Handler 接口并且内置了反向代理服务,用于请求转发。端点响应器的代码如下:

```
//代码 8-16 vendor/k8s.io/kube-aggregator/pkg/apiserver/apiserver.go
proxyHandler := &proxyHandler{
    localDelegate:               s.delegateHandler,
    proxyCurrentCertKeyContent: s.proxyCurrentCertKeyContent,
    proxyTransport:              s.proxyTransport,
    serviceResolver:             s.serviceResolver,
    egressSelector:              s.egressSelector,
    rejectForwardingRedirects:  s.rejectForwardingRedirects,
}
proxyHandler.updateAPIService(apiService) //要点①
```

要点①处以该 APIService 实例为入参调用了 proxyHandler 的 updateAPIService()方法,这确保了 proxyHandler 能够从中抽取目标聚合 Server 的地址等信息。

这回答了 8.2.5 节留的问题,APIService 注册控制器实现了监控 APIService 实例的变更并触发了 proxyHandler 的创建和初始化。

2）通知 API 发现聚合控制器和 OpenAPI 聚合控制器

在介绍这两个控制器时留了两个问题,谁来替它们关注 APIService 实例的变化。答案也是 APIService 注册控制器。在本控制器的 AddAPIService()方法中具有以下的代码:

```
//代码 8-17 vendor/k8s.io/kube-aggregator/pkg/apiserver/apiserver.go
if s.openAPIAggregationController != nil {
    s.openAPIAggregationController.AddAPIService(
                                   proxyHandler, apiService)
}
if s.openAPIV3AggregationController != nil {
    s.openAPIV3AggregationController.AddAPIService(
                                   proxyHandler, apiService)
}
if s.discoveryAggregationController != nil {
    s.discoveryAggregationController.AddAPIService(
                                   apiService, proxyHandler)
}
```

这两个控制器都有名为 AddAPIService()的方法,它们会把目标 APIService 实例放入各自的工作队列,在后续控制循环中更新它们的内部信息。

3）为该 APIService 实例所决定的 API 组设置发现端点响应器

一个 APIService 实例决定了一个 API 组发现端点:/apis/<组名>,通过向这个端点发送 GET 请求会得到该组所有可用版本的列表。结构体 apiGroupHandler 负责提供相应实现,它的 ServeHTTP()方法从 ETCD 读出所有 APIService 实例,把属于该组的版本信息读取出来后返回。以下是制作组发现响应器及向端点绑定的代码:

```
//代码 8-18 vendor/k8s.io/kube-aggregator/pkg/apiserver/apiserver.go
groupPath := "/apis/" + apiService.Spec.Group
groupDiscoveryHandler := &apiGroupHandler{
    codecs:    aggregatorscheme.Codecs,
    groupName: apiService.Spec.Group,
    lister:    s.lister,
    delegate:  s.delegateHandler,
}
//aggregation is protected
s.GenericAPIServer.Handler.NonGoRestfulMux.Handle(
                     groupPath, groupDiscoveryHandler)
s.GenericAPIServer.Handler.NonGoRestfulMux.UnlistedHandle(
                     groupPath+"/", groupDiscoveryHandler)
s.handledGroups.Insert(apiService.Spec.Group)
```

前序章节也设置了许多响应器,到现在为止,端点/apis、/apis/<组名>、/apis/<组名>/<版本>和 /apis/<组名>/<版本>/<资源>都具有了响应器,发向它们的 HTTP 请求都会被处理。

4. 聚合器的 RemoveAPIService

当删除一个 APIService 实例时,聚合器的这种方法被调用,相对于 AddAPIService()方法它的逻辑要简单得多,只需进行一些清理工作:

(1) 从聚合器的 proxyHandlers 列表中移除该 APIServer 的 proxyHandler 实例。

(2) 移除端点/apis/<组名>/<版本>上的响应器。

(3) 调用 OpenAPI 聚合控制器和发现聚合控制器的 RemoveAPIService 方法,从而从它们的内部清除相应信息。

8.3.3 APIService 状态监测控制器

聚合 Server 的存在使 API Server 成为分布式的结构,在这种体系结构下各组件的可用性是需要特别关注的。聚合器会对每个 APIService 实例的增、删、改操作进行监控,事件发生时去检测支撑它的 Kubernetes Service 是否处于连通且可用的状态,据此更新该 APIService 实例的 Status 信息——status.conditions.status 和 status.conditions.type。

上述检测和更新是由 API Service 控制器完成的。该控制器基于结构体 AvailableConditionController,其上有控制器模式的一般属性,例如工作队列 queue,指向控制循环核心逻辑的属性 syncFn,访问 3 种 API 所用的 Lister 属性。控制器模式的标准方法也都被赋予了该结构体,如 runWorker()、processNextWorkItem()、向工作队列添加内容的 addXXX()、updateXXX()和 deleteXXX()方法。控制器的运作机制如图 8-12 所示。

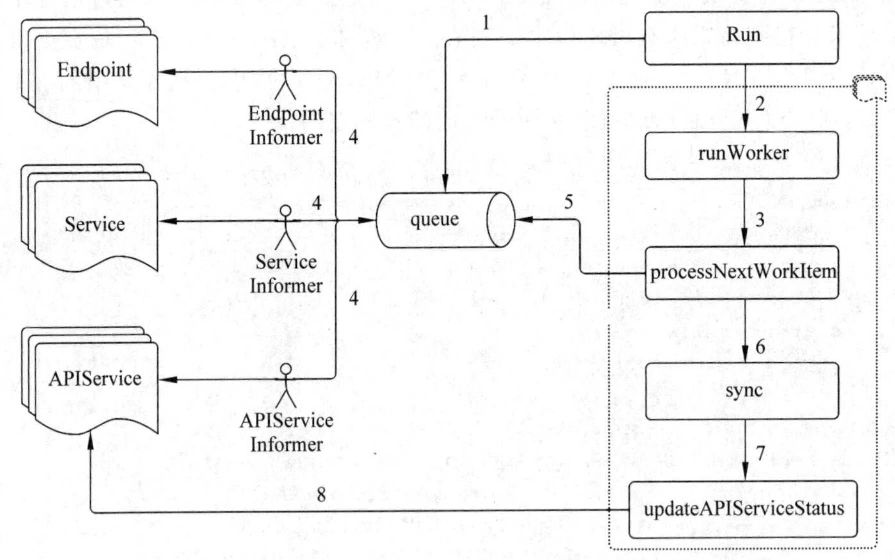

图 8-12 API Service 控制器的运作机制

控制循环的核心逻辑是 sync()方法。一个 APIService 的资源定义中有 spec.service 属性代表了这个 API 组版本所在的 Server。如果目标是核心 API Server，则这个属性是空。对于来自聚合 Server 的 API 组版本，spec.service 指向一个集群内的 Service API 实例，聚合 Server 通过该实例暴露自己的连接信息。一个 Service 会通过一个同名的 Endpoints 实例来管理其所在 Pod 的地址，如果部署在多个 Pod 上，则它们都会出现在 Endpoints 的信息上。一个 Service 实例如图 8-13 所示，它的 Endpoints 如图 8-14 所示。当 APIService、Service 和 Endpoints 发生增、删、改操作时，需要启动对相关 APIService 实例关联的 Service 可达性检验，检测的方式是首先从 Service 对象提取连接信息，然后用一个反向代理服务去请求该地址上的端点/apis/<API 组>/<API 版本>(如果是核心 API，则是/api/<版本>)。如果得到的响应状态码不在区间[200,300)内，则代表服务失败；连续尝试 5 次，如果没有一次成功，则认定该 Service 不能服务，改变 APIService 实例的状态信息。

```
jackyzhang@ThinkPad:      $ kubectl describe service kubernetes
Name:                 kubernetes
Namespace:            default
Labels:               component=apiserver
                      provider=kubernetes
Annotations:          <none>
Selector:             <none>
Type:                 ClusterIP
IP Family Policy:     SingleStack
IP Families:          IPv4
IP:                   10.96.0.1
IPs:                  10.96.0.1
Port:                 https  443/TCP
TargetPort:           8443/TCP
Endpoints:            192.168.49.2:8443
Session Affinity:     None
```

图 8-13 Service 实例

```
jackyzhang@ThinkPad:      $ kubectl describe endpoints kubernetes
Name:         kubernetes
Namespace:    default
Labels:       endpointslice.kubernetes.io/skip-mirror=true
Annotations:  <none>
Subsets:
  Addresses:          192.168.49.2
  NotReadyAddresses:  <none>
  Ports:
    Name   Port  Protocol
    ----   ----  --------
    https  8443  TCP

Events:  <none>
```

图 8-14 Service 的 Endpoints

除此之外，sync()方法还有一些简单的检查，例如 Service 干脆就没有，则直接返回错误。读者可以在源文件 vendor/k8s.io/kube-aggregator/pkg/controllers/status/available_controller.go 中查看完整信息。APIService 状态检测控制器基座结构体的字段与方法如图 8-15 所示。

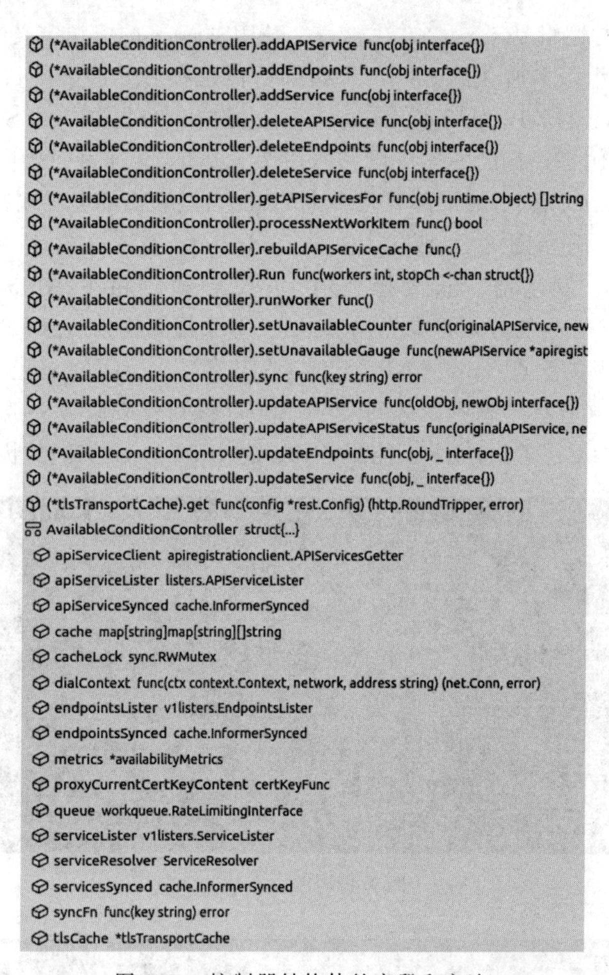

图 8-15　控制器结构体的字段和方法

8.4 聚合 Server

聚合 Server 指基于 Generic Server 框架开发的子 API Server,用于引入客制化 API。在 Kubernetes 中没有哪一项内置 API 服务由聚合 Server 提供,聚合 Server 是用户专属的扩展方式。社区提供了名为 API Server Builder 的工具辅助聚合 Server 的开发,同时在项目代码库中提供了聚合 Server 的例子,但对于如何开发聚合 Server 并没有详细的文档指导。软件开发绝不应也不会完全成为黑盒,开发人员需要知其然并知其所以然,以便当遇到问题时迅速地找到解决方法。

聚合 Server 的构建与可独立运行的扩展 Server 极为类似,本章不再赘述重复的环节,而是专注讲解其特有部分的实现。

8.4.1　最灵活的扩展方式

聚合 Server 核心的价值是提供了对 API Server 终极扩展功能。从能力上看，一个扩展 Server 可以同核心 Server 中的任何子 Server 一样强大，而且可以随时上下线，不必重启 API Server。这使它区别于 CRD 成为不同级别的选手。能力强大的代价是构建和管理上的复杂，创建一个 CRD 只要编写资源定义文件就好了，而创建聚合 Server 需要编码、部署。当需要扩展 API 时，是使用轻量的 CRD 还是使用厚重的聚合 Server 最终要看需求，Kubernetes 官方对二者进行的对比比较权威，见表 8-1。

表 8-1　CRD 与聚合 Server 对 API Server 的扩展能力比较

功　能	介　绍	CRD	聚合 Server
校验	API 数据校验有助于独立于客户端迭代自己的 API 版本。当消费 API 的客户端很多时，校验功能非常有用	支持。大多数校验需求可以通过 OpenAPI v3 的 Schema 进行支持。功能开关 CRDValidationRatcheting 允许在失败部分没有被更改的前提下忽略这部分校验的失败。此外，特殊的校验可以用网络钩子(webhook)实现	支持。支持任意校验
设置默认值	目的同校验时十分类似	支持。可以通过 OpenAPI v3 校验能力的 default 关键字设置，也可以用 MutatingWebhook(注意，这种方式在从 ETCD 读取老对象时不起作用)	支持
多版本	允许为同一 API 种类定义多个版本。可以帮助简化像字段改名之类的实现，但如果能完全控制客户端版本，则多版本就不是特别重要了	支持	支持
客制化存储	如果有特别高的性能要求，或有隔离敏感信息等需求，就需要考虑使用 ETCD 之外的存储	不支持	支持
客制化的业务逻辑	在增、删、改、查 API 对象时做任何操作	支持，使用 Webhook	支持
子资源：Scale	允许系统动态地调整资源，如 HorizontalPodAutoscaler 和 PodDisruptionBudget API 代表的机制	支持	支持
子资源：Status	将用户和控制器各自可写入的部分隔离开	支持	支持
子资源：其他	添加除了 CRUD 之外的其他操作，例如 logs 和 exec	不支持	支持

续表

功 能	介 绍	CRD	聚合 Server
strategic-merge-patch	新端点，支持 Content-Type 为 application/strategic-merge-patch＋json 的 PATCH 方法。该端点为支持同时在本地和 Server 端进行实例更新提供便利	不支持	支持
Protocol Buffers	引入的客制化 API 是否支持客户端使用 Protocol Buffers 来交互	不支持	支持
OpenAPI 规范	是否可以从 Server 获取服务的 OpenAPI 规格说明，类似用户拼错字段名等小错误是否能被有效检查，是否保证类型相符	支持，但限于 OpenAPI v3 的 Validation 规范所提供的能力(从 1.16 开始支持)	支持

表 8-1 显示聚合 API 对所有条目都是支持的，毕竟开发者需要编码实现它，想实现什么都是可以的。同时也要看到，CRD 对表中众多项目也是支持的，对于很多应用场景来讲，这种支持程度已足够，不必费时费力地开发自己的聚合 Server。这两种扩展方式不仅有不同，也有众多共同的能力，见表 8-2。

表 8-2 CRD 与聚合 Server 共有的扩展能力

功 能	作 用
CRUD	通过 kubectl 或 HTTP 请求来对扩展出的新资源进行 CRUD 操作
Watch	新资源的端点支持 Watch 操作
Discovery	客户端(如 kubectl 和 dashboard)提供针对新资源的罗列、显示和字段编辑操作
json-patch	新资源的端点支持 Content-Type：application/json-patch＋json
HTTPS	启用 HTTPS，更安全
内置登录校验	利用核心 API Server 的登录校验功能
内置权限校验	利用核心 API Server 的权限校验功能
Finalizer	一种机制，在清理工作完成前，阻止系统删除新 API 的实例
准入控制 Webhook	在 CUD 前对新资源设置默认值并进行校验用的 Webhook
UI 与 CLI 端显示	kubectl 和 dashboard 可以展示扩展出的新资源
没设值 vs 空值	客户端可以区分出字段的值是没有设置还是用户设置了 Go 语言中该字段类型的零值
生成客户端库	这是 Kubernetes 提供的标准功能，既能够生成通用客户端库，也可以借助工具生成类型相关的客户端库。这些库可供客户端程序使用，以操作扩展出的新资源
标签和注解	通过元数据类型(metav1.TypeMeta 和 metav1.ObjectMeta)提供与内置 API 一样的标签和注解能力，Kubernetes 的众多功能依赖这些标签

8.4.2　聚合 Server 的结构

一个聚合 Server 在结构上与扩展 Server 等非常类似，同样以 Generic Server 为底座构建，自动具有 Generic Server 所提供的众多能力，例如可以利用 Generic Server 的 InstallAPIGroup() 方法将扩展出的 API 注入并生成端点。如果读者对前面介绍的各个 Server 了然于胸，则构建聚合 Server 将易如反掌。聚合 Server 的整体架构如图 8-16 所示，这几乎就是主 Server、扩展 Server 和聚合器的架构翻版。

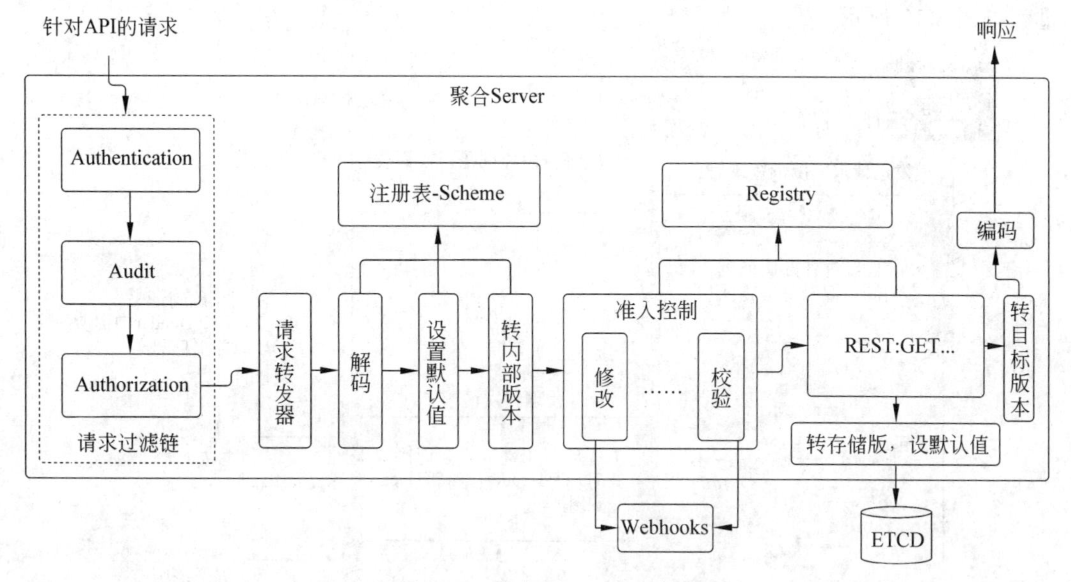

图 8-16　聚合 Server 的架构

在核心 Server 启动过程中，聚合器的 PrepareRun() 和 Run() 方法会被执行，而主 Server 与扩展 Server 干脆没有这两种方法[①]，这是由于聚合器提供了 Server 的基础设施，托起主 Server 和扩展 Server，除了提供各自的 API、钩子函数等配置，它们根本不需要直接面对 Web Server，但聚合 Server 则不然，通常情况下它会被作为一个 Service 单独运行在一个 Pod 里面，是一个可执行程序，它需要自备底层 Server、准备配置信息并启动它。所以，当构建聚合 Server 时，开发者会效仿核心 API Server 和其聚合器的做法：运行时首先创建该 Server 的一个实例，该实例会有 PrepareRun() 方法，通过调用它完成准备工作，而且 PrepareRun() 内会触发对底层 Generic Server 的 PrepareRun() 的调用；然后，调用底层 Generic Server 的 Run() 方法启动底层 Server。当然，这一过程也与扩展 Server 作为独立应用时的运行过程一致。

细心的读者可能会有疑惑，一个发给聚合 Server 的请求岂不要经过两条请求过滤链？

① 但它们底座 Generic Server 的 PrepareRun() 方法都会被执行，由 Server 链头的 Generic Server 的 PrepareRun() 触发调用。

一条是聚合器的，另一条是聚合 Server 的，是否多余了？这种冗余无法完全避免，毕竟聚合 Server 是一个独立的 Server，也需要考虑来自核心 API Server 之外的非法请求，请求过滤链中的环节会检验请求。

登录(authentication)和鉴权(authorization)部分值得特别注意。一般情况下，聚合 Server 需要和核心 API Server 的处理方式保持一致。试想一下，可不可能出现核心 Server 允许用户进行操作 API 实例而聚合 Server 不允许呢？显然，需要保持二者的逻辑一致性，如果出现了这种情况，则看起来更像不一致。聚合器及聚合 Server 协同完成登录和鉴权的过程如图 8-17 所示。

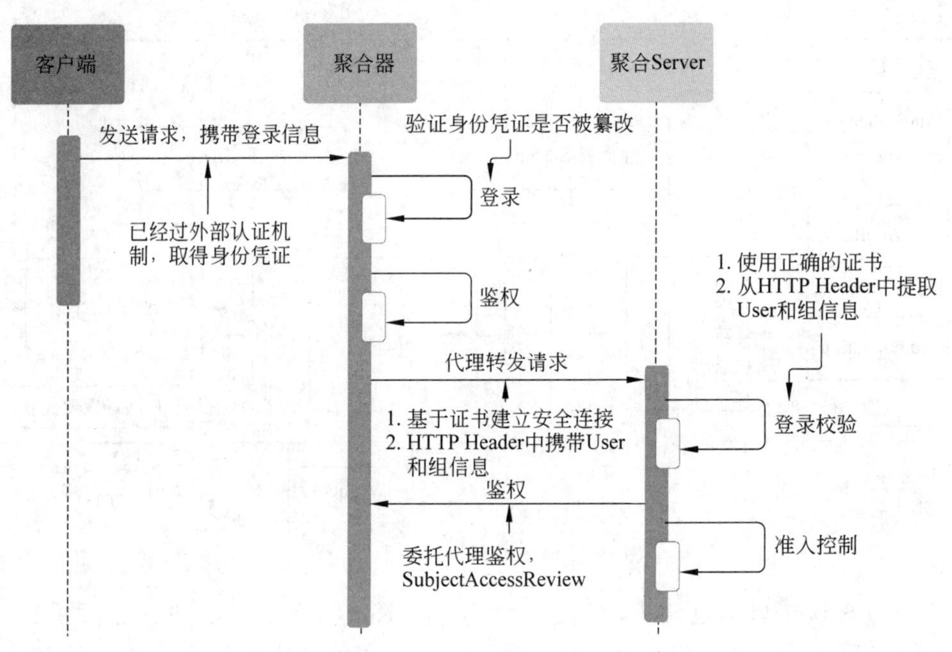

图 8-17 登录和鉴权流程

8.4.3 委派登录认证

委派登录认证是 Generic Server 为聚合 Server 所准备的认证方案，它复合了 3 种基本的登录认证方式。下面从两种场景中引出这 3 种基本的登录认证。

1. 认证转发的请求

对于由核心 API Server 代理转发过来的请求，聚合 Server 启用身份认证代理策略对其做登录认证。这是 Generic Server 内置的一种认证策略，在 6.4.2 节有基本介绍。聚合器通过反向代理转发请求时，它会在请求头添加对该请求的认证结果。有以下两个相关 Header。

(1) X-Remote-User (名称可配置)：聚合器认证后的用户名。

(2) X-Remote-Group (名称可配置)：聚合器认证后的用户组。

问题是聚合 Server 如何确认带有上述 Header 的请求来自聚合器，而不是非法第三方，这就需要证书来保证链接的安全了，如图 8-18 所示。在进行请求转发时，所有反向代理服务可使用一张 X509 证书与聚合 Server 建立安全链接，该证书所用 CN 必须为 aggregator（启动时可更改）。在核心 API Server 启动时，需要使用命令行标志--proxy-client-cert-file 和--proxy-client-key-file 来指定这张证书及私钥；与这张证书相关的根证书则以--requestheader-client-ca-file 标志指定。这些证书将会以 ConfigMap[①] 的形式保存在核心 API Server 上，聚合 Server 从核心 API Server 读取它。据此，聚合 Server 校验请求所使用的证书，如果通过就完全信任请求头上的用户名和用户组信息。

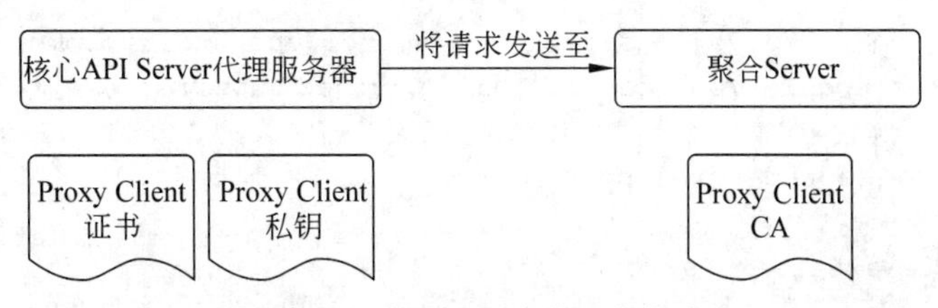

图 8-18 代理过程中的证书校验

注意：如果启动核心 Server 时没有用上述参数给出 CA 证书就会麻烦一些。首先启动聚合 Server 时需要用同样的参数给出 CA，然后要设法让核心 API Server 创建反向代理联系聚合 Server 时为该代理使用由这个 CA 签发的证书。也可以干脆让聚合 Server 不验证反向代理所使用的证书——只要在启动聚合 Server 时使用参数--authentication-skip-lookup，但这样的副作用是 X509 客户证书认证策略也不起作用了，可以配合参数--client-ca-file 给出 X509 的 CA 来避免这个问题。

2. 认证非转发的请求

对于不是从核心 API Server 来的请求，聚合 Server 可以使用 Generic Server 所提供的任何一种登录认证策略，但 Generic Server 推荐启用下面两种：

（1）X509 客户证书策略。6.4.2 节介绍过这种策略，读者可查阅。

（2）TokenReview 策略（一种 Webhook 登录认证）。这种策略的工作过程是：如果在请求头中有 Authorization: Bearer <token>，则通过 Webhook 向核心 API Server 创建 TokenReview API 实例，核心 API Server 会立刻给予确认，这样聚合 Server 便会即刻获知用户的合法性。进行认证的也可以不是核心 API Server，在这种情况下在启动聚合 Server 时，用参数--authentication-kubeconfig 指出认证服务器的连接信息即可，当然这需要目标认证服务器能够处理 TokenReview 实例。

3. 委派登录认证

Generic Server 同时启用上述推荐 3 种策略：身份认证代理、X509 客户证书和 TokeReview 策略。在构建聚合 Server 时如何同时启用这 3 种策略呢？Generic Server 也已经准备好可复用方案，它生成复合以上 3 种登录认证策略的新策略，称为委派登录认证。

---

① 名为 extension-apiserver-authentication，它也保存了 X509 客户端证书认证使用的 CA。

下面分析委派登录认证的源码。由核心 API Server 的认证策略构建可知，一切从生成 Option 开始，Option 决定了命令行有哪些参数可供用户使用，用户的命令行输入会改变 Option 的原始默认值；程序以 Option 为基础生成 Server 运行配置(Config)；配置最终会被应用到生成的 Server 实例上，而登录认证策略的构建一样从 Option 开始，聚合 Server 的 Option 分两部分：第一是属于底座 Generic Server 的，第二是自己特有的。登录认证策略是在 Generic Server 的 Option 上设置的，Generic Server 库通过函数 NewRecommendedOptions() 推荐了 Option，其中包含推荐的登录认证策略设置。聚合 Server 只需在构建时用该方法构建 Generic Server 的 Option。NewRecommendedOptions()函数的代码如下：

```
//代码 8-19 vendor/k8s.io/apiserver/pkg/server/options/recommended.go
func NewRecommendedOptions(prefix string, codec runtime.Codec)
                                                   * RecommendedOptions {
    sso := NewSecureServingOptions()
    //…
    sso.HTTP2MaxStreamsPerConnection = 1000

    return &RecommendedOptions{
        Etcd:           NewEtcdOptions(
                    storagebackend.NewDefaultConfig(prefix, codec)),
        SecureServing:  sso.WithLoopback(),
        Authentication: NewDelegatingAuthenticationOptions(),//要点①
        Authorization:  NewDelegatingAuthorizationOptions(),
        Audit:          NewAuditOptions(),
        Features:       NewFeatureOptions(),
        CoreAPI:        NewCoreAPIOptions(),
        //…
        FeatureGate:                feature.DefaultFeatureGate,
        ExtraAdmissionInitializers: func(c * server.RecommendedConfig) (
            []admission.PluginInitializer, error) { return nil, nil },
        Admission:                  NewAdmissionOptions(),
        EgressSelector:             NewEgressSelectorOptions(),
        Traces:                     NewTracingOptions(),
    }
}
```

上述代码要点①处生成了委派登录认证的 Option。

有了 Option，下一步就是生成 Server 配置。基于要点①处函数调用所生成的 Option，可以制作一种类型为 DelegatingAuthenticatorConfig 结构体的实例，利用它的 New()方法将得到一个登录验证策略——这便是复合了身份代理认证策略、X509 客户证书策略和 TokenReview 策略的委派登录认证，可作为聚合 Server 的登录认证策略。读者可查阅源文件 vendor/k8s.io/apiserver/pkg/authentication/authenticatorfactory/delegating.go 去了解上述 New()方法和 DelegatingAuthenticatorConfig 结构体的实现。

8.4.4　委派权限认证

权限的信息被核心 API Server 集中管理，Kubernetes 集群常用 Role-Based-Access-Control (RBAC)来作为权限控制的方式。本书以 RBAC 为权限管理方式进行讲解，其他方式类似。在这种模式下，Role 这种 API 用于设定一个角色具有什么权限，一个 Role 实例如图 8-19 所示。API RoleBinding 则把 Role 实例和一个 User 或一组 User 绑定在一起，一个 RoleBinding 实例如图 8-20 所示。

```
apiVersion: rbac.authorization.k8s.io/v1
kind: Role
metadata:
  namespace: default
  name: pod-reader
rules:
- apiGroups: [""] # "" indicates the core API group
  resources: ["pods"]
  verbs: ["get", "watch", "list"]
```

图 8-19　Role实例

```
apiVersion: rbac.authorization.k8s.io/v1
# This role binding allows "jane" to read pods in the "default" namespace.
# You need to already have a Role named "pod-reader" in that namespace.
kind: RoleBinding
metadata:
  name: read-pods
  namespace: default
subjects:
# You can specify more than one "subject"
- kind: User
  name: jane # "name" is case sensitive
  apiGroup: rbac.authorization.k8s.io
roleRef:
  # "roleRef" specifies the binding to a Role / ClusterRole
  kind: Role #this must be Role or ClusterRole
  name: pod-reader # this must match the name of the Role or ClusterRole you wish to bind to
  apiGroup: rbac.authorization.k8s.io
```

图 8-20　RoleBinding 实例

当聚合 Server 需要知道请求的用户是否具有做某个操作的权限时，它需要联络核心 API Server 进行确认，这一确认请求被包装成 API SubjectReviewReview 的实例，聚合 Server 利用一个 Webhook 向核心 API Server 发起创建请求，该请求最终会被核心 API Server 立即响应，响应代码如下：

```
//代码 8-20 pkg/registry/authorization/subjectaccessreview/rest.go
func (r *REST) Create(ctx context.Context,
        obj runtime.Object, createValidation rest.ValidateObjectFunc,
        options *metav1.CreateOptions) (runtime.Object, error) {
```

```
    subjectAccessReview, ok := obj.( * authorizationapi.SubjectAccessReview)
    if !ok {
        return nil, apierrors.NewBadRequest(fmt.Sprintf("…%#v", obj))
    }
    if errs := authorizationvalidation.
        ValidateSubjectAccessReview(subjectAccessReview); len(errs) > 0 {
        return nil, apierrors.NewInvalid(
            authorizationapi.Kind(subjectAccessReview.Kind), "", errs)
    }

    if createValidation != nil {
        if err := createValidation(ctx, obj.DeepCopyObject());
                                                          err != nil {
            return nil, err
        }
    }

    authorizationAttributes := authorizationutil.
        AuthorizationAttributesFrom(subjectAccessReview.Spec)
    decision, reason, evaluationErr := r.authorizer.Authorize(
        ctx, authorizationAttributes)
   //要点①
    subjectAccessReview.Status =
        authorizationapi.SubjectAccessReviewStatus{
            Allowed: (decision == authorizer.DecisionAllow),
            Denied:  (decision == authorizer.DecisionDeny),
            Reason:  reason,
    }
    if evaluationErr != nil {
        subjectAccessReview.Status.EvaluationError =
        evaluationErr.Error()
    }

    return subjectAccessReview, nil
}
```

上述代码要点①处给出了鉴权结果,它利用了核心 API Server 所配置的 authorizer 属性,这样是否有权限做一个操作的决定最终是由核心 API Server 的鉴权机制作出的,从而保证了一致性。

以上就是聚合 Server 权限鉴定的过程,下面讲解聚合 Server 如何建立委派鉴权机制。回顾核心 API Server 的鉴权器生成过程可知: Server 实例由 Server 配置生成,Server 配置来自 Option,一切从生成 Option 开始,鉴权器也是如此。聚合 Server 鉴权器的设置完全类似。Generic Server 为委派鉴权器相关的 Option 准备了一个工厂方法:

```
//代码 8-21 vendor/k8s.io/apiserver/pkg/server/options/authorization.go
func NewDelegatingAuthorizationOptions() *DelegatingAuthorizationOptions {
	return &DelegatingAuthorizationOptions{
		//…
		AllowCacheTTL:       10 * time.Second,
		DenyCacheTTL:        10 * time.Second,
		ClientTimeout:       10 * time.Second,
		WebhookRetryBackoff: DefaultAuthWebhookRetryBackoff(),
		//这保证 kubelet 总是可以得到健康状况信息。如非所期望,调用者可以后续更改之
		AlwaysAllowPaths: []string{"/healthz", "/readyz", "/livez"},
		//…
		AlwaysAllowGroups: []string{"system:masters"},
	}
}
```

聚合 Server 在创建 Option 时,可以直接使用它获取鉴权器相关的 Option,作为其底层 Generic Server 的鉴权配置,这样便启用了委派鉴权器。还可以再简单点:为聚合 Server 的底层 Generic Server 生成 Option 时,直接借用 Generic Server 的推荐 Option,它默认已经使用了委派鉴权器,其工厂方法如代码 8-19 所示。大多数的聚合 Server 会这么做,毕竟在上述推荐 Option 的基础上进行更改及调整会更省力一些。有了委派鉴权器的 Option 就有了生成鉴权器的基础,再深挖一步,看 Generic Server 是怎么在此基础上构造委派鉴权器的。相关代码如下:

```
//代码 8-22 vendor/k8s.io/apiserver/pkg/server/options/authorization.go
func (s *DelegatingAuthorizationOptions) toAuthorizer(client
			kubernetes.Interface) (authorizer.Authorizer, error) {
	var authorizers []authorizer.Authorizer

	if len(s.AlwaysAllowGroups) > 0 {
		authorizers = append(authorizers, authorizerfactory.
					NewPrivilegedGroups(s.AlwaysAllowGroups…))
	}

	if len(s.AlwaysAllowPaths) > 0 {
		a, err := path.NewAuthorizer(s.AlwaysAllowPaths)
		if err != nil {
			return nil, err
		}
		authorizers = append(authorizers, a)
	}

	if client == nil {
		klog.Warning("No authorization-kubeconfig …")
	} else {
```

```
        cfg := authorizerfactory.DelegatingAuthorizerConfig{ //要点①
                SubjectAccessReviewClient: client.AuthorizationV1(),
                AllowCacheTTL:             s.AllowCacheTTL,
                DenyCacheTTL:              s.DenyCacheTTL,
                WebhookRetryBackoff:       s.WebhookRetryBackoff,
        }
        delegatedAuthorizer, err := cfg.New()
        if err != nil {
            return nil, err
        }
        authorizers = append(authorizers, delegatedAuthorizer)
    }

    return union.New(authorizers...), nil
}
```

Option 里面的 AlwaysAllowPaths 会有设置不受权限保护的路径，例如健康监测端点，toAuthorizer()方法首先为它们单独制作子鉴权器，然后制作 Webhook 鉴权器：它先在要点①处从 Option 生成 Config，然后用 Config 的 New()方法生成该鉴权器。最后，所有这些子鉴权器被方法 union.New 组合起来，作为单独鉴权器——委派鉴权器返回。cfg.New()方法的代码如下：

```
//代码 8-23
//vendor/k8s.io/apiserver/pkg/authorization/authorizerfactory/delegating.go
func (c DelegatingAuthorizerConfig) New() (authorizer.Authorizer, error) {
    if c.WebhookRetryBackoff == nil {
        return nil, errors.New("retry …")
    }

    return webhook.NewFromInterface(
        c.SubjectAccessReviewClient,
        c.AllowCacheTTL,
        c.DenyCacheTTL,
        *c.WebhookRetryBackoff,
        webhook.AuthorizerMetrics{
            RecordRequestTotal:   RecordRequestTotal,
            RecordRequestLatency: RecordRequestLatency,
        },
    )
}
```

New()方法内会调用 Webhook 包的 NewFromInterface()函数来生成 Webhook 鉴权器，核心 API Server 处于聚合 Server 的远程，所以这里需用 Webhook 来包装对核心 API Server 的访问，NewFromInterface()方法最终返回一个 WebhookAuthorizer 结构体实例，

其上有 Authorize()方法用于执行 SubjectAccessReview 的创建和结果检查等，源码在 vendor/k8s.io/apiserver/plugin/pkg/authorizer/webhook/webhook.go。

至此，Generic Server 为聚合 Server 准备的委派鉴权器构建完毕。

8.5 本章小结

本章内容虽然放在第二篇的最后进行介绍，但聚合器和聚合 Server 在整个 API Server 这个领域至关重要。聚合器是请求的第一接收者，负责将它们分发给正确的子 Server 去处理，也正是聚合器捏合了核心 API Server 和聚合 Server，使原先单体的 API Server 可成为分布式架构。

本章从聚合器出现的背景入手，向读者介绍了它所解决的问题及它的出现带给整个 API Server 架构的变化。接着像其他子 Server 一样，介绍了聚合器创建和启动的过程，并展开讲解了它是如何利用反向代理把请求转发出去的。自动注册控制器、CRD 注册控制器、APIService 注册控制器和 API Service 状态监控控制器是聚合器所依赖的几种重要的控制器，本章予以展开介绍。

聚合 Server 是相对于 CRD 来讲更为强大的扩展 API Server 的方式，它的构建完全可以参照核心 API Server 子 Server 的构建方式，所以本章只是简介其架构，并着重剖析了 Generic Server 所推荐聚合 Server 使用的登录认证策略（委派登录认证）和鉴权器（委派权限认证）。第三篇中会动手实现一个聚合 Server，权限和登录相关的知识必不可少。

第三篇 实 战 篇

光说不练假把式。在深入 API Server 项目源码良久，剖析了其设计和实现细节后，相信读者对动手操练已经跃跃欲试了。毕竟学习原理的最终目的还是服务实践。这一篇将选取扩展 API Server 的几种重要方式，带领读者进行开发练习，在实践中巩固和加深对 API Server 机制的理解。

首当其冲的扩展场景是开发聚合 Server。在第 8 章中看到，在聚合器的协调下一个聚合 Server 可以与核心 API Server 协作，提供对非 Kubernetes 内置 API 的支持。这种扩展机制是开发者手中的“核武器”，在所有扩展手段中起着兜底的作用。此外，聚合 Server 的内部结构和核心 API Server 的各个子 Server 一致，学习开发它将加深对 API Server 的设计理解，一举多得。制作聚合 Server 有两种方式：直接基于 Generic Server 进行开发和利用开发脚手架 API Server Builder。直接基于 Generic Server 开发契合本书介绍源码的初衷，而使用脚手架更贴近实战，本篇会分别使用它们开发功能相同的聚合 Server。

第二大扩展场景是利用 CustomResourceDefinition(CRD)引入客制化资源并开发其控制器。相比于聚合 Server，CRD 的方式更为简便轻量，所以被更为广泛地采用。读者应该对操作器(Operator)有所耳闻，操作器有三大核心元素：CRD、Custom Resource 和控制器，本篇将使用 Kubebuilder 这款由社区开发的工具，用 CRD 引入客制化资源并开发配套控制器，最终得到一个操作器，从而展示这一扩展场景。

第三类扩展场景是动态准入控制器(Webhook)的使用。之所以称为 Webhook，是由于其实现机制要求启动一个单独 Web 应用，将扩展逻辑放入其中等待准入控制机制在合适的时机调用。准入控制机制在动态准入控制器中留了两个扩展点：第1个扩展点为修改扩展点，第2个扩展点为校验扩展点；此外，针对客制化资源的版本转换也提供了转换扩展点。上述3个扩展点都是以Webhook的模式提供的。本篇示例应用会涵盖前两个扩展点，第3个扩展点的开发过程完全类似。

本篇所有示例都可运行，源码在本书配套材料中可以找到。所采用的测试运行环境如下。

(1) 操作系统：Linux Ubuntu 22.04 LTS。

(2) Kubernetes环境：Minikube v1.31.2。

(3) 数据库：etcd 3.5.7。

(4) 容器环境：Server为Docker Engine Comminute v24.0.6；Containerd版本v1.7.0。

(5) Go：1.20.2。

第 9 章

开发聚合 Server

如果读者试图到互联网上寻找一份制作聚合 Server 的教程，则会发现这一主题的碎片化资料不难找到，但条理化系统讲解的文档寥寥。好似手里拿着美味的食材却苦于没有好菜谱。希望本章能弥补这一缺憾。

9.1 目标

开发前需要选定一个示例场景以便进行演示。该场景不必完全真实，但要提供契机应用需要展示的技术手段，现对本章场景描述如下。假设公司向其他企业提供人事管理的云解决方案，为降低成本，公司要求整个解决方案支持多租户。所有客户共享同一套代码，但敏感部分要求做到绝对隔离，例如每家企业均拥有独立的数据库实例，以便存放业务数据，系统 ID Service 支持客户对接自有用户数据库。

产品开发团队选用 Kubernetes 平台作为解决方案的生产环境。应用主体部署在一个特定命名空间内，同时该命名空间包含了所有客户共享的其他资源和服务，例如 Ingress；采用 Kubernetes 命名空间隔离不同企业的敏感资源：每家客户都会独有自己的命名空间，其内部署数据库等敏感资源。

不难分析，上线一家新客户对运维团队来讲意味着针对共享命名空间和独有命名空间的操作，运维团队自然希望系统能自动完成这一过程，据此引入客制化 Kubernetes API——ProvisionRequest。每个该 API 实例代表一个为某客户进行系统初始化的请求，其内描述了初始化使用的参数值。Kubernetes 关注每个新请求，并按照请求参数自动执行初始化任务，这包括以下几项。

（1）为客户创建新的命名空间。

（2）在新命名空间内创建敏感资源，本章将以数据库（MySQL）为例。

（3）调整 Ingress 参数，为新客户添加入口[①]。

考虑到业务系统的负载安全和将来的扩展需求，API ProvisionRequest 将由一个聚合

① 针对 Ingress 的参数调整过于细节，调整本身也并不复杂，示例工程在实现部分省略了这一步。

Server 单独提供,这样一来,该 API 带来的负载将能够从控制面节点转移到聚合 Server 所在节点,为运维团队提供更多灵活性。示例应用概况如图 9-1 所示。

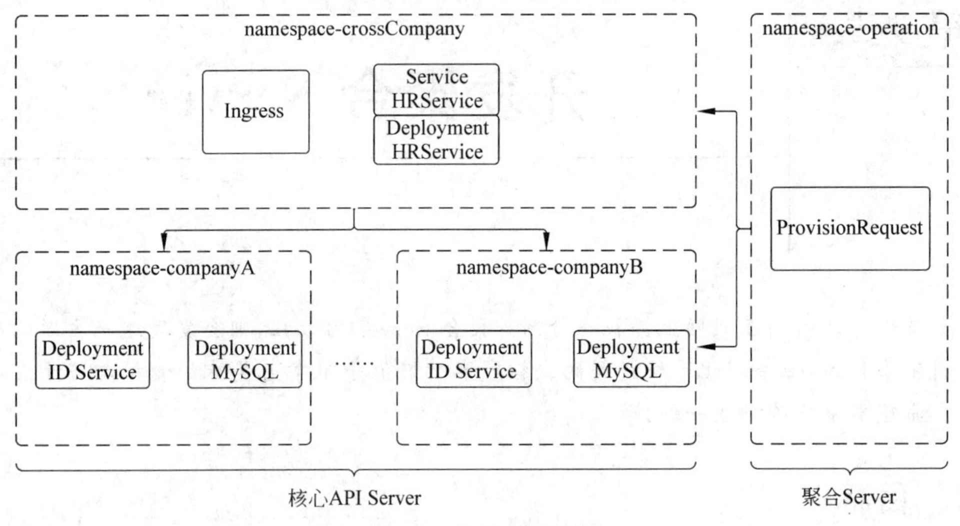

图 9-1 示例应用概况

该 API 提供众多属性来支持配置需求,但在示例中没有必要体现全部。以下资源描述的 spec 部分展示了选取的示例属性;处理进度则由 ProvisionRequest API 的子资源 status 记录:

```
apiVersion: provision.mydomain.com/v1alpha1
kind: ProvisionRequest
metadata:
    name: pr-for-company-abc
    Labels:
        company: abc
spec:
    ingressEntrance: /abc/             #ingress 上的入口,是一个 URL 片段
    businessDbVolume: SMALL            #业务数据规模,决定数据库大小
    namespaceName: companyAbc          #命名空间名称
status:
    ingressReady: false
    dbReady: false
```

综上,一个新客户的上线初始化过程为运维团队创建 ProvisionRequest 资源;聚合 Server 将该资源持久化到 ETCD;ProvisionRequest 的控制器创建命名空间和其内资源,调整应用的 Ingress,并更新 ProvisionRequest 资源的状态。

9.2 聚合 Server 的开发

现在开始聚合 Server 的实现。这涉及多个步骤,笔者把每个步骤设置为一节,并且在代码库中为每节所实现的结果设置一个分支,便于读者查阅并与自己的实践结果对照。

9.2.1　创建工程

一切从一个新的 Go 工程开始。笔者建议将工程建立在 $GOPATH/src 目录下，虽然通过适当的参数设置，Go 语言已经支持在任意文件夹下建立工程，但考虑到在过去的很长一段时间内 Go 工程都必须处于 $GOPATH 下，建议读者依然遵循这一约定，这会规避许多潜在的不兼容情况。示例工程的创建过程如下：

```
$ mkdir -p $GOPATH/src/github.com/kubernetescode-aaserver
$ cd $GOPATH/src/github.com/kubernetescode-aaserver
$ go mod init
```

上述命令将创建 kubernetescode-aaserver 目录并在其下生成一个 go.mod 文件，再无其他内容。由于示例工程处于 $GOPATH 下，上述最后一条命令会自动计算出当前工程的 module 信息——github.com/kubernetescode-aaserver 并将其添加到 go.mod 中。效仿 Kubernetes 核心 API Server，示例工程将使用 Cobra 框架来制作命令行工具，将 Cobra 能力添加至工程最容易的方式是使用其脚手架，这需要先安装它：

```
$ go install github.com/spf13/cobra-cli@latest
$ cobra-cli help
```

如果安装成功，则上述第 2 条命令会打印出 Cobra 脚手架的使用帮助。接下来就可以用 cobra-cli 工具来生成 Cobra 框架代码了。

```
$ cobra-cli init
```

在工程目录下运行上面这条命令，Cobra 会根据自身推荐的项目结构生成框架，示例工程遵从这一推荐，当前目录结构如下：

```
kubernetescode-aaserver
    cmd
        root.go
    main.go
    go.mod
    go.sum
```

虽然还没开始任何业务逻辑的编写，但现在就可以对工程进行编译了，结果会是一个名为 kubernetescode-aaserver 的可执行文件，试着打印它的帮助信息会得到如下输出：

```
$ go build .
$ ./kubernetescode-aaserver -h

A longer description that spans multiple lines and likely contains
examples and usage of using your application. For example:

Cobra is a CLI library for Go that empowers applications.
This application is a tool to generate the needed files
to quickly create a Cobra application.
```

至此,工程创建完成。接下来各节将逐步向其添加聚合 Server 的内容。

9.2.2 设计 API

首先确定一个 API 组的名称,示例 API 将会归于该组下。不妨将其命名为 provision,其全限定名为 provision.mydomain.com。全限定名在代码中不常用,前者会被用于定义目录。

接下来设计 API。9.1 节给出了新 API ProvisionRequest 应具有的属性,这一节需要把这些属性落实到 Go 代码。实现时,每个 API 都需要两个主要的结构体支撑:一个代表单个 API 实例,另一个代表一组。

1. ProvisionRequest 结构体

按照惯例,一个 Kubernetes API 会有一个结构体与之对应,结构体的名称与 API 的 Kind 属性一致,本书中称为 API 的基座结构体。ProvisionRequest 这一 API 的基座结构体名就是 ProvisionRequest。类似众多内置 API,ProvisionRequest 结构体会有四大字段:TypeMeta、ObjectMeta、Spec 和 Status。

由目标可知,ProvisionRequest 的 spec 中应可以指定业务数据库的规模(businessDbVolume)、敏感资源所在的命名空间(namespaceName)和客户专有系统入口(ingressEntrance)。故为 Spec 字段定义如下结构体作为其类型:

```
//代码 9-1 Spec 结构体定义
type DbVolume string

const DbVolumeBig DbVolume = "BIG"
const DbVolumeSmall DbVolume = "SMALL"
const DbVolumeMedium DbVolume = "MEDIUM"

type ProvisionRequestSpec struct {
    IngressEntrance  string
    BusinessDbVolume DbVolume
    NamespaceName    string
}
```

ProvisionRequest 的 Status 字段需要能反映业务数据库的创建完毕与否和客户专有系统入口是否就绪这两种状态信息,控制器负责将真实信息填写进去。如下结构体将作为 Status 字段的类型:

```
//代码 9-2 Status 结构体定义
type ProvisionRequestStatus struct {
    IngressReady bool
    DbReady      bool
}
```

除了 Spec 和 Status 字段外,ProvisionRequest 必须具有两组字段,一组字段用于反映类型信息，而另一组字段用于反映实例信息。Kubernetes 为这两组字段定义了两个结构体并存放在库 apimachinery 中，ProvisionRequest 只需内嵌这两个结构体就可以获得这两组字段。最终，ProvisionRequest 的定义如下：

```
//代码 9-3 ProvisionRequest 基座结构体的定义
type ProvisionRequest struct {
    metav1.TypeMeta           //反映类型信息的一组字段
    metav1.ObjectMeta         //反映实例信息的一组字段

    Spec   ProvisionRequestSpec
    Status ProvisionRequestStatus
}
```

2. ProvisionRequestList 结构体

ProvisionRequest 结构体的实例可以代表单个 API 实例，而多个 API 实例同时被处理的情况有很多，它们可以被看为一个整体使用，于是定义 ProvisionRequestList 结构体：

```
//代码 9-4 List 结构体定义
type ProvisionRequestList struct {
    metav1.TypeMeta
    metav1.ListMeta

    Items []ProvisionRequest
}
```

这样，API 的重要结构定义就有了，那么该在哪里编写上述代码呢？这就要谈一谈内部版本和外部版本的定义了。

3. 内部版本

回顾 4.1.1 节介绍的内部版本。内部版本用于系统内部处理之用，客户端使用不同的外部版本向系统发出请求，系统将它们统统转换为内部版本，进而进行处理。相对于外部版本，内部版本往往具有更多字段，这是因为它需要具有承载所有外部版本信息的能力。换句话说，如果将两个版本做一次环形转换[①]，则最终得到的 API 实例相比原实例应该是信息无损的。目前，示例工程没有引入多个外部版本的必要，此时内外部版本的结构体所具有的字段可以完全一致，这一点会在接下来的外部版本的定义中看到。

按照 Kubernetes API Server 代码的惯例，内部版本将被定义在 pkg/apis/< API 组 >/types.go 文件中，所以示例工程将 ProvisionRequest 的内部版本写到 pkg/apis/provision/types.go。目前这个阶段，该文件的主要内容就是上述介绍的这几个结构体的定义，读者可以参考随书附带的源文件。在 provision 这个 package 中需要定义一个 doc.go 文件，其主要目的是为这个 package 提供文档，同时后续在代码生成时全局标签也被添加在这个文件内。

---

① 即从外部版本转至内部版本，再转回原外部版本。

4. 外部版本

外部版本服务于 API Server 的客户端,如 kubectl。示例工程唯一的外部版本为 v1alpha1,故为其建立专有包[①]:

```
$ mkdir $GOPATH/src/kubernetescode-aaserver/pkg/apis/provision/v1alpha1
```

首先为该包建立 doc.go 文件,内容也只有一行,即 package v1alpha1,以备后续使用,然后建立 types.go 文件,其中容纳外部版本的定义。

外部版本可容纳的 API 信息理论上不会比内部版本更多,在只有一个外部版本的情况下,内外部版本的结构体字段完全一致。外部版本结构体的字段将具有字段标签,用于 API 实例在传输过程中所用的表述格式(JSON)与 Go 结构体之间进行转换。示例工程只支持 JSON 格式,外部版本的定义如代码 9-5 所示。

```go
//代码 9-5 pkg/apis/provision/v1alpha1/types.go
package v1alpha1

import metav1 "k8s.io/apimachinery/pkg/apis/meta/v1"

type DbVolume string

const DbVolumeBig DbVolume = "BIG"
const DbVolumeSmall DbVolume = "SMALL"
const DbVolumeMedium DbVolume = "MEDIUM"

type ProvisionRequestSpec struct {
    IngressEntrance  string   `json:"ingressEntrance"`
    BusinessDbVolume DbVolume `json:"businessDbVolume"`
    NamespaceName    string   `json:"namespaceName"`
}

type ProvisionRequestStatus struct {
    IngressReady bool `json:"ingressReady"`
    DbReady      bool `json:"dbReady"`
}

type ProvisionRequest struct {
    metav1.TypeMeta   `json:",inline"`
    metav1.ObjectMeta `json:"metadata,omitempty"`

    Spec   ProvisionRequestSpec   `json:"spec,omitempty"`
    Status ProvisionRequestStatus `json:"status,omitempty"`
}
```

① 由于 Go 语言的最佳实践是保持包名和目录名一致,本书遵循该原则,所以行文中常常混用“包”和“目录”。

```
type ProvisionRequestList struct {
    metav1.TypeMeta `json:",inline"`
    metav1.ListMeta `json:"metadata,omitempty" `

    Items []ProvisionRequest `json:"items"`
}
```

每个字段后部以 json 开头的字符串即字段标签，这是 Go 语言的 json 包提供的功能，它们定义了该字段转入 JSON 格式时使用的字段名及其类型信息，以示例工程用到的一些标签举例：

(1) `json:"dbReady"`：该字段转入 json 时，使用 dbReady 作为字段名称。

(2) `json:"spec,omitempty"`：该字段转入 json 时，使用 spec 作为名称，并且如果 Go 结构体中该字段的值为 0，则不在 json 中生成该字段。

(3) `json:",inline"`：该标签一般会被用于内嵌到当前结构体的另一结构体字段。生成 json 时，取出被内嵌的 Go 结构体的所有字段，直接放入目标 json，成为当前层级下的子字段。

API 的基本类型定义都完成了，像 9.2.1 节一样，可以编译一下当前工程，以保证一切正常。

9.2.3 生成代码

完成内外部版本 API 的基本类型定义距离形成一个可以注入 Generic Server 的 API 还有不短的距离。首先，ProvisionRequest 和 ProvisionRequestList 还没有实现 runtime.Object 接口，这是成为 Kubernetes API 所必需的。runtime.Object 接口定义了两种方法：

```
//代码 9-6 k8s.io/apimachinery/pkg/runtime/interfaces.go
type Object interface {
    GetObjectKind() schema.ObjectKind
    DeepCopyObject() Object
}
```

ProvisionRequest 和 ProvisionRequestList 都内嵌了 metav1.TypeMeta 类型，从而具有了方法 GetObjectKind()，但 DeepCopyObject()方法还没有。另外，内外部版本对象之间的转换函数还没有，这也是必不可少的。最后，为外部版本的 API 实例填写字段默认值函数还没有。以上这些工作均由代码生成来完成。

1. 设置全局标签

在内外部版本各自 package 文档文件——doc.go 中设置一些全局标签，全局标签对整个包起作用，这些标签如下：

```
//代码 9-7 kubernetescode-aaserver/pkg/apis/provision/doc.go
//+k8s:deepcopy-gen=package
//+groupName=provision.mydomain.com
package provision
```

```
//代码 9-8 kubernetescode-aaserver/pkg/apis/provision/v1alpha1/doc.go
//+k8s:openapi-gen=true
//+k8s:conversion-gen=
               github.com/kubernetescode-aaserver/pkg/apis/provision
//+k8s:defaulter-gen=TypeMeta
//+k8s:deepcopy-gen=package
//+groupName=provision.mydomain.com
package v1alpha1
```

(1) 代码 9-7 与代码 9-8 中将 k8s:deepcopy-gen 标签设为 package,意为包内定义的全部结构体生成深复制方法,其中包含 ProvisionRequest 和 ProvisionRequestList。

(2) 代码 9-8 中 k8s:conversion-gen 的设置目的是指出转换的目标类型在哪个包,也就是内部版本定义所在的包。代码生成程序会从源(v1alpha1)中找到待转换类型,再从目标包中找到同名目标类型,生成转换代码并放入 v1alpha1/zz_generated.conversion.go 文件中。

(3) 代码 9-8 中 k8s:defaulter-gen 指定为 v1alpha1 中的哪些结构体生成默认值设置函数。这里设为 TypeMeta 是指为那些具有该字段的结构体生成①。根据类型定义,ProvisionRequest 和 ProvisionRequestList 会被选中。

2. 设置本地标签

本地标签将被直接加到目标类型上方,作用域也只限于该类型。第 4 章介绍了诸多本地标签,当前需要用到的有两个: genclient 和 deepcopy-gen。

(1) genclient: 它会促使生成 client-go 相关的代码,这些代码将被用于客户端与 Server 交互。由于内部版本只用于 Server 内部,所以它是不需要该标签的,而外部版本的 ProvisionRequest 则需要它。

(2) deepcopy-gen: 在全局标签中也用到它,它出现在本地是为了生成方法 DeepCopyObject()。前面提到 ProvisionRequest 和 ProvisionRequestList 需要有该方法,从而完全实现接口 runtime.Object,如果只有全局 deepcopy-gen 标签,则系统会生成 DeepCopy()、DeepCopyInto()等方法而没有 DeepCopyObject()方法。内外部版本中需要实现 runtime.Object 接口的类型都需要加。

标签的添加发生在两个 types.go 文件中,以外部版本为例,它们被添加在两个结构体定义的上方。添加后的代码如下:

```
//代码 9-9 kubernetescode-aaserver/pkg/apis/provision/v1alpha1/types.go
//+genclient
//+k8s:deepcopy-gen:interfaces=k8s.io/apimachinery/pkg/runtime.Object
type ProvisionRequest struct {
    metav1.TypeMeta   `json:",inline"`
```

① 结构体内嵌时,外层结构体会具有与被嵌入结构体同名的字段,虽然在编码上这个字段可以省略。

```
    metav1.ObjectMeta `json:"metadata,omitempty" `

    Spec   ProvisionRequestSpec   `json:"spec,omitempty"`
    Status ProvisionRequestStatus `json:"status,omitempty"`
}

//+k8s:deepcopy-gen:interfaces=k8s.io/apimachinery/pkg/runtime.Object
type ProvisionRequestList struct {
    metav1.TypeMeta `json:",inline"`
    metav1.ListMeta `json:"metadata,omitempty" `

    Items []ProvisionRequest `json:"items"`
}
```

3. 准备代码生成工具

代码生成的能力源于 gento 库并经由库 code-generator 进行包装，它们都是 Kubernetes 的子项目。为了把 code-generator 引入项目中，需要建立一个没有实际内容的工具源文件：

```
$ mkdir -p $GOPATH/src/kubernetescode-aaserver/hack
CD $GOPATH/Src/kubernetes-aaserver/hack && touch tools.go
```

该文件的内容只有一个作用：导入 code-generator 包，使该包成为工程的一部分，如代码 9-10 所示。注意 import 语句中的空标识符的用法，这是一个常用技巧，Go 不允许引用了包却不使用，除非这样用空标识符来重命名被导入包。

```
//代码 9-10 kubernetescode-aaserver/hack/tools.go
package tools

import (
    _"k8s.io/code-generator"
)
```

编辑好 tools.go 后需要运行如下命令将 code-generator 加入 go.mod 并下载至 vendor 目录。放入 vendor 目录是必需的，因为将要编写的脚本会调用该目录下的 code-generator 脚本。

```
$ go mod tidy
$ go mod vendor
```

代码生成之所以需要一个 Shell 脚本是因为对 code-generator 的调用比较麻烦，每次都直接通过命令行输入各个命令将非常烦琐。这一脚本格式基本固定，读者可以直接 copy 示例工程的，修改几个参数便可用于自己的项目。示例工程脚本文件 hack/code-generator.sh 如下：

```
//代码 9-11 kubernetescode-aaserver/hack/code-generation.sh
    SCRIPT_ROOT=$(dirname ${BASH_SOURCE[0]})/..
    CODEGEN_PKG=${CODEGEN_PKG:-$(cd ${SCRIPT_ROOT}; \
```

```
        ls -d -1 ./vendor/k8s.io/code-generator 2>/dev/null \
        || echo ../code-generator)}

    source "${CODEGEN_PKG}/kube_codegen.sh"

    kube::codegen::gen_helpers \
        --input-pkg-root github.com/kubernetescode-aaserver/pkg/apis \
        --output-base "$(dirname "${BASH_SOURCE[0]}")/../../.." \
        --boilerplate "${SCRIPT_ROOT}/hack/boilerplate.go.txt"

    kube::codegen::gen_client \
        --with-watch \
        --input-pkg-root github.com/kubernetescode-aaserver/pkg/apis \
       --output-pkg-root github.com/kubernetescode-aaserver/pkg/generated \
        --output-base "$(dirname "${BASH_SOURCE[0]}")/../../.." \
        --boilerplate "${SCRIPT_ROOT}/hack/boilerplate.go.txt"

    if [[ -n "${API_KNOWN_VIOLATIONS_DIR:-}" ]]; then
        report_filename="${API_KNOWN_VIOLATIONS_DIR}/aapiserver_\
            violation_exceptions.list"
        if [[ "${UPDATE_API_KNOWN_VIOLATIONS:-}" == "true" ]]; then
            update_report="--update-report"
        fi
    fi

    kube::codegen::gen_openapi \
        --input-pkg-root github.com/kubernetescode-aaserver/pkg/apis \
       --output-pkg-root github.com/kubernetescode-aaserver/pkg/generated \
        --output-base "$(dirname "${BASH_SOURCE[0]}")/../../.." \
        --report-filename "${report_filename:-"/dev/null"}" \
        ${update_report:+"${update_report}"} \
        --boilerplate "${SCRIPT_ROOT}/hack/boilerplate.go.txt"
```

上述脚本首先定义全局变量,用于定位 code-generator 中代码生成工具,然后分别调用 gen_client、gent_openapi 等脚本方法执行代码生成。容易忽视的一点是:在调用过程中必须为 boilerplate 参数指定一个文本文件,上述代码用的是 boilerplate.go.txt 文件。该文件包含一段声明文字,将放在各个生成的源文件的头部,内容可以任意修改。读者可以直接参考 hack/boilerplate.go.txt。

4. 生成代码

有了前期准备,一切就绪后就可以进行代码生成了。直接调用上述脚本即可:

```
$ ./hack/code-generator.sh
$ go mod tidy
$ go mod vendor
```

两个 go mod 命令的调用是必需的,因为生成的代码依赖没有被保存在工程的包中,所以需要生成完毕后通过 tidy 命令引入 go.mod 中。现在示例工程中出现了一些新的文件和文件夹，它们是代码生成的成果，即图 9-2 中 zz_开头的文件和 generated 文件夹内容。

生成的这些代码会包含语法错误，原因是它们引用了一些目前还不存在的变量或方法，后面的 9.2.4 节将逐个添加，读者姑且容忍这些错误的存在。这些缺失的元素如下：

（1）v1alpha1.AddToScheme。

（2）v1alpha1.SchemeGroupVersion。

（3）v1alpha1.localSchemeBuilder。

（4）方法 v1alpha1.Resource。

至此，代码生成阶段的工作完成。

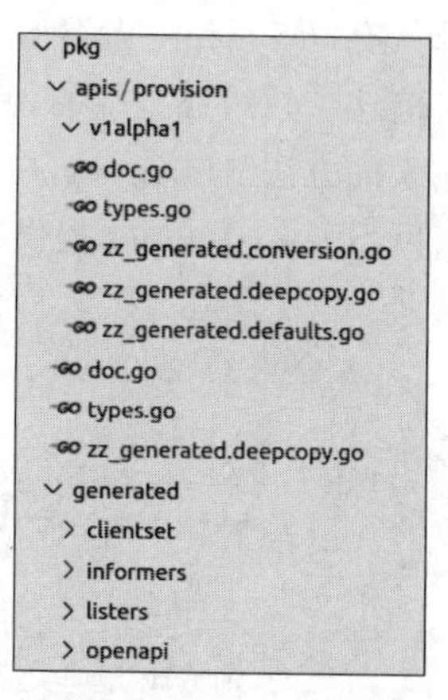

图 9-2　代码生成结果

9.2.4　填充注册表

注册表中保存了 GVK 与 Go 结构体之间的对应关系、外部版本 API 实例的默认值填写函数等重要信息，内外部类型转换函数也可以在其中找到。虽然内外部版 API 都需要向注册表注册，但是考虑到代码生成后出现的 4 个语法错误中有两个和外部版本的注册有关，本节选取外部版本为例讲解这一过程，内部版本的填充注册表的方法参见工程源码。如果已经生疏，读者则可先回顾一下 5.3.2 节讲解的注册表构建所使用的建造者模式，这将辅助理解本节代码。

1. 创建 Director 与 Builder①

在外部版本的目录 v1alpha1 下建立 register.go 文件，它扮演着建造者模式中的 Director 角色。在该文件中定义注册表的建造者——Builder。参考内置 API 的实现，Kubernetes 的 apimachinery 库已经在 runtime 包中提供了现成的 Builder，示例工程直接引用就好了，引用方式如代码 9-12 要点①处所示。

```
//代码 9-12
//kubernetescode-aaserver/pkg/apis/provision/v1alpha1/register.go
var (
    SchemeBuilder      runtime.SchemeBuilder  //要点①
    localSchemeBuilder = &SchemeBuilder
    AddToScheme        = localSchemeBuilder.AddToScheme
)
```

同时声明变量 localSchemeBuilder 为指向上述 Builder 的引用，并且进一步声明了 AddToScheme 变量，其类型为方法。由于缺失这两个变量，所以代码生成结果有两个语法错误，现在这两个错误将被消除。

由 5.3.2 节知识可知，SchemeBuilder 实际上为一个方法数组，每个元素（类型是方法）

① 代码生成工具支持生成部分内容，例如 register.go，示例工程并未采用。

都具有以 Scheme 为类型的传入参数,它会把 API 的结构体信息放入该 Scheme 实例中。目前这个数组还是空的,其内容的填充分几步。首先定义一个可作为 SchemeBuilder 数组元素的方法 addKnownTypes(),然后在包初始化方法中将其添加到该数组中,添加动作可借助 SchemeBuilder 提供的方法 Register 进行,代码 9-13 展示了这一过程。

```
//代码 9-13
//kubernetescode-aaserver/pkg/apis/provisionrequest/v1alpha1/register.go
func init() {
    //这里去注册本 version 的类型,以及它们向 internal version 的转换函数
    localSchemeBuilder.Register(addKnownTypes)
}

//被 SchemeBuilder 调用,从而把自己知道的 Object(Type)注册到 scheme 中
func addKnownTypes(scheme *runtime.Scheme) error {
    scheme.AddKnownTypes(
        SchemeGroupVersion,
        &ProvisionRequest{},
        &ProvisionRequestList{},
    )
    metav1.AddToGroupVersion(scheme, SchemeGroupVersion)
    return nil
}
```

代码 9-13 用到了变量 SchemeGroupVersion,它含有当前 API 的 Group 和 Version 信息,而它恰巧也是代码生成后所缺失的一个变量,在添加其定义后,代码生成带来的语法错误只剩下一个:缺失 v1alpha1.Resource()方法,而它完全可以基于 SchemeGroupVersion 实现,故一并在代码 9-14 中给出。

```
//代码 9-14
//kubernetescode-aaserver/pkg/apis/provision/v1alpha1/register.go
const GroupName = "provision.mydomain.com"

var SchemeGroupVersion = schema.GroupVersion{Group: GroupName,
                                              Version: "v1alpha"}

//按给定的 resource 名字生成 Group resource 实例
func Resource(resource string) schema.GroupResource {
    return SchemeGroupVersion.WithResource(resource).GroupResource()
}
```

至此,v1alpha1 版本向 Scheme 注册的准备工作都已就绪,等待调用者以一个 Scheme 变量为入参调用 v1alpha1.AddToScheme()函数。内部版本注册的准备工作类似外部版本,读者可参阅示例工程的源文件 pkg/apis/provisionrequest/register.go。

2. 触发注册表的填充

为了调用方便,希望由单一方法触发 ProvisionRequest 的各个版本的注册表的填充。

于是效仿内置 API 的处理方式,创建 install.go 文件并定义函数 Install()。内容如代码 9-15 所示。

```
//代码 9-15 kubernetescode-aaserver/pkg/apis/provision/install/install.go
package install

import (
    provisionrequest
        "github.com/kubernetescode-aaserver/pkg/apis/provision"
    "github.com/kubernetescode-aaserver/pkg/apis/provision/v1alpha1"

    "k8s.io/apimachinery/pkg/runtime"
    util "k8s.io/apimachinery/pkg/util/runtime"
)

func Install(scheme * runtime.Scheme) {
    util.Must(provisionrequest.AddToScheme(scheme))
    util.Must(v1alpha1.AddToScheme(scheme))
    util.Must(scheme.SetVersionPriority(v1alpha1.SchemeGroupVersion))
}
```

9.2.5 资源存取

本节将考虑如何将 API 实例存储到 ETCD。一个 ProvisionRequest 实例的信息将被分为逻辑上的两部分：主实例(资源 provisionrequests)和它的子资源 status。

第 5 章介绍了内置 API 是如何实现对 ETCD 的操作的,思路是复用 Generic Server 库所提供的 registry.Store 结构体实现的 ETCD 对接框架,完成实例数据的存取。个性化的设置则通过两种方式注入 registry.Store 的处理过程中。

(1) 策略模式：创建策略、更新策略、删除策略、字段重置策略等。

(2) 直接修改 registry.Store 属性：例如创建 API 实例的方法会通过赋值给 NewFunc 属性来指定。

示例工程按照同样的思路实现 provisionrequest 和 status 的存取。这部分实现代码集中在目录 registry 下。

1. 存取 provisionrequests 资源

1) REST 结构体

需要创建一个结构体承载 API 资源的存取逻辑,取名为 REST 是因为 RESTful 请求最终都会被落实到对 ETCD 的存取,同样由该结构体来响应。结构体的定义,代码如下：

```
//代码 9-16 kubernetescode-aaserver/pkg/registry/registry.go
type REST struct {
    * gRegistry.Store
}
```

REST 内嵌了强大的 Store 结构体,从而获得了 Store 的属性和方法,获得了对接 ETCD 的能力。

2) 制作策略

策略用来落实存储前后的个性化需求。实现一个策略只需实现它对应的接口,这些接口由 Generic Server 库定义,常用的有 rest.RESTCreateStrategy、rest.RESTUpdateStrategy、rest.RESTDeleteStrategy。示例 API ProvisionRequest 将利用创建策略做一些存储前的检查工作。rest.RESTCreateStrategy 接口的内容如下:

```
//代码 9-17 vendor/k8s.io/apiserver/pkg/registry/rest/create.go
type RESTCreateStrategy interface {
    runtime.ObjectTyper
    //...
    names.NameGenerator
    //...
    NamespaceScoped() bool
    //...
    PrepareForCreate(ctx context.Context, obj runtime.Object)
    //...
    Validate(ctx context.Context, obj runtime.Object) field.ErrorList
    //...
    WarningsOnCreate(ctx context.Context, obj runtime.Object) []string
    ////...
    Canonicalize(obj runtime.Object)
}
```

接下来介绍该接口的几个重要方法的作用。

(1) NamespaceScoped():如果该 API 实例必须明确隶属于命名空间,则这种方法需要的返回值为 true。

(2) PrepareForCreate():对实例信息进行整理,例如从实例属性上抹去那些不想保存的信息,以及对顺序敏感的内容排序等。它发生在 Validate()方法之前。

(3) Validate():对实例信息进行校验,返回发现的所有错误的列表。

(4) WarningsOnCreate():给客户端返回告警信息,例如请求中使用了某个即将废弃的字段。它发生在 Validate()之后,但在 Canonicalize()方法之前,数据还没被保存进 ETCD。本方法内不可以修改 API 实例信息。

(5) Canonicalize():在保存进 ETCD 前修改 API 实例。这些修改一般出于信息格式化的目的,使格式更符合惯例。如果不需要,则它的实现也可以留空。

示例程序将使用 NamespaceScoped()和 Validate()方法,用来确保 ProvisionRequest 资源都被放入某个命名空间。Validate()检查每个 ProvisionRequest 实例的 NamespaceName 属性必须非空。代码 9-18 给出了实现的策略。

```go
//代码 9-18 kubernetescode-aaserver/pkg/registry/provision/strategy.go
type provisionRequestStrategy struct {
    runtime.ObjectTyper
    names.NameGenerator
}

func NewStrategy(typer runtime.ObjectTyper) provisionRequestStrategy {
    return provisionRequestStrategy{typer, names.SimpleNameGenerator}
}

func (provisionRequestStrategy) NamespaceScoped() bool {
    return true
}
func (provisionRequestStrategy) PrepareForCreate(ctx context.Context,
                                                obj runtime.Object) {

}
func (provisionRequestStrategy) Validate(ctx context.Context,
                                    obj runtime.Object) field.ErrorList {
    errs := field.ErrorList{}

    js := obj.(*provision.ProvisionRequest)
    if len(js.Spec.NamespaceName) == 0 {
        errs = append(errs,
            field.Required(
                field.NewPath("spec").Key("namespaceName"),
                "namespace name is required"
            )
        )
    }
    if len(errs) > 0 {
        return errs
    } else {
        return nil
    }
}
func (provisionRequestStrategy) WarningsOnCreate(ctx context.Context,
                                        obj runtime.Object) []string {
    return []string{}
}
func (provisionRequestStrategy) Canonicalize(obj runtime.Object) {

}
```

虽然示例程序没有期望在 Update 和 Delete 场景做任何校验等工作，但是由于后续程序需要的缘故还是要实现 rest.RESTUpdateStrategy 和 rest.RESTDeleteStrategy 两个接口，我们让 provisionRequestStrategy 结构体同时承担起这两个任务，细节略去，读者可参考工程代码。

3）工厂函数

工厂函数 NewREST()负责创建 REST 结构体实例，系统会在适当的时候调用它获取处理该 API 存取请求的对象。由于 REST 只是内嵌了 registry.Store 结构体，所以其实例的创建主要是创建 registry.Store 实例。NewREST()的实现如下：

```
//代码 9-19 kubernetescode-aaserver/pkg/registry/provision/store.go
func NewREST(scheme *runtime.Scheme, optsGetter generic.RESTOptionsGetter)
(*registry.REST, error) {
    strategy := NewStrategy(scheme)    //要点①

    store := &gRegistry.Store{
        NewFunc: func() runtime.Object {
            return &provision.ProvisionRequest{} },
        NewListFunc: func() runtime.Object {
            return &provision.ProvisionRequestList{} },
        PredicateFunc: MatchJenkinsService,
        DefaultQualifiedResource:  provision.Resource(
                                    "provisionrequests"),
        SingularQualifiedResource: provision.Resource(
                                    "provisionrequest"),
        CreateStrategy: strategy,     //要点②
        UpdateStrategy: strategy,
        DeleteStrategy: strategy,     //要点③

        TableConvertor: rest.NewDefaultTableConvertor(provision.
                        Resource("provisionrequests")),
    }
    options := &generic.StoreOptions{
                    RESTOptions: optsGetter,
                    AttrFunc: GetAttrs}
    if err := store.CompleteWithOptions(options); err != nil {
        return nil, err
    }
    return &registry.REST{Store: store}, nil
}
```

要点①处变量 startegy 的类型是 provisionRequestStrategy，在要点②与要点③处该变量被同时给了 CreateStrategy、UpdateStrategy、DeleteStrategy 字段，这是必要的，否则运行时会出错。

2. 存取 Status 子资源

API 资源定义文件中的 spec 属性供用户描述对系统的需求，status 属性供控制器去设置当前的实际状态。二者各司其职，目的不同，使用者也不同，但由于它们隶属一个 API，所以关联紧密。这种既紧密又隔离的关系也被反映到实现中：对主资源 provisionrequests（主要是 spec 部分）和子资源 status 的更新将均基于一个 API 实例进行，技术上说是负责更新 spec 内容的 Update()方法和负责更新 status 内容的 UpdateStatus()方法具有一样的入参——一个完整的 ProvisionRequest API 实例。更新时，前者会忽略其上 status 的信息，而后者略去 status 之外的信息。接下来会看到这是如何实现的。

status 子资源的制作过程与 provisionrequests 逻辑上完全一致，先做一个 StatusREST 结构体作为基座，再实现相应接口来制作增、删、改策略，最后通过一个工厂方法来简化 REST 结构体实例的创建，示例工程中仅对上述 NewREST()函数进行了增强，让它既返回 provisionrequests 的 REST，也返回 status 子资源的 StatusREST 实例。这里略去大部分代码，读者可参考示例工程源码。

代码生成过程会为 ProvisionRequest API 生成如下的 client-go 方法：

```
//代码 9-20
//pkg/generated/clientset/versioned/typed/provision/v1alpha1/provisionrequest.go
func (c *provisionRequests) Update(ctx context.Context, provisionRequest
     *v1alpha1.ProvisionRequest, opts v1.UpdateOptions) (result
     *v1alpha1.ProvisionRequest, err error) {
     …
}

func (c *provisionRequests) UpdateStatus(ctx context.Context,
     provisionRequest *v1alpha1.ProvisionRequest, opts v1.UpdateOptions)
          (result *v1alpha1.ProvisionRequest, err error) {
     …
}
```

第 1 种方法负责更新 provisionrequests 资源而后者负责更新其 status 子资源，它们的主要输入参数完全一致，新信息均来自第 2 个参数 provisionRequest。怎么达到前文所讲的 Update()方法忽略 status 信息而 UpdateStatus()正相反呢？

还是利用策略：只需向二者的 REST 结构体的 ResetFieldsStrategy 字段赋值正确的策略，就像给它们的 CreateStrategy 字段赋值一样。该字段的作用是在执行更新操作时将哪些字段上的修改重置，从而保持不变，其类型是 rest.ResetFieldsStrategy 接口。示例工程中承载主资源策略的结构体 provisionRequestStrategy 和承载 Status 子资源策略的结构体 provisionRequestStatusStrategy 都去实现这个接口，以便提供 ResetFieldsStrategy 字段的值。接口实现代码如 9-21 所示。

```
//代码 9-21 kubernetescode-aaserver/pkg/registry/provision/strategy.go
func (provisionRequestStrategy) GetResetFields()
                              map[fieldpath.APIVersion]*fieldpath.Set {
    //要点①
    fields := map[fieldpath.APIVersion]*fieldpath.Set{
```

```
            "provision.mydomain.com/v1alpha1": fieldpath.NewSet(
                fieldpath.MakePathOrDie("status"),
            ),
        }
        return fields
}

func (provisionRequestStatusStrategy) GetResetFields()
                            map[fieldpath.APIVersion]*fieldpath.Set {
        //要点②
        return map[fieldpath.APIVersion]*fieldpath.Set{
            "provision.mydomain.com/v1alpha1": fieldpath.NewSet(
                fieldpath.MakePathOrDie("spec"),
                fieldpath.MakePathOrDie("metadata", "labels"),
            ),
        }
}
```

上述代码逻辑简单,要点①处指出抹去JSON中的status属性;要点②处指出抹去spec及metadata.labels属性。工厂函数NewREST()也需要增强,代码9-22展示了相对于代码9-19的原始版本所更新的部分。

```
//代码 9-22 kubernetescode-aaserver/pkg/registry/provision/store.go
func NewREST(scheme *runtime.Scheme, optsGetter generic.RESTOptionsGetter)
(*registry.REST, *registry.StatusREST, error) {
    strategy := NewStrategy(scheme)

    store := &gRegistry.Store{
        …
        ResetFieldsStrategy: strategy,
        …
    }
    …
    statusStrategy := NewStatusStrategy(strategy)
    statusStore := *store
    statusStore.UpdateStrategy = statusStrategy
    statusStore.ResetFieldsStrategy = statusStrategy

    return &registry.REST{Store: store},
    &registry.StatusREST{Store: &statusStore}, nil
}
```

至此,示例API资源完成对接ETCD,虽然目前还不能进行资源的创建,但可以对当前工程进行编译,确保无语法错误。以下命令可以执行成功。

```
$ go mod tidy
$ go mod vendor
$ go build .
$ ./kubernetescode-aaserver -h
```

9.2.6 编写准入控制

与业务部门探讨后得出结论：不应为同一客户上线多个租户，这可以通过将系统中属于同一客户的 ProvisionRequest 实例的数量限制为 1 来达到目的。准入控制机制是较理想的落地手段。

准入控制发生在对 API 实例进行增、删、改操作之前，它给开发人员一个机会去调整与校验将要存入 ETCD 的数据。相较于 9.2.5 节介绍的将资源存储进 ETCD 时的调整和校验，准入控制发生在更早期。准入控制机制基于插件思想构建：开发人员针对某方面的调整与校验需求开发出单个插件，称为准入控制器，然后把这些插件注册进准入控制机制。Generic Server 不仅实现了准入控制机制，也提供了常用准入控制器，它们在 Server 启动时会被注入。

对于一个 API Server 的开发人员来讲，他可以直接开发准入控制器，然后注入，而对于 API Server 的使用者，则需要通过准入控制 Webhook 去注入需要的客制化逻辑。本节立足在聚合 Server 的开发者这一角色，直接采用第 1 种方式，第 12 章有准入控制 Webhook 的示例。

准入控制器有两类工作：调整和校验，前者需要实现 admission.MutationInterface 接口，而后者需要实现 admission.ValidationInterface 接口，一个准入控制器插件既可以同时实现调整和校验，也可以只实现一个。同时插件必须实现 admission.Interface 接口。系统会根据实际情况在对应的阶段正确调用。示例程序会创建一个准入控制器插件实现对系统中 ProvisionRequest 实例数量的校验。这部分代码集中在新建的 pkg/admission 目录中。该插件基于如下结构体：

```
//代码 9-23
//kubernetescode-aaserver/pkg/admission/plugin/provisionplugins.go
type ProvisionPlugin struct {
    *admission.Handler
    Lister listers.ProvisionRequestLister
}
```

这段代码声明了准入控制器插件的基座结构体，对各个接口的实现都会由它完成。该结构体内嵌了 *admission.Handler 结构体，而它已经实现了 admission.Interface 接口，故 ProvisionPlugin 也实现了该接口。主结构体还具有一个 Lister 字段，其类型正是代码生成阶段的 Clientset 相关产物，该字段将被用于获取当前系统所具有的 ProvisionRequest 实例。

接下来实现 admission.ValidationInterface，也就是创建 Validate 方法，其业务逻辑是：统计目标客户已经具有的 ProvisionRequest 资源的数量，必须为 0 才可以继续创建。

```
//代码 9-24
//kubernetescode-aaserver/pkg/admission/plugin/provisionplugins.go
func (plugin *ProvisionPlugin) Validate(ctx context.Context,
```

```
            a admission.Attributes,
            interfaces admission.ObjectInterfaces) error {

    if a.GetOperation() != admission.Create {
        return nil
    }
    //要点①
    if a.GetKind().GroupKind() != provision.Kind("ProvisionRequest") {
        return nil
    }

    if !plugin.WaitForReady() {
        return admission.NewForbidden(a,
            fmt.Errorf("the plugin isn't ready for handling request"))
    }

    req, err := labels.NewRequirement("company",
        selection.Equals, []string{""})
    if err != nil {
        return admission.NewForbidden(a,
            fmt.Errorf("failed to create label requirement"))
    }

    reqs, err := plugin.Lister.List(labels.NewSelector().Add( * req))
    if len(reqs) > 0 {
        return admission.NewForbidden(a,
            fmt.Errorf("the company already has provision request"))
    }
    return nil
}
```

要点①处的条件语句非常重要,所有 API 实例的创建都将经所有插件的 Validate()方法,需要筛选出示例 API。还需要为向准入控制机制注册这一插件做准备工作,代码 9-25 的 Register()函数专为此而编写。在后续要编写的 Web Server 启动代码中,该函数会被启动代码调用,从而完成添加工作。

```
//代码 9-25
//kubernetescode-aaserver/pkg/admission/plugin/provisionplugins.go
func New() ( * ProvisionPlugin, error) {
    return &ProvisionPlugin{
        Handler: admission.NewHandler(admission.Create),
    }, nil
}

func Register(plugin * admission.Plugins) {
    plugin.Register("Provision",
        func(config io.Reader) (admission.Interface, error) {
            return New()
    })
}
```

New()函数用于生成插件主结构体实例，并给其 Handler 字段赋值，注意这个值明确声明只处理创建(admission.Create)，这确保只有在对象创建时该插件才会被调用，而 Register()是提供给 Server 代码使用的，它用 New()方法创建插件，然后被添加到插件列表中。

读者是否发现，New()方法中没有为主结构体的 Lister 字段赋值，但该字段在 Validate()方法的逻辑中起着重要作用，Lister 的赋值何时进行呢？每个准入控制器插件都可以定义自己的初始化器，初始化器是一个实现了 admission.PluginInitializer 接口的对象。类似注册准入控制器，开发人员也需要向 Generic Server 注册初始化器，示例程序的初始化器的定义如下：

```
//代码 9-26 kubernetescode-aaserver/pkg/admission/plugininitializer.go
type WantsInformerFactory interface {
    SetInformerFactory(informers.SharedInformerFactory)  //要点①
}

type provisionPluginInitializer struct {
    informerFactory informers.SharedInformerFactory
}

func (i provisionPluginInitializer) Initialize(plugin admission.Interface) {
    if wants, ok := plugin.(WantsInformerFactory); ok {
        wants.SetInformerFactory(i.informerFactory)      //要点②
    }
}
```

上述代码 9-26 实现了依赖注入。任何实现了要点①处定义的接口 WantsInformerFactory 的准入控制器都会被这里定义的初始化器注入一个 InformerFactory 实例，见要点②。

9.2.7 添加 Web Server

聚合 Server 的诸多内容都已经被构建起来了，现在将 Generic Server 引进来，形成一个可运行的 Web Server。这一构建过程同时将涵盖如下未尽事项：

(1) 准备 Scheme 实例，并触发 API 信息向其注册。

(2) 将 API 注入 Generic Server，使 Server 生成 API 端点并能响应对它们的请求。

(3) 向准入控制机制注册准入控制器。

(4) 调用 Generic Server 启动，成为一个 Web Server。

完成后，聚合 Server 所有代码开发工作将完成。

回顾 Kubernetes 各个子 Server 的构建，均遵从如图 9-3 所示的流程，示例程序也会如此构建 Server，这会帮读者加深源码理解。技术上看 Options、Config 和 Server 都是以各自基座结构体为根底构建起来的，考虑到依赖关系，下面从右向左逐个实现它们。

1. Server

首先创建 MyServer 结构体，代表整个聚合 Server，在示例程序中其地位十分重要。原

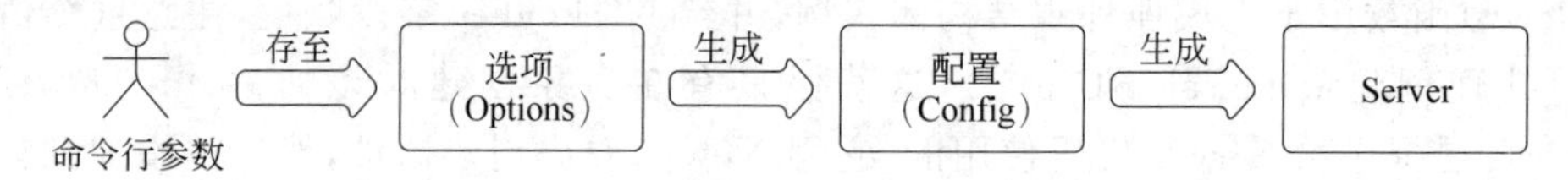

图 9-3 子 Server 构建过程

本这将是一个极为复杂的构建过程,但有了 Generic Server 这个底座,聚合 Server 主结构体只需代码 9-27 中的几行。

```
//代码 9-27 kubernetescode-aaserver/pkg/apiserver/apiserver.go
type MyServer struct {
    GenericAPIServer *gserver.GenericAPIServer
}
```

MyServer 的 GenericAPIServer 指向了一个 Generic Server,这样示例聚合 Server 就具有了所有 Generic Server 的能力。

2. Config

Config 结构体用于承载生成一个 Server 所必需的运行配置信息。遵从核心 API Server 的一贯做法,针对 Config 会设一个补全的过程,即 Complete()方法。向该方法中添加当前 Server 的特有配置,这些配置是不受用户的命令行输入影响的,否则应在 Options 中就有这部分内容。在示例程序中,聚合 Server 版本号在代码 9-28 要点①处进行设置。

```
//代码 9-28 kubernetescode-aaserver/pkg/apiserver/apiserver.go
type Config struct {
    GenericConfig *gserver.RecommendedConfig
}

type completedConfig struct {
    GenericConfig gserver.CompletedConfig
}

type CompletedConfig struct {
    *completedConfig
}

func (cfg *Config) Complete() CompletedConfig {
    //version
    cconfig := completedConfig{
        cfg.GenericConfig.Complete(),
    }
    cconfig.GenericConfig.Version = &version.Info{  //要点①
        Major: "1",
        Minor: "0",
    }
    return CompletedConfig{&cconfig}
```

```
}

func (ccfg completedConfig) NewServer() (*MyServer, error) { //要点②
    …
}
```

MyServer 实例是由 Config 生成的，由代码 9-28 中要点②处的 NewServer()方法完成。在实例创建过程中除了要构建 Generic Server 实例，进而构建 MyServer 实例外，还有重要一步：将 API ProvisionRequest 注入 Generic Server，如代码 9-29 所示。

```
//代码 9-29 kubernetescode-aaserver/pkg/apiserver/apiserver.go
apiGroupInfo := gserver.NewDefaultAPIGroupInfo(
    provision.GroupName,
    Scheme,     //要点①
    metav1.ParameterCodec,
    Codecs,
)
v1alphastorage := map[string]rest.Storage{}
v1alphastorage["provisionrequests"] = registry.RESTWithErrorHandler(
    provisionstore.NewREST(Scheme, ccfg.GenericConfig.RESTOptionsGetter))
apiGroupInfo.VersionedResourcesStorageMap["v1alpha1"] = v1alphastorage

if err := server.GenericAPIServer.InstallAPIGroup(&apiGroupInfo); err != nil {
    return nil, err
}
```

代码 9-29 要点①反映出在 API 的注入过程中需要用到填充好的 Scheme，Scheme 实例的创建和填充逻辑显示在代码 9-30 中。

```
//代码 9-30 kubernetescode-aaserver/pkg/apiserver/apiserver.go
var (
    Scheme = runtime.NewScheme()
    Codecs = serializer.NewCodecFactory(Scheme)
)
func init() {
    install.Install(Scheme)
    metav1.AddToGroupVersion(Scheme, schema.GroupVersion{Version: "v1"})
    unversioned := schema.GroupVersion{Group: "", Version: "v1"}
    Scheme.AddUnversionedTypes(
        unversioned,
        &metav1.Status{},
        &metav1.APIVersions{},
        &metav1.APIGroupList{},
        &metav1.APIGroup{},
        &metav1.APIResourceList{},
    )
}
```

上述代码显示,当Config结构体所在的package被引入时,Scheme实例被自动创建,之后包初始化函数init()自动执行,对Scheme进行了填充。这就确保Scheme实例在Config创建MyServer实例前就已经填充完毕。Install()函数是在9.2.4节中定义的。

3. Options

选项结构体的作用是承接用户的命令行输入,并基于这些信息创建Config,所以它的内容受命令行参数影响。Generic Server自身提供了诸多参数,示例程序的选项结构体需要包含这些参数。Generic Server将推荐参数定义在结构体RecommendedOptions中,并提供了获得该推荐参数实例的工厂函数,这便利了聚合Server复用。示例程序的选项结构体还承载了一个Informer Factory,虽然用户命令行输入不会影响Informer Factory,但这简化了程序。代码9-31展示了选项结构体及它的工厂函数NewServerOptions()。

```
//代码 9-31 kubernetescode-aaserver/cmd/options.go
type ServerOptions struct {
    RecommendedOptions     * genericoptions.RecommendedOptions
    SharedInformerFactory informers.SharedInformerFactory
}

func NewServerOptions() * ServerOptions {
    o := &ServerOptions{
         RecommendedOptions: genericoptions.NewRecommendedOptions(
              "/registry/provision-apiserver.mydomain.com",
              apiserver.Codecs.LegacyCodec(v1alpha1.SchemeGroupVersion),
         ),
    }
    return o
}
```

命令行参数到达Options结构体后会经过两个预处理步骤:补全和校验。补全由Options的Complete()方法完成,校验由Validate()方法完成。Complete()在执行过程中完成了一项重要工作:将自定义的准入控制器插件及其初始化器注入准入控制机制中。代码9-32展示了Complete()方法,要点①处使用9.2.6节所写插件的Register()方法注入插件,要点②注入初始化器工厂函数NewProvisionPluginInitializer。

```
//代码 9-32 kubernetescode-aaserver/cmd/options.go
func (o * ServerOptions) Complete() error {
   //准入控制插件
   plugin.Register(o.RecommendedOptions.Admission.Plugins) //要点①
   o.RecommendedOptions.Admission.RecommendedPluginOrder =
         append(o.RecommendedOptions.Admission.RecommendedPluginOrder,
             "Provision")
   //准入控制插件初始化器
   o.RecommendedOptions.ExtraAdmissionInitializers =
      func(cfg * gserver.RecommendedConfig) (
```

```
                    []admission.PluginInitializer, error) {
        client, err := clientset.NewForConfig(cfg.LoopbackClientConfig)
        if err != nil {
            return nil, err
        }
        informerFactory := informers.NewSharedInformerFactory(
                        client, cfg.LoopbackClientConfig.Timeout)
        o.SharedInformerFactory = informerFactory
        return
            []admission.PluginInitializer{ //要点②
                myadmission.NewProvisionPluginInitializer(informerFactory)
            },
            nil
    }
    return nil
}
```

经过补全和校验，就可以在 Options 结构体的基础上生成 Server 运行配置——Config 结构体实例了，这部分逻辑被封装在方法 Config()中，该方法所生成的 Server 配置将作为制作 MyServer 实例的基石。为节省篇幅这里省去了 Config()的描述。

4. 启动 Server

何时调用代码 9-28 中的 NewServer()方法创建 Server 实例并启动它呢？回答这个问题要从 Cobra 框架说起。该框架的核心对象是命令——Command，用户在命令行调用可执行程序时，第 1 个参数将被当作命令标识看待，Cobra 框架根据命令标识创建命令对象，然后调用其 Execute()方法进行响应，而如果在命令行中没有指定命令，则框架将用根命令去响应。9.2.1 节创建工程时使用 cobra-cli 生成了基本的命令行程序，包含一个 main.go 文件和 cmd/root.go 文件，其中最核心的内容是代码 9-33 所示的根命令对象——rootCmd 变量：

```
//代码 9-33 kubernetescode-aaserver/cmd/root.go
var rootCmd = &cobra.Command{
    Use:   "kubernetescode-aaserver",
    Short: "An aggregated API Server",
    Long:  `This is an aggregated API Server, wrote manually`,
}
```

应用程序入口 main 函数只是调用 rootCmd.Execute()方法去响应用户输入。目前 rootCmd 的内容是空的，需要对它进行增强，从而让它具有以下能力：

(1) 将用户输入的命令行标志转入上述的 Options 结构体实例。

(2) 对 Options 实例进行补全和校验，然后生成 Server 运行配置 Config。

(3) 用 Server 配置生成 Server 实例，并启动之。

编写代码 9-34 中的工厂函数，它会将期望的增强加入 rootCmd。注意 rootCmd.RunE 属性指代的方法会被该命令的 Execute()方法调用。在 RunE 中可通过 options 变量获取用户输入,因为Cobra框架会负责把命令行标志值存入options变量:要点①处对AddFlags()方法的调用实际上建立了options变量的各子孙字段和命令行标志的对应关系。

```
//代码 9-34 kubernetescode-aaserver/cmd/root.go
func NewCommandStartServer(stopCh <-chan struct{}) *cobra.Command {
    options := NewServerOptions()
    rootCmd.RunE = func(c *cobra.Command, args []string) error {
        if err := options.Complete(); err != nil {
            return err
        }
        if err := options.Validate(); err != nil {
            return err
        }
        if err := run(options, stopCh); err != nil {   //要点②
            return err
        }
        return nil
    }
    flags := rootCmd.Flags()
    options.RecommendedOptions.AddFlags(flags)         //要点①
    return rootCmd
}
```

上述代码要点②处调用的run()函数也很重要,它负责创建Server运行配置、创建Server、启动Server的底座Generic Server。run()函数代码如9-35所示。

```
//代码 9-35 kubernetescode-aaserver/cmd/root.go
func run(o *ServerOptions, stopCh <-chan struct{}) error {
    c, err := o.Config()
    if err != nil {
        return err
    }
    s, err := c.Complete().NewServer()
    if err != nil {
        return err
    }
    s.GenericAPIServer.AddPostStartHook(
        "start-provision-server-informers",
        func(context gserver.PostStartHookContext) error {
            c.GenericConfig.SharedInformerFactory.Start(context.StopCh)
            o.SharedInformerFactory.Start(context.StopCh)
            return nil
        }
    )
    return s.GenericAPIServer.PrepareRun().Run(stopCh)
}
```

有了这些准备,应用程序入口main函数将十分优雅,核心内容只需涵盖两点:

（1）通过工厂函数 NewCommandStartServer()获取增强后的 rootCmd。

（2）调用 rootCmd 的 Execute()方法处理用户输入。

```
//代码 9-36 kubernetescode-aaserver/main.go
func main() {
    stopCh := genericserver.SetupSignalHandler()
    command := cmd.NewCommandStartServer(stopCh)
    command.Flags().AddGoFlagSet(flag.CommandLine)
    logs.InitLogs()
    defer logs.FlushLogs()
    if err := command.Execute(); err != nil {
        klog.Fatal(err)
    }
}
```

至此，聚合 Server 编码工作全部完成，代码能够被正确编译并可生成聚合 Server 的可执行程序。虽然让这个聚合 Server 在本地运行起来还欠缺诸多配置，但是已经可以让它打印该 Server 提供的所有命令行参数了，需要运行的命令如下：

```
$ go mod tidy
$ go mod vendor
$ go build .
$ ./kubernetescode-aaserver -h
```

程序将打印出如图 9-4 所示的结果，图中只截取了一部分。

```
This is an aggregated API Server, wrote manually

Usage:
  kubernetescode-aaserver [flags]

Flags:
      --admission-control-config-file string          File with admission control configuration.
      --audit-log-batch-buffer-size int               The size of the buffer to store events before batching and writing. Only used in batch mode. (default 10000)
      --audit-log-batch-max-size int                  The maximum size of a batch. Only used in batch mode. (default 1)
      --audit-log-batch-max-wait duration             The amount of time to wait before force writing the batch that hadn't reached the max size. Only used in batch mode.
      --audit-log-batch-throttle-burst int            Maximum number of requests sent at the same moment if ThrottleQPS was not utilized before. Only used in batch mode.
      --audit-log-batch-throttle-enable               Whether batching throttling is enabled. Only used in batch mode.
      --audit-log-batch-throttle-qps float32          Maximum average number of batches per second. Only used in batch mode.
      --audit-log-compress                            If set, the rotated log files will be compressed using gzip.
      --audit-log-format string                       Format of saved audits. "legacy" indicates 1-line text format for each event. "json" indicates structured json format. Known fo
rmats are legacy,json. (default "json")
      --audit-log-maxage int                          The maximum number of days to retain old audit log files based on the timestamp encoded in their filename.
      --audit-log-maxbackup int                       The maximum number of old audit log files to retain. Setting a value of 0 will mean there's no restriction on the number of fil
es.
      --audit-log-maxsize int                         The maximum size in megabytes of the audit log file before it gets rotated.
      --audit-log-mode string                         Strategy for sending audit events. Blocking indicates sending events should block server responses. Batch causes the backend to
 buffer and write events asynchronously. Known modes are batch,blocking,blocking-strict. (default "blocking")
```

图 9-4　打印聚合 Server 参数列表

9.2.8　部署与测试

代码的编写只是制作聚合 Server 的一部分，为了能使其在集群中履职还需要将它部署运行。聚合 Server 的部署方式有多种，既可以选择运行于集群外，也可以选择运行于集群内，本书采用集群内部署的方式，即将聚合 Server 运行于集群内某节点的一个 Pod，通过 Server API 来对其向核心 API Server 暴露。部署步骤如下。

（1）镜像打包：将聚合 Server 应用程序打包成一个镜像，并推送到镜像库备用。

（2）创建命名空间和服务账户（ServiceAccount）：由于聚合 Server 的相关资源会被放入单独的命名空间下，所以需要先创建出该空间；它和核心 Server 交互时需要以一个服务账户标识自己,这也需要提前创建。

(3) 权限配置:创建 RBAC 角色,并为服务账户绑定角色。

(4) 准备 ETCD:示例聚合 Server 采用专有数据库模式,这就需要在集群内部署出 ETCD 以备后续使用。

(5) 部署 Server 实例并暴露为 Service:创建 Deployment 和 Service,用以在集群内运行聚合 Server。

(6) 向控制面注册聚合 Server 所提供的 API 组版本。需要创建 APIService API 实例,达到向控制面注册聚合 Server 所支持的 API 组版本的目的。每个组+外部版本的组合需要一个 APIService 实例。

在上述步骤中,除了镜像的制作,其余均是在 Kubernetes 中正确地创建不同类型的资源。对这些资源进行汇总,如图 9-5 所示。

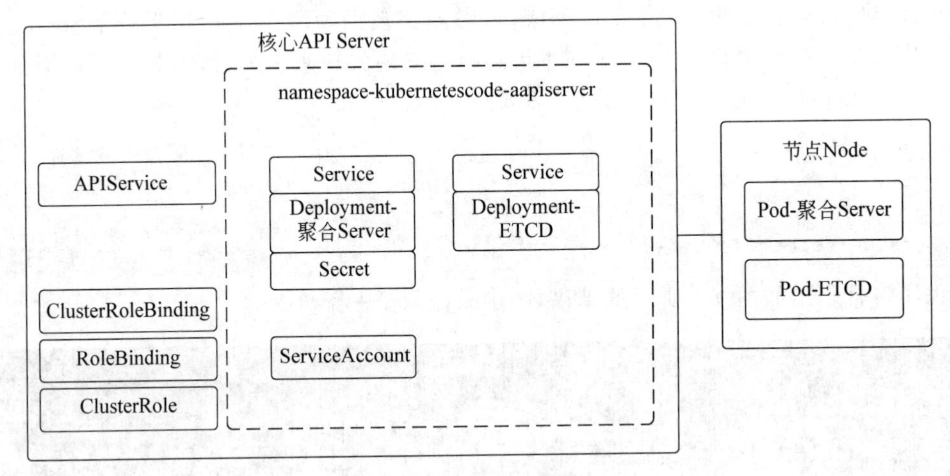

图 9-5 部署资源汇总

1. 制作镜像

当需要于 Docker 类虚拟化环境运行一个应用程序时就需要将应用打包到一个镜像。示例聚合 Server 会将此镜像部署至 Kubernetes 集群内,故这一步是需要的。与一般的镜像制作相比,聚合 Server 不需要任何特别的步骤,只要做出镜像并正确设置其入口程序(Enterpoint)。镜像的 Dockerfile 文件如代码 9-37 所示。

```
#代码 9-37 kubernetescode-aaserver/Dockerfile
FROM Go:1.20 as build
WORKDIR /go/src/github.com/kubernetescode-aaserver
COPY . .
RUN CGO_ENABLED=0 GOARCH=amd64 GOOS=linux GOPROXY="<代理地址>" go build .

FROM alpine:3.14
RUN apk --no-cache add ca-certificates
```

```
COPY --from=build \
    /go/src/github.com/kubernetescode-aaserver/kubernetescode-aaserver /
ENTRYPOINT ["/kubernetescode-aaserver"]
```

在上述代码中打包过程被分成了两个步骤。首先，在 Go:1.20 这一镜像基础上编译生成聚合 Server 应用程序，笔者启用了 Go 语言的国内代理，这将大大加快编译时 Go 模块的下载速度，然后从编译镜像中复制出结果，即聚合 Server 可执行文件 kubernetescod-aaserver，将其放入以 alpine:3.14 为基础镜像的聚合 Server 镜像，并将镜像入口程序设置为聚合 Server 可执行程序。

Dockerfile 编写完毕后，在工程根目录下执行如下第 1 条命令会在本地生成镜像，进而执行第 2 条命令将其推送至 Docker Hub，注意，命令中 jackyzhangfd 为笔者 Docker Hub 账户名，读者在实操时需要替换。

```
$ docker build  -t  jackyzhangfd/kubernetescode-aapiserver:1.0.
$ docker push  jackyzhangfd/kubernetescode-aapiserver:1.0
```

2. 创建命名空间和服务账户

为了便于管理，把聚合 Server 相关的资源放入单独命名空间中。将示例 Server 的命名空间设为 kubernetescode-aapiserver，这需要手工创建出来。命名空间的资源定义文件如代码 9-38 所示。

```
#代码 9-38 kubernetescode-aaserver/config/deploy/1-ns.yaml
  apiVersion: v1
  kind: Namespace
  metadata:
      name: kubernetescode-aapiserver
  spec: {}
```

此外，当聚合 Server 请求核心 Server 时[①]需要向核心 Server 出示自己的身份，于是需要建立一个服务账户，后续步骤中会将该账户绑定到聚合 Server 所在的 Pod。服务账户的资源定义文件如代码 9-39 所示。

```
#代码 9-39 kubernetescode-aaserver/config/deploy/2-sa.yaml
  apiVersion: v1
  kind: ServiceAccount
  metadata:
      name: aapiserver
      namespace: kubernetescode-aapiserv
```

注意：上述服务账号是创建在刚刚定义的命名空间 kubernetescode-aapiserver 下的。

3. 配置权限

核心 API Server 对于与自己交互的客户端能否做某项操作有权限的检验，而聚合

① 例如请求核心 Server 对直接发到聚合 Server 的请求进行鉴权。

Server 会在核心 API Server 存取诸多内容，也是客户端之一，也逃不过权限检验这一步。示例所用集群采用 Role Based Access Control 作为权限机制，RBAC 通过 Role 和 ClusterRole 来定义权限的集合以备授予；通过 RoleBinding 和 ClusterRoleBinding 来把权限集合赋予服务账号。一个聚合 Server 需要如下权限。

1）准入控制 Webhook 相关

聚合 Server 也可以具有动态准入控制器——Webhook。Webhook 的开发人员会创建 mutatingwebhookconfigurations 和 validatingwebhookconfiguration 资源来描述其技术信息，由于它们被存储在核心 API Server 中，所以聚合 Server 需要具有从那里读取这两种资源的权限。这需要创建 Role/ClusterRole 来包含对这两个 API 存取的权限。

2）委派登录认证相关

聚合 Server 依赖于核心 Server 去做登录认证，该过程需要从核心 API Server 获取 ID 为 extension-apiserver-authentication 的 ConfigMap 信息，核心 API Server 定义了 Role extension-apiserver-authentication-reader，只需把它绑定到聚合 Server 所使用的服务账号。

3）委派权限认证相关

类似于委派登录，核心 API Server 可以代替客户端做用户权限认证，但客户端需要被赋予名为 system:auth-delegator 的 ClusterRole。

4）自身控制器涉及的资源权限

这一权限要根据控制器的实际需要，按需加入。示例中涉及了命名空间的创建等操作，需要将操作命名空间的权限创建成 Role 并赋予上述服务账户。

在把以上系统提供的和自己创建的角色都绑定到聚合 Server 的服务账号后，本步骤结束。工程的 config/deploy/3-clusterrole-and-binding.yaml 文件包含上述资源的定义。

4. 准备 ETCD

示例聚合 Server 利用一个独立的 ETCD 来存放数据。准备 ETCD 要做两件事情：第一，创建一个 StatefulSet 来启动一个 ETCD 实例；第二，创建一个 Service 在集群内暴露这个 ETCD，以便聚合 Server 发现和使用，示例选用 etcd-svc 作为服务名，在下一步中它将作为 Server 启动参数传入聚合 Server。读者可参考示例工程的 config/deploy/4-etcd.yaml 文件。

5. 部署 Server 实例并暴露为 Service API

这一步的目的是将聚合 Server 部署成集群内的一个服务，从而在集群内暴露。首先用一个 Deployment 将前面打包的镜像在集群内运行起来，参见代码 9-40。这个 Deployment 的副本数(replicas)此处被设置为 1，实际中可以按需增加。由于各个实例所连的 ETCD 都是一个，并且聚合 Server 可以无状态运行，所以启用多副本并不会有问题。ETCD 的连接信息会作为 Pod 的启动参数传入聚合 Server 应用程序，底层 Generic Server 可自行消费它。

```
#代码 9-40
#kubernetescode-aaserver/config/deploy/5-aggregated-apiserver.yaml
  ---
```

```
apiVersion: apps/v1
kind: Deployment
metadata:
  name: kubernetescode-aapiserver-dep
  namespace: kubernetescode-aapiserver
  labels:
    api: kubernetescode-aapiserver
    apiserver: "true"
spec:
  selector:
    matchLabels:
      api: kubernetescode-aapiserver
      apiserver: "true"
  replicas: 1
  template:
    metadata:
      labels:
        api: kubernetescode-aapiserver
        apiserver: "true"
    spec:
      serviceAccountName: aapiserver     #要点①
      containers:
      - name: apiserver
        image: jackyzhangfd/kubernetescode-aapiserver:1.0
        imagePullPolicy: Always
        volumeMounts:
        - name: apiserver-certs
          mountPath: /apiserver.local.config/certificates
          readOnly: true
        command:
        - "./kubernetescode-aaserver"
        args:
        - "--etcd-servers=http://etcd-svc:2379"
        - "--audit-log-path=-"
        - "--audit-log-maxage=0"
        - "--audit-log-maxbackup=0"
- "--tls-cert-file=/apiserver.local.config/certificates/tls.crt" #要点②
- "--tls-private-key-file=/apiserver.local.config/certificates/tls.key"
        resources:
          requests:
            cpu: 100m
            memory: 20Mi
          limits:
            cpu: 100m
            memory: 30Mi
      volumes:
      - name: apiserver-certs
        secret:
          secretName: kubernetescode-aapiserver-srt
```

代码 9-40 的要点①处将前面创建的服务账号绑定到聚合 Server 的 Pod 上,这样这个Pod 就会以该账号的名义去请求核心 API Server,也就具有了需要的权限。节点上的Kubelet 组件会观测分派到当前节点的 Pod,将关联的服务账号所具有的访问 token 从核心API Server 中读出来,并存入 Pod 本地的特定目录。每个 Pod 都会有一个服务账号与之关联,当资源定义文件中没有明确指定时,系统会选用 Pod 所在命名空间下的 default 服务账号。如此一来,从聚合 Server 发往核心 API Server 的请求会带上该 token,于是会被识别为相应的服务账号,如图 9-6 所示。

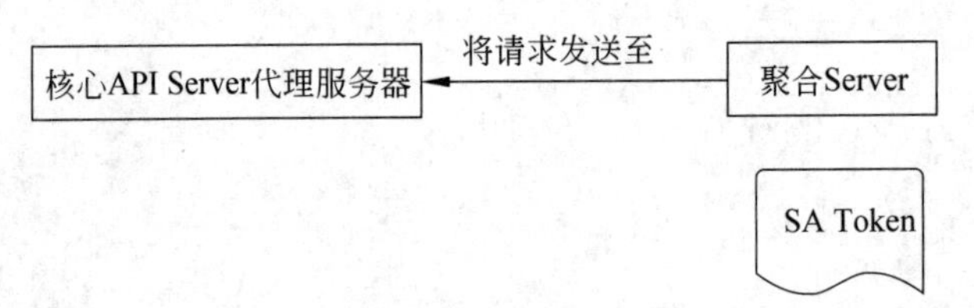

图 9-6 聚合 Server 请求核心 Server

代码 9-40 的要点②处通过命令行参数--tls-cert-file 和--tls-private-key-file 指出了聚合Server 的 TLS 证书及其私钥位置。一个 Web Server 如果需要支持 HTTPS,就需要生成私钥,制作签发申请,然后找证书颁发机构签发或自签证书。得到的证书和私钥会被部署在服务器上供服务器程序使用。有了 TLS 的加持,聚合 Server 的所有客户端都需要以 HTTPS协议和其交互,包括核心 API Server,如图 9-7 所示。

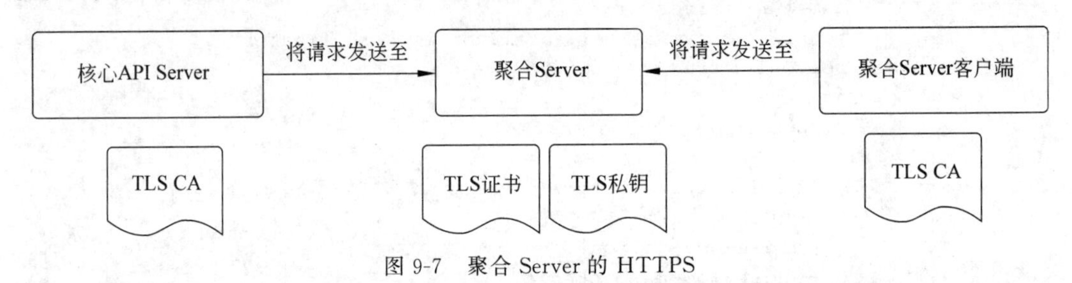

图 9-7 聚合 Server 的 HTTPS

上述两个命令行参数就是告诉聚合 Server 到目录/apiserver.local.config/certificates下获取证书和私钥;为什么是这个文件夹呢?代码 9-40 中的资源定义已经给出了答案:该目录是通过把一个名为 kubernetescode-aapiserver-srt 的 Secret 资源绑定到 Pod 本地而形成,Secret 的内容一般就是证书、私钥和 Token 等,会形成该文件夹内的文件。该 Secret 资源定义如代码 9-41 所示,其内有 tls.crt 和 tls.key 两项内容。

这里留一个伏笔:图 9-7 中的 TLS CA 需要交给核心 API Server,它能够验证 TLS 证书是否合法,客户端需要用它来验证服务器端出具的证书,那么如何将其交给核心 API Server 呢?答案会在第 6 步中揭晓。

```
#代码 9-41
#kubernetescode-aaserver/config/deploy/5-aggregated-apiserver.yaml
apiVersion: v1
kind: Secret
type: kubernetes.io/tls
metadata:
    name: kubernetescode-aapiserver-srt
    namespace: kubernetescode-aapiserver
    labels:
        api: kubernetescode-aapiserver
        apiserver: "true"
data:
    tls.crt: LS0tLS1CRUdJTiBDRVJUSUZJQ0FURS0tL......
    tls.key: LS0tLS1CRUdJTiBFQyBQUklWQVRFIEtF......
```

最后定义如下 Service 实例来在集群内暴露聚合 Server。注意 Service 名字与上述 TLS 证书之间有关系：TLS 证书的签发对象(也就是证书中的 CN 属性)需要与这个服务名相合，证书的 CN 格式需要符合<Service 名>.<Service 所在命名空间>.svc，对于示例服务其值为 kubernetescode-aapiserver-service.kubernetescode-aapiserver.svc。

```
#代码 9-42
#kubernetescode-aaserver/config/deploy/5-aggregated-apiserver.yaml
apiVersion: v1
kind: Service
metadata:
    name: kubernetescode-aapiserver-service
    namespace: kubernetescode-aapiserver
    labels:
        api: kubernetescode-aapiserver
        apiserver: "true"
spec:
    ports:
    - port: 443
        protocol: TCP
        targetPort: 443
    selector:
        api: kubernetescode-aapiserver
        apiserver: "true"
```

6. 向控制面注册 API 组版本

如果运行如图 9-8 所示的命令，系统则会打印当前集群所具有的所有 APIService 实例，每个实例的名字模式为<版本>.<API 组>。如果一个 API 组下有多个版本，则会有多个 APIService 实例。

APIService 在控制面上起着非常重要的作用，它为控制面屏蔽了 API 的实际提供者，无论一个 API 是由核心 API Server 内置的，还是由聚合 Server 提供的，API Server 都会以

APIService 中记录的信息为依据寻找其提供者。

```
jackyzhang@ThinkPad:                          $ kubectl get apiservices
NAME                                   SERVICE                                       AVAILABLE
v1.                                    Local                                         True
v1.admissionregistration.k8s.io        Local                                         True
v1.apiextensions.k8s.io                Local                                         True
v1.apps                                Local                                         True
v1.authentication.k8s.io               Local                                         True
v1.authorization.k8s.io                Local                                         True
v1.autoscaling                         Local                                         True
v1.batch                               Local                                         True
v1.certificates.k8s.io                 Local                                         True
v1.cicd.autobusi.com                   cicd-apiserver/cicd-apiserver-service         True
v1.coordination.k8s.io                 Local                                         True
v1.discovery.k8s.io                    Local                                         True
v1.events.k8s.io                       Local                                         True
v1.networking.k8s.io                   Local                                         True
v1.node.k8s.io                         Local                                         True
v1.policy                              Local                                         True
v1.rbac.authorization.k8s.io           Local                                         True
v1.scheduling.k8s.io                   Local                                         True
v1.stable.example.com                  Local                                         True
v1.storage.k8s.io                      Local                                         True
v1alpha1.cicd.autobusi.com             cicd-apiserver/cicd-apiserver-service         True
```

图 9-8 查询所有 APIService 实例

对于示例聚合 Server 来讲，它只提供了一个组（provision.mydomain.com）和一个版本（v1alpha1），那么只需创建如下 APIService：

```yaml
#代码 9-43 kubernetescode-aaserver/config/deploy/6-apiservice.yaml
apiVersion: apiregistration.k8s.io/v1
kind: APIService
metadata:
    name: v1alpha1.provision.mydomain.com
    labels:
        api: kubernetescode-aapiserver
        apiserver: "true"
spec:
    version: v1alpha1
    group: provision.mydomain.com
    groupPriorityMinimum: 2000
    service:
        name: kubernetescode-aapiserver-service
        namespace: kubernetescode-aapiserver
    versionPriority: 10
    insecureSkipTLSVerify: true
    caBundle: LS0tLS1CRUdJTiBDRVJUSUZJQ0FURS0tLS0tCk1JSURDREND......
```

值得注意的是，spec.caBundle 这一属性，它给出的是一个 CA Bundle 进行 Base64 编码后的字符串，它就是前文提及的 TLS CA。核心 API Server 通过 APIService 实例上的 spec.caBundle 来找到验签聚合 Server TLS 证书的 CA Bundle。

7. 向集群提交资源定义文件

现在完成了部署所用资源的定义工作，接下来只需逐一向集群提交上述资源定义文件，就可完成示例聚合 Server 的部署。注意，由于资源之间的相互依赖关系，最好按上述步骤的顺序进行提交[①]，在示例工程中笔者已经把各个资源文件按序号编排好了，以下是提交命令。

```
$ cd <工程主目录>/config/deploy
$ kubectl apply -f 1-ns.yaml
$ kubectl apply -f 2-sa.yaml
$ kubectl apply -f 3-clusterrole-and-binding.yaml
$ kubectl apply -f 4-etcd.yaml
$ kubectl apply -f 5-aggregated-apiserver.yaml
$ kubectl apply -f 6-apiservice.yaml
```

待系统初始化完毕后，通过以下命令可以查看 provision.mydomain.com 这个 API 组内的资源：

```
$ kubectl get --raw /apis/provision.mydomain.com/v1alpha1 | jq
```

系统将以 JSON 格式输出资源信息。

8. 测试

这一步将用 3 个用例来对刚刚部署好的聚合 Server 进行测试。

1）创建 ProvisionRequest

本测试用例创建本章目标节所给出的那个 ProvisionRequest 资源，它的内容已被放入 config/test/company1.yaml 文件中。将其提交到集群并查询创建结果：

```
$ cd <工程主目录>/config/test
$ kubectl apply -f .
$ kubectl describe provisionrequests
```

上述第 2 条命令会在 default 命名空间中创建一个名为 pr-for-company-abc 的 ProvisionRequest 实例；最后一条命令会输出刚刚创建出的目前唯一的 ProvisionRequest 实例，如图 9-9 所示。

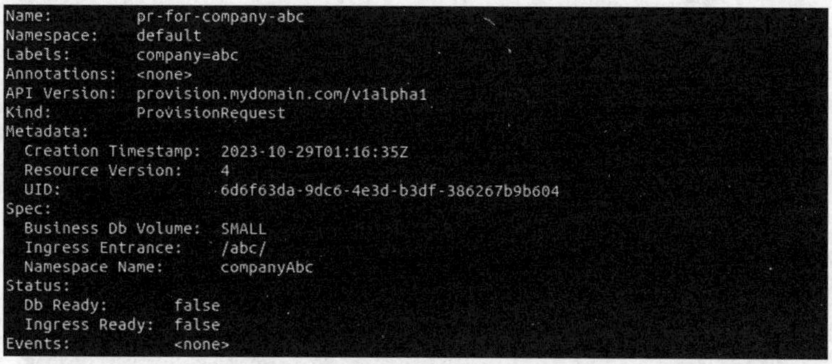

```
Name:         pr-for-company-abc
Namespace:    default
Labels:       company=abc
Annotations:  <none>
API Version:  provision.mydomain.com/v1alpha1
Kind:         ProvisionRequest
Metadata:
  Creation Timestamp:  2023-10-29T01:16:35Z
  Resource Version:    4
  UID:                 6d6f63da-9dc6-4e3d-b3df-386267b9b604
Spec:
  Business Db Volume:  SMALL
  Ingress Entrance:    /abc/
  Namespace Name:      companyAbc
Status:
  Db Ready:       false
  Ingress Ready:  false
Events:           <none>
```

图 9-9 查询 ProvisionRequest 实例

① 不按顺序提交会出现暂时的错误，如连接不上 ETCD，随着被依赖资源的就位，错误会消失。

2）检验命名空间非空

资源创建和修改时代码会检测是否有 ProvisionRequest 的 namespaceName，如果没有，则通不过验证。创建如下资源定义文件来测试该场景：

```
#代码 9-44
#kubernetescode-aaserver/config/test/customer2-no-namespace.yaml
#保存验证中会校验 namespaceName 属性必有，否则失败
    ---
    apiVersion: provision.mydomain.com/v1alpha1
    kind: ProvisionRequest
    metadata:
        name: pr-for-company-bcd
        labels:
            company: abc
    spec:
        ingressEntrance: /bcd/
        businessDbVolume: BIG
        #namespaceName: companybcd
```

注意：由于上述文件中注释掉了最后一行，所以没有给出命名空间。通过如下命令提交后会得到系统拒绝的反馈。这与预期完全一致：

```
$ cd <工程主目录>/config/test
$ kubectl apply -f customer2-no-namespace.yaml

The ProvisionRequest "pr-for-company-bcd" is invalid: spec[namespaceName]:
Required value: namespace name is required
```

3）验证准入控制

在准入控制中要求一个客户只有一个 ProvisionRequest 实例存在于系统中，拒绝更多的创建申请，用如下用例进行测试：

```
#代码 9-45
#kubernetescode-aaserver/config/test/customer3-multiple-pr-error.yaml
#准入控制中限制一个 company 只能有一个 PR
#那第 1 个 PR 会提交成功，第 2 个会失败
    apiVersion: provision.mydomain.com/v1alpha1
    kind: ProvisionRequest
    metadata:
        name: pr-for-company-def
        labels:
            company: def
    spec:
        ingressEntrance: def
        businessDbVolume: SMALL
        namespaceName: companydef
    ---
```

```
apiVersion: provision.mydomain.com/v1alpha1
kind: ProvisionRequest
metadata:
    name: pr-for-company-def2
    labels:
        company: def
spec:
    ingressEntrance: def
    businessDbVolume: BIG
    namespaceName: companydef
```

它的执行结果如下：

```
$ cd <工程主目录>/config/test
$ kubectl apply -f customer3-multiple-pr-error.yaml

provisionrequest.provision.mydomain.com/pr-for-company-def created

Error from server (Forbidden): error when creating
"customer3-multiple-pr-error.yaml":
provisionrequests.provision.mydomain.com "pr-for-company-def2" is
forbidden: the company already has provision request
```

第 1 个 PR 被成功创建，而第 2 个则被系统解决掉了。

经过以上简单测试得出结论，示例聚合 Server 支持了 ProvisionRequest API，实现了对 API 实例的各项校验，聚合 Server 代码编写和部署完毕。

9.3 相关控制器的开发

ProvisionRequest API 资源已经可以在集群中创建出来，目前仅此而已，还不会有期望的命名空间及其内的数据库实例的创建，这些工作需要控制器来完成。第二篇源码阅读过程中我们看到了控制器的两种运行方式：

(1) 运行于 API Server 应用程序内部，例如扩展 Server 中的发现控制器。这类控制器的编写方法与后一种完全一致，所不同的只是在用 client-go 代码库连接 API Server 时所使用的连接地址指向本地。

(2) 运行于控制器管理器应用程序内部，例如 Deployment 的控制器。这类控制器的代码会被编译到控制器管理器中，随着管理器的运行而运行，并服从管理器对其进行的生命周期管理。由于不与 API Server 程序处于同一进程，所以独立性更好，即使控制器失败了也不会影响到 API Server 的稳定性。

聚合 Server 的开发者也一定会为自建 API 开发配套的控制器，一般采取专做一个应用程序运行在单独进程中的方式，这很类似第 2 种，但如果只是演示控制器的开发，则大可不必如此兴师动众。本章将采用第1种方式构建示例聚合Server的配套控制器,这既简化了开发和部署的过程,又没有遗漏开发要点。

9.3.1 设计

示例聚合Server提供了唯一资源provisionrequests,为它配备的控制器将起到的作用是当有新的ProvisionRequest实例被创建出后:

(1) 以实例中namespaceName属性值为名,创建一个命名空间。

(2) 在上述命名空间中创建一个Deployment,以便运行MySQL容器。

(3) 更新实例的status属性,以反映DB的创建结果。

下面运用从源码中学习到的控制器开发模式来开发它。需要声明,示例工程的目的并非开发一个逻辑严谨的应用程序,只单纯地演示控制器的开发过程。

示例控制器的主要元素和工作过程如图9-10所示。在创建控制器时,聚合Server利用Informer观测ProvisionRequest的实例创建。通过调用被给予的回调函数,Informer将新实例的key放入工作队列。控制器的Run()方法作为接口方法供Server调用,用于Server启动后启动控制器。Run()方法会创建一个工作队列和一组控制循环,每个控制循环的内部都在运行着同样的3种方法:runWorker()、processNextWorkItem()和sync(),其中sync()包含核心逻辑。

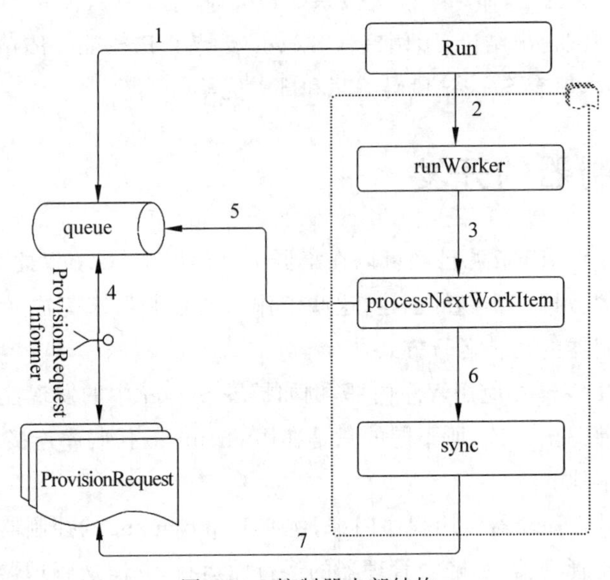

图9-10 控制器内部结构

9.3.2 实现

控制器的底座是Controller结构体,定义见代码9-46。它保有的ClientSetcoreAPIClient

和 prClient分别用于操作核心 Server 提供的 API 实例和操作聚合 Server 提供的 ProvisionRequest API 实例。prLister 属性值将来自监听 ProvisionRequest 实例创建的 Informer。Informer 会由聚合 Server 创建和启动,prSynced 代表 Informer 是否完成了从聚合 Server 到本地的信息同步,只有完成后 prLister 才可以使用。

```
//代码 9-46 kubernetescode-aaserver/pkg/controller/provision_controller.go
type Controller struct {
    coreAPIClient clientset.Interface
    prClient      prclientset.Interface

    prLister prlist.ProvisionRequestLister
    prSynced cache.InformerSynced

    queue       workqueue.RateLimitingInterface
    syncHandler func(ctx context.Context, key string) error
}
```

queue 和 syncHandler 属性在讲解控制器时重复看到,其在本工程中的意义不变。

由于控制器的构造过程稍微复杂,所以示例工程编写一个工厂函数封装该过程,供聚合 Server 使用,其函数签名有 3 个入参,分别对应上述 Controller 结构体的两个 ClientSet 和一个 Lister 属性。

```
//代码 9-47 kubernetescode-aaserver/pkg/controller/provision_controller.go
func NewProvisionController(prClient prclientset.Interface,
            prInfo prInformer.ProvisionRequestInformer,
            coreAPIClient clientset.Interface) *Controller {

    c := &Controller{
            coreAPIClient: coreAPIClient,
            prClient:      prClient,
            prLister:      prInfo.Lister(),
            prSynced:      prInfo.Informer().HasSynced,

            queue: workqueue.NewNamedRateLimitingQueue(
                workqueue.DefaultControllerRateLimiter(),
                "provisionrequest"),
    }
    c.syncHandler = c.sync                          //要点②
    prInfo.Informer().AddEventHandler(cache.ResourceEventHandlerFuncs{
        //创建发生时
        AddFunc: func(obj interface{}) {            //要点①
            klog.Info("New Provision Request is found")
            cast := obj.(*v1alpha1.ProvisionRequest)
            key, err := cache.MetaNamespaceKeyFunc(cast)
```

```
                if err != nil {
                    klog.ErrorS(err, "Failed when extracting …")
                    return
                }
                c.queue.Add(key)
            },
        })
        return c
    }
```

代码 9-47 要点①处向 Informer 注册创建事件的监听函数,把每个新创建的 ProvisionRequest 实例的 key 都放入工作队列中。示例中不再监听其他 API 的其他事件,但一个生产级别的控制器往往需要监听多种 API 实例的多种变化。要点②处将 Controller 结构体的 sync 方法设为控制循环主逻辑,这也是常规操作。

注意:针对同一个 ProvisionRequest 实例,由于 sync()方法可能被重复执行,所以代码逻辑要针对重要操作进行必要性检查。Sync()重复处理一个实例的原因是前一次处理中途出现了失败现象。

sync()中完成了控制器的三大工作。它首先通过 key 获取新创建的 ProvisionRequest,放入代码 9-48 中的变量 pr,然后完成第 1 个需求:命名空间的创建。如代码 9-48 所示。

```
//代码 9-48 kubernetescode-aaserver/pkg/controller/provision_controller.go

custNameSpaceName := pr.Spec.NamespaceName
_, err = c.coreAPIClient.CoreV1().Namespaces().Get(
        ctx, custNameSpaceName, metav1.GetOptions{})                //要点①
if errors.IsNotFound(err) {
    custNameSpace := v1.Namespace{                                  //要点②
        TypeMeta: metav1.TypeMeta{APIVersion: "v1", Kind: "Namespace"},
        ObjectMeta: metav1.ObjectMeta{
            UID:        uuid.NewUUID(),
            Name:       custNameSpaceName,
            Annotations: make(map[string]string),
        },
        Spec: v1.NamespaceSpec{},
    }
    _, err = c.coreAPIClient.CoreV1().Namespaces().Create(
                ctx, &custNameSpace, metav1.CreateOptions{})      //要点③
    if err != nil {
        return &errors.StatusError{
            ErrStatus: metav1.Status{
                Status:  "Failure",
                Message: "fail to create customer namespace",
        }}
    }
}
```

命名空间由核心 Server 管理,控制器需要通过 coreAPIClient 来执行读取和创建工作,其创建流程比较有代表性：

（1）首先在进行创建前应该做必要性检查，如果已经创建过就跳过本过程，代码为要点①。

（2）然后制作目标 API 的实例，对命名空间来讲就是 v1.Namespace 结构体，见代码要点②。

（3）最后通过 client set 执行操作，见代码要点③。

sync()的第 2 项工作是在该命名空间内创建 Deployment 来运行 MySQL 容器。由于该过程与创建命名空间是一致的，所以不再赘述其细节，代码 9-49 给出了相关代码。需要注意的是：由于 pr.Status.DbReady 属性代表 Deployment 是否已经存在，所以可以通过检查它来判断是否需要进行新建。通过 API 实例的 Status 来获知系统当前状态也是控制器的主流做法。

```
//代码 9-49 kubernetescode-aaserver/pkg/controller/provision_controller.go
if !pr.Status.DbReady {
    var replicas int32 = 1
    selector := map[string]string{}
    selector["type"] = "provisioinrequest"
    selector["company"] = pr.Labels["company"]

    d := apps.Deployment{
        …
    }
    _, err = c.coreAPIClient.AppsV1().Deployments(custNameSpaceName).
            Get(ctx, d.Name, metav1.GetOptions{})
    if errors.IsNotFound(err) {
        _, err = c.coreAPIClient.AppsV1().Deployments(custNameSpaceName).
            Create(ctx, &d, metav1.CreateOptions{})
        if err != nil {
            klog.ErrorS(err, "Failed when creating DB dep …")
            return err
        }
    } else if err != nil {
        return &errors.StatusError{ErrStatus: metav1.Status{
            Status:  "Failure",
            Message: "fail to read DB deployment",
        }}
    }
}
```

第 3 项工作是更新 ProvisionRequest 实例的 Status，从而记录现实状态，代码 9-50 展示了相关内容。注意要点①处变量 pr2，它是用 pr.DeepCopy()对 pr 进行深复制的结果。状态变化是放入 pr2 后交给 ClientSet 去向数据库更新的。为何不直接在 pr 上进行状态改变并进行更新呢？pr 来自 Informer，它应该被视为只读，在编写控制器逻辑时要留意。

```
//代码 9-50 kubernetescode-aaserver/pkg/controller/provision_controller.go
pr2.Status.IngressReady = true //要点①
pr2.Status.DbReady = true
pr2.Kind = "ProvisionRequest"
_, err = c.prClient.ProvisionV1alpha1().ProvisionRequests(pr2.Namespace).
        UpdateStatus(context.TODO(), pr2, metav1.UpdateOptions{})
if err != nil {
    klog.ErrorS(err, "Fail to update request status")
    return &errors.StatusError{ErrStatus: metav1.Status{
        Status:  "Failure",
        Message: "fail to update provision request status",
    }}
}
```

sync()方法实现完毕。控制器开发的最后一项工作是调整聚合 Server 的服务账号的权限。由于控制器中操作了 ProvisionRequest、命名空间和 Deployment 共 3 种 Kubernetes API,所以需要给服务账号赋予相应的权限,代码 9-51 要点①开始做这些设置。

```
#代码 9-51
#kubernetescode-aaserver/config/deploy/3-clusterrole-and-binding.yaml

apiVersion: rbac.authorization.k8s.io/v1
kind: ClusterRole
metadata:
    name: aapiserver-clusterrole
rules:
    …
    - apiGroups: [""]  #要点①
      resources: ["namespaces"]
      verbs: ["get","watch","list","create","update","delete","patch"]
    - apiGroups: ["apps"]
      resources: ["deployments"]
      verbs: ["get","watch","list","create","delete","update","patch"]
    - apiGroups: ["provision.mydomain.com"]
      resources: ["provisionrequests","provisionrequests/status"]
      verbs: ["get","watch","list","create", "update","patch"]
   …
```

9.3.3 如何启动

示例控制器和聚合 Server 同处于一个可执行程序,期望它伴随 Server 启动。这需要增强聚合 Server 的工厂函数 NewServer(),加入控制器的创建。本节代码均在 NewServer()方法中。

首先需要创建出控制器实例。控制器实例的创建可以通过代码 9-47 中定义的工厂函数 NewProvisionController()来完成,但它有 3 个入参需要提前准备:核心 API 的 ClientSet、聚合

Server API (ProvisionRequest)的 Client Set 和 ProvisionRequest 的 Informer。

创建核心 API Client Set 的中心问题是如何得到核心 API Server 的连接信息，其实每个 Pod 在被创建时都被赋予了这一信息，Pod 中的应用程序可以方便地获取。对于使用核心 API 的 client-go 库[①]的 Go 程序来讲这一过程更加简单，只需调用 client-go 提供的 InClusterConfig()函数。获取 ProvisionRequest 的 Client Set 的中心问题同样是得到 Server 的连接信息，但这次是聚合 Server 的，而控制器和聚合 Server 同处一个应用程序，Generic Server 的 LoopbackClientConfig 属性正是指向本地的连接信息。如此一来，创建两个 Client Set 易如反掌，代码 9-52 要点①与要点②展示了两个 ClientSet 的创建。

```
//代码 9-52 kubernetescode-aaserver/pkg/apiserver/apiserver.go
config, err := clientgorest.InClusterConfig()
if err != nil {
    //fallback to kubeconfig
    kubeconfig := filepath.Join("~", ".kube", "config")
    if envvar := os.Getenv("KUBECONFIG"); len(envvar) > 0 {
        kubeconfig = envvar
    }
    config, err = clientcmd.BuildConfigFromFlags("", kubeconfig)
    if err != nil {
        klog.ErrorS(err, "The kubeconfig cannot be loaded: %v\n")
        panic(err)
    }
}
coreAPIClientset, err := kubernetes.NewForConfig(config)        //要点①

client, err := prclientset.NewForConfig(
                    genericServer.LoopbackClientConfig)      //要点②
if err != nil {
    klog.Error("Can't create client set for provision …")
}
```

ProvisionRequest 的 Informer 创建没有难度，示例工程的代码生成步骤已经在 pkg/generated/informers 下生成了 Informer 的基础设置，只需调用创建就好了。这样创建控制器的 3 个入参都已具备，可以调用工厂函数创建它了，代码 9-53 展示了这部分内容。

```
//代码 9-53 kubernetescode-aaserver/pkg/apiserver/apiserver.go
prInformerFactory := prinformerfactory.NewSharedInformerFactory(client, 0)
controller := prcontroller.NewProvisionController(
    client,
    prInformerFactory.Provision().V1alpha1().ProvisionRequests(),
    coreAPIClientset
)
```

① 该库是对核心 API 进行代码生成的结果。

最后需要启动控制器和 ProvisionRequest 的 Informer 实例。Informer 实例启动后才会不断地监控目标 API 的实例变化并调用回调函数。这两者的启动都作为聚合 Server 启动后的钩子函数去执行,代码 9-54 是这两个钩子。

```
//代码 9-54 kubernetescode-aaserver/pkg/apiserver/apiserver.go
genericServer.AddPostStartHookOrDie("aapiserver-controller",
    func(ctx gserver.PostStartHookContext) error {
        ctxpr := wait.ContextForChannel(ctx.StopCh)
        go func() {
            controller.Run(ctxpr, 2)
        }()
        return nil
    })
genericServer.AddPostStartHookOrDie("aapiserver-informer",
    func(context gserver.PostStartHookContext) error {
        prInformerFactory.Start(context.StopCh)
        return nil
    })
return server, nil
```

9.3.4 测试

本节复用部署测试时所使用的资源定义文件来测试控制器的执行,该文件中定义了唯一的一个 ProvisionRequest,提交后聚合 Server 会创建该资源,期望新加入的控制器会为该资源创建一个名为 companyabc 的命名空间,并在其中创建并运行 MySQL 的 Deployment,然后将该 ProvisionRequest 实例的 status 状态信息设置好。

```
#代码 9-55 kubernetescode-aaserver/config/test/customer1.yaml
  apiVersion: provision.mydomain.com/v1alpha1
  kind: ProvisionRequest
  metadata:
    name: pr-for-company-abc2
    labels:
      company: abc
  spec:
    ingressEntrance: /abc/
    businessDbVolume: SMALL
    namespaceName: companyabc
```

控制器作用后的结果如图 9-11 和图 9-12 所示,期望结果均实现,控制器的开发成功完成。

```
jackyzhang@ThinkPad:~/go/src/github.com/kubernetescode-aaserver/config/test$ kubectl apply -f customer1.yaml
provisionrequest.provision.mydomain.com/pr-for-company-abc2 created
jackyzhang@ThinkPad:~/go/src/github.com/kubernetescode-aaserver/config/test$ kubectl describe pr
Name:         pr-for-company-abc2
Namespace:    default
Labels:       company=abc
Annotations:  <none>
API Version:  provision.mydomain.com/v1alpha1
Kind:         ProvisionRequest
Metadata:
  Creation Timestamp:  2023-11-02T03:31:50Z
  Resource Version:    428
  UID:                 de875696-c429-4d3c-8b0f-0077b1f03e7f
Spec:
  Business Db Volume:  SMALL
  Ingress Entrance:    /abc/
  Namespace Name:      companyabc
Status:
  Db Ready:       true
  Ingress Ready:  true
Events:           <none>
```

图 9-11　创建的 ProvisionRequest

```
jackyzhang@ThinkPad:~/go/src/github.com/kubernetescode-aaserver/config/test$ kubectl get ns
NAME                          STATUS   AGE
cicd-apiserver                Active   16d
companyabc                    Active   16h
companydef                    Active   16h
default                       Active   67d
jacky                         Active   67d
kube-node-lease               Active   67d
kube-public                   Active   67d
kube-system                   Active   67d
kubernetes-dashboard          Active   67d
kubernetescode-aapiserver     Active   4d14h
jackyzhang@ThinkPad:~/go/src/github.com/kubernetescode-aaserver/config/test$ kubectl get deployment -n companyabc
NAME      READY   UP-TO-DATE   AVAILABLE   AGE
cust-db   1/1     1            1           16h
```

图 9-12　创建的命名空间和 Deployment

9.4　本章小结

本章效仿 API Server 子 Server 的构建方式，利用 Generic Server 提供的基础设施构建出了一个聚合 Server。整个聚合 Server 包含两部分，即 Server 本身和控制器。前者负责支持 API 实例的增、删、改、查，后者落实 API 实例所包含的需求。从工程的创建开始，本章展示了编写聚合 Server 的主要过程。在支持 API 增、删、改、查方面包括定义 API、添加代码标签来生成代码、注册表填充、编写准入控制和构造 Web Server 这些步骤；在控制器编写方面则涵盖了入手阶段的设计，进而进行实现和测试。本章向读者展示了一个聚合 Server 的完整创建过程，可作为读者工作中实战的指引。

后续章节会介绍如何借助工具快速创建聚合 Server 来扩展 API Server，与那种方法相比，本章介绍的方式稍显低效，但不可忽视的是这里的方法展现出更多的技术细节，把 Server 的工作方式完全暴露，也提供了更灵活的技术可能性。这种开放性在需要深度定制聚合 Server 时非常关键。与此同时，使用这种方式的过程就是加深理解 Kubernetes API Server 的过程，相信读者在阅读示例工程代码时会不时有“原来如此”的感叹。

软件开发是一门动手的科学，学习原理不能脱离源码。本章示例工程公开在笔者的 GitHub 代码库中，名为 kubernetescode-aapiserver。该代码库包含了多个分支，每个分支代表构建过程的一个阶段，读者在阅读本书时可对照参阅，达到事半功倍的效果。同时主分支的源代码会包含在随书代码中供读者扫码下载。

第10章 API Server Builder 与 Kubebuilder

一个生态的蓬勃发展离不开灵活的扩展能力和经济简洁的扩展方式，这方面越强越能吸引大小厂商的关注。Kubernetes API Server 的扩展点已经比较丰富，可扩展的方面很多，在支持扩展的工具方面 Kubernetes 社区也投入了很大力量，已经开发出了不少工具，例如开发 CRD、控制器与准入控制 Webhook 的 Kubebuilder；制作 Operator 的 Operator-SDK，以及开发聚合 Server 的 API Server Builder 等。

本章将重点介绍 API Server Builder 和 Kubebuilder 这两款工具。它们是由 Kubernetes 官方提供的，功能强大且权威。

10.1 controller-runtime

在第二篇中，读者不仅看到了内置控制器，也看到了如何写自己的控制器，不难得出如下结论：控制器代码的核心逻辑完全包含在控制循环所调用的一个名为 sync()的方法[①]中，其他部分均是程式化的，各个控制器之间可保持不变。controller-runtime 项目正是以这一点为突破口，将程式化的部分交给库，让开发者专注在 sync()中的业务逻辑。

controller-runtime 开发了一组工具库(Library)来加速控制器的开发，开发者使用工具库实现非业务逻辑部分，并把业务逻辑部分实现为指定的 Go 类型和方法即可。controller-runtime 由 Kubernetes apimachinery SIG 主导，是 Kubebuilder 项目的子项目，它是 Kubebuilder 和 API Server Builder 的基础。

10.1.1 核心概念

controller-runtime 对控制器的构成元素进行抽象，形成了一些概念，在它们的基础上对控制器职责进行划分，哪些由框架提供，哪些由开发人员负责界定得很清晰。进一步地，controller-runtime 将这些概念落实到 Go 结构体和接口上，提供开发框架去实现控制器代码的固定部分和工具对象，而将与业务相关的部分留给使用者。

① 技术上名字任意，只是常用 sync。

1. Client

Client是一个工具对象。Client的作用是与API Server对接，操作API实例，既可以读，也可以改。由于Client与API Server之间不存在缓存机制，所以量大时效率稍低，在进行大批量读写时要考虑这个因素；无缓存的好处也比较明显，更改实例时最新信息会实时进入API Server而不会有延迟。Client由controller-runtime库中的client.Client结构体代表，其实例可由该包下的工厂函数创建。

2. Cache

Cache也是一个工具对象。上述Client在读大量数据时劣势明显，读者可能立刻想到了client-go所提供的Informer，controller-runtime可以利用Informer来优化读取吗？这正是引入Cache的初衷，它内部封装了Informer。Cache由controller-runtime中的cache.Cache接口代表，实例可由该包下的工厂函数创建。可以在Cache上注册事件监听回调函数来响应cache的更新。

3. Manager

非常重要的角色，全局管理目标控制器、Webhook等，同时也服务于它们，为其提供client、cache、scheme等工具。控制器的启动需要通过Manager的Start()方法进行。Manager由manager包下的Manager接口代表，可由该包下的工厂函数New()创建。

4. Controller

Controller是controller-runtime对控制器的抽象，由controller-runtime中controller包下的Controller接口代表。一般来讲，一个控制器针对某个Kubernetes API，监控它的创建、删除和修改，发生时将相关API实例入队列，在下一个调协过程中保证将这些实例中的Spec描述落实到系统中。Controller封装了这一过程中除落实Spec之外的所有部分。Controller依赖其他对象运作，主要有reconcile.Request对象和reconcile.Reconciler对象，前者实际代表目标API发生了增、删、改，后者是对业务逻辑的抽象，是开发者着重开发的内容。

5. Reconciler

控制器的业务逻辑被抽象为Reconciler对象，类型为reconclile.Reconciler接口。Reconciler将把API实例的Spec所描述的需求落实到系统中，是魔法发生的地方。有了它，Controller的工作重心变为关注其工作队列中有无条目，如果有，则只需启动一次Reconciler。controller-runtime期望将开发人员从程式化部分的开发中解放出来，完全聚焦到Reconciler的实现上。

关于Reconciler有一些约定。一般来讲，一个Reconciler只针对一个API，不同API的调协工作由不同的Reconciler负责。如果期望从不同API触发某个API对应的Reconciler，则需要提供二者之间的映射。另外，Reconciler这个接口只关心“发生了变化”而不关心“发生了什么变化”，也就是说，无论是API实例的创建、修改还是删除，Reconciler的调协工作都一样：首先检查系统现实状态，然后进行调整，从而使它贴近Spec所要求的状态。

6. Source

另一个重要的概念是 Source,这是被 Controller 监控的事件源,它将观测目标的增、删、改形成事件,发送给 Controller。Source 是 Controller.Watch()方法的重要入参,Watch()方法会接收 Source 发来的事件,然后启动 handler.EventHandler 进行响应。Source 由 source 包下的 Source 接口代表。

7. EventHandler

当 Source 发来事件时,handler.EventHandler 被启动,以便去处理,所谓处理并不是进行调协,那是 Reconciler 的工作,而是将事件中的信息抽取出来,从而形成 Request 对象,放入控制器的工作队列,等待控制循环启动 Reconciler 来针对 Request 调协。EventHandler:

(1) 所生成的 Request 既可以针对触发事件的那个 API 实例,也可以针对另外一个 API 实例。例如一个由 Pod 触发的事件生成一个针对拥有它的 ReplicaSet 的 Request。

(2) 可以生成多个针对相同或不同 API 的 Request。

EventHandler 是 Controller.Watch()方法的第 2 个重要入参。

8. Predicate

Controller.Watch()方法的最后一个入参是 Predicate,它会对 Source 发来的事件进行过滤。

9. Webhook

准入控制的 Webhook 机制第 5 章已经介绍过,在目标 API 发生增、删、改存入 ETCD 前修改和校验将要保存的 API 实例或 CRD 实例信息。controller-runtime 用 webhook.admission 包中定义的 Webhook 来抽象一个准入控制器。回顾一下 Webhook 的工作机制:当目标 API 发生增、删、改时,API Server 将一个 AdmissionReview 实例发给 Webhook,Webhook 是一个独立的应用程序,它立即处理 AdmissionReview 并把结果写回它,于是 API Server 获得了结果。

controller-runtime 中的一个 Webhook 代表准入控制中的动态准入控制器,它运行在一个 Web 应用程序中随时准备处理增、删、改对应的 AdmissionReview。由于 Webhook 运行于单独 Web 应用程序,这就需要一个底层 Web Server 去承载,controller-runtime 提供了这部分能力。

注意: *严格地说准入控制 Webhook 和控制器没多大关系,把它包含在 controller-runtime 中略显牵强。*

10.1.2 工作机制

基于以上定义出的概念,controller-runtime 对控制器的运作模式进行抽象描述,如图 10-1 所示。从开发者的视角看,由于有了 Manager,开发者只需提供必要的参数,Manager 便可接手创建和管理控制器实例的全部事项,它解放了开发者,让他们转而专注在 Reconciler 的开发上。

下面以 ReplicaSet(简称 RS)的控制器来举例说明图 10-1 所示概念间的协作模式——

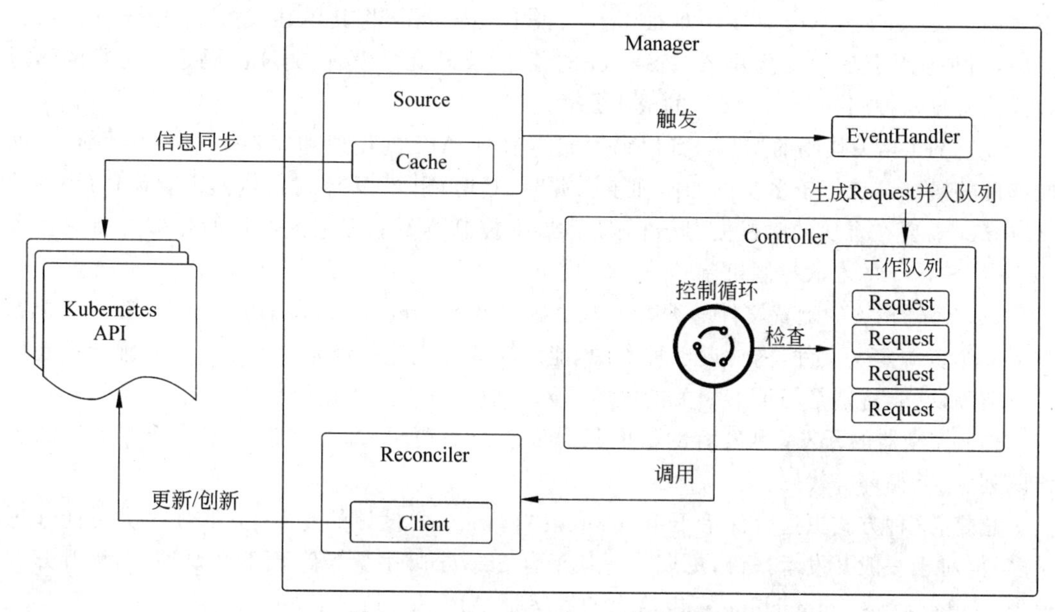

图 10-1　controller-runtime 概念关系

注意 Kubernetes 控制器管理器在构建 ReplicaSet 控制器时并没有使用 controller-runtime。

假设系统中针对 ReplicaSet 这个 API 运行着一个基于 controller-runtime 构建的控制器，它由 Manager 所创建和管理，为了运行该控制器，Manager 也会创建并配置辅助资源，例如 Source、EventHandler 对象等。该控制器的触发与处理过程如下：

(1) 集群中一个 RS API 实例的 spec.replica 参数被更改。

(2) 这一信息会被同步至一个 Cache 对象，该 Cache 隶属于一个 Source 对象。

(3) 该 Source 放在 Cache 对象上的回调函数被触发，进而触发 EventHandler。

(4) EventHandler 将创建针对 RS 的 Request，并放入控制器工作队列。

(5) 控制循环在下一次运行时发现该 Request，调用 Reconciler 处理 Request。

(6) Reconciler 对比目标 RS 实例的 spec.replica 和系统中实际属于该 RS 的副本数，然后通过 Client 对象操作 Pod：多则删，少则建。

可见，controller-runtime 为构建控制器带来的便利是显而易见的，也就不难理解为何 API Server Builder、Kubebuilder 都用其作为控制器构建基础。

10.2　API Server Builder

读者在第 9 章体验过直接以 Generic Server 为底座构建聚合 Server，一定会同意对于大多数开发者来讲，那是一个细节众多的复杂过程。这一过程有以下困难的步骤。

(1) 理解和正确使用 Generic Server：开发者必须熟悉两个基础框架，即 Generic Server 和 Cobra。由于 Cobra 在 Go 圈子里使用广泛，所以文档完善，花些时间去学习和适应难度不太高。Generic Server 则要困难很多。虽说 Kubernetes 将其单独成库，希望被其他项目复用，但是现状是其只在构建 API Server 时使用，文档几乎没有，阅读源码是更可行的学习方式。可见掌握 Generic Server 的成本是很高的。

(2) API 相关代码的撰写：有代码生成的辅助，API 的创建和完善工作被极大简化，即便如此关键细节依然较多。例如添加子资源时，其增、删、改策略对象依然需要创建；用到的 Informer 需要在合适的时机去启动它；引入准入控制器不能忘记提供初始化器并将它注入 Generic Server 的准入控制机制。

(3) 部署相关的配置文件的编写：为了将聚合 Server 集成进 API Server，第 9 章中编写了 6 个资源定义文件，内含近十种资源，能成功地完成这些资源的编制需要对配置的是什么有清晰认知，特别是与证书相关的内容。对一般开发者来讲这个要求很高。

(4) 控制器的开发：开发者的目的只是实现业务逻辑，却要被迫手工构建控制器的工作队列、控制循环等代码[①]。

总之，这种方式更适合深谙 Kubernetes API Server 设计的专家，灵活性很大可能性也更多，但对于一般开发者来讲，更期待一款聚合 Server 脚手架来隐藏不必要细节，提升开发速度，Kubernetes apimachinery 组给出的答案是 API Server Builder。

10.2.1 概览

API Server Builder 提供了一组封装聚合 Server 通用代码的代码库和一套用于框架生成的脚手架工具。回到构建聚合 Server 的初衷：提供 API，从而描述对系统的需求并构建控制器去落实该 API 的需求。从这个角度去审视上述的各种复杂性，不难看出哪些是必不可少的，哪些又是所有聚合 Server 共有的——共有的就可以集中提供。Builder 所提供的能力恰恰就是让开发人员聚焦在 API 和控制器的开发上，其他部分尽量由脚手架生成，主要包括以下两部分。

(1) 聚合 Server 通用代码库：以 apiserver-runtime 为代表，Builder 将聚合 Server 的通用实现包含在几个代码库中。例如基于 Generic Server 构造一个 Web Server 可执行程序；生成部署用的各种资源文件；引入 controller-runtime 简化控制器开发等。apiserver-runtime 特别针对 API 的构建设计了模式，开发者只需实现接口(apiserver-runtime 库中定义的 Defaulter 接口等)就可以构建自己的 API 了。

(2) 生成框架代码的脚手架：直接基于以上代码库去开发的问题是，开发者还是要熟悉库中众多类型和接口才能正确地使用它们，可不可以用一行命令就生成出所需功能的框架性代码？回想 9.2.1 节创建工程时就曾使用 cobra-cli 命令生成了一个基于 Cobra 框架的命令行程序基本代码，非常高效。API Server Builder 提供了类似的工具——apiserver-boot，它是 Builder 提供的脚手架。例如，向工程中添加一个 API 只需如下命令。

---

① 当然如果开发者能驾驭，controller-runtime 库已经可以很好地提高这方面的效率了。

```
$ apiserver-boot create group version resource --group <组名> --version <版本号> --kind <Kind>
```

10.2.2　Builder 用法

Builder 的目的是简化开发人员创建聚合 Server 的工作，使用方式必须简单。本节介绍其使用步骤，第 11 章会按照这个步骤创建一个聚合 API Server，从而加深理解。

1. 安装

Builder 的 GitHub 主页中给出了一个安装步骤，只需一行命令。

```
$GO111MODULE=on go get \
sigs.k8s.io/apiserver-builder-alpha/cmd/apiserver-boot
```

不过由于 Go 版本的更新和国内访问外网的限制，导致安装过程非常坎坷，甚至会失败，这时可以采用直接编译源代码的方式进行安装，成功概率较高。建议读者先尝试上述 Builder 所建议的安装方式，如果失败，则可转而尝试下面给出的方法。

首先，将项目源码克隆至本地目录$GOPATH/src/sigs.k8s.io 下，然后直接在项目源码根目录下运行 make 命令即可，全部命令如下：

```
$ cd $GOPATH/src/sigs.k8s.io
$ git clone git@github.com:kubernetes-sigs/apiserver-builder-alpha.git
$ make
```

完成后可执行程序 apiserver-boot 已经被生成并被安装到$GOPATH/bin 下。在 Go 环境配置时，该目录已经加入$PATH，所以 Builder 脚手架可以使用了。

还有一种安装方式是先下载应用程序，然后手动安装，可作为兜底安装方式：首先到其 GitHub 项目主页，下载其程序压缩包，然后解压至例如/usr/local/apiserver-builder/目录，最后将该目录加入本机$PATH 环境变量。

2. 工程初始化

在$GOPATH 下创建出工程的根目录后，可以通过下面的命令对其初始化，从而获得一个聚合 Server 的工程：

```
$ apiserver-boot init repo --domain <your-domain>
```

这里<your-domain>需要一个独有的域名，会被用于保证 API 组命名不重复。例如将其设为 mydomain.com，将来在聚合 Server 中创建的组 mygroup 的全限定名将是 mygroup.mydomain.com。

3. 创建 API

上面两步均属于必要的准备工作，下面立即进入核心工作之一的 API 创建和实现。首先需要在工程内引入新 API，在项目的根目录下执行如下命令。

```
$ apiserver-boot create group version resource --group <your-group> --version <your-version> --kind <your-kind>
```

命令执行过程会询问是否同时为该API创建控制器，一般来讲需要为引入的资源创建控制器去实现它的业务逻辑。这样，在工程下会生成实现该API的框架代码。

（1）pkg/apis/<your-group>/<your-version>/<your-kind>_types.go：含API结构体定义等内容。

（2）controllers/<your-group>/<your-kind>_controller.go：内含控制器结构体定义等内容。

注意，版本号（your-version）需要符合Kubernetes制定的命名规范，而对于kind，命名需要使用首字母大写的驼峰式，它还间接地决定了资源名——只需都变小写再变复数形式就可以了，也可以用--resrouce标志来直接给定资源名。

4. 本地测试运行

经过上述步骤，得到了一个API还没有完全实现但可以运行的聚合Server，可在本地运行之。在工程根目录下执行如下命令便可在本地启动和测试这个Server：

```
$ make generate
$ apiserver-boot run local
$ kubectl --kubeconfig kubeconfig api-versions
```

最后一条命令会打印出刚刚添加的API。

5. 完善API

引入API之后，Builder只是生成了基本结构：包含一个与其kind同名的结构体，用于代表API，以及一些常见的接口方法。接下来需要向其中添加具体实现。这些代码的编写工作都是在your-kind_types.go文件中完成的，主要有以下几方面的内容。

1）添加API实例创建与修改的信息校验

还记得第9章示例聚合Server在保存一个ProvisionRequest实例前检查namespaceName是否存在吗？当时通过在CraeteStrategy的接口方法Validate()中加入检查逻辑实现。apiserver-runtime提供了接口resourcestrategy.Validater，API基座结构体可以实现该接口，达到实例创建时进行内容检测的目的；类似的接口还有resourcestrategy.ValidateUpdater接口，通过实现它进行更新时的信息检查。

2）添加API实例默认值设置逻辑

由4.4.1节知识可知，子Server的默认值设置是通过代码生成和在其基础上加入自己逻辑的方式实现的。Builder简化了这一过程：开发者只需让API基座结构体实现resourcestrategy.Defaulter接口，并将默认值在接口方法中设定便可以了。

3）添加子资源

如果引入的API需要Status或Scale两种子资源，则可以通过如下命令创建出相关代码：

```
$ apiserver-boot create subresource --subresource <subresource> --group
<resource-group> --version <resource-version> --kind <resource-kind>
```

其中<subresource>可以是status，也可以是scale。这条命令会创建一个文件pkg/apis/

<group>/<version>/<subresource>_<kind>_types.go，包含子资源的基座结构体定义等；并修改上述主 API 的<your-kind>_types.go 文件。

4）客制化 RESTful 响应

在第二篇源码部分看到，Generic Server 已经提供了对基本 REST 请求的响应机制，增、删、改、查的 RESTful 请求最终被实现了 Getter、Creator、Updater 等接口的对象去响应，apiserver-runtime 库也抽象出了 Getter、Creator 及 Updater 等接口并给生成的 API 做了默认实现。如果希望用自开发的逻辑替代默认的逻辑，则可以让 API 基座结构体实现相应策略接口。apiserver-runtime 会探测一个 API 基座结构体，一旦发现哪个接口被实现，就会将它加入 Generic Server 请求处理方法。

6. 编写控制器

在第 3 步创建 API 时，Builder 会提示是否需要创建控制器，如果回答是，则会创建控制器的框架代码，位于 controllers/<your-group>/<your-kind>_controller.go，其内容完全复用了 controller-runtime 库，它会为开发者定义一个结构体，代表控制器，并让它实现 Reconciler 接口，开发者要做的就是把业务逻辑放入接口方法 Reconciler()，其余都已经生成好了，包括生成部署配置文件，以及向 controller-runtime 的 manager 注册所用代码等。

7. 集群中部署

向集群部署主要包括聚合 Server 镜像的制作和配置所用资源定义文件的编写两大事项，还是比较烦琐的。Builder 将所有这些都囊括于一条命令。

```
$ apiserver-boot run in-cluster --name <servicename> --namespace <namespace
to run in> --image <image to run>
```

在上述命令中还可以用--service-account 指定目标聚合 Server 和核心 Server 交互时所使用的服务账户，否则默认用命名空间下的 default 服务账户。如果觉得这一切太神秘了，则可以将它拆解开来，一步步完成部署。第 1 步是创建镜像并推送到镜像库：

```
$ apiserver-boot build container --image <image>
$ docker push <image>
```

第 2 步生成部署所用的资源定义文件：

```
$ apiserver-boot build config --name <servicename> --namespace <namespace to
run in> --image <image to run> --service-account <your account>
```

这一行命令在 config 目录下生成部署所需要的所有配置文件，甚至包含聚合 Server 提供 HTTPS 之用的 TLS 证书私钥，以及签发它的 CA。最后，将这个聚合 Server 部署到控制面并测试它是否可用：

```
$ kubectl apply -f config/
$ rm -rf ~/.kube/cache/discovery/
$ kubectl api-versions
```

最后一条命令需要等待几秒后再执行，否则聚合 Server 的部署还未完成。

以上就是使用 API Server Builder 创建聚合 Server 的完整过程,相比于第 9 章的手工方式工作量大大减小,但读者可能对许多细节依然有疑惑,第 11 章将用 API Server Builder 实战开发第 9 章的示例聚合 Server,帮助读者勾画其工作原理。

10.3 Kubebuilder

引入客制化 API 扩展 API Server 更简便的方式是通过 CustomResourceDefinition 进行,准确地说是通过 CRD 加控制器的组合来扩展。与使用聚合 Server 相比较,二者在构造控制器方面复杂度相似,但 CRD 提供了不用编码就可引入客制化 API 的手段,如果用聚合 Server 引入,则需要众多编码工作才能达到。这种便捷使 CRD 加控制器的扩展模式大行其道,众多知名的 Kubernetes 周边开源项目或多或少地采用该模式,例如大名鼎鼎的 ISTIO。时至今日,Kubernetes 社区通过对这一模式的进一步规范,形成了 Operator 模式。

Operator 模式中有两个关键元素:Operator 和客制化资源。Operator 是一段程序运行于控制面之外,它根据 API Server 中某一客制化资源来执行逻辑。Operator 利用控制器模式来编写,由于在实践中它的实现方式同一个控制器并无二致,所以默认 Operator 就是一个运行在控制面之外的控制器。另一元素——客制化资源则由 CRD 来定义。Operator 模式最早被应用于运维领域,开发人员希望用程序代替人类去管理线上应用程序,当出现问题时程序按既定策略响应,就像人工所采取的行动一样。

Kubebuilder 为 CRD 加控制器的扩展方式提供了全方位支持,对 Operator 开发的支持也很完善。著名的 Operator-SDK 也是在 Kubebuilder 的基础上利用其插件机制开发出来的。

10.3.1 概览

Kubebuilder 的设计哲学和 API Server Builder 十分类似,这或许是由于后者大量参考了前者思想的原因吧。Kubebuilder 同样对外提供了一个开发脚手架和通用代码库。脚手架体现为以程序 Kubebuilder 为主的一组源码/配置文件生成工具,它们根据用户指令生成代码框架,也可以进行编译部署等;通用代码库就是前文讲的 controller-runtime 库,在 CRD 加控制器的扩展模式中代码主要出现在控制器部分,故 Kubebuilder 项目专门设立了 controller-runtime 子项目来简化控制器开发。controller-runtime 确实优雅地完成了使命,也惠及了其他相关工具。

Kubebuilder 不仅是一个开发工具,还是一个可扩展的平台。它支持以插件的形式扩展自己,甚至形成全新的开发工具。这个插件机制很强大,举个例子,若想让它支持以 Java 为控制器代码框架语言,则可以制作一种语言插件来接入 Builder。

本章侧重将 Kubebuilder 作为开发工具的一面,讲解利用它来开发 Operator 的过程,第 12 章将给出开发示例。

10.3.2 功能

Kubebuilder 期望开发者聚焦业务逻辑：制定 CRD 和编写控制器中的核心逻辑。它的所有工作都是围绕这一目的展开的，下面分别展示 Builder 如何支持这两点。

1. 制定 CRD

逻辑上看，开发人员给出 CRD 的过程如图 10-2 所示。这一过程应是由左向右的：通过编写资源定义文件给出 CRD；客制化 API 结构也就被它刻画出来了；于是客制化 API 在 Go 语言中的基座结构体被确定。也就是说，开发人员只要用文本（例如 YAML）给出 CRD 就好了。

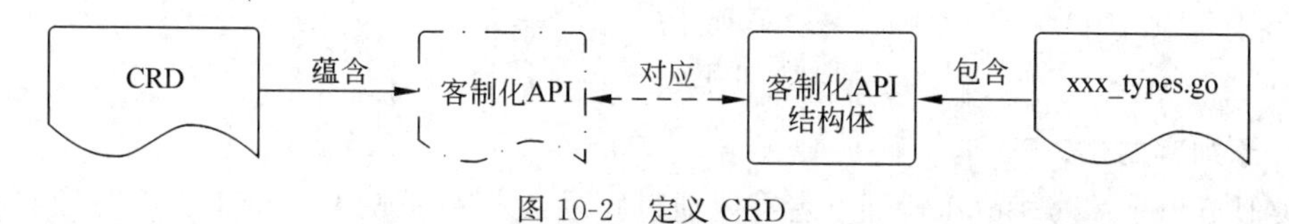

图 10-2 定义 CRD

然而在 Kubebuilder 中，CRD 的制定过程恰恰是反过来的，按照图 10-2 从右向左的顺序：通过脚手架向项目中加入客制化 API（此时 API 只有组、版本等基本信息），源文件 xxx_types.go 被生成，内含空客制化 API 结构体；开发人员按照业务需求完善客制化 API 结构体；自动生成 CRD。也就是说，开发人员的主要工作是完善客制化 API 的基座结构体，即编码工作。

2. 控制器核心业务逻辑

如前所述，controller-runtime 已经将控制器编写过程中的程式化部分抽取出来，直接作为框架代码生成到工程中，开发人员只需实现接口方法 Reconcile，这已经简化到极致了。

10.3.3 开发步骤

无论是 CRD 的制定，还是控制器的编写，均被 Builder 统一为编码工作，并且编码过程像极了在 API Server Builder 中所做的工作，二者对比：

(1) 制定 CRD 相当于 API Server Builder 中开发聚合 Server 的 API。

(2) 编写控制器相当于 API Server Builder 中开发聚合 Server 相关控制器。

两种复杂度差异巨大的工作居然被统一（并均加以简化）为同质化工作，真的让人拍案叫绝。除了这两部分工作，开发人员不必关心其他内容，Kubebuilder 会生成所有配置资源文件（放于 config 目录下）和除上述代码内容外的其他代码，这体现了 Kubebuilder 的强大。

接下来介绍用 Kubebuilder 进行开发的步骤，这里只勾画出基本的轮廓，第 12 章会利用它开发一个 Operator，帮助读者充分理解该过程。

1. 安装

Builder 的安装采用先下载到本地，然后复制到可执行程序目录的方式，两条命令即可实现。注意，需要先在本地安装 Go 环境：

```
$ curl -L -o kubebuilder "https://go.kubebuilder.io/dl/latest/$(go env GOOS)/
$(go env GOARCH)"

$ chmod +x kubebuilder && mv kubebuilder /usr/local/bin/
```

完成后,可以运行 kubebuilder help 命令测试是否成功。

2. 初始化工程

先创建工程根目录,建议创建在$GOPATH/src 目录下,然后执行初始化命令,Builder 会创建工程框架,并包含 xxx_types.go、xxx_controller.go 及 config 下的诸多配置资源文件。

```
$ cd <工程根目录>
$ kubebuilder init --domain <例如 mydomain.com>
```

3. 添加客制化 API

类似 API Server Builder,开发者需要通过脚手架来创建出空的 API,命令参数有多个,基本的信息包括组、版本、Kind:

```
$ kubebuilder create api --group <组名> --version <版本> --kind <类型名>
```

上述命令给定的组名会与工程初始化时指定的 domain 联合构成完整组名,类型名需要首字母大写的驼峰式命名。过程中会提示是否创建资源和控制器,可按需选取,但首个客制化 API 一般选 yes。这条语句执行后有新的文件在工程内被生成,主要有两个。

(1) api/目录下的 3 个文件:xxx_types.go 用于客制化 API 的基座结构体定义等,类似 API Server Builder 时的 xxx_types.go;groupversion_info.go 是包外可见变量的集中定义处,也承担 doc.go 的责任;zz_generated_deepcopy.go 含有代码生成工具根据标签为各种类型生成的深复制方法。

(2) config/crd/目录:这个目录下会生成定义客制化 API 的 CRD,可以通过关注其内容的变化来窥探 Builder 如何把 API 的基座结构体映射到 CRD。

还有些其他次要文件的内容需要调整,此处略过。

4. 完善客制化 API

刚刚添加的客制化资源还不具备任何属性,首先需要根据业务需求定义出这些属性,这需要修改 xxx_types.go 文件中为 Spec 和 Status 定义的结构体属性,代码如下:

```
//代码 10-1
type ProvisionRequestSpec struct {
    Foo  string  `json:"foo, omitempty"`
}

type ProvisionRequestStatus struct {
}
```

CRD 不像聚合 Server 那样允许开发人员编写资源存储时的校验代码(Validate()方

法)，而是通过 OpenAPIV3Schema 所提供的校验功能进行。使用 Kubebuilder 时，开发人员需要通过在 Go 结构体字段上加注解来给出字段值约束，Builder 会据此生成 CRD 内容。

注意： 在调整这些结构体后，需要运行 make generate 去更新 config 目录内容。

5. 编写控制器

控制器的编写完全类似使用 API Server Builder 时的控制器开发步骤，二者都是基于 controller-runtime 编写的。这里不再赘述。

需要提醒的是，如果在代码中操作了非当前工程引入的 API，则需要先为控制器所使用的服务账户赋权，而这需要通过代码注解来完成，例如：

```
//+kubebuilder:rbac:groups="",resources=namespaces,verbs=create;get;list;update;patch
//+kubebuilder:rbac:groups=apps,resources=deployments,verbs=create;get;list;update;patch
```

直接修改 config/rbac 目录下的角色定义文件是不起作用的，当重新生成这些资源文件时修改会被完全覆盖。

6. 添加和实现准入控制 Webhook

如果项目中需要引入准入控制逻辑，则要创建其 Webhook。controller-runtime 同样提供了辅助构建准入控制 Webhook 的功能，开发人员只需编写修改和校验相关方法，其余均交给 Builder。Builder 负责完成以下工作：

(1) 创建 Webhook 的底座 Web Server。

(2) 将 Webhook Server 交给 controller-runtime 的 Manager 管理。

(3) 在该 Web Server 上创建请求处理器(handler)并将路径绑定到 handler 上，从而使进来的请求被正确处理。

通过如下命令将 Webhook 能力添加到工程中：

```
$ kubebuilder create webhook --group <组名> --version <版本> --kind <类型>
--defaulting --programmatic-validation
```

参数 defaulting 代表是否需要修改(mutating)webhook，programmatic-validation 指是否需要校验(validating)webhook。该命令会生成 xxx_webhook.go 源文件，内含对两个接口 webhook.Defaulter 和 webhook.Validator 的实现，如代码 10-2 所示。

```
//代码 10-2 api/v1alpha1/provisionrequest_webhook.go
var _ webhook.Defaulter = &ProvisionRequest{}

func (r *ProvisionRequest) Default() {
    …
}
var _ webhook.Validator = &ProvisionRequest{}

func (r *ProvisionRequest) ValidateCreate() (admission.Warnings, error) {
    …
}
func (r *ProvisionRequest) ValidateUpdate(old runtime.Object)
```

```
    (admission.Warnings, error) {
        ...
    }

    func (r * ProvisionRequest) ValidateDelete() (admission.Warnings, error) {
        ...
    }
```

上面代码片段所示的 5 种方法分别负责修改和校验目标 ProvisionRequest 实例,下一步开发者需要编写它们的内容。

类似控制器,如果在 webhook 代码中操作了非当前工程引入的 API,则需要先为 webhook 所使用的服务账户赋权,这同样可以通过在代码中加注解来完成。

7. 集群中部署

1) 制作镜像

Kubebuilder 将控制器和 Webhook Server 编译到同一个应用程序中运行,需要把它做成一个镜像,推到镜像库,将来在集群内通过 Deployment 运行之,命令如下:

```
$ make docker-build docker-push IMG=<some-registry>/<project-name>:tag
```

上述命令只是 docker build + docker push 的组合,开发者完全可以用这两条命令来替换它。众所周知 docker build 依赖工程下的 Dockerfile 定义文件,这提示可以通过修改 Dockerfile 的方式来克服加载过程中出现的问题。例如,在国内访问 gcr.io 镜像会失败,便可通过修改 Dockerfile 从国内镜像库中加载目标镜像;类似地,执行 go mod download 命令非常缓慢甚至失败,也可以修改 Dockerfile 添加正确的代理进行加速。

2) 部署 cert-manager

如果在项目中用到了准入控制 Webhook,则还有一个证书的问题要解决。回顾第 9 章部署聚合 Server,在编写配置资源文件时配置了两张证书:

(1) 第 1 张证书及其私钥被放入一个 Secret,交给运行聚合 Server 的 Pod,将被用作 Server 的服务证书(Serving Certificate),用于支持 HTTPS。

(2) 第 2 张是可以验证上述服务证书的 CA 证书,被放入 APIService 实例的 caBundle 属性中,这样聚合 Server 的客户端——核心 API Server 便可以用它来验证聚合 Server 的 TLS 证书,从而建立 HTTPS 连接。

控制准入 Webhook 完全类似,逻辑上它也是个单独 Web Server,核心 Server 调用它时也需要一样的证书验证机制。在部署时,需要把 Serving Certificate 及其私钥交给运行 Webhook Server 的 Pod,并将 CA 证书放入 MutatingWebhookConfiguration 和 ValidatingWebhookConfiguration 资源的 webhooks.clientConfig.caBundle 属性中。开发者可以采用第 9 章的做法:首先自己生成自签证书,然后设置到各个配置所用的资源文件中,这就需要理解证书机制并熟悉生成过程,门槛稍高。Kubebuilder 借用 cert-manager 工具来简化这一过程。cert-manager 是一款独立产品,技术上说它也是 Operator,需要部署到集群中。它可以自动将证书分发到相应的 Pod：从证书的生成到赋予 Pod 都不用使用者参与，使用者只需在资源上设置注解。感兴趣的读者可参考其主页。将 cert-builder 部署到集群的命令如下：

```
$ kubectl apply -f \
https://github.com/cert-manager/cert-manager/releases/download/v1.13.2/cert
-manager.yaml
```

Builder 默认开发者使用 cert-manager 来做证书管理，所以在 webhook 被添加到项目中时，就已经在 config 目录下的各个配置文件中加入了使用 cert-manager 管理证书的必要配置，并用注释暂时屏蔽，用户只需将注释移除，而不用调整其内容。这部分留到第 12 章以实例演示。

3）部署 CRD 与控制器

经过前面的准备，CRD 定义就绪，控制器和 Webhook 程序也已经就绪。最后，只需将所生成的资源配置文件都提交到集群，完成部署工作，这可以通过下面一条命令完成：

```
$ make deploy IMG=<some-registry>/<project-name>:tag
```

上述命令首先会重新生成部分 config 目录下的配置资源文件，然后将所有资源文件提交到集群，包括 CRD、角色、控制器和 Webhook 的 Deployment 等。

如果有需求，则可以通过 make undeploy 命令来撤销部署。

10.4 本章小结

本章介绍了 Kubernetes 社区中两款开发 API 扩展的工具：API Server Builder 和 Kubebuilder，并且介绍了它们共同的基础工具库——controller-runtime 库。controller-runtime 库是 Kubebuilder 的子项目，它极为出色地将控制器的开发压缩到一种方法的实现，而 Kubebuilder 除了利用 controller-runtime 来简化控制器开发，还以同样的力度简化和压缩了 CRD 和各种配置所用的资源文件定义工作。API Server Builder 虽然没有达到一个非常稳定的程度，但也确实为聚合 Server 的开发提速增效，值得使用。

本章侧重于基本概念和使用过程，这为后面两章的演示开发打下坚实基础。

17min

第11章 API Server Builder 开发聚合 Server

本章将通过实战体验 API Server Builder 带来的便捷。第 10 章介绍了它的使用方法，结论是它真正地做到了让开发者聚焦在 API 和控制器的开发上，只需关心业务逻辑的实现。那么真正的开发感受到底如何呢？只有亲自动手试过才能得出答案，那么来吧，开工！

本章开发所使用的 Builder 版本为 v1.23.0，所有代码均在笔者 GitHub 库中的 kubernetescode-aaserver-builder 工程内，同时也可在随书代码中找到。

11.1 目标

本章开发目标和第 9 章所编写的聚合 Server 基本一致，从而能对使用两种方式的优劣进行对比；同时根据 Builder 现有能力做出一些目标调整：

(1) 省去利用准入控制校验同一客户只有一个 ProvisionRequest 实例的需求。利用 Builder 生成聚合 Server 时，开发者已经没有机会直接向底层 Generic Server 的准入控制机制中添加准入控制器了。虽然可以做动态准入控制器——也就是通过准入控制 Webhook 实现期望的检查，但是这一方式在第 12 章开发 CRD 时会触及，故本章省略之。

(2) 为了更真实地模拟在实际开发中遇到的典型情况，本章增加一个需求：provision.mydomain.com 这个组中不仅提供 v1alpha1 版本，还需要有后续 v1 版本。v1 版本中的 API ProvisionRequest 在 v1alpha1 版本的基础上添加新属性 spec.businessDbCpuLimit，它将用来对 MySQL 数据库容器所使用的 CPU 资源进行限制，该限制将被用到 MySQL Pod 的 spec.containers[].resources.limits.cpu 属性上。以下是 v1 版的资源定义文件示例：

```
apiVersion: provision.mydomain.com/v1alpha1
kind: ProvisionRequest
metadata:
   name: pr-for-company-abc
   labels:
     company: abc
```

```
spec:
    ingressEntrance: /abc/
    businessDbVolume: SMALL
    BusinessDbCpuLimit: 1000m
    namespaceName: companyAbc
status:
    ingressReady: false
    dbReady: false
```

11.2 聚合 Server 的开发

和第 9 章的示例工程 kubernetescode-aaserver 一样，本章在同样的父目录下建立新工程 kubernetescode-aaserver-buider，假设该工程目录建立成功。

11.2.1 工程初始化

在工程的根目录下运行如下命令，示例工程的初始化工作便可完成：

```
$ apiserver-boot init repo --domain mydomain.com
$ go mod tidy
$ go mod vendor
```

上述第 1 条命令对工程主目录进行初始化，将 domain 选为 mydomain.com。后面两条命令分别将用到的包加入工程的 go.mod 文件，并下载至 vendor 目录。初始化后，大量框架代码被生成于工程主目录下，项目结构如图 11-1 所示。

图 11-1 中 cmd 目录下的两个子目录 apiserver 和 manager 分别为聚合 Server 应用程序和控制器应用程序准备，本工程将会生成这两个应用程序。

pkg/apis 用于承载 API 的定义和实现，将来每个 API 组会在其下有一个子目录。这种目录结构是 API Server 的惯例。

hack 子目录中只有一个 txt 文件，读者应该对它不陌生，它包含开源协议声明，内容将被放在自动生成的代码源文件的头部。

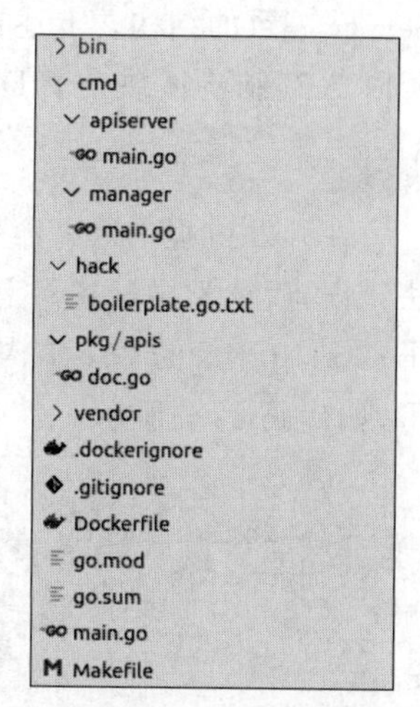

图 11-1 生成的工程

在工程的主目录下还可以看到一个 Makefile 文件，它非常重要。Builder 在进行代码生成、镜像文件制作、部署所用的配置文件的生成、可执行程序的编译等操作时都会用到。对于熟悉 Linux 下程序编译的读者来讲，对这个文件的作用应该是不陌生的。正常情况下开发人员不必改变该文件的内容，但如果开发者用的 Go 版本较高，Makefile 中使用的 go get 命令相较老版本有较大更新，这会造成 Makefile 中定义的命令执行失败，具体表现为执行 make generate 时出错。为了修正该错误,开发者可以将以下代码要点①处的 get 改为 install。

```
#代码 11-1 kubernetescode-aaserver-builder/Makefile
#go-get-tool will 'go get' any package $2 and install it to $1.
PROJECT_DIR := $(shell dirname $(abspath $(lastword $(MAKEFILE_LIST))))
define go-get-tool
    @[ -f $(1) ] || { \
    set -e ;\
    TMP_DIR=$$(mktemp -d) ;\
    cd $$TMP_DIR ;\
    go mod init tmp ;\
    echo "Downloading $(2)" ;\
    GOBIN=$(PROJECT_DIR)/bin go get $(2) ;\   #要点①
    rm -rf $$TMP_DIR ;\
    }
endef
```

11.2.2 创建 v1alpha1 版 API 并实现

1. 添加 API 及其子资源

现在向得到的空聚合 Server 中添加 API,只需在工程根目录下执行如下命令。

```
$ apiserver-boot create group version resource --group provision --version
v1alpha1 --kind ProvisionRequest
```

当系统提示是否要创建资源和控制器时都选 yes。以上命令执行后会在 pkg/apis/provision 目录下生成 v1alpha1 子目录,每个版本一个子目录——这保持了和 Generic Server 一致的结构。上述执行完成后会出现代码错误告警,这是由于代码生成还没有执行,所以 API 结构体缺失了 DeepCopyObject()方法,可以通过执行代码生成来解决此问题:

```
$ make generate
```

在开发过程中这一命令需要被频繁地执行,以此来消除由于缺少生成代码而造成的语法错误,后续不再赘述。上述命令在创建主资源 provisionrequests 的同时,也添加了 status 子资源,status 的基座结构体和有关方法都已经在 provisionreqeust_types.go 文件中定义好了,如代码 11-2 所示。

```
//代码 11-2
//kubernetescode-aaserver-builder/pkg/apis/provision/v1/provisionrequest_
//types.go

type ProvisionRequestStatus struct {
}

func (in ProvisionRequestStatus) SubResourceName() string {
    return "status"
}
```

```
var _ resource.ObjectWithStatusSubResource = &ProvisionRequest{}

func (in * ProvisionRequest) GetStatus() resource.StatusSubResource {
    return in.Status
}

var _ resource.StatusSubResource = &ProvisionRequestStatus{}

func (in ProvisionRequestStatus) CopyTo(
                  parent resource.ObjectWithStatusSubResource) {
    parent.( * ProvisionRequest).Status = in
}
```

如果 Builder 没有生成 status 子资源的部分，开发者则可以通过如下命令来单独添加：

```
$ apiserver-boot create subresource --subresource status --group provision
--version v1alpha1 --kind ProvisionRequest
```

上述命令会额外生成 provisionrequest_status.go 文件，内含 status 子资源结构体声明及资源存取相关接口的实现方法。接下来将完善 ProvisionRequestStatus 结构体定义内容，它目前还没有包含与业务相关的内容，完善后该结构体如代码 11-3 所示。

```
//代码 11-3 pkg/apis/provision/v1alpha1/provisionrequest_status.go
type ProvisionRequestStatus struct {
    metav1.TypeMeta `json:",inline" `
    IngressReady    bool `json:"ingressReady" `
    DbReady         bool `json:"dbReady"`
}
```

然后为 ProvisionRequest API 的结构体添加 Status 属性，并将业务信息字段添加进去，得到代码 11-4 所示结果。

```
//代码 11-4 pkg/apis/provision/v1alpha1/provisionrequest_types.go
type ProvisionRequest struct {
    metav1.TypeMeta   `json:",inline"`
    metav1.ObjectMeta `json:"metadata,omitempty"`

    Spec   ProvisionRequestSpec   `json:"spec,omitempty"`
    Status ProvisionRequestStatus `json:"status,omitempty"`
}

type ProvisionRequestSpec struct {
    IngressEntrance    string   `json:"ingressEntrance" `
    BusinessDbVolume   DbVolume `json:"businessDbVolume"`
    NamespaceName      string   `json:"namespaceName"`
}
```

控制器应用程序同 API Server 程序一样，依赖注册表。API 的添加并没有促使这部分代码的更新，需要手工将新引入的 API 信息向注册表注册。为此要对 controller 应用程序初始化函数进行调整，如代码 11-5 所示。

```
//代码 11-5 kubernetescode-aaserver-builder/cmd/manager/main.go
func init() {
    utilruntime.Must(clientgoscheme.AddToScheme(scheme))

    //+kubebuilder:scaffold:scheme
    provisionv1alpha1.AddToScheme(scheme)
}
```

这样 provision 组下 v1alpha1 版本内的 ProvisionRequest API 及其子资源 status 便添加完毕。

2. 为 API 实例各字段添加默认值

Kubernetes 希望开发者明确指出默认值。利用 apiserver-runtime，开发者并不需要像 API Server 子 Server 那样依赖代码生成来实现这一点，而是去实现接口 resourcestrategy.Defaulter。在示例工程里，ProvisionRequest API 结构体的各个字段都是基本数据类型 string，也没有什么业务需求一定要有非零值，代码 11-6 中的默认值设置逻辑只作演示之用，而非出于业务需求。

```
//代码 11-6
//kubernetescode-aaserver-builder/pkg/apis/provision/v1alpha1/provisionre
//quest_types.go
var _ resourcestrategy.Defaulter = &ProvisionRequest{}

func (in *ProvisionRequest) Default() {
    if in.Spec.BusinessDbVolume == "" {
        in.Spec.BusinessDbVolume = DbVolumeMedium
    }
}
```

3. 添加实例创建时的验证

现在将对创建 ProvisionRequest 实例时 namespaceName 字段是否为空进行检验。注意到 Builder 已经为 ProvisionRequest 结构体生成了一个 Validate()方法，它就是完成这项工作的，直接把第 9 章示例聚合 Server 内这部分验证逻辑复制过来稍加改动即可，如代码 11-7 所示。

```
//代码 11-7
//kubernetescode-aaserver-builder/pkg/apis/provision/v1alpha1/provisionre
//quest_types.go
var _ resourcestrategy.Validater = &ProvisionRequest{} //要点①

func (in *ProvisionRequest) Validate(ctx context.Context) field.ErrorList {
    errs := field.ErrorList{}
```

```
    if len(in.Spec.NamespaceName) == 0 {
        errs = append(errs,
            field.Required(field.NewPath("spec").Key("namespaceName"),
            "namespace name is required"))
    }
    if len(errs) > 0 {
        return errs
    } else {
        return nil
    }
}
```

注意：代码 11-7 要点①的含义：如果读者关注过笔者的公众号“立个言吧”中 *Effective Go* 系列翻译文章，就知道该句是在验证 ProvisionRequest 结构体是否实现 resourcestrategy.Validater 接口，由于 Validate()方法正是该接口定义的方法，所以 ProvisionRequest 已经实现。

代码 11-7 显示 API ProvisionRequest 的基座结构体实现了 resourcestrategy.Validater 接口，系统会在创建 API 实例时自动调用其 Validate()方法。这一模式同样适用 API 实例在更新时进行校验，接口 resourcestrategy.ValidateUpdater 就是为这个目的而设置的。

4. 本地测试

现在将这个缺少控制器配合的聚合 Server 在本地启动一下，从而验证聚合 Server 程序正常与否。为了能在本地运行，需要对 cmd/apiserver/main.go 内容做一个必要的调整，如代码 11-8 要点①所示。

```
//代码 11-8 /kubernetescode-aaserver-builder/cmd/apiserver/main.go
func main() {
    err := builder.APIServer.
    //+kubebuilder:scaffold:resource-register
    WithResource(&provisionv1alpha1.ProvisionRequest{}).
    WithResource(&provisionv1.ProvisionRequest{}).
    WithLocalDebugExtension().   //要点①
    DisableAuthorization().
    WithOptionsFns(
        func(options *builder.ServerOptions) *builder.ServerOptions {
            options.RecommendedOptions.CoreAPI = nil
            options.RecommendedOptions.Admission = nil
            return options
        }
    ).Execute()
    if err != nil {
        klog.Fatal(err)
    }
}
```

如果缺少要点①处对本地调试的设置，则启动将失败。在工程根目录下运行如下命令来启动和测试当前的聚合 Server：

```
$ make generate
$ apiserver-runtime run local
$ kubectl --kubeconfig kubeconfig api-versions
```

最后一条命令打印出 provision.mydomain.com/v1alpha1，这说明 v1alpha1 已经存在于聚合 Server 中，这是一个里程碑。

11.2.3 添加 v1 版本 API 并实现

这一部分将向 provision 组中添加另一个版本——v1。在 Builder 的辅助下，添加本身并不复杂，但类似实现 v1alpha1 时的后续调整也是必不可少的。以下命令将向工程中引入 v1 版本：

```
$ apiserver-boot create group version resource \
--group provision --version v1 --kind ProvisionRequest
$ make generate
```

这几乎就是引入 v1alpha1 时命令的翻版，不同的只是版本号变为 v1。当 Builder 询问是否创建资源时回答 yes，而当 Builder 询问是否创建控制器时回答 no，因为该 API 的控制器已经在创建 v1alpha1 时创建过了。

接下来将 v1 版 API 的 Spec 和 Status 结构体内容添加好：Status 内容与 v1alpha1 一致，而 Spec (v1.ProvisionRequestSpec)结构体需要在 v1alpha1 的内容的基础上添加一个字段 BusinessDbCpuLimit。代码 11-9 展示了 Spec 结构体的定义。

```
//代码 11-9
//kubernetescode-aaserver-builder/pkg/apis/provision/v1/provisionrequest_
//types.go
type ProvisionRequestSpec struct {
    IngressEntrance    string   `json:"ingressEntrance"`
    BusinessDbVolume   DbVolume `json:"businessDbVolume"`
    BusinessDbCpuLimit string   `json:"businessDbCpuLimit"`
    NamespaceName      string   `json:"namespaceName"`
}
```

1. 内外部版本和存储版本

到现在为止示例工程还没有处理内部版本。内部版本是为了简化同一个 API 种类在不同版本间转换而设置的。所有外部版本在进行内部处理时都会先被转换成内部版本。Builder 所生成的代码框架依然以 Generic Server 为底座，这就决定了内外部版本的转换肯定会发生，但聚合 Server 可以决定内部版本的定义。

由第 4 章知识可知，Kubernetes 的核心 API 采用的方式是单独定义的内部版本，版本号为__internal，其定义放在 apis/<group>/types.go 文件中。这个内部版本对客户端来讲是不可见的，纯粹作为内部使用。那么可不可以直接让一个外部版本来充当内部版本的角色呢？这样做的好处是避免去定义一个看似冗余的内部版本。实际上是可以的，Builder 就试图这样做。它要求开发者在代码中指出用哪一个版本同时充当内部版本，在其生成的框架代码中会将该版本用于内部版本出现的场合。被选定版本在系统内部将同时扮演内外部版本。

除了内外部版本，还有一个版本存在——存储版本。它决定了存储到ETCD时用哪个版本。虽然存储版本和内部版本相互独立，但Builder将二者统一为一个版本，从而简化概念，笔者非常认同这种简化的做法。代码11-10的要点①与要点②揭示了内部版本与存储版本的统一：如果要点①的判断为真，则obj为存储版本，要点②处显示obj将被作为内部版本注册进注册表。

```
//代码 11-10
//sigs.k8s.io/apiserver-runtime/pkg/builder/resource/register.go
s.AddKnownTypes(obj.GetGroupVersionResource().GroupVersion(), obj.New(), obj.
NewList())
if obj.IsStorageVersion() { //要点①
    s.AddKnownTypes(schema.GroupVersion{
        Group:   obj.GetGroupVersionResource().Group,
        Version: runtime.APIVersionInternal, //要点②
    },
    obj.New(),
    obj.NewList())
} else {
    …
```

Builder在每个版本的API定义文件xxx_types.go文件中生成了该版本的API基座结构体，并且让它们实现了apiserver-runtime库定义的resoruce.Object接口，其中一个接口方法是IsStorageVersion()，开发者只需让选定的版本在该方法中返回值true，而在其他版本中返回值false，便完成了内部版本和存储版本的设置。示例聚合Server选取v1alpha1作为存储版本，代码11-11展示了v1alpha1对IsStorageVersion()方法的实现。

```
//代码 11-11
//kubernetescode-aaserver-builder/pkg/apis/provision/v1alpha1/provisionre
//quest_types.go
func (in * ProvisionRequest) IsStorageVersion() bool {
    return true
}
```

2. 被选为内部版本/存储版本带来的影响

内部版本必须能承载该API种类所有版本所含有的信息。以示例聚合Server来讲，v1alpha1被选为内部版本，而v1版本在API ProvisionRequest上引入了一个新字段BusinessDbCpuLimit，如果v1alpha1不做任何改变，则该信息在被转换为内部版本时将消失，在存入ETCD时也会丢失，所以被选为内部版本(存储版本)意味着该版本的基座结构体需要随着其他版本的基座结构体的改变而改变。由于示例工程选择v1alpha1作为存储版本，随着v1引入新字段BusinessDbCpuLimit，也需要将该字段加入v1alpha1版API的基座结构体，如代码11-12要点①处所示。

```
//代码 11-12
//kubernetescode-aaserver-builder/pkg/apis/provision/v1alpha1/provisionre
//quest_types.go
type ProvisionRequestSpec struct {
    IngressEntrance   string   `json:"ingressEntrance" `
    BusinessDbVolume DbVolume `json:"businessDbVolume"`
    NamespaceName    string   `json:"namespaceName"`

    BusinessDbCpuLimit string `json:"businessDbCpuLimit"`//要点①
}
```

3. 内外部版本转换

内外部版本之间要能互相转换。v1 版本的 ProvisionRequest 需要能被转换为 v1alpha1 版本,反之亦然。这只需让 v1 版 API 基座结构体实现接口 MultiVersionObject,于是向该结构体添加如下代码 11-13 所示的 3 种方法。

```
//代码 11-13
//kubernetescode-aaserver-builder/pkg/apis/provision/v1/provisionrequest_
//types.go
func (in * ProvisionRequest) NewStorageVersionObject() runtime.Object {
    return &provisionv1alpha1.ProvisionRequest{}
}
func (in * ProvisionRequest) ConvertToStorageVersion(
                           storageObj runtime.Object) error {
    storageObj.( * provisionv1alpha1.ProvisionRequest).
        ObjectMeta = in.ObjectMeta
    …
    storageObj.( * provisionv1alpha1.ProvisionRequest).Status.
        IngressReady = in.Status.IngressReady
    return nil
}
func (in * ProvisionRequest) ConvertFromStorageVersion(
                           storageObj runtime.Object) error {

    in.ObjectMeta = storageObj.( * provisionv1alpha1.ProvisionRequest).
        ObjectMeta
    in.Spec.BusinessDbCpuLimit = storageObj.
         ( * provisionv1alpha1.ProvisionRequest).Spec.BusinessDbCpuLimit
    …
    in.Status.IngressReady = storageObj.
         ( * provisionv1alpha1.ProvisionRequest).Status.IngressReady
    return nil
}

var _ resource.MultiVersionObject = &ProvisionRequest{}
```

至此,v1 版本添加完毕。整个聚合 Server 相关的编码工作也已经全部完成。

注意：apiserver-runtime 的一个 Bug 及规避方法。如果将上述聚合 Server 部署至集群系统，则会报错，提示 v1alpha1 版本的 ProvisionRequest 没有实现接口 resource.MultiVersionObject，但该版本被选为存储版本，根本不需要去实现该接口。产生该问题的原因是一个 apiserver-runtime 库的 Bug，笔者已经提供修复方法，apiserver-runtime 项目负责人已经确认并将修复合并至主干分支，如图 11-2 所示。

```
pkg/builder/resource/register.go
@@ -40,7 +40,7 @@ func AddToScheme(objs ...Object) func(s *runtime.Scheme) error {
40  40                 return err
41  41             }
42  42             if err := s.AddConversionFunc(storageVersionObj, obj, func(from, to interface{}, _ conversion.Scope) error {
43     -               return from.(MultiVersionObject).ConvertFromStorageVersion(to.(runtime.Object))
    43 +               return to.(MultiVersionObject).ConvertFromStorageVersion(from.(runtime.Object))
44  44             }); err != nil {
45  45                 return err
46  46             }
```

图 11-2　Bug 修复详情

不过对于作者正在使用的 1.0.3 版该 Bug 依然存在，可以采用如下两步规避该问题：

(1) 在本地下载 apiserver-runtime 主干分支，放到$GOPATH/src/sigs.k8s.io 目录下，本地修复该 Bug。

(2) 在 go.mod 中用本地版本替代官方在线版本，只需在 go.mod 的最后加如下语句：

```
replace sigs.k8s.io/apiserver-runtime v1.0.3 => ../../sigs.k8s.io/apiserver-runtime
```

11.3　相关控制器的开发

聚合 Server 创建完毕，用户可以顺利地创建出 ProvisionRequest 实例，现在需要创建相应的控制器来在系统中落实一个 PR 代表的需求。控制器负责创建：

(1) 客户专属命名空间，用于存储敏感数据。

(2) 命名空间中的 Deployment，用于运行 MySQL 镜像。

由于有 API Server Builder 的辅助，又在第 9 章完全实现了示例控制器的逻辑，本工程很容易完成当前控制器的开发。

回顾一下第 10 章介绍的 controller-runtime 库，它将控制器的创建工作缩减到对接口 reconclile.Reconciler 的实现，而这个接口只有一种方法，如代码 11-14 所示。

```
//代码 11-14 sigs.k8s.io/controller-runtime/pkg/reconcile/reconcile.go
type  Reconciler interface {
     Reconcile(context.Context, Request) (Result, error)
}
```

只要在 Reconciler 方法中加入业务逻辑，一个控制器就创建好了。Builder 为我们生成的控制器代码框架正是利用了 controller-runtime 库，它在 controllers/provision/provisionrequest_controller.go 文件中定义了一个结构体作为控制器基座，并让它实现了

Reconciler 接口，如代码 11-15 所示。

```
//代码 11-15 controllers/provision/provisionrequest_controller.go
type ProvisionRequestReconciler struct {
      client.Client
      Scheme * runtime.Scheme
}

//+kubebuilder:rbac:groups=provision,resources=provisionrequests,verbs=get;
list;watch;create;update;patch;delete
...
func (r * ProvisionRequestReconciler) Reconcile(
          ctx context.Context, req ctrl.Request) (ctrl.Result, error) {
    ...
}
```

首先将第 9 章所编写的控制器逻辑——sync()方法内容复制到 Reconcile()方法内，然后将其中客制化 API 相关的 ClientSet 和核心 API 相关的 ClientSet 替换为 Recocile()方法的接收器 r。r 具有 ClientSet 能力是由于 ProvisionRequestReconciler 结构体已经提供了访问聚合 Server 和核心 Server 中 API 的方法。

这里省略 Reconcile()方法的实现，读者可参考示例工程源代码。

11.4 部署与测试

开发工作已经完成，可以将聚合 Server 及控制器应用程序部署到集群中。部署有两种方式，其一是用一条 apiserver-boot 部署命令完成全部工作，其二是用多条命令逐步完成。笔者推荐后一种方式，第 1 种方式下没有机会对部署配置进行调整，而这甚至可能会造成失败。

11.4.1 准备工作

在集群上创建用于部署的命名空间，取名为 kubernetescode-aapiserver-builder，并在该空间内创建服务账号 aapiserver。这二者的定义同被放入 ns-sa.yaml 文件中，内容参见代码 11-16。通过以下命令将定义文件提交，从而在集群中创建它们。

```
$ kubectl apply -f config/ns-sa.yaml
```

后续步骤会手动调整部署文件，将该服务账户关联到聚合 Server 与控制器的 Pod，同时也把各种角色赋予该账户，这样聚合 Server 和控制器便都具有足够权限与核心 API Server 交互。

```
#代码 11-16 kubernetescode-aaserver-builder/config/ns-sa.yaml
apiVersion: v1
kind: Namespace
metadata:
```

```
  name: kubernetescode-aapiserver-builder
spec: {}
---
apiVersion: v1
kind: ServiceAccount
metadata:
  name: aapiserver
  namespace: kubernetescode-aapiserver-builder
```

11.4.2　制作镜像

示例工程会生成两个应用程序：一个是聚合 Server，名为 apiserver；另一个是控制器，名为 manager。这两个程序被打包到一个镜像中，打包和推送至镜像库的命令如下：

```
$ apiserver-boot build container --image \
     jackyzhangfd/kubernetescode-aaserver-builder:1.0
$ docker push jackyzhangfd/kubernetescode-aaserver-builder:1.0
```

注意观察两条命令的执行结果，如果出现错误，则需要检查应用程序是否能编译成功，以及是否登录了 Docker Hub。值得一提的是，将来在集群中该镜像会在两个 Deployment 中使用，一个 Deployment 运行聚合 Server，另一个运行控制器。

1. 生成部署所用的资源定义文件并修改

部署第 9 章的示例聚合 Server 时花费了很大力气编写多个配置所用的资源定义文件，这次在 Builder 的帮助下首先用一行命令生成所有这些定义，然后存放到工程的 config 目录下：

```
$ apiserver-boot build config \
--name kubernetescode-aapiserver-builder-service  \
--namespace kubernetescode-aapiserver-builder  \
--image jackyzhangfd/kubernetescode-aaserver-builder:1.0 \
--service-account aapiserver
```

但需要对所生成的定义文件做几方面的调整才能使用，接下来逐个讲解。

2. 调整权限

由于控制器的逻辑包含创建命名空间和 apps/Deployment，所以要将读写这两种 API 的权限赋予服务账户 aapiserver。同时一并将一些不影响正常运行，但最好具有的权限赋予它，这主要包括访问 flowcontrol 组下资源的权限。添加的权限在代码 11-17 的要点①处 rules 节点中给出。

```
#代码 11-17 kubernetescode-aaserver-builder/config/rbac.yaml
apiVersion: rbac.authorization.k8s.io/v1
kind: ClusterRole
metadata:
  name: kubernetescode-aapiserver-builder-service-apiserver-auth-reader
rules:  //要点①
```

```
  - apiGroups:
    - ""
    resourceNames:
    - extension-apiserver-authentication
    resources:
    - configmaps
    verbs:
    - get
    - list
  - apiGroups: [""]
    resources: ["namespaces"]
    verbs: ["get","watch","list","create","update","delete","patch"]
  - apiGroups: ["apps"]
    resources: ["deployments"]
    verbs: ["get","watch","list","create","delete","update","patch"]
  - apiGroups: ["provision.mydomain.com"]
    resources: ["provisionrequests","provisionrequests/status"]
    verbs: ["get","watch","list","create", "update","patch"]
  - apiGroups: ["flowcontrol.apiserver.k8s.io"]
    resources: ["prioritylevelconfigurations","flowschemas"]
    verbs: ["get","watch","list"]
  - apiGroups: ["flowcontrol.apiserver.k8s.io"]
    resources: ["flowschemas/status"]
    verbs: ["get","watch","list","create", "update","patch"]
```

其次,由于 Builder 生成的 RoleBinding 和 ClusterRoleBinding 中并没有正确设定目标服务账户,所以需要手动调整为 aapiserver。代码 11-18 是正确设置的例子,注意要点①处 subjects 节点下的内容:

```
#代码 11-18 kubernetescode-aaserver-builder/config/rbac.yaml
apiVersion: rbac.authorization.k8s.io/v1
kind: ClusterRoleBinding
metadata:
  name: kubernetescode-aapiserver-builder-service-apiserver-auth-reader
  namespace: kube-system
roleRef:
  apiGroup: rbac.authorization.k8s.io
  kind: ClusterRole
  name: kubernetescode-aapiserver-builder-service-apiserver-auth-reader
subjects: //要点①
  - kind: ServiceAccount
    namespace: kubernetescode-aapiserver-builder
    name: aapiserver
```

3. 调整镜像拉取策略

如果当前处在开发阶段,则常需要测试聚合 Server 和控制器的镜像是否可以正常工作，建议把相关 Deployment 的镜像拉取时机设置为 Always，以确保每次启动它们的 Pod 时都会重新拉取最新镜像，在开发调试时这非常有效。以控制器的 Deployment 资源描述文件来举例子，应添加要点①的内容：

```
#代码 11-19
#kubernetescode-aaserver-builder/config/controller-manager.yaml
...
spec:
  serviceAccount: aapiserver
  containers:
  - name: controller
    image: jackyzhangfd/kubernetescode-aaserver-builder:1.0
    imagePullPolicy: Always   //要点①
    command:
  - "./controller-manager"
...
```

11.4.3 向集群提交

虽然可以通过 kubectl apply -f config/命令来一起提交全部配置，但是笔者还是建议按照资源的相互依赖关系逐一提交上述资源定义文件，这会避免很多不确定性。逐条执行下述命令。

```
$ cd config
$ kubectl apply -f ns-sa.yaml
$ kubectl apply -f rbac.yaml
$ kubectl apply -f etcd.yaml
$ kubectl apply -f apiservice.yaml
$ kubectl apply -f controller-manager.yaml
$ kubectl apply -f aggregated-apiserver.yaml
```

部署完成后做一个技术上的快速检验：通过 kubectl logs 命令查看运行聚合 Server 的 Pod 和控制器的 Pod 的日志[①]，可能会有些无关轻重的错误与告警，但应无严重错误。当不按上述顺序提交资源定义文件时，日志中可能会出现额外告警信息，提示用户系统正在等待和核心 API Server 有关的信息就绪，这不应被视为错误。

11.4.4 测试

1. 测试用例一

在这个用例中，以 v1alpha1 版的 provisionrequests 资源定义创建 API 实例，其内容如下：

① 查看 Pod 的日志也是确保应用程序运行正常的常用方式。

```
#代码 11-20 kubernetescode-aaserver-builder/config/test/customer1.yaml
apiVersion: provision.mydomain.com/v1alpha1
kind: ProvisionRequest
metadata:
    name: pr-for-company-abc2
    labels:
        company: abc
spec:
    ingressEntrance: /abc/
    businessDbVolume: SMALL
    namespaceName: companyabc
```

提交后该资源被成功创建,并且控制器也把客户专有命名空间与其内 Deployment 创建出来,如图 11-3 所示。

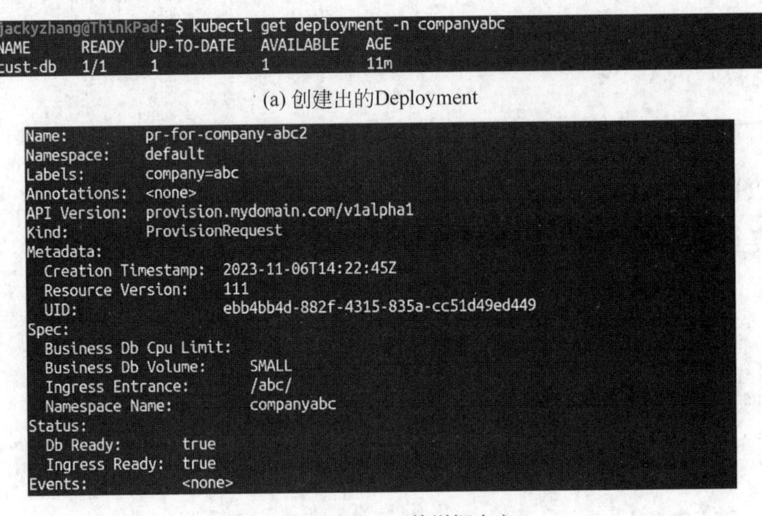

(a) 创建出的Deployment

(b) ProvisionRequest的详细内容

图 11-3 测试用例一的结果

2. 测试用例二

如果 ProvisionRequest 实例上没有指定 namespaceName,则聚合 Server 会拒绝创建该资源。该测试用例资源描述文件为代码 11-21,注意要点①处注释掉了命名空间的设定:

```
#代码 11-21
#kubernetescode-aaserver-builder/config/test/customer2-no-namespace.yaml
apiVersion: provision.mydomain.com/v1alpha1
kind: ProvisionRequest
metadata:
    name: pr-for-company-bcd
    labels:
        company: abc
spec:
```

```
    ingressEntrance: /bcd/
    businessDbVolume: BIG
    #namespaceName: companybcd  #要点①
```

将该资源提交到集群，收到的拒绝信息如图 11-4 所示。

```
jackyzhang@ThinkPad:~/Downloads$ kubectl apply -f customer2-no-namespace.yaml
The ProvisionRequest "pr-for-company-bcd" is invalid: spec[namespaceName]: Required value: namespace
 name is required
```

图 11-4　测试用例二的结果

3. 测试用例三

下面用 v1 版本创建一个 ProvisionRequest 实例，内含新字段 businessDbCpuLimit，资源描述文件如代码 11-22 所示。

```
#代码 11-22 kubernetescode-aaserver-builder/config/test/customer3.yaml
apiVersion: provision.mydomain.com/v1
kind: ProvisionRequest
metadata:
    name: pr-for-company-xyz
    labels:
        company: xyz
spec:
    ingressEntrance: /xyz/
    businessDbVolume: SMALL
    businessDbCpuLimit: 500m
    namespaceName: companyxyz
```

资源提交后创建成功，并且控制器会创建出相应的客户专有命名空间及 Deployment，如图 11-5 所示。

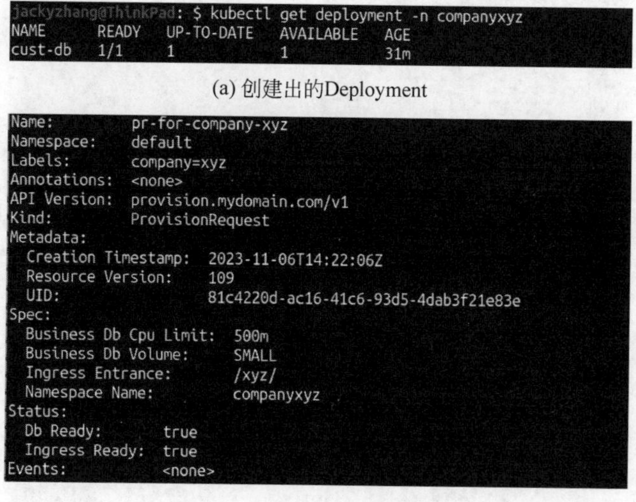

(a) 创建出的Deployment

(b) ProvisionRequest的详细内容

图 11-5　测试用例三的结果

上述 3 个测试用例均成功，聚合 Server 及配套控制器工作正常。

11.5 本章小结

本章使用 API Server Builder 构建了聚合 Server 和配套的控制器，与第 9 章直接以 Generic Server 为底座进行构建形成鲜明对比。通过本章的实践，不难得出以下结论。

（1）API Server Builder 可以简化开发：它提供的脚手架生成了大量代码，和业务逻辑无关的部分基本被其所生成的部分覆盖，例如不再需要手动添加代码标签去辅助代码生成；不必为同一个 API 创建多种结构体（基座结构体、REST 结构体等）；也不必手动编码添加子资源等。

（2）基于 Builder 开发需要牺牲一定的可能性：工具能帮助开发者是由于它隐藏了大量重要性不高或不常用的能力，当恰恰需要这些能力时工具就束手无策了。例如 Builder 是不支持向准入控制机制中注入一般控制器的。

不可否认，Builder 还处在非常不完善的阶段。实际上 Builder 的完整项目名为 APIServer-Builder-Alpha，Alpha 字样证明它确实处于早期版本。首先所生成的代码和配置有不完整之处，例如 rbac.yaml 文件中就还需要手工调整服务账户；其次重大 Bug 还是有的，例如笔者前文指出的关于实现 MultiVersoinObject 接口时出现的代码错误。这也说明目前深入使用 Builder 的开发者还并不多。

Builder 对于熟悉 API Server 内部设计和概念的开发者仍然算是利器，但对于初学者，没有能力判断是自己使用的问题还是 Builder 出了 Bug，便会比较吃力。

第 12 章 Kubebuilder 开发 Operator

开发 Operator 是利用 CRD 加控制器模式对 Kubernetes 进行扩展的流行方式，市面上有多种工具支持 Operator 的开发，最知名的是 Kubebuilder 和 Operator-SDK，前者由 Kubernetes 社区提供，所以笔者更推荐使用它。

本章通过一个实例来体验如何用 Kubebuilder 开发 Operator。所有代码可以在作者 GitHub 代码仓库的工程 kubernetescode-operator 中找到，随书代码中也有。

12.1 目标

本章依然采用第 9 章所设定的业务场景和目标，最终实现的功能如下：

(1) 运维人员通过创建 ProvisionRequest API 实例来要求系统为新客户做系统初始化。

(2) 该 API 实例必须指定客户专有命名空间名，即属性 namespaceName 必须有值。

(3) 每个客户在集群中只能有一个 ProvisionRequest API 实例。

(4) 系统会为该客户创建专有命名空间，并在其中创建一个运行 MySQL 镜像的 Deployment。

简单来讲，本章希望通过 Operator 实现与第 9 章示例聚合 Server 完全一致的功能，相信这种对比可以让读者体会聚合 Server 与 Operator 两种扩展方式的优缺点。

12.2 定义 CRD

12.2.1 项目初始化

到 $GOPATH/src 下创建项目根目录，并使用脚手架 Kubebuilder 完成初始化，命令如下：

```
$ mkdir -p $GOPATH/src/github.com/kubernetescode-operator
$ cd $GOPATH/src/github.com/kubernetescode-operator
$ kubebuilder init --domain mydomain.com
```

上述命令运行完毕后在工程主目录下会自动生成诸多目录与文件，成为一个完整的 Operator 开发项目。请读者注意，工程内的绝大部分文件不需要开发者修改，Builder 会按需修改，开发者的错误修改反而会造成问题。当前项目中包含如下重要文件。

(1) Makefile：脚手架的诸多命令依赖该文件中定义的脚本，非必要不修改。

(2) cmd/main.go：我们对该文件内容并不陌生，API Server Builder 也生成过完全一样的文件作为控制器应用程序的主函数。它的主要内容是创建 controller-runtime 库定义的 Manager，并用它启动 Operator 控制器。开发者不用修改其内容。

(3) config/及其子目录：其中有 rbac、manager、default 等子目录，每个子目录包含一个种类的配置资源定义文件。开发者基本不用修改其内容。

12.2.2 添加客制化 API

现在向工程中引入一个客制化 API。为提供与第 9 章 API 一致的用户体验，将其组、版本和类型与之保持一致，分别设置为 provision. mydomain. com、v1alpha1 和 ProvisionRequest。在根目录下执行的命令如下：

```
$ kubebuilder create api --group provision --version v1alpha1 --kind
ProvisionRequest
```

执行后会看到 api/v1alpha1 目录、internal/controller 目录及诸多文件被生成，其中两个文件后续会被频繁更改，其一为 api/v1alpha1/provisionrequest_types.go，用于定义客制化 API 的 Spec 和 Status，从而决定其 CRD 内容；其二为 internal/controller/provisionrequest_controller.go，用于编写 Operator 控制器的核心业务逻辑。

下面继续完善客制化 API。在 provisionrequest_types.go 文件中，ProvisionRequestSpec 和 ProvisionRequestStatus两个结构体分别用于描述 Spec 和 Status，这和开发聚合 Server 时完全一致，依照代码 12-1 中的内容来完善它们：

```
//代码 12-1 kubernetescode-operator/api/v1alpha1/provisionrequest_types.go
Type ProvisionRequestSpec struct {
      //+optional
      IngressEntrance string `json:"ingressEntrance" `
      //+optional
      BusinessDbVolume DbVolume `json:"businessDbVolume"`
      //+kubebuilder:validation:MinLength=1
      NamespaceName string `json:"namespaceName"`
}


type ProvisionRequestStatus struct {
      metav1.TypeMeta `json:",inline" `
      IngressReady    bool `json:"ingressReady" `
      DbReady        bool `json:"dbReady"`
}
```

ProvisionRequestSpec 的各个字段上都被加了注解，其中 NamespaceName 字段上的注解为 //+kubebuilder:validation:MinLength=1，这要求 ProvisionRequest API 实例必须具有非空的 NamespaceName，这实现了目标中定义的一项业务需求。该注解将被 controller-runtime 转译为 CRD 中以 OpenAPI v3 Schema 表述的规约。

本工程的 ProvisionRequestSpec、ProvisionRequestStatus 与第 9 章示例聚合 Server 代码中的同名结构体的定义完全一致，这容易给读者一个错觉：创建 Operator 后，在 API Server 中真的有一个 Kubernetes API 叫作 ProvisionRequest，API Server 的程序中也真的有一个同名结构体作为它的基座，就像聚合 Server 中的情况一样。从集群使用者的角度来看的确如此，通过 kubectl api-versions 命令也可以真实地看到该客制化 API 版本，但从开发者的角度来讲并非如此：核心 API Server 中没有 ProvisionRequest API[①]，只有一个定义了 ProvisioinRequest 客制化 API 的 CRD 实例；也没有 Go 结构体去支撑 ProvisionRequest，CRD 定义出的客制化 API 是通过程序去支撑的。

每次直接或间接调整 API 基座结构体内容后都需要运行如下命令来更新所生成的代码，这是开发者经常忘记的一项操作：

```
$ make manifests
```

浏览一下 config/crd/bases/provision.mydomain.com_previsionrequests.yaml 文件，它就是依据以上定义生成的 CRD 文件，代码 12-2 只截取了部分内容：

```
#代码 12-2
#kubernetescode-operator/config/crd/bases/provision.mydomain.com_provision
#requests.yaml
versions:
- name: v1alpha1
  schema:
    openAPIV3Schema:
      description: ProvisionRequest is the Schema for …
      properties:
        apiVersion:
          description: 'APIVersion defines …'
          type: string
        kind:
          description: 'Kind is a string value representing …'
          type: string
        metadata:
          type: object
        spec:
          description: ProvisionRequestSpec defines …
          properties:
            businessDbVolume:
```

① 取决于如何理解 API。这里从技术视角看，客制化 API 没有 Go 结构体支撑，是模拟出来的。

```
          type: string
        ingressEntrance:
          type: string
        namespaceName:
          minLength: 1  #要点①
          type: string
      required:
      - namespaceName
      type: object
```

注意上述代码要点①,之前提到的字段 NamespaceName 上的注解最终被落实到这一条 OpenAPI Schema 规约上。

12.3 相关控制器的开发

12.3.1 实现控制器

根据需求,控制器需要实现客户专有命名空间的创建和其内 MySQL Deployment 的创建,这需要在 internal/controller/provisionrequest_controller.go 文件内实现。打开该文件,读者会发现与 API Server Builder 所生成的 xxx_controller.go 文件中的内容几乎一致,开发者同样只需实现其中的 Reconcile 方法。

```
//代码 12-3
//kubernetescode-operator/internal/controller/provisionrequest_controller.go
type ProvisionRequestReconciler struct {
	client.Client
	Scheme *runtime.Scheme
}

//+kubebuilder:rbac:groups=provision.mydomain.com,resources=
provisionrequests,verbs=get;list;watch;create;update;patch;delete
//+kubebuilder:rbac:groups=provision.mydomain.com,resources=
provisionrequests/status,verbs=get;update;patch
//+kubebuilder:rbac:groups=provision.mydomain.com,resources=
provisionrequests/finalizers,verbs=update

//要点①
//+kubebuilder:rbac:groups="",resources=namespaces,verbs=create;get;list;
update;patch
//+kubebuilder:rbac:groups=apps,resources=deployments,verbs=create;get;
list;update;patch
...
func (r *ProvisionRequestReconciler) Reconcile(
```

```
        ctx context.Context, req ctrl.Request) (ctrl.Result, error) {
    …
}

func (r * ProvisionRequestReconciler)
                    SetupWithManager(mgr ctrl.Manager) error {
    return ctrl.NewControllerManagedBy(mgr).
    For(&provisionv1alpha1.ProvisionRequest{}).
    Complete(r)
}
```

只需将该方法在聚合 Server 中的实现直接复制过来，控制器就创建成功了。此外注意代码 12-3 要点①下的两条注解，它们添加了操作 Namespace 和 Deployment 两个 API 的权限，这是由于控制器中会对这两种资源进行读写，控制器所使用的服务账户必须具有相应权限，而直接修改 config/rbac 下权限定义资源文件是不起作用的，必须在这里以注解形式添加。

12.3.2 本地测试控制器

虽然还没有引入准入控制 Webhook 对同一个客户是否已经具有 ProvisionRequest 实例进行校验，但这个 Operator 已经可以在本地运行了。所谓本地运行是指将 CRD 提交到集群，同时在开发者本机运行 Operator 控制器。控制器会使用本地的集群连接信息[①]与核心 API Server 交互，考虑到本地用户权限足够大，控制器不会碰到权限问题。这是一种很有效的测试方式，让我们来将它运行起来吧。

首先，更新一下生成的 CRD，然后将生成的 CRD 提交到集群：

```
$ make manifests
$ make install
```

打开新命令行窗口，转至项目根目录，本地启动控制器：

```
$ export ENABLE_WEBHOOKS=false
$ make run
```

正常情况下控制器会在当前命令行终端运行起来，无错误信息。现将第 9 章聚合 Server 工程中使用的测试用例资源文件 config/test/customer1. yaml 和 config/test/customer2-no-namespace.yaml 复制到当前工程的 config/samples 目录下，并将它们加入 config/samples/kustomization.yaml 文件：

```
#代码 12-4 kubernetescode-operator/config/samples/kustomization.yaml
  resources:
  - customer1.yaml
  - customer2-no-namespace.yaml
```

---

① 默认处于～/kube 目录下。

向集群提交这两个资源定义文件,将得到如图 12-1 所示反馈。

```
jackyzhang@ThinkPad:~/go/src/github.com/kubernetescode-operator/config/samples$ kubectl apply -k .
provisionrequest.provision.mydomain.com/pr-for-company-abc2 created
The ProvisionRequest "pr-for-company-bcd" is invalid: spec.namespaceName: Required value
jackyzhang@ThinkPad:~/go/src/github.com/kubernetescode-operator/config/samples$ kubectl get deployment -ncompanyabc
NAME      READY   UP-TO-DATE   AVAILABLE   AGE
cust-db   1/1     1            1           4m43s
```

图 12-1 提交测试资源得到反馈

第 1 条命令有两条反馈,大意为名为 pr-for-company-abc2 的 ProvisionRequest 实例被成功创建出,但 pr-for-company-bcd 没有被创建出,报错信息正是缺少 NamespaceName。

第 2 条命令证明控制器逻辑起了作用,为 pr-for-company-abc2 成功创建出命名空间 companyabc 并在其内创建了 MySQL Deployment。当然还可以观察正在运行控制器的命令行窗口来判断,其日志输出同样可以验证控制器的执行情况。

12.4 准入控制 Webhook 的开发

目标要求每个客户只能有一个 ProvisionRequest 实例存在于集群中,这可以使用准入控制来校验。在 Operator 开发中,虽然不能像开发聚合 Server 时一样直接制作准入控制器,但却可以利用准入控制机制提供的动态准入控制(其 Webhook)实现同样的效果。

12.4.1 引入准入控制 Webhook

Webhook 的创建通过脚手架进行,在工程根目录下执行的命令如下:

```
$ kubebuilder create webhook --group provision --version v1alpha1 --kind
ProvisionRequest --defaulting --programmatic-validation
```

执行后工程中会有以下相关内容的变动:

(1) 生成源文件 api/v1alpha1/provisionrequest_webhook.go,这是准入控制逻辑的撰写地。

(2) config/webhook/目录下诸多文件被生成或更新。Webhook 的部署将会用到 MutatingWebhookConfiguration 和 ValidatingWebhookConfiguration 两种 API,它们均在此定义。

(3) 一个隐含的变化是:引入 Webhook 后,manager 应用程序将内含一个 Web Server。Operator 控制器和 Webhook 都由 controller-runtime 的 manager 管理,它们最终都被打包到一个应用程序中,称为 manager 程序。在引入 Webhook 之前,manager 只有控制器,它与 API Server 的交互是单向的:由它去请求 API Server,manager 只需持有 API Server 分配给其 Pod 的 Service Token 就可以通信了;一旦 Webhook 被引入,问题将变得复杂,Webhook 本身是一个 Web Server,它和 API Server 的通信是双向的:一方面 API Server 在准入控制机制的执行流程中会调用 Webhook;另一方面 Webhook 在自身逻辑中又有可能请求 API Server,这种请求当然是基于 HTTPS 的安全请求。这就涉及证书的分发。部署 manager 程序就变得像部署聚合 Server 一样复杂了。

需要指出的是，如果现在去部署 Operator，则 Webhook 是不会起作用的，因为和其相关的配置所用的资源并没有在 config/default/kustmoization.yaml 文件中启用，在部署阶段会去除文件中的相应注释，从而启用这些配置。

12.4.2 实现控制逻辑

根据需求，只需在 provisionrequest_webhook.go 文件中的 ValidateCreator 方法中检查该客户已经具有的 ProvisionRequest 实例的数量，这可以参考第 9 章所编写的准入控制器逻辑，稍加修改便可以使用。

```
//代码 12-5
//kubernetescode-operator/api/v1alpha1/provisionrequest_webhook.go
func (r * ProvisionRequest) ValidateCreate() (admission.Warnings, error) {
      provisionrequestlog.Info("validate create", "name", r.Name)

      company := r.GetLabels()["company"]
      req, err := labels.NewRequirement("company",
                        selection.Equals, []string{company})
      if err != nil {
          return nil, err
      }

      clt := manager.GetClient() //要点①
      prs := &ProvisionRequestList{}
      err = clt.List(context.TODO(), prs, &client.ListOptions{
                  LabelSelector: labels.NewSelector().Add(* req)
      })
      if err != nil {
          return nil, fmt.Errorf("failed to list provision request")
      }
      if len(prs.Items) > 0 {
          return nil, fmt.Errorf("the company already has provision request")
      }
      return nil, nil
}
```

上述代码要点①处获取了 Client，Client 是访问 API Server 读取 API 实例的工具对象。这里的 manager 变量就是 controller-runtime 中所定义的 Manager，它具有众多信息，包括 Client。在 Webhook 向 Manager 注册时，代码用 manage 变量记录下了当前 Manager 实例，以备在 Webhook 的逻辑中使用之。如代码 12-6 要点①所示。

```
//代码 12-6
//kubernetescode-operator/api/v1alpha1/provisionrequest_webhook.go
```

```
var manager ctrl.Manager

func (r *ProvisionRequest) SetupWebhookWithManager(mgr ctrl.Manager) error {
	manager = mgr //代码①
	return ctrl.NewWebhookManagedBy(mgr).
		For(r).
		Complete()
}
```

12.5 部署至集群并测试

经过以上步骤后得到了CRD、Operator控制器和Webhook。本节会将刚刚创建的Operator部署到集群中,并进行测试。

12.5.1 制作镜像

通过如下命令将控制器和Webhook组成的manager程序打包到镜像,并推送至镜像库:

```
$ make docker-build docker-push IMG=jackyzhangfd/kubernetescode-operator
```

由于Go程序库和一些镜像库位于国外,在国内下载会非常缓慢甚至失败,所以上述命令执行成功的概率较低。可以修改工程根目录下的Dockerfile添加合适的代理来规避这一问题,在示例工程中,修改位置如下:

```
#代码 12-7 kubernetescode-operator/Dockerfile
RUN  GOPROXY="<你的代理>" go mod download

#Copy the go source
COPY cmd/main.go cmd/main.go
COPY api/ api/
COPY internal/controller/ internal/controller/

...
RUN CGO_ENABLED=0 GOOS=${TARGETOS:-linux} GOARCH=${TARGETARCH} \
GOPROXY="<你的代理>" go build -a -o manager cmd/main.go
...
FROM <替换 gcr.io>/distroless/static:nonroot
WORKDIR /
COPY --from=builder /workspace/manager .
USER 65532:65532
```

在上述代码中<你的代理>字样应被替换为Go包管理工具使用的代理,而<替换 gcr.io>字样应使用国内镜像库替代gcr.io。

12.5.2 部署 cert-manager

示例工程使用 Kubebuilder 推荐的证书管理工具 cert-manager 来为 Webhook 配置所需证书，步骤十分简单。运行如下命令来安装 cert-manager：

```
$ kubectl apply -f \
https://github.com/cert-manager/cert-manager/releases/download/v1.13.2/
cert-manager.yaml
```

Builder 在生成配置文件时已经默认生成了 cert-manager 需要的配置，放于 config/certmanager 目录内，并以注释的方式将相关内容添加到 config/default/kustomization.yaml 和 config/crd/kustomization.yaml 文件内，开发者需要启用所有标有[CERTMANAGER]注释的配置代码，如代码 12-8 与代码 12-9 所示。

```
#代码 12-8 kubernetescode-operator/config/default/kustomization.yaml
#[CERTMANAGER] …
- ../certmanager
   …
#[CERTMANAGER] …
- webhookcainjection_patch.yaml

#[CERTMANAGER] …
replacements:
- source:
    kind: Certificate
    group: cert-manager.io
    version: v1
    name: serving-cert #this name should match the one in certificate.yaml
    fieldPath: .metadata.namespace #namespace of the certificate CR
  targets:
```

```
#代码 12-9 kubernetescode-operator/config/crd/kustomization.yaml
#[CERTMANAGER] …
- path: patches/cainjection_in_provisionrequests.yaml
#+kubebuilder:scaffold:crdkustomizecainjectionpatch
```

类似地，在上述两个配置文件中有关 Webhook 所需要的配置代码也要启用，如代码 12-10 与代码 12-11 所示。

```
#代码 12-10 kubernetescode-operator/config/default/kustomization.yaml
#[WEBHOOK] …
- ../webhook
   …
#[WEBHOOK] …
- manager_webhook_patch.yaml
```

```
#代码 12-11 kubernetescode-operator/config/crd/kustomization.yaml
patches:
#[WEBHOOK]…
- path: patches/webhook_in_provisionrequests.yaml
```

12.5.3 部署并测试

所有准备工作都已经就绪,现在让我们向集群提交配置文件,包括 CRD、角色定义、服务账户定义、控制器和 Webhook 的 Deployment 等:

```
$ make deploy IMG=jackyzhangfd/kubernetescode-operator:1.0
```

经过短时间的等待后,Operator 运转起来,接下来进行测试工作。首先从第 9 章工程所用的测试用例中将测试准入控制机制的用例三 customer3-multiple-pr-error.yaml 复制到本工程的 config/samples 目录,并更新 samples/kustomization.yaml,代码如下:

```
#代码 12-12 kubernetescode-operator/config/samples/kustomization.yaml
resources:
- customer1.yaml
- customer2-no-namespace.yaml
- customer3-multiple-pr-error.yaml
```

现在,运行所有 3 个测试用例,执行如图 12-2 所示命令。

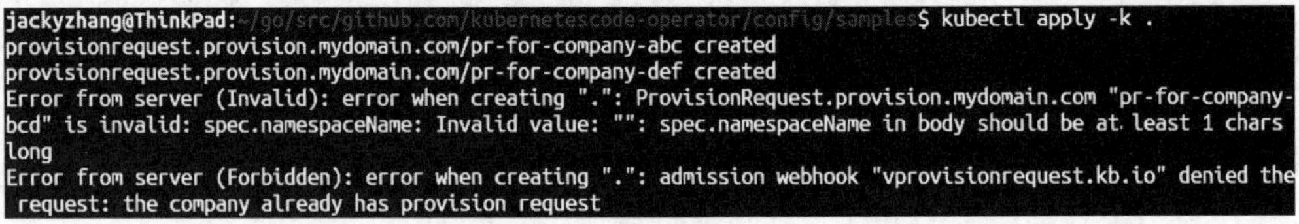

```
jackyzhang@ThinkPad:~/go/src/github.com/kubernetescode-operator/config/samples$ kubectl apply -k .
provisionrequest.provision.mydomain.com/pr-for-company-abc created
provisionrequest.provision.mydomain.com/pr-for-company-def created
Error from server (Invalid): error when creating ".": ProvisionRequest.provision.mydomain.com "pr-for-company-bcd" is invalid: spec.namespaceName: Invalid value: "": spec.namespaceName in body should be at least 1 chars long
Error from server (Forbidden): error when creating ".": admission webhook "vprovisionrequest.kb.io" denied the request: the company already has provision request
```

图 12-2 提交测试资源

上述命令输出的内容显示如下:

(1) 用例二提交的 ProvisionRequest 创建请求被拒绝,原因是没有指定 namespaceName,这是期望的结果。

(2) 用例三中定义的第 2 个 ProvisionRequest 创建请求被准入控制 Webhook 拒绝,因为同样的客户已经存在一个 ProvisionRequest 实例,这也是正确的行为。

(3) 其余的两个创建请求均成功,并且控制器为它们生成了客户命名空间及其内部的 Deployment,如图 12-3 所示。

所有测试用例均通过。

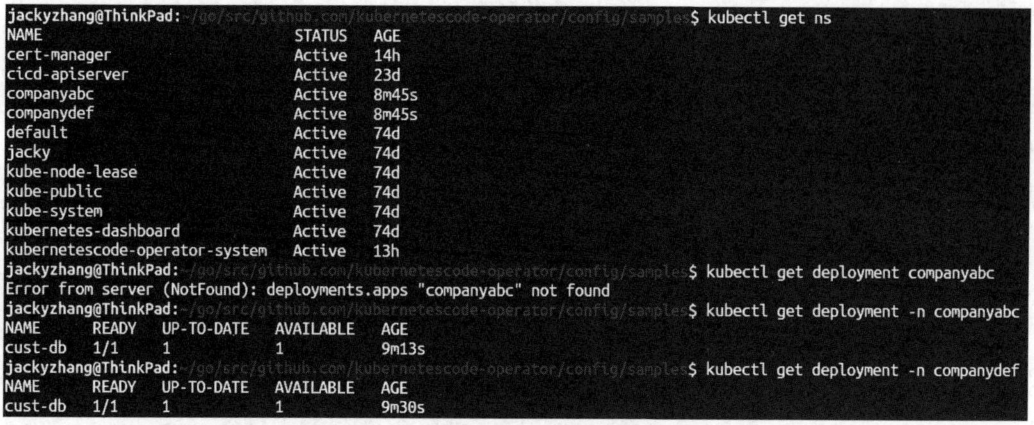

```
jackyzhang@ThinkPad:~/go/src/github.com/kubernetescode-operator/config/samples$ kubectl get ns
NAME                              STATUS   AGE
cert-manager                      Active   14h
cicd-apiserver                    Active   23d
companyabc                        Active   8m45s
companydef                        Active   8m45s
default                           Active   74d
jacky                             Active   74d
kube-node-lease                   Active   74d
kube-public                       Active   74d
kube-system                       Active   74d
kubernetes-dashboard              Active   74d
kubernetescode-operator-system    Active   13h
jackyzhang@ThinkPad:~/go/src/github.com/kubernetescode-operator/config/samples$ kubectl get deployment companyabc
Error from server (NotFound): deployments.apps "companyabc" not found
jackyzhang@ThinkPad:~/go/src/github.com/kubernetescode-operator/config/samples$ kubectl get deployment -n companyabc
NAME      READY   UP-TO-DATE   AVAILABLE   AGE
cust-db   1/1     1            1           9m13s
jackyzhang@ThinkPad:~/go/src/github.com/kubernetescode-operator/config/samples$ kubectl get deployment -n companydef
NAME      READY   UP-TO-DATE   AVAILABLE   AGE
cust-db   1/1     1            1           9m30s
```

图 12-3　测试所创建的命名空间及 Deployment

12.6　本章小结

本章是第 10 章的姊妹章节，侧重在实操。借助 Kubebuilder 实现了一个 Operator，这个过程带领读者深刻体会 Builder 的强大，在它的加持下，开发工作量急剧缩减到只需做 3 件事情：首先在 Go 语言中开发客制化 API 结构体，然后开发控制器核心逻辑，最后实现 Webhook 的修改和校验逻辑，其他均由 Kubebuilder 生成。在如此复杂的代码和配置均由生成得到的情况下，Builder 保持了非常高的质量水准，几乎没有重大 Bug，难能可贵。

本章刻意将实现目标设定为与第 9 章聚合 Server 相同，从而反映二者工作量上的差异。结果显示，虽然技术手段不尽相同，但本章的 Operator 达到了第 9 章示例聚合 Server 同样的效果。在动手扩展前，Kubernetes 社区建议开发者谨慎考虑是采用 CRD 加控制器的模式，还是单独聚合 Server 的形式，在二者都可以达到目的的情况下，应该优先考虑使用前者，那是更加经济的做法。

图书推荐

书　　名	作　　者
HarmonyOS 移动应用开发(ArkTS 版)	刘安战、余雨萍、陈争艳 等
深度探索 Vue.js——原理剖析与实战应用	张云鹏
前端三剑客——HTML5+CSS3+JavaScript 从入门到实战	贾志杰
剑指大前端全栈工程师	贾志杰、史广、赵东彦
Flink 原理深入与编程实战——Scala+Java(微课视频版)	辛立伟
Spark 原理深入与编程实战(微课视频版)	辛立伟、张帆、张会娟
PySpark 原理深入与编程实战(微课视频版)	辛立伟、辛雨桐
HarmonyOS 应用开发实战(JavaScript 版)	徐礼文
HarmonyOS 原子化服务卡片原理与实战	李洋
鸿蒙操作系统开发入门经典	徐礼文
鸿蒙应用程序开发	董昱
鸿蒙操作系统应用开发实践	陈美汝、郑森文、武延军、吴敬征
HarmonyOS 移动应用开发	刘安战、余雨萍、李勇军 等
HarmonyOS App 开发从 0 到 1	张诏添、李凯杰
JavaScript 修炼之路	张云鹏、戚爱斌
JavaScript 基础语法详解	张旭乾
华为方舟编译器之美——基于开源代码的架构分析与实现	史宁宁
Android Runtime 源码解析	史宁宁
恶意代码逆向分析基础详解	刘晓阳
网络攻防中的匿名链路设计与实现	杨昌家
深度探索 Go 语言——对象模型与 runtime 的原理、特性及应用	封幼林
深入理解 Go 语言	刘丹冰
Vue+Spring Boot 前后端分离开发实战	贾志杰
Spring Boot 3.0 开发实战	李西明、陈立为
Vue.js 光速入门到企业开发实战	庄庆乐、任小龙、陈世云
Flutter 组件精讲与实战	赵龙
Flutter 组件详解与实战	[加]王浩然(Bradley Wang)
Dart 语言实战——基于 Flutter 框架的程序开发(第 2 版)	亢少军
Dart 语言实战——基于 Angular 框架的 Web 开发	刘仕文
IntelliJ IDEA 软件开发与应用	乔国辉
Python 量化交易实战——使用 vn.py 构建交易系统	欧阳鹏程
Python 从入门到全栈开发	钱超
Python 全栈开发——基础入门	夏正东
Python 全栈开发——高阶编程	夏正东
Python 全栈开发——数据分析	夏正东
Python 编程与科学计算(微课视频版)	李志远、黄化人、姚明菊 等
Python 游戏编程项目开发实战	李志远
编程改变生活——用 Python 提升你的能力(基础篇·微课视频版)	邢世通
编程改变生活——用 Python 提升你的能力(进阶篇·微课视频版)	邢世通
编程改变生活——用 PySide6/PyQt6 创建 GUI 程序(基础篇·微课视频版)	邢世通
编程改变生活——用 PySide6/PyQt6 创建 GUI 程序(进阶篇·微课视频版)	邢世通

续表

书　　名	作　　者
Diffusion AI绘图模型构造与训练实战	李福林
图像识别——深度学习模型理论与实战	于浩文
数字IC设计入门(微课视频版)	白栋旸
动手学推荐系统——基于PyTorch的算法实现(微课视频版)	於方仁
人工智能算法——原理、技巧及应用	韩龙、张娜、汝洪芳
Python数据分析实战——从Excel轻松入门Pandas	曾贤志
Python概率统计	李爽
Python数据分析从0到1	邓立文、俞心宇、牛瑶
从数据科学看懂数字化转型——数据如何改变世界	刘通
鲲鹏架构入门与实战	张磊
鲲鹏开发套件应用快速入门	张磊
华为HCIA路由与交换技术实战	江礼教
华为HCIP路由与交换技术实战	江礼教
openEuler操作系统管理入门	陈争艳、刘安战、贾玉祥 等
5G核心网原理与实践	易飞、何宇、刘子琦
FFmpeg入门详解——音视频原理及应用	梅会东
FFmpeg入门详解——SDK二次开发与直播美颜原理及应用	梅会东
FFmpeg入门详解——流媒体直播原理及应用	梅会东
FFmpeg入门详解——命令行与音视频特效原理及应用	梅会东
FFmpeg入门详解——音视频流媒体播放器原理及应用	梅会东
精讲MySQL复杂查询	张方兴
Python Web数据分析可视化——基于Django框架的开发实战	韩伟、赵盼
Python玩转数学问题——轻松学习NumPy、SciPy和Matplotlib	张骞
Pandas通关实战	黄福星
深入浅出Power Query M语言	黄福星
深入浅出DAX——Excel Power Pivot和Power BI高效数据分析	黄福星
从Excel到Python数据分析:Pandas、xlwings、openpyxl、Matplotlib的交互与应用	黄福星
云原生开发实践	高尚衡
云计算管理配置与实战	杨昌家
虚拟化KVM极速入门	陈涛
虚拟化KVM进阶实践	陈涛
HarmonyOS从入门到精通40例	戈帅
OpenHarmony轻量系统从入门到精通50例	戈帅
AR Foundation增强现实开发实战(ARKit版)	汪祥春
AR Foundation增强现实开发实战(ARCore版)	汪祥春
ARKit原生开发入门精粹——RealityKit+Swift+SwiftUI	汪祥春
HoloLens 2开发入门精要——基于Unity和MRTK	汪祥春
Octave程序设计	于红博
Octave GUI开发实战	于红博
Octave AR应用实战	于红博
全栈UI自动化测试实战	胡胜强、单镜石、李睿